T0219646

# Mathematische Grundlagen der Quantenmechanik

Robert Denk

# Mathematische Grundlagen der Quantenmechanik

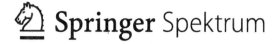 Springer Spektrum

Robert Denk
FB Mathematik und Statistik
Universität Konstanz
Konstanz, Deutschland

ISBN 978-3-662-65553-5     ISBN 978-3-662-65554-2   (eBook)
https://doi.org/10.1007/978-3-662-65554-2

Die Deutsche Nationalbibliothek verzeichnet diese Publikation in der Deutschen Nationalbibliografie;
detaillierte bibliografische Daten sind im Internet über http://dnb.d-nb.de abrufbar.

Planung/Lektorat: Iris Ruhmann
Springer Spektrum ist ein Imprint der eingetragenen Gesellschaft Springer-Verlag GmbH, DE und ist ein Teil
von Springer Nature.
Die Anschrift der Gesellschaft ist: Heidelberger Platz 3, 14197 Berlin, Germany

*Gewidmet meinen Studentinnen und Studenten,
die sich mit großem Fleiß und viel Energie auf die
spannende Reise eines Mathematik- oder Physik-
Studiums begeben.*

# Vorwort

Die Quantenmechanik ist eine elegante und faszinierende Theorie, die bei ihrer Entdeckung eine Revolution in der Physik ausgelöst hat. Sie verabschiedet sich unter anderem von der klassischen Vorstellung, den Ort und die Geschwindigkeit eines Teilchens präzise bestimmen zu können. Zugleich ist die Quantenmechanik in ihrer Formulierung eine sehr mathematische Theorie. Die ersten Grundprinzipien können mit nur wenigen Axiomen formuliert werden – aber in diesen Axiomen wimmelt es von mathematischen Begriffen, die über eine klassische Analysisvorlesung in einer oder mehreren Variablen weit hinausgehen. Dies führt in vielen Fällen dazu, dass im Rahmen einer Physikvorlesung über Quantenmechanik einige Begriffe nicht exakt formuliert werden können und das eine oder andere Konzept etwas unklar bleibt.

Auf der anderen Seite lernt man im Verlauf eines Bachelor-Studiums der Mathematik häufig einen großen Teil der in der Quantenmechanik auftretenden Konzepte kennen, beispielsweise den Raum der quadratintegrierbaren Funktionen oder vielleicht sogar Grundzüge der Operatortheorie. Aber es fehlt dann die Querverbindung zur Quantenmechanik. Angesichts der fundamentalen Bedeutung der Quantenmechanik empfinde ich das wie einen Elfmeter, auf dessen Ausführung man dann verzichtet. Dies gilt unabhängig vom gewählten Nebenfach – die Axiome der Quantenmechanik in ihrer mathematischen Formulierung sollte jede Studentin und jeder Student der Mathematik einmal gesehen haben.

Die Idee dieses Buches ist es, die Grundzüge der Quantenmechanik in einer mathematisch exakten Formulierung für alle Studentinnen und Studenten von Physik und Mathematik anzubieten. Wer die Quantenmechanik bereits aus der Physik kennt, wird hier die gehörten Begriffe präzisiert und vertieft finden, und wer einige der verwendeten Konzepte bereits aus dem Mathematik-Studium kennt, wird hier die Interpretation und zugehörige Axiomatik der Quantenmechanik kennenlernen. Das vorliegende Büchlein ist entstanden aus Vorlesungen mit dem gleichnamigen Titel, die ich an der Universität Konstanz im Rahmen des Bachelor-Studiums Mathematik und Physik angeboten habe. Es ist gedacht für Studierende in der zweiten Hälfte des Bachelorstudiums oder zu Beginn des Masterstudiums. Vorausgesetzt werden lediglich die Begriffe aus der Analysis

einer und mehrerer Veränderlicher, wie sie typischerweise im Rahmen einer Analysis I/
II-Vorlesung gehört werden.

Im Hinblick auf das unterschiedliche Vorwissen über die Analysis hinaus werden in
diesem Buch Begriffe aus späteren Vorlesungen wiederholt bzw. eingeführt – so finden
sich hier Zutaten aus der Maß- und Integrationstheorie, der Funktionalanalysis und der
Operator- und Spektraltheorie.

Um den Umfang dieses Buches eher gering zu halten (es soll eine kleine Ergänzung
und nicht die eigenständige Darstellung einer kompletten Theorie sein), wurden einige
Kompromisse eingegangen: Aus Sicht der Physik handelt es sich nur um die ersten
Axiome der Quantenmechanik, wie sie etwa im Rahmen der Kopenhagener Deutung
formuliert wurden. Es fehlen große Abschnitte wie etwa Symmetrien, Quantenfeld-
theorien und relativistische Quantenmechanik. Auch werden nur exemplarisch die ersten
Beispiele quantenmechanischer Systeme genauer untersucht, insbesondere das Wasserstoffatom. Auch aus Sicht der Mathematik wurden Abstriche gemacht. So lege ich den
Schwerpunkt auf die Konzepte und wichtigsten Sätze, verzichte aber an der einen oder
anderen Stelle auf den Beweis und verweise dafür auf die entsprechende Mathematik-
Literatur.

Die Quantenmechanik kann in der Schreibweise der Physik oder der Mathematik
formuliert werden. So wird man in der Physik zum Beispiel auf keinen Fall auf die Bra-
Ket-Notation verzichten, die in der Mathematik eher unüblich ist. Auch die Frage, ob
das Skalarprodukt im ersten oder im zweiten Argument linear ist, spaltet hier die Welten.
Ohne eine Wertung damit zu implizieren, verwende ich im vorliegenden Buch durch-
gehend die mathematische Schreibweise – was auch damit zu tun haben könnte, dass ich
selbst Mathematiker bin. Ein Hinweis zu einigen in der Physik üblichen Schreibweisen
findet sich am Ende von Kap. 1. Es geht in diesem Buch auch nicht um die physikalische
Interpretation der Axiome und Resultate (dafür wird auf die reichhaltige Physik-Literatur
über Quantenmechanik verwiesen), sondern um die mathematischen Grundlagen und
Konzepte dieser schönen Theorie.

Um die Leserinnen und Leser zu motivieren, beginnt dieses Buch mit der Formulierung
einiger zentraler Axiome der Quantenmechanik und einem kurzen Vergleich mit der
klassischen Mechanik. Dabei tauchen mathematische Begriffe auf, die vielleicht
unbekannt sind oder deren genaue Definition in der Hektik des Alltags gerade vergessen
wurde. Statt in Panik zu verfallen, sollte man dann die nachfolgenden Kap. 2–7 lesen, in
denen gerade diese Begriffe erklärt werden. In Kap. 8 werden die Axiome – mit dem jetzt
neu erworbenen Wissen – wiederholt und vertieft, bevor in Kap. 9 und 10 erste quantenmechanische Systeme analysiert werden. Die verwendeten mathematischen Schreibweisen
werden im Symbolverzeichnis erläutert, eine Bemerkung zu den physikalischen Einheiten
findet sich am Anfang von Abschn. 1.2.

Die Idee, die Quantenmechanik aus mathematischer Sicht zu formulieren und die
mathematischen Grundlagen dafür zusammenzustellen, ist keineswegs neu. Es gibt eine
ganze Reihe von deutsch- und (noch häufiger) englischsprachigen Büchern zu diesem
Thema, und der hier präsentierte Stoff ist über die verschiedenen Quellen verteilt bereits

zu finden. Viele dieser Bücher sind im Niveau höher angesetzt und eignen sich nicht als Grundlage etwa einer Vorlesung im Bachelor-Studium (was das vorliegende Buch hoffentlich erfüllt). Auf vergleichbare Bücher sowie auf verwendete und weiterführende Bücher wird zu Beginn des Literaturverzeichnisses eingegangen.

Es ist mir eine Freude, mich bei allen zu bedanken, die bei der Erstellung dieses Buches mitgeholfen haben. Zunächst möchte ich hier meinen Studierenden aus Mathematik und Physik danken, die mir bei der gleichnamigen Vorlesung (und meinen weiteren Vorlesungen im Bereich der Analysis) stets hilfreiche und konstruktive Rückmeldungen geben. Ebenfalls bedanken möchte ich mich bei meinen Kollegen Markus Kunze und Peter Nielaba sowie bei den Promovierenden Karsten Herth, David Ploß, Sophia Rau und Tim Seitz für das sorgfältige Korrekturlesen und viele hilfreiche Anregungen und wertvolle Verbesserungsvorschläge. Bei meinem Doktoranden David Ploß und meiner Doktorandin Sophia Rau ergänze ich noch einen besonderen Dank für ihre stets exzellente Unterstützung im Bereich der Übungsorganisation meiner Vorlesungen. Nicht zuletzt geht mein Dank an Frau Carola Lerch und Frau Iris Ruhmann vom Springer-Verlag für die Anregung zu diesem Buchprojekt und die stets gute Zusammenarbeit und Unterstützung.

Konstanz                                                                    Robert Denk
im Oktober 2022

# Inhaltsverzeichnis

# Symbolverzeichnis

| | |
|---|---|
| $(x_j)_{j=1}^n$ | $(x_1, \ldots, x_n)^\top$, Schreibweise für Vektoren |
| $(a_{ij})_{i,j=1}^n$ | Schreibweise für Matrizen |
| $(\ldots)^\top$ | Transponierte eines Vektors oder einer Matrix |
| $(x_n)_{n \in \mathbb{N}} \subseteq X$ | Schreibweise für Folgen mit Folgengliedern $x_n \in X$ |
| $\{x_i\}_{i \in I}$ | Schreibweise für nicht notwendigerweise abzählbare Familien |
| $\lvert x \rvert$ | $(\sum_{j=1}^n \lvert x_j \rvert^2)^{1/2}$, euklidische Norm des Vektors $x \in \mathbb{R}^n$ |
| $\lVert \cdot \rVert$ | typische Schreibweise für Norm |
| $\lVert \cdot \rVert_\infty$ | Supremums-Norm |
| $\lVert \cdot \rVert_T$ | Graphennorm zum Operator $T$ |
| $\langle \cdot, \cdot \rangle$ | typische Schreibweise für Skalarprodukt |
| $\langle \cdot \mid \cdot \rangle$ | Skalarprodukt in Physik-Schreibweise |
| $\emptyset$ | leere Menge |
| $A(x)\ (x \in X)$ | die Aussage $A(x)$ gilt für alle $x \in X$, äquivalent zu $\forall\, x \in X : A(x)$ |
| $A \times B$ | kartesisches Produkt der Mengen $A$ und $B$ |
| $A \setminus B$ | $\{x \in A \mid x \notin B\}$, Mengendifferenz |
| $A \,\dot\cup\, B$ | $A \cup B$, Vereinigung von disjunkten Mengen |
| $\dot{\bigcup}_{n \in \mathbb{N}} A_n$ | $\bigcup_{n \in \mathbb{N}} A_n$, Vereinigung von disjunkten Mengen |
| $A^c$ | $X \setminus A$, Komplement der Menge $A$ |
| $A^\perp$ | orthogonales Komplement der Menge $A$ |
| $\bigcup_{i \in I} A_i$ | Vereinigung der Mengen $A_i$ |
| $\overline{A}$ | Abschluss der Menge $A$ |
| $a$ | Vernichtungsoperator |
| $a^*$ | Erzeugungsoperator |
| $[a, b]$ | $\{x \in \mathbb{R}^n \mid a_j \le x_j \le b_j\ (j = 1, \ldots, n)\}$, Intervall im $\mathbb{R}^n$ |
| $\lvert \alpha \rvert$ | $\alpha_1 + \ldots + \alpha_n$, Multiindex-Schreibweise |
| $\alpha_k$ | Dirac-Matrizen, $k = 1, \ldots, 4$ |
| $\mathscr{A}$ | typische Schreibweise für σ-Algebren |
| $\mathscr{A}_1 \otimes \mathscr{A}_2$ | Produkt-σ-Algebra |
| $\mathscr{B}(X)$ | Borel-σ-Algebra des topologischen Raums $X$ |
| $B(X)$ | Raum der beschränkten Funktionen $f : X \to \mathbb{K}$ |

| | |
|---|---|
| $B(X, \mathscr{A}; \mathbb{R})$ | Raum der beschränkten $\mathscr{A}$-messbaren Funktionen |
| $\mathrm{BUC}(G)$ | Raum der beschränkten gleichmäßig stetigen Funktionen auf $G$ |
| $\mathrm{BUC}^k(G)$ | Raum aller Funktionen, deren Ableitungen bis zur Ordnung $k$ beschränkt und gleichmäßig stetig sind |
| $c$ | Lichtgeschwindigkeit |
| C | Coulomb (Einheit) |
| $\mathbb{C}$ | Menge der komplexen Zahlen |
| $C(X)$ | Menge aller stetigen Funktionen von $X$ nach $\mathbb{K}$ |
| $C^k(X)$ | Menge aller $k$-fach stetig differenzierbaren Funktionen von $X$ nach $\mathbb{K}$, wobei $k \in \mathbb{N} \cup \{\infty\}$ |
| $C_c^\infty(G)$ | Menge aller glatten Funktionen auf $G$ mit kompaktem Träger |
| $Df$ | totale Ableitung der Funktion $f$ |
| $\Delta$ | Laplace-Operator |
| $\Delta_r$ | radialer Laplace-Operator |
| $\Delta_{S^2}$ | Laplace-Beltrami-Operator auf $S^2$ |
| $\partial_{x_j}$ | partielle Ableitung nach $x_j$ |
| $\partial_j$ | partielle Ableitung nach $x_j$ |
| $\frac{\partial}{\partial x_j}$ | partielle Ableitung nach $x_j$ |
| $\partial^\alpha$ | Multiindex-Schreibweise für partielle Ableitungen |
| $\mathscr{D}(G)$ | Menge der Testfunktionen auf $G$ |
| $\mathscr{D}'(G)$ | Menge der Distributionen auf $G$ |
| $\mathrm{D}(T)$ | Definitionsbereich des Operators $T$ |
| $\delta$ | $\delta_0$, Dirac-Distribution oder Dirac-Maß |
| $\delta_x$ | Dirac-Distribution oder Dirac-Maß zum Punkt $x$ |
| $\delta(x)$ | Delta-Funktion (Physik-Schreibweise) |
| $\delta_{ij}$ | Kronecker-Symbol |
| $(\Delta T)_\psi$ | Standardabweichung des Operators $T$ im Zustand $\psi$ |
| $\deg P$ | Grad des Polynoms $P$ |
| $\mathrm{dist}\,(x, M)$ | $\inf\{\|x - y\| \mid y \in M\}$, Abstand des Punktes $x$ zur Menge $M$ |
| $e$ | Elementarladung |
| $e_{\mathrm{SI}}$ | Elementarladung im SI |
| $E$ | typische Schreibweise für Spektralmaß |
| $E_1 \otimes E_2$ | Produkt der Spektralmaße $E_1$ und $E_2$ |
| $E_x$ | $E_x(A) = \|E(A)x\|^2$, skalares Spektralmaß |
| $e^{itT}$ | zum Operator $T$ gehörige unitäre Gruppe |
| $\varepsilon_0$ | elektrische Feldkonstante |
| $\varepsilon_{ijk}$ | Levi-Civita-Symbol |
| $\mathbb{1}_A$ | charakteristische Funktion der Menge $A$ |
| $\mathrm{ess\ im}\,(f)$ | essentieller Wertebereich der Funktion $f$ |
| $f(V)$ | $\{f(x) \mid x \in V\}$ Bild der Menge $V$ unter der Funktion $f$ |
| $f^{-1}(V)$ | Urbild der Menge $V$ unter der Funktion $f$ |

| | |
|---|---|
| $f \circ g$ | Komposition der Funktionen $f$ und $g$ |
| $f * g$ | Faltung der Funktionen $f$ und $g$ |
| $u * f$ | Faltung der Distribution $u$ und der Funktion $f$ |
| $f'(x)$ | Jacobi-Matrix von $f$ an der Stelle $x$ |
| $f_+$ | $\max\{f, 0\}$, Positivteil der Funktion $f$ |
| $f_-$ | $-\min\{f, 0\}$, Negativteil der Funktion $f$ |
| $[f]$ | die zu $f$ gehörige reguläre Distribution |
| $f(T)$ | Funktion eines Operators $T$, Funktionalkalkül |
| $f(T_1, T_2)$ | Funktion mehrerer Operatoren, Funktionalkalkül |
| $\widehat{f}$ | $\mathscr{F}f$, Fouriertransformierte der Funktion $f$ |
| $\mathscr{F}$ | Fouriertransformation im $\mathbb{R}^n$ |
| $F(\mathscr{G}, \mathscr{H})$ | Menge der Operatoren endlichen Ranges von $\mathscr{G}$ nach $\mathscr{H}$ |
| $F(\mathscr{H})$ | Menge der Operatoren endlichen Ranges von $\mathscr{H}$ nach $\mathscr{H}$ |
| $F_\lambda$ | typische Schreibweise für Spektralschar |
| $\varphi_k \xrightarrow{\mathscr{D}(G)} \varphi$ | Konvergenz in $\mathscr{D}(G)$ |
| $\varphi_k \xrightarrow{\mathscr{S}(\mathbb{R}^n)} \varphi$ | Konvergenz in $\mathscr{S}(\mathbb{R}^n)$ |
| $G(T)$ | Graph des Operators $T$ |
| $h$ | Plancksches Wirkungsquantum |
| $\hbar$ | reduziertes Plancksches Wirkungsquantum |
| $h_n$ | Hermite-Polynom der Ordnung $n$ |
| $\mathscr{H}$ | typische Bezeichnung für einen Hilbertraum |
| $\mathscr{H}_1 \oplus \mathscr{H}_2$ | direkte Hilbertraumsumme |
| $\bigoplus_{n \in \mathbb{N}} \mathscr{H}_n$ | direkte Hilbertraumsumme |
| $H^s(G)$ | Sobolevraum der Ordnung $s \in \mathbb{N}$ auf einem Gebiet $G$ |
| $H_0^s(G)$ | Abschluss der Testfunktionen in $H^s(G)$ |
| $H^s(\mathbb{R}^n)$ | Sobolevraum der Ordnung $s \in \mathbb{R}$ auf $\mathbb{R}^n$ |
| $i$ | imaginäre Einheit |
| $I_n$ | $n$-dimensionale Einheitsmatrix |
| $\mathrm{id}_X$ | Identität als Funktion $\mathrm{id}_X : X \to X$, $x \mapsto x$ |
| $\mathrm{Im}\, z$ | Imaginärteil der komplexen Zahl $z$ |
| $\mathrm{im}(T)$ | Wertebereich des Operators $T$ |
| $\mathrm{ind}\, T$ | Index des Fredholm-Operators $T$ |
| $\int f \mathrm{d}\mu$ | Integral von $f$ bezüglich des Maßes $\mu$ |
| $\int f(x) \mathrm{d}S(x)$ | Oberflächenintegral von $f$ |
| $\int f \mathrm{d}E$ | Integral von $f$ bezüglich des Spektralmaßes $E$ |
| $\mathbb{K}$ | $\mathbb{K} \in \{\mathbb{R}, \mathbb{C}\}$, einheitliche Bezeichnung für $\mathbb{R}$ oder $\mathbb{C}$ |
| $K(\mathscr{G}, \mathscr{H})$ | Menge der kompakten linearen Operatoren von $\mathscr{G}$ nach $\mathscr{H}$ |
| $K(\mathscr{H})$ | Menge der kompakten linearen Operatoren von $\mathscr{H}$ nach $\mathscr{H}$ |
| $\ker T$ | Kern des Operators $T$ |
| $\mathbf{L}$ | typische Schreibweise für Drehimpulsoperator |
| $L_+, L_-$ | Leiteroperatoren |

| | |
|---|---|
| $L_k^\alpha$ | Laguerre-Funktion |
| $L(X, Y)$ | Raum aller stetigen linearen Operatoren von $X$ nach $Y$ |
| $L(X)$ | Raum aller stetigen linearen Operatoren von $X$ nach $X$ |
| $\mathscr{L}^1(\mu)$ | Menge aller $\mu$-integrierbaren Funktionen |
| $\mathscr{L}^p(\mu)$ | Raum der $p$-fach integrierbaren Funktionen |
| $L^2(\mu)$ | Hilbertraum der quadratintegrierbaren Funktionen modulo Nullmengen |
| $L^2(\mathbb{R}^n; \mathbb{C}^2)$ | vektorwertiger $L^2$-Raum |
| $L^p(\mu)$ | Banachraum der $p$-fach integrierbaren Funktionen modulo Nullmengen |
| $L^1_{\text{loc}}(G)$ | Menge aller lokal integrierbaren Funktionen auf $G$ |
| $\ell^2$ | Folgenraum |
| $\lambda_n$ | $n$-dimensionales Lebesgue-Maß |
| $\mu$ | typische Bezeichnung für ein Maß |
| $\mu_1 \otimes \mu_2$ | Produkt-Maß |
| $\mu_0$ | magnetische Feldkonstante |
| $\mu_B$ | Bohrsches Magneton |
| $\mathbb{N}$ | $\{1, 2, 3, \dots\}$, Menge der natürlichen Zahlen |
| $\mathbb{N}_0$ | $\mathbb{N} \cup \{0\} = \{0, 1, 2, \dots\}$ |
| $N$ | Teilchenzahloperator |
| $\nabla f(x)$ | Gradient von $f$ an der Stelle $x$ |
| $o(\|h\|)$ | Landau-Symbol |
| $P$ | Impulsobservable |
| $\mathbb{P}$ | typische Schreibweise für Wahrscheinlichkeitsmaß |
| $\mathscr{P}(X)$ | Potenzmenge der Menge $X$ |
| $P_\ell^m$ | (assoziiertes) Legendre-Polynom |
| $\psi$ | typische Schreibweise für reine Zustände |
| $\psi\uparrow$ | $(\psi, 0)^\top$, reiner Zustand mit positivem Spin |
| $\psi\downarrow$ | $(0, \psi)^\top$, reiner Zustand mit negativem Spin |
| $Q$ | Ortsobservable |
| $\mathbb{Q}$ | Menge der rationalen Zahlen |
| $\dot{q}$ | $\frac{d}{dt}q(t)$, Ableitung nach der Zeit |
| $\ddot{q}$ | $\frac{d^2}{dt^2}q(t)$, zweite Ableitung nach der Zeit |
| $\mathbb{R}$ | Menge der reellen Zahlen |
| $\overline{\mathbb{R}}$ | $\mathbb{R} \cup \{+\infty, -\infty\}$ |
| $R$ | Rydberg-Konstante |
| $r_0$ | Bohrscher Atomradius |
| rank $T$ | Rang des Operators $T$ |
| Re $z$ | Realteil der komplexen Zahl $z$ |
| $R_\lambda(T)$ | $(T - \lambda)^{-1}$, Resolvente des Operators $T$ |
| $\rho(T)$ | Resolventenmenge des Operators $T$ |
| $\rho$ | typische Schreibweise für Dichtematrix |

| | |
|---|---|
| $\rho_\psi$ | zum reinen Zustand $\psi$ gehörige Dichtematrix |
| $S^n$ | $n$-dimensionale Einheitssphäre |
| $S_j$ | Spin-Operator, $j = 1,2,3$ |
| $\mathbf{S}$ | Spinvektoroperator |
| $\sigma_j$ | Pauli-Matrizen, $j = 1,2,3$ |
| $\mathscr{S}(\mathbb{R}^n)$ | Schwartz-Raum |
| $\mathscr{S}'(\mathbb{R}^n)$ | Raum der temperierten Distributionen |
| $\mathscr{S}_1(\mathscr{G}, \mathscr{H})$ | Menge der Spurklasseoperatoren von $\mathscr{G}$ nach $\mathscr{H}$ |
| $\mathscr{S}_1(\mathscr{H})$ | Menge der Spurklasseoperatoren von $\mathscr{H}$ nach $\mathscr{H}$ |
| $\mathscr{S}_2(\mathscr{H})$ | Menge der Hilbert−Schmidt-Operatoren von $\mathscr{H}$ nach $\mathscr{H}$ |
| $\sigma(\mathscr{E})$ | von $\mathscr{E}$ erzeugte $\sigma$-Algebra |
| $\sigma(T)$ | Spektrum des Operators $T$ |
| $\sigma_p(T)$ | Punktspektrum des Operators $T$ |
| $\sigma_c(T)$ | kontinuierliches Spektrum des Operators $T$ |
| $\sigma_r(T)$ | Restspektrum des Operators $T$ |
| $\sigma_{\mathrm{app}}(T)$ | approximatives Punktspektrum des Operators $T$ |
| $\sigma_{\mathrm{ess}}(T)$ | essentielles Spektrum des Operators $T$ |
| span $M$ | lineare Hülle von $M$ |
| statC | Einheit für elektrische Ladung im Gauß-System |
| supp $\varphi$ | Träger der Funktion $\varphi$ |
| $T$ | typische Schreibweise für Operatoren |
| $\overline{T}$ | Abschluss des Operators $T$ |
| $T^*$ | adjungierter Operator |
| $T^\dagger$ | adjungierter Operator (Physik-Schreibweise) |
| $T \geq 0$ | nichtnegativer Operator |
| $T > 0$ | positiver Operator |
| $T_1 \subseteq T_2$ | der Operator $T_1$ ist eine Einschränkung von $T_2$ |
| $[T_1, T_2]$ | $T_1 T_2 - T_2 T_1$, Kommutator von $T_1$ und $T_2$ |
| $\langle T \rangle_\psi$ | $\langle \psi, T\psi \rangle$, Erwartungswert von $T$ im Zustand $\psi$ |
| $T_n \overset{s}{\to} T$ | Konvergenz in der starken Operatortopologie |
| $T = \text{s-}\lim_{n \to \infty} T_n$ | Konvergenz in der starken Operatortopologie |
| tr $T$ | Spur des Operators $T$ |
| $\mathrm{var}_\psi T$ | Varianz des Operators $T$ im Zustand $\psi$ |
| $W(T)$ | numerischer Wertebereich des Operators $T$ |
| $X$ | typische Bezeichnung für allgemeine Vektorräume oder normierte Räume |
| $X'$ | topologischer Dualraum von $X$ |
| $x \cdot y$ | $\sum_{j=1}^n x_j y_j$, Standard-Skalarprodukt im $\mathbb{R}^n$ |
| $x \otimes y$ | Tensorprodukt als linearer Operator |
| $x^\alpha$ | $x_1^{\alpha_1} \cdot \ldots \cdot x_n^{\alpha_n}$, Multiindex-Schreibweise |

| | |
|---|---|
| $x \perp y$ | $x$ ist orthogonal zu $y$ |
| $Y_\ell^m$ | Kugelflächenfunktion |
| $\bar{z}$ | komplex konjugierte Zahl |
| $z^*$ | komplex konjugierte Zahl (Physik-Schreibweise) |
| $\zeta$ | Zählmaß |

# Motivation: Klassische Mechanik und Quantenmechanik

*Worum geht's?* Die Begriffe der klassischen Mechanik sind typischerweise mit dem Wissen einer Analysis-Vorlesung nachvollziehbar. So ist der Ort eines eindimensionalen Teilchens ein Punkt in $\mathbb{R}$, die zeitliche Entwicklung wird mit Hilfe von Ableitungen beschrieben. Das ändert sich grundlegend, wenn man zur quantenmechanischen Beschreibung übergeht! Hier ist der Ort eines Teilchens durch die Ortsobservable beschrieben – dies ist die Abbildung, welche eine Funktion $\psi \colon \mathbb{R} \to \mathbb{C}$ auf die Funktion $x \mapsto x\psi(x)$ abbildet. Die zeitliche Entwicklung ergibt sich durch Anwendung einer unitären Gruppe. Das ist ein großer Sprung im Vergleich zur klassischen Mechanik, und die Axiome der Quantenmechanik sind voll von Begriffen, welche nicht in einer Analysis-Vorlesung zu finden sind – hier muss man schon eher in die Funktionalanalysis und Operatortheorie schauen. Auch die Stochastik taucht hierbei auf: Die Quantenmechanik verlässt den vertrauten Boden der Kausalität und gibt Wahrscheinlichkeiten dafür an, dass eine Messung einen bestimmten Wert ergibt.

In diesem Kapitel beschreiben wir zunächst kurz den Zugang zur klassischen Mechanik über Variationsprinzipien nach Lagrange und Hamilton und gehen dann zu den Axiomen der Quantenmechanik über. Wichtige auftretende Begriffe sind etwa Observable und Hamilton-Operatoren, welche sich typischerweise mit Hilfe der Quantisierungsregel aus der klassischen Mechanik ergeben. Die in diesem Kapitel genannten Begriffe werden in den nachfolgenden Abschnitten genauer diskutiert.

## 1.1 Ein kurzer Ausflug in die klassische Mechanik

Wir starten mit einer kurzen Beschreibung der klassischen Mechanik in der Form eines Variationsprinzips nach Lagrange und Hamilton. Dabei wird ein klassisches mechanisches System beschrieben durch generalisierte Koordinaten und die Lagrangefunktion. Genera-

© Springer-Verlag GmbH Deutschland, ein Teil von Springer Nature 2022
R. Denk, *Mathematische Grundlagen der Quantenmechanik*,
https://doi.org/10.1007/978-3-662-65554-2_1

lisierte Koordinaten sind von der Form $q(t) = (q_1(t), \dots, q_N(t)) \in \mathbb{R}^N$, welche von der Zeit $t \in \mathbb{R}$ abhängen; ein Beispiel für generalisierte Koordinaten ist der Ort eines Teilchens $q(t) \in \mathbb{R}^3$. Ein mechanisches System wird beschrieben durch eine Lagrangefunktion $L : \mathbb{R} \times \mathbb{R}^N \times \mathbb{R}^N \to \mathbb{R}$, welche als Funktion $L(t, q(t), \dot{q}(t))$ typischerweise die Differenz zwischen kinetischer und potentieller Energie beschreibt. Dabei bezeichnet $\dot{q}(t) := \frac{d}{dt} q(t)$ die Ableitung nach der Zeit.

Das Hamilton-Prinzip, ein fundamentales Prinzip der Mechanik, besagt: Ein mechanisches System, welches durch die Lagrange-Funktion $L$ beschrieben wird, bewegt sich so, dass $q$ eine Extremalstelle (üblicherweise Minimalstelle) des Wirkungsfunktionals

$$S(q) := \int_{t_1}^{t_2} L(t, q(t), \dot{q}(t))\, dt$$

ist. Dabei wird das Extremum unter allen stetig differenzierbaren Wegen $q : [t_1, t_2] \to \mathbb{R}^N$ mit fest vorgegebenen Randwerten $q(t_1) = q_{01}$, $q(t_2) = q_{02}$ gesucht. Wir beginnen mit einem Beispiel.

### Beispiel 1.1 (Harmonischer Oszillator)

Der harmonische Oszillator beschreibt einen punktförmigen Körper der Masse $m > 0$ an einer Feder, welche dem Hookeschen Gesetz $F = -kx(t)$ mit der Federkonstanten $k > 0$ genügt (siehe Abb. 1.1). Dabei ist $x(t) \in \mathbb{R}$ die (in der Abbildung vertikale) Auslenkung zum Zeitpunkt $t$ bezüglich der Ruhelage des Pendels. Befindet sich demnach die Masse in der Ruhelage, so ist die Auslenkung 0.

Hier wählt man $N := 1$, und $q : \mathbb{R} \to \mathbb{R}$, $t \mapsto q(t) = x(t)$ beschreibt die Auslenkung des Körpers. Die kinetische Energie zur Zeit $t$ ist gegeben durch $T(t) = \frac{1}{2} m\dot{q}(t)^2$, die potentielle Energie durch $U(t) = \frac{1}{2} kq(t)^2$. Die Lagrangefunktion für dieses mechanische System lautet

$$L(t, q(t), \dot{q}(t)) = T(t) - U(t) = \frac{1}{2} m\dot{q}(t)^2 - \frac{1}{2} kq(t)^2.$$

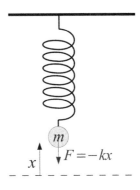

**Abb. 1.1** Der harmonische Oszillator

Damit ist das Wirkungsfunktional gegeben durch

$$S(q) := \int_{t_1}^{t_2} \left( \frac{1}{2} m\dot{q}(t)^2 - \frac{1}{2} kq(t)^2 \right) \, dt. \tag{1.1}$$

◀

Sei $L: \mathbb{R} \times \mathbb{R}^N \times \mathbb{R}^N \rightarrow \mathbb{R}, (t, x, y) \mapsto L(t, x, y)$ mit $x = (x_1, \ldots, x_N)^\top$ und $y = (y_1, \ldots, y_N)^\top$ die Lagrange-Funktion eines mechanischen Systems. Dabei bezeichnet $(\ldots)^\top$ den transponierten Vektor. Wir setzen im Folgenden voraus, dass die Funktion $L$ differenzierbar ist. Da man für das Hamilton-Prinzip den Ausdruck $L(t, q(t), \dot{q}(t))$ betrachtet, definiert man die Schreibweisen

$$\partial_q L(t, x, y) := (\partial_{x_1} L(t, x, y), \ldots, \partial_{x_N} L(t, x, y))^\top,$$

$$\partial_{\dot{q}} L(t, x, y) := (\partial_{y_1} L(t, x, y), \ldots, \partial_{y_N} L(t, x, y))^\top.$$

Hierbei ist $\partial_{x_j} := \frac{\partial}{\partial x_j}$ die partielle Ableitung nach $x_j$. Um Extremalstellen des Wirkungsfunktionals zu bestimmen, kann man – ähnlich wie im endlich-dimensionalen Fall – die Ableitung der Abbildung $q \mapsto S(q)$ berechnen. Dabei ist die Ableitung $DS(q)$ definiert als lineare Approximation, d. h. als lineare Abbildung $h \mapsto DS(q)h$ so, dass

$$S(q + h) = S(q) + DS(q)h + r(q, h) \quad \text{für } h \rightarrow 0,$$

wobei $r(q, h) = o(\|h\|)$ $(h \rightarrow 0)$ bezüglich einer geeignet gewählten Norm $\| \cdot \|$ gelte, d. h. es gelte

$$\lim_{h \rightarrow 0} \frac{\|r(q, h)\|}{\|h\|} = 0$$

(Landau-Symbol). In diesem Fall konvergiert $r(q, h)$ für $h \rightarrow 0$ schneller als $h$ gegen Null. Dabei ist zu beachten, dass $q$ und $h$ differenzierbare Wege, d. h. Abbildungen $q, h: [t_1, t_2] \rightarrow \mathbb{R}^N$ sind. Wir erklären die Vorgehensweise wieder am Beispiel des harmonischen Oszillators.

---

**Beispiel 1.2**

Wir setzen Beispiel 1.1 fort. Die Lagrange-Funktion ist hier gegeben durch $L: \mathbb{R} \times \mathbb{R} \times \mathbb{R} \rightarrow \mathbb{R}, (t, x, y) \mapsto L(t, x, y) = \frac{1}{2}my^2 - \frac{1}{2}kx^2$. Die oben definierten Ableitungen sind gegeben durch

$$\partial_q L(t, x, y) = \partial_x L(t, x, y) = -kx,$$

$$\partial_{\dot{q}} L(t, x, y) = \partial_y L(t, x, y) = my.$$

Wir nehmen an, dass der Weg $q: [t_1, t_2] \rightarrow \mathbb{R}$ so gewählt sei, dass $S(q)$ (siehe (1.1)) minimal wird. Für einen leicht geänderten Weg $q_1(t) := q(t) + h(t)$ mit einem (ebenfalls differenzierbaren) Weg $h: [t_1, t_2] \rightarrow \mathbb{R}$ gilt dann

$$L(t, q_1(t), \dot{q}_1(t)) = \frac{1}{2}m(\dot{q}(t) + \dot{h}(t))^2 - \frac{1}{2}k(q(t) + h(t))^2$$
$$= L(t, q(t), \dot{q}(t)) + m\dot{q}(t)\dot{h}(t) - kq(t)h(t) + o(\|h\|),$$

wobei $\| \cdot \|$ eine geeignet gewählte Norm sei, in diesem Fall z. B.

$$\|h\| := \sup_{t \in [t_1, t_2]} \left( |h(t)| + |h'(t)| \right).$$

Dabei gelte $h(t_1) = h(t_2) = 0$, d. h. Anfangs- und Endpunkt der Kurve $q$ bleiben unverändert. Falls $q$ hinreichend glatt ist (z. B. zweimal stetig differenzierbar), erhält man mit partieller Integration

$$S(q + h) - S(q) = \int_{t_1}^{t_2} \left( m\dot{q}(t)\dot{h}(t) - kq(t)h(t) \right) \mathrm{d}t + o(\|h\|)$$
$$= \int_{t_1}^{t_2} \left( -m\ddot{q}(t) - kq(t) \right) h(t) \, \mathrm{d}t + m\dot{q}(t)h(t) \Big|_{t=t_1}^{t_2} + o(\|h\|).$$

Dabei verschwinden die Randterme wegen $h(t_1) = h(t_2) = 0$. Wir erhalten somit

$$S(q + h) = S(q) + DS(q)h + o(\|h\|), \tag{1.2}$$

wobei die Ableitung von $S$ an der Stelle $q$ gegeben ist durch die lineare Abbildung

$$h \mapsto DS(q)h := \int_{t_1}^{t_2} \left( -m\ddot{q}(t) - kq(t) \right) h(t) \, \mathrm{d}t. \tag{1.3}$$

Da $q$ das Wirkungsfunktional $S$ minimiert, gilt $S(q + h) - S(q) \leq 0$ für alle $h$. Wegen (1.2) ist dies nur möglich, falls $DS(q) = 0$ gilt, d. h. falls das Integral in (1.3) für alle glatten Wege $h$ den Wert 0 ergibt. Dies wiederum ist nur möglich, falls

$$m\ddot{q}(t) + kq(t) = 0 \quad (t \in [t_1, t_2]). \tag{1.4}$$

Diese Gleichung kann nun verwendet werden, um $q$ explizit zu berechnen. Man erhält $q(t) = c_1 \sin(\omega t) + c_2 \cos(\omega t)$ mit Konstanten $c_1, c_2 \in \mathbb{R}$, wobei $\omega := \sqrt{\frac{k}{m}}$. Die Gl. (1.4) ist die Euler–Lagrange-Gleichung für den harmonischen Oszillator, die man auch im allgemeinen Fall betrachten kann.                                                    ◀

*Bemerkung 1.3.* Sei $L \colon \mathbb{R} \times \mathbb{R}^N \times \mathbb{R}^N \to \mathbb{R}$, $(t, x, y) \mapsto L(t, x, y)$ die Lagrange-Funktion eines mechanischen Systems, und der hinreichend glatte Weg $q \colon [t_1, t_2] \to \mathbb{R}^N$ sei eine Extremalstelle des Wirkungsfunktionals $S$. Dann erhält man (formal) durch Ableiten unter dem Integral für kleine Wege $h \colon [t_1, t_2] \to \mathbb{R}^N$ mit $h(t_1) = h(t_2) = 0$ analog zu Beispiel 1.2

$$S(q+h) - S(q) = \int_{t_1}^{t_2} \left( L(t, q(t) + h(t), \dot{q}(t) + \dot{h}(t)) - L(t, q(t), \dot{q}(t)) \right) dt$$

$$= \int_{t_1}^{t_2} \left( \partial_q L(t, q(t), \dot{q}(t)) \cdot h(t) + \partial_{\dot{q}} L(t, q(t), \dot{q}(t)) \cdot \dot{h}(t) + o(\|h\|) \right) dt$$

$$= \int_{t_1}^{t_2} \left( \partial_q L(t, q(t), \dot{q}(t)) \cdot h(t) - \frac{d}{dt} \partial_{\dot{q}} L(t, q(t), \dot{q}(t)) \cdot h(t) \right) dt$$

$$+ \partial_{\dot{q}} L(t, q(t), \dot{q}(t)) \cdot h(t) \Big|_{t=t_1}^{t_2} + o(\|h\|). \tag{1.5}$$

Dabei wurde in der letzten Gleichheit partielle Integration bezüglich $t$ verwendet. Wegen $(q + h)(t_j) = q_{0j} = q(t_j)$ für $j = 1, 2$ gilt $h(t_1) = h(t_2) = 0$, und die Randterme verschwinden. In (1.5) wurde für zwei Vektoren $x = (x_j)_{j=1}^{N}$ und $y = (y_j)_{j=1}^{N}$ in $\mathbb{R}^N$ die Schreibweise

$$x \cdot y := \sum_{j=1}^{N} x_j y_j$$

verwendet.

Wir erhalten somit für die Ableitung des Wirkungsfunktionals $S$ an der Stelle $q$

$$DS(q)h = \int_{t_1}^{t_2} \left( \partial_q L(t, q(t), \dot{q}(t)) - \frac{d}{dt} \partial_{\dot{q}} L(t, q(t), \dot{q}(t)) \right) \cdot h(t) \, dt.$$

Da $q$ eine Extremalstelle von $S$ ist, muss $DS(q)h = 0$ für alle $h$ gelten. Dies ist nur möglich, falls die Klammer in obigem Integral verschwindet, d. h. falls der Weg $q$ die Euler–Lagrange-Gleichung im Sinn folgender Definition erfüllt.

▶ **Definition 1.4.** Sei $L \colon \mathbb{R} \times \mathbb{R}^N \times \mathbb{R}^N \to \mathbb{R}$ die Lagrange-Funktion eines mechanischen Systems. Dann heißt die Gleichung

$$\partial_q L(t, q(t), \dot{q}(t)) - \frac{d}{dt} \partial_{\dot{q}} L(t, q(t), \dot{q}(t)) = 0 \quad (t \in \mathbb{R}) \tag{1.6}$$

die Euler–Lagrange-Gleichung zu $L$.

Die obige Herleitung der Euler–Lagrange-Gleichung ist nicht formal korrekt (da wir keinen Raum für $q$ definiert haben), lässt sich aber mathematisch präzisieren. Man beachte, dass die Euler–Lagrange-Gleichung durch die Bedingung der verschwindenden Ableitung des Wirkungsfunktionals gegeben ist, nicht mehr durch die Extremalbedingung. Daher spricht man beim Hamilton-Prinzip manchmal auch vom Prinzip der stationären Wirkung.

Statt mit der Euler–Lagrange-Gleichung (1.6) arbeitet man oft mit den Hamiltonschen Bewegungsgleichungen. Eine Grundlage dafür ist die Legendre-Transformation für (strikt) konvexe Funktionen, welche wir allgemein definieren wollen. Dabei heißt eine Funktion $f \colon \mathbb{R}^N \to \mathbb{R}$ konvex, falls

$$f(\alpha x + (1 - \alpha) y) \leq \alpha f(x) + (1 - \alpha) f(y)$$

für alle $x, y \in \mathbb{R}^N$ und alle $\alpha \in (0, 1)$ gilt. Die Funktion $f$ heißt strikt konvex, falls für alle $x \neq y$ die obige Abschätzung sogar mit „$<$" statt „$\leq$" gilt.

▶ **Definition 1.5.** Sei $f: \mathbb{R}^N \to \mathbb{R}$ eine konvexe Funktion. Dann ist die Legendre-Transformierte $\mathscr{L}f: \mathbb{R}^N \supseteq D^* \to \mathbb{R}$ definiert durch

$$(\mathscr{L}f)(p) := \sup_{x \in \mathbb{R}^N} \left( p \cdot x - f(x) \right) \quad (p \in D^*),$$

wobei

$$D^* := \left\{ p \in \mathbb{R}^N \,\Big|\, \sup_{x \in \mathbb{R}^N} \left( p \cdot x - f(x) \right) < \infty \right\}.$$

*Bemerkung 1.6.* Sei $f: \mathbb{R}^N \to \mathbb{R}$ eine zweimal stetig differenzierbare Funktion, und die Hessematrix $(\partial_{x_i} \partial_{x_j} f(x))_{i,j=1,\ldots,N} \in \mathbb{R}^{N \times N}$ von $f$ sei an jeder Stelle $x \in \mathbb{R}^N$ positiv definit. Dann ist $f$ strikt konvex. Zur Berechnung von $\mathscr{L}f$ kann man die Funktion $x \mapsto F(x, p) := p \cdot x - f(x)$ ableiten und erhält für eine Maximalstelle die Bedingung $0 = p^\top - f'(x)$, d.h. $p = \nabla f(x)$. Dabei verwenden wir die Schreibweisen

$$f'(x) = \left( \partial_{x_1} f(x), \ldots, \partial_{x_N} f(x) \right)$$

für die Jacobi-Matrix von $f$ (hier ein Zeilenvektor) und $\nabla f(x) := (f'(x))^\top$ (der Gradient ist also ein Spaltenvektor). Die Abbildung $g: \mathbb{R}^N \to \mathbb{R}^N$, $x \mapsto \nabla f(x)$ besitzt als Jacobimatrix gerade die Hessematrix von $f$, welche nach Voraussetzung invertierbar ist, und ist nach dem Satz von der lokalen Umkehrbarkeit zumindest lokal umkehrbar, d.h. die Gleichung $p = \nabla f(x)$ lässt sich (lokal) nach $x$ auflösen. Wir schreiben $x = h(p)$ für die Umkehrung von $g$, d.h. es gelte $\nabla f(h(p)) = p$. Dann erhält man

$$(\mathscr{L}f)(p) = F(h(p), p) = p \cdot h(p) - f(h(p)).$$

Somit muss man die Gleichung $p = \nabla f(x)$ nach $x$ auflösen und dann in $F(x, p)$ einsetzen.

In vielen Fällen ist die Lagrange-Funktion eines mechanischen Systems $L: \mathbb{R} \times \mathbb{R}^N \times \mathbb{R}^N$, $(t, x, y) \mapsto L(t, x, y)$ strikt konvex in der Variablen $y = (y_1, \ldots, y_N)$. Daher kann man die Legendre-Transformierte von $L$ bezüglich $y$ betrachten.

▶ **Definition 1.7.** Sei $L: \mathbb{R} \times \mathbb{R}^N \times \mathbb{R}^N$, $(t, q, \dot{q}) \mapsto L(t, q, \dot{q})$ zweimal stetig differenzierbar in $\dot{q}$, und die Hessematrix der Abbildung $\mathbb{R}^N \to \mathbb{R}$, $\dot{q} \mapsto L(t, q, \dot{q})$ sei für alle $(t, q) \in \mathbb{R} \times \mathbb{R}^N$ positiv definit. Dann definiert man die generalisierten Impulse $p = (p_1, \ldots, p_N)^\top$ durch

$$p := \partial_{\dot{q}} L(t, q, \dot{q}),$$

d. h. $p_j = \partial_{\dot{q}_j} L(t, q, \dot{q})$ für $j = 1, \ldots, N$. Die zugehörige Hamilton-Funktion $H \colon \mathbb{R} \times \mathbb{R}^N \times \mathbb{R}^N \to \mathbb{R}$, $(t, q, p) \mapsto H(t, q, p)$ ist definiert als die Legendre-Transformierte von $L$ bezüglich $\dot{q}$, d. h. es gilt

$$H(t, q, p) = p \cdot \dot{q}(p) - L(t, q, \dot{q}(p)) \quad ((t, q, p) \in \mathbb{R} \times \mathbb{R}^N \times \mathbb{R}^N),$$

wobei $\dot{q}(p)$ durch $p = \partial_{\dot{q}} L(t, q, \dot{q}(p))$ festgelegt ist.

*Bemerkung 1.8.* Die Euler–Lagrange-Gleichung (1.6), geschrieben in den generalisierten Impulsen, lautet

$$\dot{p}(t) = \partial_q L(t, q(t), \dot{q}(t)) \quad (t \in \mathbb{R}). \tag{1.7}$$

---

**Beispiel 1.9**

Wir betrachten wieder den harmonischen Oszillator aus Beispiel 1.1. Hier war $L(t, q, \dot{q}) = \frac{1}{2} m \dot{q}^2 - \frac{1}{2} k q^2$. Somit gilt

$$p = \partial_{\dot{q}} L(t, q, \dot{q}) = m \dot{q}.$$

Wir erhalten $\dot{q} = \dot{q}(p) = \frac{p}{m}$ und damit

$$H(t, q, p) = p \dot{q}(p) - L(t, q, \dot{q}(p)) = \frac{p^2}{m} - \frac{p^2}{2m} + \frac{1}{2} k q^2 = \frac{p^2}{2m} + \frac{1}{2} k q^2. \tag{1.8}$$

◄

---

**Satz 1.10.** *In der Situation von Definition 1.7 sei die Abbildung $\dot{q} \mapsto p := \partial_{\dot{q}} L(t, q, \dot{q})$ umkehrbar. Dann erfüllt ein stetig differenzierbarer Weg $q \colon \mathbb{R} \to \mathbb{R}^N$ genau dann die Euler–Lagrange-Gleichung (1.6), falls für $q$ und die zugehörigen generalisierten Impulse $p(t) := \partial_{\dot{q}} L(t, q(t), \dot{q}(t))$ die Hamiltonschen Bewegungsgleichungen*

$$\begin{aligned} \dot{q}(t) &= \partial_p H(t, q(t), p(t)) \quad (t \in \mathbb{R}), \\ \dot{p}(t) &= -\partial_q H(t, q(t), p(t)) \quad (t \in \mathbb{R}) \end{aligned} \tag{1.9}$$

*gelten.*

---

*Beweis.* Sei zunächst $q$ eine Lösung der Euler–Lagrange-Gleichung, und sei $p = \partial_{\dot{q}} L(t, q, \dot{q}) = g(\dot{q})$ mit Umkehrfunktion $\dot{q} = h(p)$ (vergleiche Bemerkung 1.6). Dann ist die Hamilton-Funktion definiert durch

$$H(t, q, p) = p \cdot h(p) - L(t, q, h(p)),$$

und damit folgt

$$\partial_p H(t, q, p) = h(p) + p \cdot \partial_p h(p) - \partial_{\dot{q}} L(t, q, h(p)) \cdot \partial_p h(p)$$
$$= h(p) = \dot{q}(t).$$

Dabei wurden die Definition $p = \partial_{\dot{q}} L(t, q, \dot{q})$ und $\dot{q} = h(p)$ verwendet. Aus der Euler–Lagrange-Gleichung erhalten wir

$$\dot{p}(t) = \partial_q L(t, q, h(p)) = -\partial_q H(t, q, p).$$

Also ist $(q, p)$ eine Lösung der Hamiltonschen Bewegungsgleichungen. Die andere Implikation beweist man analog.                                                                    □

Die Hamiltonschen Bewegungsgleichungen (1.9) sind ein System gewöhnlicher Differentialgleichungen und bei gegebenen $p(t_0)$, $q(t_0)$ eindeutig lösbar (bei entsprechender Voraussetzung an die Hamilton-Funktion, etwa die globale Lipschitz-Bedingung). Physikalisch kann die Hamilton-Funktion in vielen Fällen als Gesamtenergie des Systems interpretiert werden.

Im Beispiel des harmonischen Oszillators (Beispiel 1.1) lauten die Hamiltonschen Bewegungsgleichungen

$$\dot{q}(t) = \frac{\partial H(t, q(t), p(t))}{\partial p} = \frac{p(t)}{m} \quad (t \in \mathbb{R}),$$

$$\dot{p}(t) = -\frac{\partial H(t, q(t), p(t))}{\partial q} = -kq(t) \quad (t \in \mathbb{R}).$$

Dies ist eine lineare Differentialgleichung mit konstanten Koeffizienten und daher bei gegebenen Anfangswerten $q(t_0)$, $p(t_0)$ eindeutig global lösbar.

Wir fassen den oben skizzierten variationellen Zugang zur klassischen Mechanik nochmal zusammen und geben zusätzlich einige in der Mechanik oft verwendete Bezeichnungen an.

- Ein klassisches mechanisches System ist gegeben durch generalisierte Koordinaten $q = q(t) \in \mathbb{R}^N$, generalisierte Impulse $p = p(t) \in \mathbb{R}^N$ und die Hamilton-Funktion $H \colon \mathbb{R} \times \mathbb{R}^N \times \mathbb{R}^N \to \mathbb{R}$, $(t, q, p) \mapsto H(t, q, p)$. Die Hamilton-Funktion ist die Legendre-Transformierte der Lagrange-Funktion $L \colon \mathbb{R} \times \mathbb{R}^N \times \mathbb{R}^N \to \mathbb{R}$, $(t, q, \dot{q}) \mapsto L(t, q, \dot{q})$ bezüglich der Variablen $\dot{q}$.
- Ein Punkt $\psi = (q, p) \in \mathbb{R}^{2N}$ heißt Phase oder Phasenvektor. Die Menge $\mathbb{R}^{2N+1} = \{(t, q, p) \mid t \in \mathbb{R}, \, q, \, p \in \mathbb{R}^N\}$ heißt Zustandsraum des Systems.
- Die zeitliche Entwicklung eines Phasenvektors $\psi(t) = (q(t), p(t))$ ist gegeben durch die Hamiltonschen Bewegungsgleichungen

$$\dot{q}(t) = \partial_p H(t, q(t), p(t)) \quad (t \in \mathbb{R}),$$
$$p(t) = -\partial_q H(t, q(t), p(t)) \quad (t \in \mathbb{R}).$$

Bei gegebenem Anfangswert ist dadurch der Zustand des Systems für jeden späteren Zeitpunkt eindeutig festgelegt.

- Zu gegebenem Startzeitpunkt $t_0 \in \mathbb{R}$ und Anfangszustand $q_0, p_0 \in \mathbb{R}^N$ heißt die Menge $\{(q(t), p(t)) \mid t \geq t_0\} \subseteq \mathbb{R}^{2N}$ die Bahn (oder der Orbit oder die Trajektorie) des Systems, wobei $(q(t), p(t))$ für $t \geq t_0$ durch die Hamiltonschen Bewegungsgleichungen festgelegt ist.

## 1.2 Die Postulate der Quantenmechanik

Wie wir gesehen haben, spielen in der klassischen Mechanik Begriffe wie der Vektorraum $\mathbb{R}^N$, klassische (partielle) Ableitungen und zugehörige Differentialgleichungen eine zentrale Rolle, also Konzepte, die aus einer Analysis-Vorlesung bekannt sein können. Das ändert sich grundlegend, wenn man zur Quantenmechanik übergeht: Hier tauchen viele Begriffe auf, die der Funktionalanalysis oder der Operatortheorie zuzuordnen sind. Um zu sehen, welche neuen Begriffe hier auftauchen (und das sind nicht wenige), werden wir im Folgenden zentrale Definitionen und Axiome der Quantenmechanik vorstellen. Die auftretenden Objekte werden dabei nicht mathematisch definiert – denn dies ist der Inhalt der nachfolgenden Kapitel!

Wir beginnen mit einer einfachen, aber wichtigen Größe der Mechanik: dem Ort eines Teilchens. Im eindimensionalen Fall wird der Ort durch einen Punkt $x \in \mathbb{R}$ beschrieben, was auch anschaulich nachvollziehbar ist. Durch die Hamiltonschen Bewegungsgleichungen ist die zeitliche Entwicklung zu gegebenen Anfangswerten eindeutig und deterministisch festgelegt. Dies ändert sich in der Quantenmechanik grundlegend. Der eindimensionale Ort wird nun durch eine Observable beschrieben, welche Funktionen auf neue Funktionen abbildet. Genauer wird eine Funktion $\psi \colon \mathbb{R} \to \mathbb{C}$, $x \mapsto \psi(x)$ abgebildet auf die Funktion $Q\psi \colon \mathbb{R} \to \mathbb{C}$, $x \mapsto x\psi(x)$, d.h. die Funktion $x \mapsto \psi(x)$ wird mit der Variablen $x$ multipliziert. Während in der klassischen Mechanik der Zustand eines eindimensionalen Teilchens (bezüglich des Ortes) durch einen Wert $\psi \in \mathbb{R}$ gegeben ist, ist ein (reiner) Zustand in der Quantenmechanik eine Funktion $\psi \colon \mathbb{R} \to \mathbb{C}$. Die Abbildung $Q \colon \psi \mapsto Q\psi$ ist ein Beispiel eines selbstadjungierten Operators – ein Begriff, der in der Quantenmechanik eine wesentliche Rolle spielt. Wir werden später sehen, dass auch die deterministische Sichtweise in der Quantenmechanik durch die Angabe von Wahrscheinlichkeiten ersetzt wird, und die zeitliche Entwicklung wird auf andere Weise beschrieben.

Wir beginnen mit der allgemeinen Definition eines reinen Zustands im Rahmen der Quantenmechanik.

▶ **Definition 1.11.** Ein quantenmechanisches System ist beschrieben durch einen separablen $\mathbb{C}$-Hilbertraum $\mathscr{H}$, zugehörige reine Zustände und Observable. Dabei ist ein reiner Zustand definiert als ein eindimensionaler Unterraum von $\mathscr{H}$. Eine Observable (Messapparatur für eine physikalische Größe) ist definiert als selbstadjungierter Operator $T : \mathscr{H} \supseteq D(T) \to \mathscr{H}$.

*Bemerkung 1.12.* Ein eindimensionaler Unterraum von $\mathscr{H}$ hat die Form $\{\lambda\psi \mid \lambda \in \mathbb{C}\}$ mit $\psi \in \mathscr{H}$, $\|\psi\| = 1$. Äquivalent kann man daher auch reine Zustände als normierte Vektoren in $\mathscr{H}$ definieren, d. h. den Phasenraum $\{\psi \in \mathscr{H} \mid \|\psi\| = 1\}$ betrachten. Allerdings beschreiben $\psi$ und $e^{i\theta}\psi$ mit $\theta \in [0, 2\pi)$ nach Definition denselben Zustand.

---

**Beispiel 1.13 (Ortsobservable)**

Die eindimensionale Ortsobservable (Ortsoperator) $Q$ ist im Hilbertraum $\mathscr{H} = L^2(\mathbb{R})$ definiert durch

$$D(Q) := \{\psi \in L^2(\mathbb{R}) \mid (x \mapsto x \cdot \psi(x)) \in L^2(\mathbb{R})\},$$
$$(Q\psi)(x) := x\psi(x) \quad (\psi \in D(Q)).$$

Man spricht vom Multiplikationsoperator mit der Funktion $\mathrm{id}_{\mathbb{R}} : x \mapsto x$.                    ◀

---

**Beispiel 1.14 (Impulsobservable)**

Die Impulsobservable (Impulsoperator) $P$ ist definiert im Hilbertraum $\mathscr{H} := L^2(\mathbb{R})$ durch

$$D(P) := H^1(\mathbb{R}),$$
$$P\psi := -i\hbar\,\psi' \quad (\psi \in D(P)).$$

Dabei ist $\hbar = \frac{h}{2\pi} \approx 1.05457 \cdot 10^{-27}$ erg s eine physikalische Konstante, das reduzierte Plancksche Wirkungsquantum. Der Definitionsbereich $H^1(\mathbb{R})$ von $P$ ist der $L^2$-Sobolevraum erster Ordnung auf $\mathbb{R}$, und $\psi'$ bezeichnet die distributionelle Ableitung von $\psi$.                    ◀

*Bemerkung 1.15.* Bei der obigen Angabe des Wertes von $\hbar$ verwenden wir, wie im gesamten Buch, das Gaußsche Einheitensystem (auch Gaußsches cgs-System genannt) für die physikalischen Größen . Dieses unterschiedet sich vom Internationales Einheitensystem SI (Système international d'unités) im Bereich der Mechanik durch triviale Umrechnungen, aber etwa für elektromagnetische Größen deutlich. Statt kg (Kilogramm) und m (Meter) als Grundeinheiten im SI werden im Gauß-System g (Gramm) und cm (Zentimeter) verwendet, sowie in beiden Systemen s (Sekunde) – daher auch der Name cgs-System. Im Gauß-System setzt man dyn $:= \frac{\text{g cm}}{\text{s}^2} (= 10^{-5}\,\text{N})$ sowie erg $:= \frac{\text{g cm}^2}{\text{s}^2} (= 10^{-7}\,\text{J})$.

Im Gauß-System werden die elektrische Feldstärke $E$ und die magnetische Flussdichte (Induktion) $B$ anders definiert als im SI; es gelten die Beziehungen

$$E = \sqrt{4\pi\varepsilon_0}\, E_{SI}, \quad B = \sqrt{\frac{4\pi}{\mu_0}}\, B_{SI},$$

wobei $\mu_0 \approx 1,25664 \cdot 10^{-6}\,\frac{N}{A^2}$ die magnetische Feldkonstante und $\varepsilon_0 := 1/(\mu_0 c^2) \approx 8,85419 \cdot 10^{-12}\,\frac{As}{Vm}$ die elektrische Feldkonstante sind. Dabei ist $c$ die Lichtgeschwindigkeit, $c \approx 2,99792 \cdot 10^8\,\frac{m}{s}$. Die Einheit für die elektrische Ladung ist $C = As$ (Coulomb) im SI und statC $= \frac{g^{1/2}cm^{3/2}}{s}$ im Gauß-System.

In der Anwendung der beiden Systeme im Rahmen dieses Buchs liegt ein wesentlicher Unterschied in der Formel für das elektrostatische Potential zwischen zwei Elementarladungen im Abstand $r > 0$, welches im Gauß-System die Form $\frac{e^2}{r}$ hat, im SI jedoch die Form $\frac{e_{SI}^2}{4\pi\varepsilon_0 r}$. Dabei ist $e \approx 4,80321 \cdot 10^{-10}$ statC die Elementarladung im Gauß-System und $e_{SI} \approx 1,60218 \cdot 10^{-19}\,C$ die Elementarladung im SI. Dieses Potential (im Gauß-System) wird uns beim Hamilton-Operator für das Wasserstoffatom später noch begegnen.

Der Messvorgang ist in der Quantenmechanik wichtig. Anders als in der klassischen Mechanik, wird nicht ein fester Wert gemessen, sondern man bestimmt die Wahrscheinlichkeit dafür, bestimmte Werte (oder Werte in einem bestimmten Bereich) zu messen. Dies zeigt die folgende Definition, die auch als stochastische Interpretation eines quantenmechanischen Systems bezeichnet wird.

▶ **Definition 1.16.** Sei $T$ eine Observable im quantenmechanischen System $\mathscr{H}$, und sei $\psi \in D(T)$ ein reiner Zustand. Sei $E$ das zur Observablen $T$ gehörige Spektralmaß auf $\mathscr{B}(\sigma(T))$. Dann ist für jede Menge $A \in \mathscr{B}(\sigma(T))$ durch

$$\langle E(A)\psi, \psi \rangle = \|E(A)\psi\|^2 = E_\psi(A) \in [0, 1]$$

die Wahrscheinlichkeit dafür gegeben, dass bei einer Messung der Observablen $T$, falls sich das System im Zustand $\psi$ befindet, der gemessene Wert in $A$ liegt.

In Definition 1.11 wurden reine Zustände betrachtet. Als Verallgemeinerung hiervon gibt es in der Quantenmechanik auch den Begriff des gemischten Zustands und die entsprechende stochastische Interpretation.

▶ **Definition 1.17.** Ein gemischter Zustand ist ein selbstadjungierter, nichtnegativer Spurklasseoperator $\rho \in L(\mathscr{H})$ mit $\operatorname{tr}\rho = 1$. Falls $T$ eine Observable im quantenmechanischen System $\mathscr{H}$ ist und sich das System im gemischten Zustand $\rho$ befindet, so ist für jede Menge $A \in \mathscr{B}(\sigma(T))$ die Wahrscheinlichkeit dafür, dass der durch die Observable gemessene Wert in $A$ liegt, gegeben durch

$$\mathrm{tr}(\rho E(A)).$$

Dabei ist wieder $E$ das zu $T$ gehörige Spektralmaß auf $\mathscr{B}(\sigma(T))$. Der gemischte Zustand $\rho$ heißt auch Dichtematrix.

Man beachte, dass es sich bei $\rho$ im Allgemeinen trotz des Namens nicht um eine Matrix handelt.

Bisher haben wir nur die Messung zu einem festen Zeitpunkt betrachtet. Genauso wie in der klassischen Mechanik ändert sich der Zustand des Systems mit der Zeit. Während die zeitliche Entwicklung des Systems in der klassischen Mechanik durch die Hamilton-Funktion und die Hamiltonschen Bewegungsgleichungen (1.9) beschrieben wird, wird die zeitliche Dynamik in der Quantenmechanik durch den Hamilton-Operator und die Schrödinger-Gleichung festgelegt.

▶ **Definition 1.18.** Zu jedem quantenmechanischen System gehört ein eindeutig bestimmter selbstadjungierter Operator $H\colon \mathscr{H} \supseteq D(H) \to \mathscr{H}$, der Hamiltonoperator des Systems. Befindet sich das System zum Zeitpunkt $t = 0$ im Zustand $\psi_0 \in \mathscr{H}$, $\|\psi_0\| = 1$, so ist es zum Zeitpunkt $t > 0$ im Zustand $\psi(t) := e^{-it/\hbar H}\psi_0$. Falls $\psi_0 \in D(H)$, so ist $\psi$ eine Lösung der (abstrakten) Schrödingergleichung

$$\begin{aligned} i\,\hbar\psi'(t) &= H\psi(t) \quad (t > 0), \\ \psi(0) &= \psi_0. \end{aligned} \tag{1.10}$$

Dabei bezeichnet $\psi'$ die Ableitung von $\psi$ nach der Zeit $t$.

*Bemerkung 1.19.* Der Hamilton-Operator wird zur Beschreibung des quantenmechanischen Systems benötigt und ist Teil der Modellierung des Systems, nicht der Mathematik. Die folgende Regel liefert jedoch einen „Übersetzungsmechanismus", der es erlaubt, klassische Hamilton-Funktionen in quantenmechanische Hamilton-Operatoren zu übersetzen:

*Quantisierungsregel:* Gegeben sei ein System von Teilchen, das im Rahmen der klassischen Mechanik und Elektrodynamik durch die generalisierten Koordinaten $q = q(t) \in \mathbb{R}^N$ und die generalisierten Impulse $p = p(t) \in \mathbb{R}^N$ sowie durch die Hamilton-Funktion $H\colon \mathbb{R} \times \mathbb{R}^N \times \mathbb{R}^N \to \mathbb{R}$ beschrieben wird. Dann wird der quantenmechanische Hamilton-Operator dieses Systems gebildet durch die Ersetzung von $q_j$ durch $Q_j\colon L^2(\mathbb{R}^N) \supseteq D(Q_j) \to L^2(\mathbb{R}^N)$ und durch die Ersetzung von $p_j$ durch $P_j\colon L^2(\mathbb{R}^N) \supseteq D(P_j) \to L^2(\mathbb{R}^N)$. Hierbei wirken der Orts- bzw. Impulsoperator $Q_j$ bzw. $P_j$ jeweils auf die $j$-te Koordinate, d. h. $Q_j\psi(x) := x_j\psi(x)$ und $P_j\psi(x) := -i\,\hbar\partial_{x_j}\psi(x)$. Den somit erhaltenen Differentialausdruck $H(t, P, Q)$ verwendet man zur Konstruktion des quantenmechanischen Hamilton-Operators des Systems.

Diese Regel ist allerdings nicht als formale Definition verwendbar, da zum einen nichts über den Definitionsbereich des Hamilton-Operators ausgesagt wird, andererseits die Operatoren $P_i$ und $Q_i$ nicht kommutieren, so dass der gebildete formale Operator nicht immer eindeutig definiert ist.

---

**Beispiel 1.20**

Die klassische Hamilton-Funktion des (eindimensionalen) harmonischen Oszillators war gegeben durch

$$H(t, q, p) = \frac{p^2}{2m} + \frac{k}{2}q^2,$$

siehe Beispiel 1.9. Mit der Quantisierungsregel ergibt sich der Hamilton-Operator

$$H = \frac{1}{2m}P^2 + \frac{k}{2}Q^2,$$

d. h. für hinreichend glatte Funktionen $\psi$ ist $H\psi$ gegeben durch den formalen Differentialausdruck

$$(H\psi)(x) = -\frac{1}{2m}\hbar^2\psi''(x) + \frac{k}{2}x^2\psi(x).$$

Jetzt muss noch der Definitionsbereich so spezifiziert werden, dass $H$ ein selbstadjungierter Operator ist.  ◀

---

Mit der zeitlichen Entwicklung ist eine (erste) Axiomatik der Quantenmechanik abgeschlossen, die wir noch einmal zusammenfassen.

**Axiome der Quantenmechanik:**

[A1] Die Gesamtheit der reinen Zustände eines quantenmechanischen Systems ist gegeben durch die Menge der eindimensionalen Unterräume eines separablen $\mathbb{C}$-Hilbertraums $\mathcal{H}$ (oder durch normierte Vektoren von $\mathcal{H}$).

[A2] Jede beobachtbare Größe (Observable) eines quantenmechanischen Systems ist beschrieben durch einen selbstadjungierten Operator in $\mathcal{H}$.

[A3] Sei $\psi \in \mathcal{H}$, $\|\psi\| = 1$, ein reiner Zustand und $T: \mathcal{H} \supseteq D(T) \to \mathcal{H}$ eine Observable. Dann ist die Wahrscheinlichkeit dafür, dass der Messwert der beobachtbaren Größe $T$ in der Menge $A \in \mathcal{B}(\sigma(T))$ liegt, gegeben durch $\|E(A)\psi\|^2$, wobei $E: \mathcal{B}(\sigma(T)) \to L(\mathcal{H})$ das Spektralmaß des Operators $T$ ist.

[A4] Die zeitliche Entwicklung eines quantenmechanischen Systems ist gegeben durch einen selbstadjungierten Operator $H$, den Hamilton-Operator des Systems. Befindet sich das System zur Zeit $t = 0$ im Zustand $\psi_0 \in \mathcal{H}$, $\|\psi_0\| = 1$, so ist es zum Zeitpunkt $t > 0$ im Zustand $\psi(t) := e^{-it/\hbar H}\psi_0$.

Die Axiome [A1]–[A4] bilden das Grundgerüst der Quantenmechanik und werden je nach Anwendung durch weitere Axiome ergänzt. Wir geben hier noch das entsprechende Axiom für gemischte Zustände an, andere typische Axiome betrachten etwa Symmetrien und entsprechende zugehörige unitäre Darstellungen. Symmetrien sollen in diesem Buch jedoch nicht diskutiert werden.

[A5] Ein gemischter Zustand eines quantenmechanischen Systems ist gegeben durch eine Dichtematrix $\rho$, d. h. einen selbstadjungierten, nichtnegativen Spurklasseoperator mit Spur 1. Falls $T: \mathscr{H} \supseteq D(T) \to \mathscr{H}$ eine Observable ist und das System sich im gemischten Zustand $\rho$ befindet, so ist die Wahrscheinlichkeit dafür, dass der Messwert der beobachtbaren Größe $T$ in der Menge $A \in \mathscr{B}(\sigma(T))$ liegt, gegeben durch $\mathrm{tr}(\rho E(A))$.

In den letzten Seiten tauchen viele Begriffe auf, die über den Stoff z. B. einer üblichen Analysis-Vorlesung weit hinausgehen. Doch:

## Keine Panik!

Es ja gerade das Ziel dieses Buchs, die entsprechenden Konzepte vorzustellen, wichtige Eigenschaften zu beweisen und anhand einiger Beispiele die entstehenden quantenmechanischen Systeme zu untersuchen.

In Kap. 2–7 werden wir auf die Definitionen und wichtige Eigenschaften der mathematischen Objekte eingehen, bevor wir in Kap. 8 nochmal auf die Axiomatik zurückkommen und diese eingehender studieren. Danach folgen in Kap. 9 und 10 einige Beispiele quantenmechanischer Systeme. Wir geben in Tab. 1.1 die wichtigsten der oben erwähnten Begriffe noch einmal an.

*Bemerkung 1.21 (Physik-Notation).* Schon beim ersten Blick in die Literatur über Quantenmechanik fällt auf, dass zwei verschiedene Schreibweisen verwendet werden, je nachdem, ob die Darstellung eher physikalisch oder eher mathematisch orientiert ist. Im vorliegenden Buch verwenden wir die mathematische Schreibweise (was natürlich in keiner Weise eine Wertung darstellen soll), daher werden hier zumindest einige in der Physik übliche Notationen erwähnt.

a) Ein zentraler Unterschied ist die Verwendung der Bra-Ket-Notation oder Dirac-Notation in der physikalischen Schreibweise. In dieser Notation werden Vektoren (z. B. reine Zustände) als Ket, d. h. in der Form $|\psi\rangle$ geschrieben, während lineare Funktionale als Bra, also in der Form $\langle f|$ dargestellt werden. Die Anwendung eines linearen Funktionals $\langle f|$ auf einen Vektor $|\psi\rangle$ ergibt dann $\langle f|\psi\rangle$, was bei Hilberträumen in Schreibweise und Interpretation mit dem Skalarprodukt übereinstimmt. Das Tensorprodukt $f \otimes \phi$ wird in der Bra-Ket-Notation zu $|\phi\rangle\langle f|$, und angewendet auf Vektoren $|\psi\rangle$ erhält man $\langle f|\psi\rangle|\phi\rangle$. Die Anwendung eines Operators $T$ auf einen Vektor $|\psi\rangle$ schreibt man wie gewohnt als $T|\psi\rangle$, und man setzt

**Tab. 1.1** Übersicht über einige wichtige Begriffe der Quantenmechanik

| Begriff | Auftauchen | Kapitel |
|---|---|---|
| Separabler Hilbertraum | Zustandsraum | Kap. 2 |
| Der Raum $L^2(\mathbb{R})$ der quadratintegrierbaren Funktionen | Zustandsraum für die Orts- und Impulsvariable, Axiom [A1] | Kap. 3 |
| Sobolevraum $H^1(\mathbb{R})$ | Definitionsbereich für die Impulsvariable, Beispiel 1.14 | Kap. 4 |
| Distributionelle Ableitung | Wirkung der Impulsvariablen, Beispiel 1.14 | Kap. 4 |
| Selbstadjungierter Operator | Definition Observable, Axiom [A2] | Kap. 5 |
| Spektralsatz und Spektralmaß | Stochastische Interpretation, Axiom [A3] | Kap. 6 |
| Wahrscheinlichkeitsmaß | Stochastische Interpretation, Axiom [A3] | Kap. 3 |
| Unitäre Gruppe | Zeitliche Entwicklung des Systems, Axiom [A4] | Kap. 6 |
| Spurklasseoperator | Gemischter Zustand, Axiom [A5] | Kap. 7 |

$$\langle\phi|T|\psi\rangle := \langle\phi|\psi_1\rangle \ \text{mit} \ |\psi_1\rangle := T|\psi\rangle.$$

b) Im Zusammenhang mit der Bra-Ket-Notation schreibt man auch in einem Hilbertraum $\mathscr{H}$ das Skalarprodukt in der Form $\langle\phi|\psi\rangle$ statt $\langle\phi,\psi\rangle$. Die komplex konjugierte Zahl wird in der Physik-Notation üblicherweise als $z^*$ geschrieben, der adjungierte Operator zu $T$ wird oft als hermitesch konjugierter Operator bezeichnet und erhält das Symbol $T^\dagger$. Selbstadjungierte Operatoren werden in der Physik häufig hermitesche Operatoren genannt. Schließlich wird das Skalarprodukt in der Physik meist als linear im zweiten Argument und konjugiert linear im ersten Argument definiert, während es in der Mathematik gerade umgekehrt ist.

c) Einige Standardbezeichnungen werden in Physik und Mathematik unterschiedlich verwendet, so sind Vektoren in der Physik oft fett gedruckt, teilweise findet man $\mathbf{r} \in \mathbb{R}^3$ dort, wo in der Mathematik eher $x \in \mathbb{R}^3$ stehen würde, und die Variable der Fourier-Transformierten heißt in der Physik eher $\mathbf{k}$ statt $\xi$. Das $L^2$-Skalarprodukt wird etwa in [42, Abschn. 3.2.2], in der Form

$$\langle\phi|\psi\rangle = \int d^3r\, \phi^*(\mathbf{r})\psi(\mathbf{r})$$

geschrieben, während es im vorliegenden Buch die Form

$$\langle\phi,\psi\rangle = \int_{\mathbb{R}^3} \phi(x)\overline{\psi(x)}\,dx$$

hat. Schließlich geht man in der Physik etwas entspannter mit der Dirac-Distribution um und schreibt diese als Funktion (oft als Delta-Funktion bezeichnet). So wird man etwa die Zeile

$$\int f(\mathbf{r})\delta(\mathbf{r}' - \mathbf{r})\,d\mathbf{r} = f(\mathbf{r}')$$

eher in einem Physik-Buch finden als in einem Mathematik-Buch.

*Was haben wir gelernt?*
- In der klassischen Mechanik führt das Hamilton-Prinzip zu den Euler–Lagrange-Gleichungen, über die Legendre-Transformation kommt man zu den Hamilton-schen Bewegungsgleichungen.
- In der Quantenmechanik werden zu messende Größen durch Observable beschrieben, der Zustand eines Systems wird durch normierte Elemente eines Hilbertraums dargestellt.
- In der Quantenmechanik wird die zeitliche Entwicklung durch einen Hamilton-Operator beschrieben.
- Die Definition der Observablen und des Hamilton-Operators können (in vielen Fällen) durch Quantisierung der entsprechenden Größen aus der klassischen Mechanik konstruiert werden.

# Hilberträume

**2**

*Worum geht's?* Im Axiom [A1] wird ein reiner Zustand als ein normiertes Element in einem separablen $\mathbb{C}$-Hilbertraum definiert – deshalb behandelt dieses Kapitel den Begriff eines Hilbertraums. Ein einfaches Beispiel für einen Hilbertraum ist der Vektorraum $\mathbb{R}^n$, der viele gute Eigenschaften besitzt: Man kann ihn mit einer Norm versehen, z. B. der euklidischen Norm

$$|x| := \Big( \sum_{j=1}^n |x_j|^2 \Big)^{1/2},$$

so dass man einen vollständigen normierten Raum erhält. Dabei heißt vollständig, dass jede Cauchyfolge gegen einen Grenzwert konvergiert. Zusätzlich kann man definieren, wann zwei Vektoren $x, y \in \mathbb{R}^n$ senkrecht aufeinander stehen: Dies ist der Fall, falls $\langle x, y \rangle = 0$, wobei $\langle \cdot, \cdot \rangle$ das durch

$$\langle x, y \rangle := x \cdot y := \sum_{j=1}^n x_j y_j$$

gegebene Skalarprodukt ist. Man sieht, dass die Norm durch das Skalarprodukt erzeugt wird, d. h. es gilt $|x|^2 = \langle x, x \rangle$ für alle $x \in \mathbb{R}^n$.

Hilberträume besitzen ebenfalls all diese Eigenschaften, sind aber – gerade in den für die Quantenmechanik interessanten Fällen – häufig unendlich-dimensional. Wir werden insbesondere sehen, dass auch der Begriff einer Basis (die im $\mathbb{R}^n$ endlich ist, genauer aus $n$ Elementen besteht) auf den unendlich-dimensionalen Fall übertragen werden kann. Der dazu passende Begriff ist allerdings nicht die Vektorraumbasis, sondern die Hilbertraumbasis oder Orthonormalbasis.

© Springer-Verlag GmbH Deutschland, ein Teil von Springer Nature 2022
R. Denk, *Mathematische Grundlagen der Quantenmechanik*,
https://doi.org/10.1007/978-3-662-65554-2_2

Neben einfachen Folgerungen wie der Cauchy–Schwarz-Ungleichung und dem Satz von Pythagoras werden in diesem Kapitel der Approximations- und der Projektionssatz sowie der Satz von Riesz behandelt; letzterer beschreibt den topologischen Dualraum eines Hilbertraums. Wir ordnen Hilberträume in die größere Klasse normierter und topologischer Räume ein und diskutieren dabei kurz den wichtigen Begriff der kompakten Mengen. Abschließend werden die Existenz von Orthonormalbasen in Hilberträumen und die Darstellung von Elementen bezüglich der Basis untersucht.

## 2.1    Skalarprodukte

Im Folgenden sei $\mathbb{K} \in \{\mathbb{R}, \mathbb{C}\}$. Prähilberträume über dem Körper $\mathbb{K}$ sind $\mathbb{K}$-Vektorräume, auf denen ein Skalarprodukt definiert ist. Dies ermöglicht es, Begriffe wie Orthogonalität und Norm einzuführen, und diese sind die Grundlage für geometrische Begriffe. Man beachte, dass Prähilberträume sehr wohl unendlich-dimensional sein können – dies ist auch der für die Quantenmechanik interessante Fall.

▶ **Definition 2.1.**

a)  Sei $\mathcal{H}$ ein $\mathbb{K}$-Vektorraum. Dann heißt eine Abbildung $\langle \cdot, \cdot \rangle : \mathcal{H} \times \mathcal{H} \to \mathbb{K}$ ein Skalarprodukt auf $\mathcal{H}$, falls gilt:

   (i)  Für alle $y \in \mathcal{H}$ ist die Abbildung $x \mapsto \langle x, y \rangle$ linear.
   (ii)  Für alle $x, y \in \mathcal{H}$ gilt $\langle x, y \rangle = \overline{\langle y, x \rangle}$ (Symmetrie).
   (iii)  Für alle $x \in \mathcal{H}$ gilt $\langle x, x \rangle \geq 0$. Es gilt $\langle x, x \rangle = 0$ genau dann, wenn $x = 0$ (positive Definitheit).

   In diesem Fall heißt $\mathcal{H}$ ein Vektorraum mit Skalarprodukt oder ein Prähilbertraum.

b)  Zwei Vektoren $x, y \in \mathcal{H}$ heißen orthogonal oder senkrecht zueinander (in Zeichen $x \perp y$), falls $\langle x, y \rangle = 0$ gilt. Eine Familie $\{x_i\}_{i \in I}$ von Vektoren heißt orthonormal oder ein Orthonormalsystem, falls gilt:

$$\langle x_i, x_j \rangle = \delta_{ij} := \begin{cases} 1, & \text{falls } i = j, \\ 0, & \text{sonst.} \end{cases}$$

   Das Symbol $\delta_{ij}$ wird als Kronecker-Symbol bezeichnet.

c)  In einem Prähilbertraum $(\mathcal{H}, \langle \cdot, \cdot \rangle)$ wird durch $\|x\| := \langle x, x \rangle^{1/2}$ die kanonische Norm definiert.

**Beispiel 2.2**

a) Mit dem Skalarprodukt $\langle x, y \rangle := x \cdot y := \sum_{j=1}^{n} x_j y_j$ wird $\mathbb{R}^n$ zu einem $\mathbb{R}$-Hilbertraum. Für $x = (x_1, \ldots, x_n)^\top \in \mathbb{R}^n$ ist die zugehörige Norm durch $|x| := (\sum_{j=1}^{n} x_j^2)^{1/2}$ gegeben, d. h. es handelt sich um die euklidische Norm. Analog wird $\mathbb{C}^n$ mit dem Skalarprodukt $\langle x, y \rangle := \sum_{j=1}^{n} x_j \overline{y_j}$ zu einem $\mathbb{C}$-Hilbertraum mit der zugehörigen euklidischen Norm $|x| := (\sum_{j=1}^{n} |x_j|^2)^{1/2}$.

b) Seien $a, b \in \mathbb{R}$ mit $a < b$. Dann wird der Raum $C([a, b])$ aller stetigen $\mathbb{C}$-wertigen Funktionen mit dem Skalarprodukt

$$\langle f, g \rangle := \int_a^b f(x) \overline{g(x)}\, \mathrm{d}x \quad (f, g \in C([a, b])) \tag{2.1}$$

zu einem Prähilbertraum. Dabei sind die Eigenschaften (i) und (ii) aus Definition 2.1 offensichtlich. Um (iii) zu zeigen, sei $f \in C([a, b])$ mit $\|f\|^2 = \int_a^b |f(x)|^2\, \mathrm{d}x = 0$. Falls ein $x_0 \in [a, b]$ existiert mit $f(x_0) \neq 0$, so existieren wegen der Stetigkeit $\varepsilon > 0$ und $\delta \in (0, b - a)$ so, dass $|f(x)| \geq \varepsilon$ für alle $x \in [a, b]$ mit $|x - x_0| \leq \delta$ gilt. Damit folgt $\int_a^b |f(x)|^2\, \mathrm{d}x \geq \delta \varepsilon^2$ im Widerspruch zu $\|f\| = 0$.

Sei $K \subseteq \mathbb{R}^n$ abgeschlossen und beschränkt (dies ist äquivalent zu kompakt, wie wir später in Bemerkung 2.27 sehen werden). Dann sieht man in gleicher Weise, dass der Raum $C(K) := \{f : K \to \mathbb{C} \mid f \text{ stetig}\}$ mit dem Skalarprodukt $\langle f, g \rangle := \int_K f(x) \overline{g(x)}\, \mathrm{d}x$ ein Prähilbertraum ist.

c) Wir werden in Kap. 3 sehen, dass der typische (Prä-)Hilbertraum gegeben ist durch den Raum $L^2(\mu)$ aller quadratintegrierbaren Funktionen über einem Maßraum $(X, \mathscr{A}, \mu)$. Speziell ist der Raum $L^2(\mathbb{R}^n)$ aller quadratintegrierbaren Funktionen $f : \mathbb{R}^n \to \mathbb{C}$ einer der wichtigsten Hilberträume der Quantenmechanik. ◄

**Satz 2.3.** *Sei ein $\mathscr{H}$ Prähilbertraum.*

a) *Für alle $x, y \in \mathscr{H}$ mit $x \perp y$ gilt*

$$\|x + y\|^2 = \|x\|^2 + \|y\|^2.$$

*Dies ist auch als Satz von Pythagoras bekannt.*

b) *Für alle $x, y \in \mathscr{H}$ gilt die Parallelogrammgleichung*

$$\|x + y\|^2 + \|x - y\|^2 = 2\|x\|^2 + 2\|y\|^2.$$

c) *Für alle $x, y \in \mathcal{H}$ gilt die Polarisationsformel*

$$\langle x, y \rangle = \begin{cases} \frac{1}{4}(\|x + y\|^2 - \|x - y\|^2), & \text{falls } \mathbb{K} = \mathbb{R}, \\ \frac{1}{4}(\|x + y\|^2 - \|x - y\|^2 + i\,\|x + iy\|^2 - i\,\|x - iy\|^2), & \text{falls } \mathbb{K} = \mathbb{C}. \end{cases}$$

*Beweis.*

a) Für alle $x, y \in \mathcal{H}$ erhält man durch Ausmultiplizieren

$$\|x + y\|^2 = \langle x + y, x + y \rangle = \langle x, x \rangle + \langle x, y \rangle + \langle y, x \rangle + \langle y, y \rangle$$
$$= \|x\|^2 + \langle x, y \rangle + \overline{\langle x, y \rangle} + \|y\|^2$$
$$= \|x\|^2 + 2\mathrm{Re}(\langle x, y \rangle) + \|y\|^2. \tag{2.2}$$

Falls $x \perp y$, fällt der mittlere Term weg.

b) und c) folgen durch direktes Ausmultiplizieren.     $\square$

In einem Prähilbertraum ist die Norm direkt durch das Skalarprodukt definiert. Die Polarisationsformel liefert hier eine Art Umkehrung, da das Skalarprodukt mit Hilfe der Norm berechnet werden kann. Insbesondere zeigt dies, dass zwei Skalarprodukte schon gleich sind, falls die zugehörigen Normen gleich sind.

**Satz 2.4.** *Sei $\mathcal{H}$ ein Prähilbertraum.*

a) *Dann gilt die Cauchy–Schwarz-Ungleichung*

$$|\langle x, y \rangle| \leq \|x\| \cdot \|y\| \quad (x, y \in \mathcal{H}).$$

b) *Sei $\{x_n\}_{n=1}^N$ orthonormal. Dann gilt für alle $x \in \mathcal{H}$*

$$\|x\|^2 = \sum_{n=1}^N |\langle x, x_n \rangle|^2 + \left\| x - \sum_{n=1}^N \langle x, x_n \rangle x_n \right\|^2. \tag{2.3}$$

*Insbesondere gilt die Besselsche Ungleichung*

$$\sum_{n=1}^N |\langle x, x_n \rangle|^2 \leq \|x\|^2 \quad (x \in \mathcal{H}).$$

*Beweis.*

a) Falls $y = 0$, so ist nichts zu zeigen. Für $y \neq 0$ definiere $\alpha := \frac{\langle x, y \rangle}{\|y\|^2}$. Dann folgt mit (2.2)

$$0 \leq \|x - \alpha y\|^2 = \|x\|^2 - 2\operatorname{Re}(\langle x, \alpha y \rangle) + |\alpha|^2 \|y\|^2$$

$$= \|x\|^2 - 2\operatorname{Re}\left(\frac{\overline{\langle x, y \rangle}\langle x, y \rangle}{\|y\|^2}\right) + \frac{|\langle x, y \rangle|^2}{\|y\|^2} = \|x\|^2 - \frac{|\langle x, y \rangle|^2}{\|y\|^2}.$$

Multiplikation mit $\|y\|^2$ liefert a).

b) Wir schreiben

$$x = \sum_{n=1}^{N} \alpha_n x_n + \left(x - \sum_{n=1}^{N} \alpha_n x_n\right) \tag{2.4}$$

mit $\alpha_n := \langle x, x_n \rangle$. Da $\{x_n\}_{n=1}^{N}$ ein Orthonormalsystem ist, sind die Vektoren $\{\alpha_n x_n\}_{n=1}^{N}$ orthogonal, und mit dem Satz von Pythagoras folgt

$$\left\|\sum_{n=1}^{N} \alpha_n x_n\right\|^2 = \sum_{n=1}^{N} |\alpha_n|^2.$$

Andererseits gilt auch für alle $m = 1, \ldots, N$

$$\left\langle x - \sum_{n=1}^{N} \alpha_n x_n, x_m \right\rangle = \langle x, x_m \rangle - \sum_{n=1}^{N} \alpha_n \delta_{nm} = \langle x, x_m \rangle - \alpha_m = 0.$$

Damit sind die beiden Summanden in (2.4) ebenfalls orthogonal, und eine erneute Anwendung des Satzes von Pythagoras liefert (2.3). Die Besselsche Ungleichung folgt sofort aus (2.3). $\qquad\square$

## 2.2 Grundbegriffe der Topologie

In einem Prähilbertraum definiert die zugehörige kanonische Norm einen Längenbegriff. Damit kann man Abstände zwischen zwei Vektoren messen sowie Kugeln um einen Punkt definieren. Dies ist die Grundlage für topologische Begriffe wie Stetigkeit oder Kompaktheit. Wir beginnen mit der Definition einer Norm.

▶ **Definition 2.5.** Sei $X$ ein $\mathbb{K}$-Vektorraum. Eine Abbildung $\|\cdot\| \colon X \to [0, \infty)$ heißt eine Norm auf $X$, falls gilt:

(i) Es ist $\|x\| = 0$ genau dann, wenn $x = 0$.
(ii) Für alle $\alpha \in \mathbb{K}$ und $x \in X$ gilt $\|\alpha x\| = |\alpha|\,\|x\|$.
(iii) Für alle $x, y \in X$ gilt die Dreiecksungleichung $\|x + y\| \leq \|x\| + \|y\|$.

In diesem Fall heißt $(X, \|\cdot\|)$ ein normierter Raum. Zu $x \in X$ und $r > 0$ definiert man die offene Kugel $B(x, r)$ als

$$B(x, r) := \{y \in X \mid \|y - x\| < r\}.$$

Das folgende Resultat zeigt, dass die Bezeichnung Norm in Definition 2.1 c) gerechtfertigt war.

> **Lemma 2.6.** *Sei $\mathscr{H}$ ein Prähilbertraum mit Skalarprodukt $\langle \cdot, \cdot \rangle$. Dann wird durch $\|x\| := \langle x, x \rangle^{1/2}$ eine Norm auf $\mathscr{H}$ definiert.*

*Beweis.* Die Eigenschaft (i) aus Definition 2.5 folgt sofort aus Definition 2.1 (iii), die Eigenschaft (ii) erhält man aus der Gleichheit

$$\|\alpha x\|^2 = \langle \alpha x, \alpha x \rangle = \alpha \overline{\alpha} \langle x, x \rangle = |\alpha|^2 \|x\|^2$$

unter Verwendung von Definition 2.1 (i) und (ii). Für die Dreiecksungleichung schreiben wir mit (2.2)

$$\begin{aligned}
\|x + y\|^2 &= \|x\|^2 + 2\operatorname{Re}(\langle x, y \rangle) + \|y\|^2 \leq \|x\|^2 + 2|\langle x, y \rangle| + \|y\|^2 \\
&\leq \|x\|^2 + 2\|x\|\,\|y\| + \|y\|^2 = (\|x\| + \|y\|)^2,
\end{aligned}$$

wobei die Cauchy–Schwarz-Ungleichung verwendet wurde. □

Für den zentralen Begriff eines Hilbertraums fehlt noch die Eigenschaft der Vollständigkeit. Dabei verwenden wir für Folgen $(x_n)_{n \in \mathbb{N}}$ mit Laufindex $n \in \mathbb{N} := \{1, 2, \dots\}$ und Elementen $x_n \in X$ die Schreibweise $(x_n)_{n \in \mathbb{N}} \subseteq X$.

▶ **Definition 2.7.**

a) Sei $(X, \|\cdot\|)$ ein normierter Raum. Eine Folge $(x_n)_{n \in \mathbb{N}} \subseteq X$ heißt eine Cauchyfolge, falls für alle $\varepsilon > 0$ ein $n_0 \in \mathbb{N}$ so existiert, dass für alle $n, m \geq n_0$ gilt: $\|x_n - x_m\| < \varepsilon$.

b) Ein normierter Raum $X$ heißt vollständig, falls jede Cauchyfolge einen Grenzwert in $X$ besitzt, d.h. zu jeder Cauchyfolge $(x_n)_{n\in\mathbb{N}} \subseteq X$ existiert ein $x \in X$ mit $x_n \to x$ ($n \to \infty$).

c) Ein normierter vollständiger Raum heißt Banachraum. Ein Prähilbertraum, der (bezüglich der durch das Skalarprodukt induzierten Norm) vollständig ist, heißt Hilbertraum.

---

**Beispiel 2.8**

a) Die Räume $\mathbb{R}^n$ und $\mathbb{C}^n$ sind mit dem Standard-Skalarprodukt $\langle x, y \rangle := \sum_{j=1}^{n} x_j \overline{y_j}$ vollständig und damit ein Hilbertraum.

b) Die wohl wichtigste Klasse von Hilberträumen sind die Räume quadratintegrierbarer Funktionen $L^2(\mu)$ für ein Maß $\mu$. Dieser Begriff wird in Abschn. 3.3 diskutiert.

c) Der Raum $C([a, b])$ mit dem Skalarprodukt (2.1) aus Beispiel 2.2 b) ist ein Prähilbertraum, aber nicht vollständig und daher kein Hilbertraum. Wir betrachten z.B. $[a, b] = [0, 1]$ und die Folge $(f_n)_{n\in\mathbb{N}} \subseteq C([0, 1])$, gegeben durch

$$f_n(x) := \begin{cases} (2x)^n, & \text{falls } x \in [0, \frac{1}{2}], \\ 1, & \text{falls } x \in (\frac{1}{2}, 1]. \end{cases}$$

Für $n, m \in \mathbb{N}$ folgt unter Verwendung der elementaren Ungleichung $(a + b)^2 \leq 2(a^2 + b^2)$ für $a, b \geq 0$

$$\|f_n - f_m\|^2 = \int_0^1 |f_n(x) - f_m(x)|^2 \, dx = \int_0^{1/2} |(2x)^n - (2x)^m|^2 \, dx$$

$$\leq \int_0^{1/2} \left((2x)^n + (2x)^m\right)^2 dx \leq 2 \int_0^{1/2} \left((2x)^{2n} + (2x)^{2m}\right) dx$$

$$= \left(\frac{(2x)^{2n+1}}{2n + 1} + \frac{(2x)^{2m+1}}{2m + 1}\right)\Big|_{x=0}^{1/2} = \frac{1}{2n + 1} + \frac{1}{2m + 1}$$

$$\to 0 \quad (n, m \to \infty).$$

Somit ist $(f_n)_{n\in\mathbb{N}}$ eine Cauchyfolge in $C([0, 1])$. Angenommen, es gibt eine Funktion $f \in C([0, 1])$ mit $\|f_n - f\| \to 0$ ($n \to \infty$). Falls $f(x) \leq \frac{1}{2}$, so existiert wegen der Stetigkeit von $f$ ein $\varepsilon > 0$ mit $f(x) \leq \frac{3}{4}$ für alle $x \in [\frac{1}{2}, \frac{1}{2} + \varepsilon]$. Damit gilt

$$\|f_n - f\|^2 = \int_0^1 |f_n(x) - f(x)|^2 \, dx \geq \int_{1/2}^{1/2+\varepsilon} |1 - f(x)|^2 \, dx \geq \frac{\varepsilon}{16}$$

für alle $n \in \mathbb{N}$ im Widerspruch zu $\|f_n - f\| \to 0$ ($n \to \infty$). Falls $f(x) > \frac{1}{2}$, so existiert ein $\varepsilon \in (0, \frac{1}{2})$ mit $f(x) > \frac{1}{2}$ für alle $x \in [\frac{1}{2} - \varepsilon, \frac{1}{2}]$. Wegen

$$\max_{x\in[\frac{1}{2}-\varepsilon, \frac{1}{2}-\frac{\varepsilon}{2}]} f_n(x) = f_n(\tfrac{1}{2} - \tfrac{\varepsilon}{2}) = (1 - \varepsilon)^n \to 0 \quad (n \to \infty)$$

existiert ein $n_0 \in \mathbb{N}$ so, dass $f_n(x) \leq \frac{1}{4}$ für alle $n \geq n_0$ und $x \in [\frac{1}{2} - \varepsilon, \frac{1}{2} - \frac{\varepsilon}{2}]$ gilt. Damit erhält man

$$\|f_n - f\|^2 = \int_0^1 |f_n(x) - f(x)|^2 \, dx \geq \int_{\frac{1}{2} - \frac{\varepsilon}{2}}^{\frac{1}{2} - \varepsilon} |f_n(x) - f(x)|^2 \, dx \geq \frac{\varepsilon}{32},$$

was wieder einen Widerspruch zu $\|f_n - f\| \to 0$ $(n \to \infty)$ liefert. Also besitzt die Folge $(f_n)_{n \in \mathbb{N}}$ keinen Grenzwert, und $C([0, 1])$ ist mit der durch das Skalarprodukt (2.1) gegebenen Norm nicht vollständig und daher kein Hilbertraum. Tatsächlich kann man zeigen, dass alle Cauchyfolgen Grenzwerte im größeren Raum $L^2([0, 1])$ besitzen und $L^2([0, 1])$ die Vervollständigung von $C([a, b])$ ist. Wenn man nur den Raum $C([0, 1])$ betrachten will, ist die durch das Skalarprodukt (2.1) gegebene Norm nicht günstig, besser geeignet ist die Supremumsnorm

$$\|f\|_\infty := \sup_{x \in [0,1]} |f(x)| \quad (f \in C([0, 1])).$$

◀

*Bemerkung 2.9.*

a)  Seien $(\mathcal{H}, \langle \cdot, \cdot \rangle)$ ein Hilbertraum und $M \subseteq \mathcal{H}$ ein abgeschlossener Untervektorraum von $\mathcal{H}$. Schränkt man das Skalarprodukt auf $M \times M$ ein, so erhält man ein Skalarprodukt auf $M$. Sei nun $(x_n)_{n \in \mathbb{N}} \subseteq M$ eine Cauchyfolge. Dann existiert $x = \lim_{n \to \infty} x_n \in \mathcal{H}$, da $\mathcal{H}$ vollständig ist, und wegen der Abgeschlossenheit von $M$ folgt $x \in M$. Somit ist auch $M$ selbst wieder ein Hilbertraum.

b)  Seien $(\mathcal{H}_1, \langle \cdot, \cdot \rangle_1)$ und $(\mathcal{H}_2, \langle \cdot, \cdot \rangle_2)$ Hilberträume. Man definiert auf dem kartesischen Produkt $\mathcal{H}_1 \times \mathcal{H}_2$ das Skalarprodukt

$$\langle (x_1, x_2), (y_1, y_2) \rangle := \langle x_1, y_1 \rangle_1 + \langle x_2, y_2 \rangle_2 \quad ((x_1, x_2), (y_1, y_2) \in \mathcal{H}_1 \times \mathcal{H}_2).$$

Dann ist auch $(\mathcal{H}_1 \times \mathcal{H}_2, \langle \cdot, \cdot \rangle)$ wieder ein Hilbertraum. Denn die Eigenschaften eines Skalarprodukts sind klar, und falls $((x_1^{(n)}, x_2^{(n)}))_{n \in \mathbb{N}} \subseteq \mathcal{H}_1 \times \mathcal{H}_2$ eine Cauchyfolge bezüglich der durch $\langle \cdot, \cdot \rangle$ induzierten Norm ist, dann sind auch $(x_1^{(n)})_{n \in \mathbb{N}} \subseteq \mathcal{H}_1$ und $(x_2^{(n)})_{n \in \mathbb{N}} \subseteq \mathcal{H}_2$ Cauchyfolgen. Wegen der Vollständigkeit von $\mathcal{H}_1$ und $\mathcal{H}_2$ existieren $x_1 \in \mathcal{H}_1$ und $x_2 \in \mathcal{H}_2$ mit $x_1^{(n)} \to x_1$ und $x_2^{(n)} \to x_2$ für $n \to \infty$. Somit gilt $(x_1^{(n)}, x_2^{(n)}) \to (x_1, x_2) \in \mathcal{H}_1 \times \mathcal{H}_2$ für $n \to \infty$, und $\mathcal{H}_1 \times \mathcal{H}_2$ ist vollständig. Versieht man $\mathcal{H}_1 \times \mathcal{H}_2$ mit dem obigen Skalarprodukt, nennt man den entstehenden Hilbertraum die direkte Hilbertraumsumme von $\mathcal{H}_1$ und $\mathcal{H}_2$, in Zeichen $\mathcal{H}_1 \oplus \mathcal{H}_2$.

Prähilberträume und Hilberträume sind Beispiele von normierten Räumen. Man kann zeigen, dass in einem normierten Raum die Norm genau dann von einem Skalarprodukt induziert wird, wenn die Parallelogrammgleichung (Satz 2.3 b)) gilt. Normierte Räume wiederum sind Spezialfälle von metrischen Räumen, die wir hier nicht behandeln wollen, und diese sind Spezialfälle von topologischen Räumen. Da typische Begriffe wie Abgeschlossenheit, Kompaktheit und Stetigkeit topologische Konzepte sind, wollen wir diese im Rahmen topologischer Räume diskutieren. Wir starten mit dem Begriff einer offenen Menge, welche im Fall eines normierten Raums folgendermaßen definiert wird.

▶ **Definition 2.10.** Sei $(X, \|\cdot\|)$ ein normierter Raum, und sei $U \subseteq X$. Dann heißt $U$ offen, falls zu jedem $x \in U$ ein $r > 0$ so existiert, dass $B(x, r) \subseteq U$ gilt.

**Satz 2.11.** *Sei* $(X, \|\cdot\|)$ *ein normierter Raum, und sei*

$$\mathcal{T} := \{U \subseteq X \mid U \text{ offen}\}.$$

*Dann gilt:*

(i) *Die leere Menge* $\emptyset$ *und die ganze Menge* $X$ *sind Elemente von* $\mathcal{T}$.
(ii) *Falls* $U, V \in \mathcal{T}$, *so ist auch* $U \cap V \in \mathcal{T}$.
(iii) *Sei* $I$ *eine Menge, und es gelte* $U_i \in \mathcal{T}$ *für alle* $i \in I$. *Dann gilt auch* $\bigcup_{i \in I} U_i \in \mathcal{T}$.

*Beweis.* Offensichtlich gilt $\emptyset \in \mathcal{T}$ und $X \in \mathcal{T}$. Seien $U, V \in \mathcal{T}$, wobei ohne Einschränkung $U \cap V \neq \emptyset$ gelte, und sei $x \in U \cap V$. Dann existieren $r_U > 0$ und $r_V > 0$ so, dass $B(x, r_U) \subseteq U$ und $B(x, r_V) \subseteq V$ gilt, und für $r := \min\{r_U, r_V\}$ erhält man $B(x, r) \subseteq U \cap V$.

Seien $U_i \in \mathcal{T}$ für $i \in I$, und sei $x \in \bigcup_{i \in I} U_i$. Dann existiert ein $i_0 \in I$ mit $x \in U_{i_0}$. Wegen $U_{i_0} \in \mathcal{T}$ existiert ein $r > 0$ mit $B(x, r) \subseteq U_{i_0} \subseteq \bigcup_{i \in I} U_i$. Dies zeigt, dass beliebige Vereinigungen von Mengen aus $\mathcal{T}$ wieder in $\mathcal{T}$ liegen. $\square$

Der obige Satz bildet die Grundlage für den Begriff einer Topologie.

▶ **Definition 2.12.** Sei $X$ eine nichtleere Menge, und sei

$$\mathcal{P}(X) := \{A \mid A \subseteq X\}$$

die Potenzmenge von $X$. Dann heißt eine Familie $\mathcal{T} \subseteq \mathcal{P}(X)$ eine Topologie auf $X$, falls die Eigenschaften (i)–(iii) aus Satz 2.11 erfüllt sind.

In diesem Fall heißt $(X, \mathcal{T})$ ein topologischer Raum, und eine Teilmenge $U \subseteq X$ heißt offen, falls $U \in \mathcal{T}$ gilt. Eine Menge $A \subseteq X$ heißt abgeschlossen, falls das Komplement $A^c := X \setminus A := \{x \in X \mid x \notin A\}$ offen ist.

Man beachte in obiger Definition den Unterschied zwischen Durchschnitt und Vereinigung: Der Durchschnitt von zwei (und damit endlich vielen) offenen Mengen ist offen, hingegen ist die Vereinigung von beliebig vielen offenen Mengen wieder offen. Man beachte auch, dass abgeschlossen nicht das Gegenteil von offen ist: Es gibt im Allgemeinen sehr wohl Mengen, die weder offen noch abgeschlossen sind (z. B. in der Standardtopologie von $\mathbb{R}$ das Intervall $(0, 1]$, siehe unten), und es gibt Mengen, die sowohl offen als auch abgeschlossen sind (immer die leere Menge und der ganze Raum). Durch Komplementbildung ergibt sich: Endliche Vereinigungen und beliebige Durchschnitte von abgeschlossenen Mengen sind wieder abgeschlossen.

Zu einer nichtleeren Menge $X$ ist $\{\emptyset, X\}$ eine Topologie auf $X$, die kleinste oder gröbste Topologie auf $X$. Ebenso ist die Potenzmenge $\mathscr{P}(X)$ eine Topologie auf $X$, die größte oder feinste Topologie. In beiden Topologien ist jede offene Menge zugleich abgeschlossen.

*Bemerkung 2.13.* In einem normierten Raum $X$ wird man in den meisten Fällen die Topologie aus Definition 2.10 wählen. In diesem Fall sieht man mit Hilfe der Dreiecksungleichung sofort, dass die Kugeln $B(x, r)$ für alle $x \in X$ und $r > 0$ offen sind. Dies rechtfertigt auch den Begriff „offene Kugel", der in Definition 2.5 verwendet wurde. Jede offene Menge $U \subseteq X$ ist die Vereinigung von offenen Kugeln, denn zu jedem $x \in U$ existiert ein $r_x > 0$ mit $B(x, r_x) \subseteq U$, und damit gilt $U = \bigcup_{x \in U} B(x, r_x)$.

---

**Beispiel 2.14**

Versieht man $\mathbb{R}$ mit der euklidischen Norm, so ist das Intervall $(0, 1)$ offen, nicht aber das Intervall $[0, 1)$. Denn zu $x = 0$ existiert kein $r > 0$ so, dass $B(x, r) = \{y \in \mathbb{R} \mid |x - y| < r\} = (x - r, x + r) \subseteq [0, 1)$ gilt. Auch das Komplement $[0, 1)^c = (-\infty, 0) \cup [1, \infty)$ ist nicht offen, so dass $[0, 1)$ weder offen noch abgeschlossen ist.

◄

▶ **Definition 2.15.** Sei $(X, \mathscr{T})$ ein topologischer Raum, und sei $M \subseteq X$. Dann wird der Abschluss $\overline{M}$ von $M \subseteq X$ definiert durch

$$\overline{M} := \bigcap \{A \mid A \supseteq M, A \text{ abgeschlossen}\}.$$

Somit ist $\overline{M}$ die kleinste abgeschlossene Obermenge von $M$.

*Bemerkung 2.16.* Falls $(X, \|\cdot\|)$ ein normierter Raum ist und $M \subseteq X$, so liegt ein Punkt $x_0 \in X$ genau dann in $\overline{M}$, wenn eine Folge $(x_n)_{n \in \mathbb{N}} \subseteq M$ existiert mit $x_n \to x_0$ $(n \to \infty)$. Dabei ist diese Konvergenz in $X$ zu verstehen, d. h. es gilt $\|x_n - x_0\| \to 0$ $(n \to \infty)$.

Für Funktionen $f: \mathbb{R} \to \mathbb{C}$ oder $f: \mathbb{R}^n \to \mathbb{C}$ (oder auch für Funktionen auf normierten Räumen) formuliert man den Stetigkeitsbegriff meistens mit einem $\varepsilon$-$\delta$-Kriterium. Wenn man die Topologie, d. h. das System aller offenen Mengen, als Grundlage für die Definition nimmt, ergibt sich eine sehr einfache Formulierung, die zugleich eine weitreichende Verallgemeinerung des $\varepsilon$-$\delta$-Definition darstellt.

▶ **Definition 2.17.** Seien $(X, \mathcal{T}_X)$ und $(Y, \mathcal{T}_Y)$ zwei topologische Räume, und sei $f : X \to Y$ eine Funktion. Dann heißt $f$ stetig, falls Urbilder offener Mengen wieder offen sind, d.h. falls für jedes $V \in \mathcal{T}_Y$ gilt: $f^{-1}(V) \in \mathcal{T}_X$. Dabei ist $f^{-1}(V) := \{x \in X \mid f(x) \in V\}$ das Urbild von $V$ unter $f$.

Da abgeschlossene Mengen als Komplemente offener Mengen definiert sind und das Urbild mit der Komplementbildung kompatibel ist, ist eine Funktion auch genau dann stetig, wenn Urbilder abgeschlossener Mengen wieder abgeschlossen sind.

*Bemerkung 2.18.* Die obige Definition ist mit Hilfe der Urbilder, nicht unter Verwendung der Bilder einer Funktion formuliert. Tatsächlich sind die Bilder offener Mengen unter stetigen Funktionen nicht immer offen: So ist etwa die Funktion $f : \mathbb{R} \to \mathbb{R}$, $x \mapsto x^2$ stetig, aber das Bild der offenen Menge $\mathbb{R}$ (d.h. der Wertebereich von $f$) ist das Intervall $[0, \infty)$, welches nicht offen ist. Eine Funktion $f : X \to Y$, für welche alle Bilder offener Mengen offen sind (d.h. es gilt $f(U) \in \mathcal{T}_Y$ für alle $U \in \mathcal{T}_X$), heißt offen.

Das folgende Ergebnis zeigt, dass für normierte Räume die oben definierte Stetigkeit mit der $\varepsilon$-$\delta$-Definition übereinstimmt.

> **Lemma 2.19.** *Seien $(X, \| \cdot \|_X)$ und $(Y, \| \cdot \|_Y)$ normierte Räume, und sei $f : X \to Y$ eine Funktion. Dann ist $f$ genau dann stetig (im Sinne von Definition 2.17), falls für alle $x_0 \in X$ und alle $\varepsilon > 0$ ein $\delta > 0$ so existiert, dass für alle $x \in X$ mit $\| x - x_0 \|_X < \delta$ gilt: $\| f(x) - f(x_0) \|_Y < \varepsilon$.*

*Beweis.* Sei zunächst $f$ stetig im Sinne von Definition 2.17, und seien $x_0 \in X$ und $\varepsilon > 0$ gegeben. Da die Kugel $B(f(x_0), \varepsilon) \subseteq Y$ offen ist, ist auch das Urbild $U := f^{-1}(B(f(x_0), \varepsilon)) \subseteq X$ eine offene Menge, welche $x_0$ enthält. Somit existiert ein $\delta > 0$ mit $B(x_0, \delta) \subseteq U$, und dieses $\delta$ erfüllt die Bedingung des Satzes.

Nun erfülle $f$ die $\varepsilon$-$\delta$-Bedingung des Satzes. Sei $V \subseteq Y$ offen und $U := f^{-1}(V) \subseteq X$. Wir müssen zeigen, dass $U$ offen ist. Sei dazu $x_0 \in U$ und $y_0 := f(x_0)$. Da $V$ offen ist, existiert ein $\varepsilon > 0$ mit $B(y_0, \varepsilon) \subseteq V$. Wir wählen zu $x_0$ und $\varepsilon$ ein $\delta > 0$ wie im Satz angegeben. Dann gilt $B(x_0, \delta) \subseteq U$, was die Offenheit von $U$ zeigt. □

Die Betrachtung topologischer Räume ist recht abstrakt, bietet aber in manchen Situationen Vorteile. In der Quantenmechanik ist der zugrunde liegende Raum typischerweise ein Hilbertraum und somit normiert. Damit hat man mehr Struktur zur Verfügung (unter anderem die Vektorraumstruktur), was man häufig für den Nachweis der Stetigkeit ausnutzen kann. Ein Beispiel dazu liefert der folgende Satz, in welchem wir die typische Notation $Tx := T(x)$ für lineare Abbildungen verwenden. Dabei heißt eine Abbildung $T : X \to Y$ zwischen zwei $\mathbb{K}$-Vektorräumen $X$ und $Y$ linear, falls für alle $x_1, x_2 \in X$ und $\alpha_1, \alpha_2 \in \mathbb{K}$

$$T(\alpha_1 x_1 + \alpha_2 x_2) = \alpha_1 T x_1 + \alpha_2 T x_2$$

gilt.

---

**Satz 2.20.** *Seien $(X, \| \cdot \|_X)$ und $(Y, \| \cdot \|_Y)$ normierte Räume, und sei $T : X \to Y$ eine lineare Abbildung. Dann sind äquivalent:*

(i)  *$T$ ist stetig.*
(ii)  *$T$ ist stetig an der Stelle $0$.*
(iii)  *$T$ ist beschränkt, d. h. es existiert eine Konstante $C \geq 0$ mit*

$$\|Tx\|_Y \leq C\|x\|_X \quad (x \in X).$$

---

*Beweis.*

(i)$\Rightarrow$(ii)  ist trivial.

(ii)$\Rightarrow$(iii).  Falls $T$ nicht beschränkt ist, so existiert eine Folge $(x_n)_{n\in\mathbb{N}} \subseteq X$ mit $\|Tx_n\|_Y > n\|x_n\|_X$ $(n \in \mathbb{N})$. Wegen $T0 = 0$ folgt daraus insbesondere $x_n \neq 0$, und wir können $z_n := \frac{x_n}{n\|x_n\|_X}$ definieren. Es folgt

$$\|Tz_n\|_Y = \frac{\|Tx_n\|_Y}{n\|x_n\|_X} > 1$$

sowie $\|z_n\|_X = \frac{1}{n}$. Wegen $z_n \to 0$ $(n \to \infty)$ existiert etwa zu $\varepsilon := \frac{1}{2}$ kein $\delta > 0$ mit $\|Tx - T0\|_Y = \|Tx\|_Y < \varepsilon$ für alle $\|x - 0\|_X = \|x\|_X < \delta$. Also ist $T$ nicht stetig an der Stelle $0$.

(iii)$\Rightarrow$(i).  Seien $x_0 \in X$ und $\varepsilon > 0$. Wir wählen $\delta := \frac{\varepsilon}{C+1}$ mit der Konstanten $C$ aus (iii) und erhalten für alle $z \in X$ mit $\|z - x_0\|_X < \delta$ die Abschätzung

$$\|Tz - Tx_0\|_Y = \|T(z - x_0)\|_Y \leq C\|z - x_0\|_X < (C + 1)\delta = \varepsilon.$$

Also ist $T$ stetig.  $\square$

---

**Beispiel 2.21**

Das folgende Beispiel zeigt, dass in unendlich-dimensionalen Räumen der Begriff der Stetigkeit mit Vorsicht verwendet werden muss. Wenn man etwa zwei verschiedene Normen auf einem Vektorraum $X$ definiert, kann die Stetigkeit einer Funktion von der Wahl der Norm abhängen. Dies gilt selbst für lineare Abbildungen. Als Beispiel betrachten wir den Raum $X := C([0, 1])$. Wie in Beispiel 2.2 b) diskutiert, ist dies ein Prähilbertraum mit induzierter Norm

$$\|f\|_{L^2((0,1))} := \left( \int_0^1 |f(x)|^2 \, dx \right)^{1/2}.$$

Andererseits ist es auch leicht zu sehen, dass durch

$$\|f\|_{L^1((0,1))} := \int_0^1 |f(x)| \, dx$$

eine weitere Norm auf $X$ definiert wird. Als Abbildung wählen wir die Identität $T := \mathrm{id}_X \colon X \to X, \ f \mapsto f$.

Dann ist die Abbildung $T \colon (X, \|\cdot\|_{L^1((0,1))}) \to (X, \|\cdot\|_{L^1((0,1))})$ trivialerweise stetig, denn es gilt $\|Tf\|_{L^1((0,1))} = \|f\|_{L^1((0,1))}$, und Bedingung (iii) aus Satz 2.20 ist erfüllt mit $C = 1$. Andererseits ist $T \colon (X, \|\cdot\|_{L^1((0,1))}) \to (X, \|\cdot\|_{L^2((0,1))})$ nicht stetig: Zu $n \in \mathbb{N}, n \geq 2$, sei die stückweise lineare Funktion $f_n \colon [0, 1] \to \mathbb{R}$ definiert durch

$$f_n(x) := \begin{cases} n, & \text{falls } x \in [0, \frac{1}{n}], \\ 2n - n^2 x, & \text{falls } x \in [\frac{1}{n}, \frac{2}{n}], \\ 0, & \text{falls } x \in [\frac{2}{n}, 1] \end{cases}$$

(siehe Abb. 2.1). Dann gilt

$$\|f_n\|_{L^1((0,1))} = \int_0^1 f_n(x) \, dx \leq \int_0^{2/n} n \, dx = 2,$$

$$\|f_n\|_{L^2((0,1))} = \left( \int_0^1 |f_n(x)|^2 \, dx \right)^{1/2} \geq \left( \int_0^{1/n} n^2 \, dx \right)^{1/2} = \sqrt{n}.$$

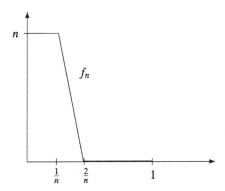

**Abb. 2.1** Die Funktion $f_n$ in Beispiel 2.21

Also gibt es keine Konstante $C > 0$ mit $\|Tf_n\|_{L^2((0,1))} \leq C\|f_n\|_{L^1((0,1))}$ für alle $n \in \mathbb{N}$, und $T$ ist nicht beschränkt und damit nicht stetig.                                                ◄

▶ **Definition 2.22.** Seien $X$ und $Y$ normierte Räume. Dann definiert man

$$L(X, Y) := \{T : X \to Y \mid T \text{ linear und stetig }\}.$$

Eine Abbildung $T \in L(X, Y)$ heißt ein stetiger linearer Operator oder ein beschränkter linearer Operator. Man setzt $L(X) := L(X, X)$. Für $Y = \mathbb{K}$ heißt

$$X' := L(X, \mathbb{K})$$

der topologische Dualraum von $X$. Eine Abbildung $T \in X'$ heißt ein stetiges lineares Funktional. Auf dem Raum $L(X, Y)$ definiert man die Operatornorm

$$\|T\|_{L(X,Y)} := \sup_{x \in X \setminus \{0\}} \frac{\|Tx\|_Y}{\|x\|_X} = \sup_{\|x\|_X = 1} \|Tx\|_Y,$$

wobei hier der triviale Fall $X = \{0\}$ ausgenommen sei.

*Bemerkung 2.23.*
a) Man kann zeigen, dass $\|\cdot\|_{L(X,Y)}$ tatsächlich eine Norm auf $L(X, Y)$ definiert. Falls $Y$ vollständig (also ein Banachraum) ist, so ist auch $L(X, Y)$ ein Banachraum (siehe [70, Satz II.1.4]). Insbesondere ist der topologische Dualraum $X'$, versehen mit der Operatornorm $\|T\|_{X'} = \sup_{\|x\|_X = 1} |Tx|$, stets ein Banachraum.
b) Falls $X$ endlich-dimensional ist, so ist jede lineare Abbildung $T : X \to Y$ stetig und damit in $L(X, Y)$, siehe etwa [70, Beispiel II.1 b)].

▶ **Definition 2.24.** Seien $X$ ein normierter Raum und $x \in X$. Eine Folge $(x_n)_{n \in \mathbb{N}} \subseteq X$ konvergiert schwach gegen $x$, falls $Tx_n \to Tx$ $(n \to \infty)$ für alle stetigen linearen Funktionale $T \in X'$ gilt. In diesem Fall schreibt man $x_n \rightharpoonup x$ $(n \to \infty)$.

Als letzten abstrakten topologischen Begriff diskutieren wir noch die Kompaktheit von Mengen. Im $\mathbb{R}^n$ ist die Kompaktheit einer Menge äquivalent zu ihrer Abgeschlossenheit und Beschränktheit. Ähnlich wie bei der Stetigkeit gibt es für die Kompaktheit eine Definition, welche nur einen topologischen Raum voraussetzt.

▶ **Definition 2.25.** Sei $(X, \mathscr{T})$ ein topologischer Raum, und sei $K \subseteq X$.

a) Dann heißt eine Familie von Mengen $\{U_i \mid i \in I\}$ eine offene Überdeckung von $K$, falls $U_i \in \mathscr{T}$ $(i \in I)$ und $K \subseteq \bigcup_{i \in I} U_i$ gilt.

b) Eine offene Überdeckung $\{U_i \mid i \in I\}$ von $K$ besitzt eine endliche Teilüberdeckung, falls ein $N \in \mathbb{N}$ und Indizes $i_1, \dots, i_N \in I$ existieren mit $K \subseteq \bigcup_{n=1}^{N} U_{i_n}$.

c) Die Menge $K$ heißt kompakt, falls jede offene Überdeckung von $K$ eine endliche Teilüberdeckung besitzt.

Bei dieser Definition muss man die Quantoren beachten. So sind z.B.

$$(0, 1] \subseteq \bigcup_{n \in \mathbb{N}} \left(\tfrac{1}{n}, n\right) \quad \text{und} \quad (0, 1] \subseteq \bigcup_{n \in \mathbb{N}} \left(n - \tfrac{3}{2}, n\right)$$

beides offene Überdeckungen von $(0, 1]$. Dabei besitzt die zweite eine endliche Teilüberdeckung, nämlich $(0, 1] \subseteq (-\tfrac{1}{2}, 1) \cup (\tfrac{1}{2}, 2)$, während die erste keine endliche Teilüberdeckung besitzt. Damit ist die Menge $(0, 1]$ nicht kompakt.

Als Beispiel für den Umgang mit den obigen abstrakten Begriffen zeigen wir folgende Implikation. Dabei heißt eine Teilmenge $K$ eines normierten Raums beschränkt, falls ein $C > 0$ existiert mit $\|x\| \leq C$ $(x \in K)$.

---

**Satz 2.26.** *Sei $(X, \|\cdot\|)$ ein normierter Raum, und sei $K \subseteq X$ kompakt. Dann ist $K$ abgeschlossen und beschränkt.*

---

*Beweis.* Da $K$ kompakt ist, besitzt die offene Überdeckung $K \subseteq \bigcup_{n \in \mathbb{N}} B(0, n) = X$ eine endliche Teilüberdeckung. Daher existieren $N \in \mathbb{N}$ und $n_1, \dots, n_N \in \mathbb{N}$ mit

$$K \subseteq \bigcup_{j=1}^{N} B(0, n_j) = B(0, M)$$

mit $M := \max\{n_1, \dots, n_N\}$. Für jedes $x \in K$ gilt somit $\|x\| \leq M$, d.h. $K$ ist beschränkt.

Um zu zeigen, dass $K$ abgeschlossen ist, betrachten wir das Komplement $U := K^c = X \setminus K$. Für $x_0 \in U$ gilt

$$K \subseteq X \setminus \{x_0\} = \bigcup_{n \in \mathbb{N}} \left\{ x \in X \mid \|x - x_0\| > \tfrac{1}{n} \right\}.$$

Man sieht leicht, dass die Menge $U_n := \{x \in X \mid \|x - x_0\| > \tfrac{1}{n}\}$ offen ist. Wegen der Kompaktheit von $K$ existiert eine endliche Teilüberdeckung

$$K \subseteq \bigcup_{j=1}^{N} U_{n_j}.$$

Für $M := \max\{n_1, \ldots, n_N\}$ folgt $K \subseteq U_M$ und damit $B(x_0, \frac{1}{M}) \subseteq U$. Somit ist $U$ offen.                                                                                                      $\square$

*Bemerkung 2.27.* Falls $X$ ein endlich-dimensionaler Vektorraum ist (z.B. $X = \mathbb{R}^n$), so ist eine Menge $K \subseteq X$ genau dann kompakt, wenn sie abgeschlossen und beschränkt ist. In allgemeinen normierten Räumen gilt jedoch die Rückrichtung von Satz 2.26 nicht, d.h. aus abgeschlossen und beschränkt folgt nicht kompakt.

> **Satz 2.28.** *Seien $(X, \mathcal{T}_X)$ und $(Y, \mathcal{T}_Y)$ topologische Räume, und sei $f : X \to Y$ stetig. Falls $K \subseteq X$ kompakt ist, so ist auch das Bild $f(K) := \{f(x) \mid x \in K\}$ kompakt.*

*Beweis.* Sei $f(K) \subseteq \bigcup_{i \in I} V_i$ eine offene Überdeckung. Da $f$ stetig ist, ist $U_i := f^{-1}(V_i) \subseteq X$ ebenfalls offen, und wir erhalten eine offene Überdeckung $K \subseteq \bigcup_{i \in I} U_i$. Wegen der Kompaktheit von $K$ existiert eine endliche Teilüberdeckung $K \subseteq \bigcup_{n=1}^{N} U_{i_n}$. Damit ist aber $f(K) \subseteq \bigcup_{n=1}^{N} V_{i_n}$ eine endliche Teilüberdeckung von $f(K)$, und wir erhalten die Kompaktheit von $f(K)$.                                                                     $\square$

Falls in der Situation dieses Satzes $Y$ ein normierter Raum ist, so ist der Wertebereich $f(K)$ als kompakte Menge nach Satz 2.26 insbesondere beschränkt, und wir erhalten, dass stetige Funktionen auf kompakten Mengen beschränkt sind.

*Bemerkung 2.29.* In allgemeinen topologischen Räumen ist die Kompaktheit, definiert als Überdeckungskompaktheit wie in Definition 2.25, ein recht abstrakter Begriff. In normierten Räumen hingegen gilt eine einfachere äquivalente Beschreibung: Eine Teilmenge $K \subseteq X$ eines normierten Raums $X$ heißt folgenkompakt, falls jede Folge $(x_n)_{n \in \mathbb{N}} \subseteq K$ eine Teilfolge besitzt, welche gegen ein Element $x \in K$ konvergiert. Man kann zeigen, dass in normierten Räumen $X$ eine Teilmenge $K \subseteq X$ genau dann kompakt ist, wenn sie folgenkompakt ist. Es gibt jedoch sowohl Beispiele für folgenkompakte, aber nicht kompakte topologische Räume als auch für kompakte, aber nicht folgenkompakte topologische Räume.

## 2.3    Der Approximationssatz und der Satz von Riesz für Hilberträume

Nachdem wir im letzten Abschnitt (Prä-)Hilberträume als spezielle Klassen von normierten und topologischen Räumen kennengelernt haben, wollen wir nun Eigenschaften diskutieren, welche in allgemeinen topologischen Räumen nicht sinnvoll formuliert werden können. Dies liegt insbesondere an der Orthogonalität, welche nur für einen Raum mit Skalarprodukt sinnvoll ist.

Im Folgenden sei $(\mathscr{H}, \langle \cdot, \cdot \rangle)$ ein $\mathbb{K}$-Hilbertraum mit $\mathbb{K} \in \{\mathbb{R}, \mathbb{C}\}$.

▶ **Definition 2.30.**

a) Eine Teilmenge $M \subseteq \mathscr{H}$ heißt konvex, falls für alle $x, y \in M$ und für alle $\alpha \in [0, 1]$ gilt: $\alpha x + (1 - \alpha) y \in M$.

b) Sei $M \subseteq \mathscr{H}$. Dann heißt

$$M^\perp := \{x \in \mathscr{H} \mid \forall\, y \in M \colon \langle x, y \rangle = 0\}$$

das orthogonale Komplement von $M$ in $\mathscr{H}$.

Bei konvexen Mengen liegt also mit je zwei Punkten auch die Verbindungsstrecke zwischen diesen Punkten in der Menge. Dies ist z. B. der Fall, falls $M$ ein Untervektorraum von $\mathscr{H}$ ist, denn dann liegen mit $x, y \in M$ sogar alle Linearkombinationen $\alpha x + \beta y$ mit $\alpha, \beta \in \mathbb{K}$ wieder in $M$.

**Lemma 2.31.** *Sei $M \subseteq \mathscr{H}$. Dann ist $M^\perp$ ein abgeschlossener Untervektorraum von $\mathscr{H}$.*

*Beweis.* Falls $M = \emptyset$, so ist $M^\perp = \mathscr{H}$, und es ist nichts zu zeigen. Sei also $M$ nichtleer, und seien $x_1, x_2 \in M^\perp$ und $\alpha_1, \alpha_2 \in \mathbb{K}$. Dann gilt $\langle \alpha_1 x_1 + \alpha_2 x_2, y \rangle = \alpha_1 \langle x_1, y \rangle + \alpha_2 \langle x_2, y \rangle = 0$ für alle $y \in M$ und damit $\alpha_1 x_1 + \alpha_2 x_2 \in M^\perp$. Somit ist $M^\perp$ ein Untervektorraum von $\mathscr{H}$.

Nach Definition gilt

$$M^\perp = \bigcap_{y \in M} \{x \in \mathscr{H} \mid \langle x, y \rangle = 0\}. \tag{2.5}$$

Für festes $y \in M$ betrachten wir die lineare Abbildung $T_y \colon \mathscr{H} \to \mathbb{K}$, $x \mapsto \langle x, y \rangle$. Die Cauchy–Schwarz-Ungleichung ergibt

$$|T_y x| = |\langle x, y \rangle| \leq \|x\|\, \|y\| \quad (x \in \mathscr{H}),$$

also ist $T_y$ eine beschränkte lineare Abbildung mit Schranke $\|y\|$. Nach Satz 2.20 ist $T_y$ stetig, und als Urbild der abgeschlossenen Menge $\{0\}$ ist $\ker T_y = T_y^{-1}(\{0\}) = \{x \in M \mid \langle x, y \rangle = 0\}$ abgeschlossen. Also ist jede der Mengen auf der rechten Seite von (2.5) abgeschlossen, und als Durchschnitt abgeschlossener Mengen ist auch $M^\perp$ abgeschlossen. $\qquad\square$

*Bemerkung 2.32.*

a) Sei $M$ eine nichtleere Teilmenge von $\mathscr{H}$. Wir bezeichnen mit $\overline{M}$ den Abschluss von $M$ in $\mathscr{H}$ (siehe Definition 2.15), und mit span $M$ die lineare Hülle von $M$, d. h. den von $M$ erzeugten Untervektorraum von $\mathscr{H}$ (dieser besteht aus der Menge aller endlichen Linearkombinationen von Elementen aus $M$). Dann gilt

$$M^{\perp} = (\overline{M})^{\perp} = (\text{span } M)^{\perp} = (\overline{\text{span } M})^{\perp}. \tag{2.6}$$

Um die erste Gleichheit zu sehen, sei $y_0 \in \overline{M}$. Dann existiert eine Folge $(y_n)_{n \in \mathbb{N}} \subseteq M$ mit $y_n \to y_0$ $(n \to \infty)$. Nach der Cauchy–Schwarz-Ungleichung ist die Abbildung $y \mapsto \langle x, y \rangle$ für jedes feste $x \in \mathscr{H}$ stetig (vergleiche den Beweis von Lemma 2.31), und somit gilt für jedes $x \in M^{\perp}$

$$\langle x, y_0 \rangle = \Big\langle x, \lim_{n \to \infty} y_n \Big\rangle = \lim_{n \to \infty} \langle x, y_n \rangle = 0.$$

Somit ist $M^{\perp} = (\overline{M})^{\perp}$.

Für die zweite Gleichheit in (2.6) sei $y \in \text{span } M$. Dann existieren $N \in \mathbb{N}$, $y_1, \dots, y_N \in M$ und $\alpha_1, \dots, \alpha_N \in \mathbb{K}$ mit $y = \sum_{n=1}^{N} \alpha_n y_n$. Für jedes $x \in M^{\perp}$ folgt

$$\langle x, y \rangle = \Big\langle x, \sum_{n=1}^{N} \alpha_n y_n \Big\rangle = \sum_{n=1}^{N} \overline{\alpha_n} \langle x, y_n \rangle = 0,$$

was $M^{\perp} = (\text{span } M)^{\perp}$ zeigt.

b) Sei $M$ eine nichtleere Teilmenge von $\mathscr{H}$. Dann gilt $M \cap M^{\perp} \subseteq \{0\}$. Denn falls $x \in M \cap M^{\perp}$, so ist $\langle x, x \rangle = 0$, d. h. $x = 0$. Insbesondere gilt $M \cap M^{\perp} = \{0\}$, falls $0 \in M$ (z. B. falls $M$ ein Untervektorraum von $\mathscr{H}$ ist).

Der folgende Satz ist eine zentrale Aussage über Hilberträume. Der Beweis verwendet die Parallelogrammgleichung (Satz 2.3 b)) sowie die Vollständigkeit des Raums.

---

**Satz 2.33 (Approximationssatz).** *Sei $M$ eine nichtleere, konvexe und abgeschlossene Teilmenge von $\mathscr{H}$, und sei $z_0 \in \mathscr{H}$. Dann existiert genau ein $x \in M$ mit $\|x - z_0\| = \text{dist}(z_0, M) := \inf\{\|y - z_0\| \mid y \in M\}$.*

---

*Beweis.* Sei zunächst $z_0 = 0$. Wir definieren $d := \inf\{\|y\| \mid y \in M\} = \text{dist}(0, M)$ und wählen eine Folge $(y_n)_{n \in \mathbb{N}} \subseteq M$ mit $\|y_n\| \to d$. Nach der Parallelogrammgleichung gilt

$$\|y_n - y_m\|^2 = 2\|y_n\|^2 + 2\|y_m\|^2 - 4\Big\|\tfrac{y_n + y_m}{2}\Big\|^2.$$

Da $M$ konvex ist, gilt $\tfrac{y_n + y_m}{2} \in M$ und damit $\big\|\tfrac{y_n + y_m}{2}\big\| \geq d$. Eingesetzt erhält man

$$0 \leq \| y_n - y_m \|^2 \leq 2\| y_n \|^2 + 2\| y_m \|^2 - 4d^2.$$

Wegen $\| y_n \| \to d$ $(n \to \infty)$ konvergiert die rechte Seite für $n, m \to \infty$ gegen 0, und somit ist $(y_n)_{n \in \mathbb{N}}$ eine Cauchyfolge in $\mathcal{H}$. Da $\mathcal{H}$ vollständig ist, existiert $x := \lim_{n \to \infty} y_n \in \mathcal{H}$, und da $M$ abgeschlossen ist, gilt $x \in M$. Es gilt $\| x \| = \lim_{n \to \infty} \| y_n \| = d = \text{dist}(0, M)$.

Um die Eindeutigkeit zu zeigen, betrachten wir $x_1, x_2 \in M$ mit $\| x_1 \| = \| x_2 \| = d$. Dann gilt $\| x_1 \| \leq \| y \|$ und $\| x_2 \| \leq \| y \|$ für jedes $y \in M$, und wir erhalten wieder mit der Parallelogrammgleichung

$$\begin{aligned}\| x_1 - x_2 \|^2 &= 2\| x_1 \|^2 + 2\| x_2 \|^2 - \| x_1 + x_2 \|^2 \\ &= 2\big( \| x_1 \|^2 - \| \tfrac{x_1 + x_2}{2} \|^2 \big) + 2\big( \| x_2 \|^2 - \| \tfrac{x_1 + x_2}{2} \|^2 \big).\end{aligned}$$

Wegen $\frac{x_1 + x_2}{2} \in M$ sind beide Klammern kleiner oder gleich 0, und wir erhalten $\| x_1 - x_2 \|^2 = 0$, d. h. $x_1 = x_2$.

Sei nun $z_0 \neq 0$. Dann definiert man die verschobene Menge $\tilde{M} := M - z_0 := \{ m - z_0 \mid m \in M \}$. Diese ist wieder konvex und abgeschlossen, daher existiert ein eindeutiges $\tilde{x} \in \tilde{M}$ mit $\| \tilde{x} \| = \text{dist}(0, \tilde{M})$. Dann ist $x := \tilde{x} + z_0 \in M$ das eindeutige Element mit $\| x - z_0 \| = \text{dist}(z_0, M)$. $\qquad \Box$

Für die Aussage des letzten Satzes sind sowohl die Abgeschlossenheit als auch die Konvexität wesentlich. So besitzt zum Beispiel das offene (konvexe) Intervall $(1, 2)$ kein Element mit minimalem Abstand zum Punkt 0. Andererseits besitzt die abgeschlossene Menge $(-\infty, -1] \cup [1, \infty)$ zwei verschiedene Elemente (nämlich 1 und $-1$) mit minimalem Abstand zum Punkt 0.

Als Anwendung des Approximationssatzes erhalten wir für einen abgeschlossenen Untervektorraum $M$ eines Hilbertraums $\mathcal{H}$ eine direkte Zerlegung der Form $\mathcal{H} = M \oplus M^\perp$, wie der folgende Satz zeigt. Diese Zerlegung ist im Sinne einer direkten Summe von Vektorräumen zu verstehen, d. h. für jedes Element $x \in \mathcal{H}$ existiert eine eindeutige Darstellung der Form $x = m + m'$ mit $m \in M$ und $m' \in M^\perp$.

**Satz 2.34 (Projektionssatz).** *Sei $M \subseteq \mathcal{H}$ ein abgeschlossener Untervektorraum von $\mathcal{H}$. Dann existiert für alle $x \in \mathcal{H}$ eine eindeutige Darstellung der Form $x = m + m'$ mit $m \in M, m' \in M^\perp$. Somit erhält man die Zerlegung*

$$\mathcal{H} = M \oplus M^\perp.$$

*Dabei gilt $\| x - m \| = \min_{y \in M} \| x - y \|$.*

*Beweis.* Nach dem Approximationssatz existiert genau ein $m \in M$ mit $\|m - x\| = \inf\{\|y - x\| \mid y \in M\}$. Setze $m' := x - m$.

Wir zeigen $m' \in M^\perp$. Für alle $y \in M$ und $\alpha \in \mathbb{K}$ gilt

$$\|m'\| = \|m - x\| \leq \|m - \alpha y - x\| = \|m' + \alpha y\|.$$

Wegen

$$\|m' + \alpha y\|^2 = \|m'\|^2 + 2\operatorname{Re}\langle m', \alpha y\rangle + |\alpha|^2 \|y\|^2$$

gilt somit für alle $\alpha \in \mathbb{R}$

$$|\alpha|^2 \|y\|^2 + 2\alpha\operatorname{Re}\langle m', y\rangle \geq 0. \tag{2.7}$$

Wir wählen $\alpha := \frac{1}{k}$ mit $k \in \mathbb{N}$ und erhalten

$$\frac{1}{2k}\|y\|^2 + \operatorname{Re}\langle m', y\rangle \geq 0 \quad (k \in \mathbb{N}).$$

Für $k \to \infty$ folgt $\operatorname{Re}\langle m', y\rangle \geq 0$. Analog zeigt man $\operatorname{Re}\langle m', y\rangle \leq 0$, und wir erhalten $\operatorname{Re}\langle m', y\rangle = 0$. Falls $\mathbb{K} = \mathbb{C}$, ersetzt man $\alpha$ durch $i\alpha$ und erhält

$$|\alpha|^2 \|y\|^2 + 2\alpha\operatorname{Im}\langle m', y\rangle \geq 0$$

für alle $\alpha \in \mathbb{R}$. Wie oben folgt $\operatorname{Im}\langle m', y\rangle = 0$, und damit gilt $\langle m', y\rangle = 0$ für alle $y \in M$, d.h. $m' \in M^\perp$.

Um die Eindeutigkeit zu zeigen, sei $x = m + m' = z + z'$ mit $m, z \in M, m', z' \in M^\perp$. Dann ist $m - z = z' - m' \in M \cap M^\perp = \{0\}$, d.h. $m = z$ und $m' = z'$. $\qquad\square$

*Bemerkung 2.35.* Im Projektionssatz wurde die Schreibweise $M \oplus M^\perp$ für die direkte Zerlegung verwendet, welche auch schon bei der Definition der Hilbertraumsumme (Bemerkung 2.9) auftrat. Dies ist jedoch in gewisser Weise konsistent, da bei der direkten Zerlegung $x = m + m'$ die Elemente $m$ und $m'$ eindeutig sind, d.h. man kann $x$ mit dem Tupel $(m, m') \in M \times M^\perp$, also mit dem entsprechenden Element der Hilbertraumsumme identifizieren.

Das Element $m \in M$, welches den Abstand zum Punkt $x$ minimiert, wird auch das Proximum zum Punkt $x$ in der Menge $M$ genannt. Nach dem Projektionssatz ist das Proximum dadurch charakterisiert, dass der Vektor $x - m$ senkrecht zu allen Vektoren in $M$ steht. Dieses Orthogonalitätsprinzip kann auch bei Optimierungsproblemen ausgenutzt werden.

**Korollar 2.36.** *Sei $M \subseteq \mathscr{H}$ ein Untervektorraum. Dann gilt $\overline{M} = M^{\perp\perp}$.*

*Beweis.* Setze $V := M^{\perp\perp} := (M^\perp)^\perp$. Für $m \in M$ gilt $\langle m, m' \rangle = 0$ $(m' \in M^\perp)$, was $M \subseteq V$ zeigt. Da $V$ nach Lemma 2.31 abgeschlossen ist, folgt $\overline{M} \subseteq V$. Der Raum $V$ ist als abgeschlossener Untervektorraum von $\mathscr{H}$ selbst wieder ein Hilbertraum, daher können wir den Projektionssatz anwenden und erhalten die direkte Zerlegung $V = \overline{M} \oplus (\overline{M})_V^\perp$, wobei

$$(\overline{M})_V^\perp = M_V^\perp = \{x \in V \mid \forall m \in M : \langle x, m \rangle = 0\} = V \cap M^\perp.$$

Für $x \in M_V^\perp$ gilt einerseits $x \in M^\perp$, andererseits $x \in V = M^{\perp\perp}$, und damit folgt insbesondere $\langle x, x \rangle = 0$ und somit $x = 0$. Also ist $M_V^\perp = \{0\}$ und $V = \overline{M}$. $\quad\square$

Die in Satz 2.34 angegebene Zerlegung erlaubt es, den topologischen Dualraum eines Hilbertraums zu beschreiben.

> **Satz 2.37 (von Riesz).** *Seien $\mathscr{H}$ ein Hilbertraum und $T \in \mathscr{H}'$. Dann existiert genau ein $x_T \in \mathscr{H}$ mit*
>
> $$T x = \langle x, x_T \rangle \quad (x \in \mathscr{H}).$$
>
> *Die Abbildung $I_R \colon \mathscr{H}' \to \mathscr{H}$, $T \mapsto x_T$ ist bijektiv, isometrisch (d. h. es gilt $\|T\|_{\mathscr{H}'} = \|x_T\|_{\mathscr{H}}$) und konjugiert linear (d. h. es gilt $I_R(\alpha_1 T_1 + \alpha_2 T_2) = \overline{\alpha}_1 I_R(T_1) + \overline{\alpha}_2 I_R(T_2)$).*

*Beweis.*

(i) Konstruktion von $x_T$: Der Raum $M := \ker T := T^{-1}(\{0\})$ ist abgeschlossen als Urbild einer abgeschlossenen Menge unter der stetigen Abbildung $T$. Damit ist $\mathscr{H} = M \oplus M^\perp$ nach Satz 2.34.

Falls $M = \mathscr{H}$, so folgt $T = 0$, und wir wählen $x_T = I_R(T) := 0$.

Sei jetzt $M \neq \mathscr{H}$. Wähle $y \in M^\perp \setminus \{0\}$. Wegen $M \cap M^\perp = \{0\}$ ist dann $Ty \neq 0$.

Setze $x_T = I_R(T) := \dfrac{\overline{Ty}}{\|y\|^2}\, y$. Dann gilt $\|x_T\| = \dfrac{|Ty|}{\|y\|}$ und

$$T x_T = \frac{\overline{Ty}}{\|y\|^2}\, Ty = \|x_T\|^2. \tag{2.8}$$

Sei $x \in \mathscr{H}$. Dann gilt

$$x = \left(x - \frac{Tx}{Tx_T} x_T z\right) + \frac{Tx}{Tx_T} x_T =: m + m'.$$

Da $m'$ ein Vielfaches von $y$ ist, gilt $m' \in M^\perp$. Wegen

$$Tm = T\left(x - \frac{Tx}{Tx_T} x_T\right) = Tx - \frac{Tx}{Tx_T} T x_T = 0$$

ist $m \in M = \ker T$. Wir erhalten wegen $x_T \in M^\perp$ und (2.8)

$$\langle x, x_T \rangle = \langle m + m', x_T \rangle = \langle m', x_T \rangle = \frac{Tx}{Tx_T} \|x_T\|^2 = Tx.$$

Somit erfüllt $x_T$ die gewünschte Bedingung.

(ii) Wir zeigen, dass die Wahl von $x_T$ eindeutig ist. Sei $\tilde{x}_T \in \mathscr{H}$ mit $Tx = \langle x, x_T \rangle = \langle x, \tilde{x}_T \rangle$ für alle $x \in \mathscr{H}$. Dann gilt $\langle x, x_T - \tilde{x}_T \rangle = 0$ für alle $x \in \mathscr{H}$. Setzt man $x := x_T - \tilde{x}_T$, so erhält man $x_T = \tilde{x}_T$. Dies zeigt auch, dass die Definition von $x_T$ in Schritt (i) nicht von der Wahl von $y$ abhängt, und die Abbildung $I_R : \mathscr{H}' \to \mathscr{H}$, $x \mapsto x_T$ ist wohldefiniert.

(iii) $I_R$ ist eine Isometrie: Nach der Cauchy–Schwarz-Ungleichung gilt

$$\|T\|_{\mathscr{H}'} = \sup_{\|x\| \leq 1} |\langle x, x_T \rangle| \leq \|x_T\| .$$

Andererseits haben wir $\|T\|_{\mathscr{H}'} \geq |T(\frac{x_T}{\|x_T\|})| = \|x_T\|$ nach (2.8), falls $x_T \neq 0$.

(iv) $I_R$ ist konjugiert linear: Sei $T = \alpha_1 T_1 + \alpha_2 T_2$ mit $T_1, T_2 \in \mathscr{H}'$ und $\alpha_1, \alpha_2 \in \mathbb{K}$. Dann ist einerseits $Tx = \langle x, x_T \rangle$, und andererseits

$$Tx = \alpha_1 T_1 x + \alpha_2 T_2 x = \alpha_1 \langle x, x_{T_1} \rangle + \alpha_2 \langle x, x_{T_2} \rangle$$
$$= \langle x, \overline{\alpha}_1 x_{T_1} \rangle + \langle x, \overline{\alpha}_2 x_{T_2} \rangle = \langle x, \overline{\alpha}_1 x_{T_1} + \overline{\alpha}_2 x_{T_2} \rangle,$$

also $I_R(T) = x_T = \overline{\alpha}_1 x_{T_1} + \overline{\alpha}_2 x_{T_2} = \overline{\alpha}_1 I_R(T_1) + \overline{\alpha}_2 I_R(T_2)$.

(v) $I_R$ ist surjektiv: Zu $y \in \mathscr{H}$ sei $T_y x := \langle x, y \rangle$. Dann ist $|T_y x| \leq \|y\| \cdot \|x\|$, d.h. $T_y$ stetig und damit $T_y \in \mathscr{H}'$ und $I_R(T_y) = y$.

(vi) $I_R$ ist injektiv: Aus der Isometrie $\|T\|_{\mathscr{H}'} = \|x_T\|_{\mathscr{H}}$ folgt sofort $\ker I_R = 0$.  □

## 2.4  Orthonormalbasen

Jeder Hilbertraum ist zugleich ein Vektorraum und besitzt daher eine Vektorraumbasis. Somit lässt sich jedes Element des Hilbertraums als endliche Linearkombination von Basisvektoren schreiben. Es zeigt sich jedoch, dass der Begriff einer Hilbertraumbasis oder Orthormalbasis für Hilberträume der besser geeignete Begriff ist. Falls ein Hilbertraum eine abzählbare Orthnormalbasis besitzt (dies ist bei den in der Quantenmechanik betrachteten Räumen der Fall), lässt sich jedes Element als unendliche Linearkombination von Basisvektoren, also als konvergente Reihe, darstellen. Wir beginnen mit der Definition einer Orthonormalbasis.

▶ **Definition 2.38.** Sei $\mathscr{H}$ ein Hilbertraum. Eine Teilmenge $S \subseteq \mathscr{H}$ heißt Orthonormalbasis oder vollständiges orthonormales System oder Hilbertraumbasis, falls $S$ eine maximale orthonormale Teilmenge von $\mathscr{H}$ ist (maximal bezüglich Mengeninklusion), d.h. $S$ ist orthonormal (siehe Definition 2.1), und für jede orthonormale Teilmenge $\tilde{S}$ von $\mathscr{H}$ mit $\tilde{S} \supseteq S$ gilt schon $\tilde{S} = S$.

Man beachte, dass in dieser Definition die Orthogonalität wesentlich mit eingeht, d. h. dieser Begriff einer Basis kann für lediglich normierte Räume nicht übernommen werden. Tatsächlich ist ein entsprechender Basisbegriff für Banachräume deutlich komplizierter. Wie bei Vektorräumen stellt sich sofort die Frage, ob jeder Hilbertraum eine Basis besitzt. Da diese nach Definition eine maximale Menge ist, kann die Existenz mit Hilfe des Lemmas von Zorn gezeigt werden. Dieses liefert eine Aussage über abstrakte geordnete Mengen. Wir wiederholen die entsprechenden Begriffe.

▶ **Definition 2.39.** Sei $\mathscr{M}$ eine Menge. Eine Relation $\prec$ auf $\mathscr{M}$ heißt Ordnung auf $\mathscr{M}$, falls für $A, B, C \in \mathscr{M}$ gilt:

$$A \prec A,$$
$$A \prec B, \ B \prec A \Rightarrow A = B,$$
$$A \prec B, \ B \prec C \Rightarrow A \prec C.$$

In diesem Fall heißt $\mathscr{M}$ eine geordnete Menge. Man beachte, dass $A \prec B$ oder $B \prec A$ nicht für alle $A, B \in \mathscr{M}$ gelten muss.

Eine Menge $\mathscr{K} \subseteq \mathscr{M}$ heißt total geordnet oder vollständig geordnet oder eine Kette, falls für alle $A, B \in \mathscr{K}$ gilt: $A \prec B$ oder $B \prec A$. Ein Element $S \in \mathscr{M}$ heißt obere Schranke für eine Teilmenge $\mathscr{M}' \subseteq \mathscr{M}$, falls $A \prec S$ für alle $A \in \mathscr{M}'$ gilt. Ein Element $M \in \mathscr{M}$ heißt maximal, falls für jedes Element $\tilde{M} \in \mathscr{M}$ mit $M \prec \tilde{M}$ bereits $\tilde{M} = M$ folgt.

---

**Beispiel 2.40**

a) Ein einfaches Beispiel für eine Ordnung ist die übliche Ordnung „$\leq$" auf den reellen Zahlen. Da für je zwei reelle Zahlen $x, y \in \mathbb{R}$ stets $x \leq y$ oder $y \leq x$ gilt, ist dies eine totale Ordnung. Für die Menge $\mathscr{M}' := (0, 1)$ wären sowohl 1 als auch 2 obere Schranken. Die Menge $\mathscr{K} := (0, \infty)$ ist ein Beispiel für eine Kette ohne obere Schranke und ohne maximales Element.

b) Ein weiteres typisches Beispiel, das in der Anwendung des Zornschen Lemmas oft verwendet wird, ist die Teilmengenbeziehung als Ordnung auf der Potenzmenge $\mathscr{M} := \mathscr{P}(X)$ einer Menge $X \neq \emptyset$. Für Teilmengen $A, B \subseteq X$ definiert man $A \prec B :\Leftrightarrow A \subseteq B$. Falls $X$ mindestens zwei Elemente $x_1 \neq x_2$ besitzt, so ist dies keine totale Ordnung auf $\mathscr{M}$, denn die Mengen $\{x_1\}$ und $\{x_2\}$ lassen sich nicht im Sinne der Ordnung vergleichen. Die gesamte Menge $X$ ist obere Schranke für jede Teilmenge $\mathscr{M}' \subseteq \mathscr{M}$. Falls $\mathscr{K}$ eine Kette ist, so ist $S := \bigcup_{A \in \mathscr{K}} A$ eine obere Schranke für $\mathscr{K}$. Diese Ordnung wird häufig auf Mengensysteme $\mathscr{M} \subseteq \mathscr{P}(X)$ eingeschränkt, wobei dann die Existenz oberer Schranken nicht automatisch gegeben ist.

◀

---

**Satz 2.41 (Lemma von Zorn).** *Sei $\mathscr{M}$ eine nichtleere geordnete Menge. Falls jede Kette eine obere Schranke in $\mathscr{M}$ besitzt, dann besitzt $\mathscr{M}$ mindestens ein maximales Element.*

---

Das Lemma von Zorn ist eigentlich ein Axiom und äquivalent zum Wohlordnungssatz, welcher wiederum äquivalent zum Auswahlaxiom ist. Die Formulierung dieser Axiome und der Beweis der Äquivalenzen werden hier aber weggelassen (siehe etwa [29, Sections 15–17]).

---

**Satz 2.42.** *Sei $\mathscr{H} \neq \{0\}$ ein Hilbertraum. Dann besitzt $\mathscr{H}$ eine Orthonormalbasis.*

---

*Beweis.* Sei $\mathscr{M} \subseteq \mathscr{P}(\mathscr{H})$ die Menge aller orthonormalen Teilmengen von $\mathscr{H}$, d. h.

$$\mathscr{M} := \{A \subseteq \mathscr{H} \mid A \text{ orthonormal}\}.$$

Dann ist $\mathscr{M}$ nichtleer, da für jedes $x \in \mathscr{H} \setminus \{0\}$ die einelementige Menge $\{\frac{x}{\|x\|}\}$ orthonormal ist, d. h. $\{\frac{x}{\|x\|}\} \in \mathscr{M}$. Wir verwenden auf $\mathscr{M}$ die Ordnung aus Beispiel 2.40 b).

Sei $\mathscr{K}$ eine Kette in $\mathscr{M}$. Man definiert $S := \bigcup_{A \in \mathscr{K}} A$. Dann ist $A \subseteq S$ für alle $A \in \mathscr{K}$. Wir müssen noch zeigen, dass $S \in \mathscr{M}$ gilt. Seien dazu $x, y \in S$. Dann existieren $A, B \in \mathscr{K}$ mit $x \in A$ und $y \in B$. Da $\mathscr{K}$ eine Kette ist, gilt $A \subseteq B$ oder $B \subseteq A$. Im ersten Fall folgt $x, y \in B$ und, da $B$ eine orthonormale Menge ist, erhalten wir $\|x\| = \|y\| = 1$ sowie (falls $x \neq y$) $\langle x, y \rangle = 0$. Dies folgt genauso im zweiten Fall $B \subseteq A$. Somit ist die Menge $S$ orthonormal, d. h. $S \in \mathscr{M}$, und $S$ ist eine obere Schranke von $\mathscr{K}$.

Wir haben gesehen, dass jede Kette eine obere Schranke in $\mathscr{M}$ besitzt, und nach dem Lemma von Zorn existiert mindestens ein maximales Element in $\mathscr{M}$. Nach Definition ist dies eine Orthonormalbasis von $\mathscr{H}$. □

---

In der mathematischen Physik tauchen fast ausschließlich Hilberträume auf, die eine abzählbare unendliche Orthonormalbasis $\{e_n \mid n \in \mathbb{N}\}$ besitzen. In diesem Fall kann man Reihenentwicklungen für die Elemente des Raums finden. Für die Konvergenz beginnen wir mit einer Abschätzung.

**Lemma 2.43.** *Seien $\mathcal{H}$ ein Prähilbertraum und $\{e_n \mid n \in \mathbb{N}\}$ ein Orthonormalsystem. Dann gilt*

$$\sum_{n=1}^{\infty} |\langle x, e_n \rangle \overline{\langle y, e_n \rangle}| < \infty \quad (x, y \in \mathcal{H}).$$

*Beweis.* Für alle $N \in \mathbb{N}$ gilt nach der Cauchy–Schwarz-Ungleichung in $\mathbb{R}^N$ und der Besselschen Ungleichung (Satz 2.4 b))

$$\sum_{n=1}^{N} |\langle x, e_n \rangle \overline{\langle y, e_n \rangle}| \leq \left( \sum_{n=1}^{N} |\langle x, e_n \rangle|^2 \right)^{1/2} \cdot \left( \sum_{n=1}^{N} |\langle y, e_n \rangle|^2 \right)^{1/2} \leq \|x\| \cdot \|y\|.$$

Mit $N \to \infty$ erhält man die Behauptung. $\qquad\square$

**Satz 2.44.** *Seien $\mathcal{H}$ ein Hilbertraum und $S = \{e_n \mid n \in \mathbb{N}\}$ ein abzählbares Orthonormalsystem.*

a) *Für alle $x \in \mathcal{H}$ konvergiert die Reihe $\sum_{n \in \mathbb{N}} \langle x, e_n \rangle e_n$ in $\mathcal{H}$.*
b) *Sei $c_n \in \mathbb{K}$ $(n \in \mathbb{N})$ mit $\sum_{n \in \mathbb{N}} |c_n|^2 < \infty$. Dann konvergiert die Reihe $\sum_{n \in \mathbb{N}} c_n e_n$ in $\mathcal{H}$.*
c) *Für alle $x \in \mathcal{H}$ gilt $x - \sum_{n \in \mathbb{N}} \langle x, e_n \rangle e_n \in S^{\perp}$.*

*Beweis.*
a) Nach der Besselschen Ungleichung gilt für alle $N \in \mathbb{N}$

$$\sum_{n=1}^{N} |\langle x, e_n \rangle|^2 \leq \|x\|^2.$$

Also ist $\sum_{n \in \mathbb{N}} |\langle x, e_n \rangle|^2 < \infty$. Nach dem Satz von Pythagoras (Satz 2.3 a)) gilt

$$\left\| \sum_{n=N}^{M} \langle x, e_n \rangle e_n \right\|^2 = \sum_{n=N}^{M} |\langle x, e_n \rangle|^2 \to 0 \quad (N, M \to \infty).$$

Also bilden die Partialsummen $\left( \sum_{n=1}^{N} \langle x, e_n \rangle e_n \right)_{N \in \mathbb{N}}$ eine Cauchyfolge in $\mathcal{H}$. Da $\mathcal{H}$ nach Voraussetzung vollständig ist, existiert der Grenzwert $y := \sum_{n=1}^{\infty} \langle x, e_n \rangle e_n \in \mathcal{H}$.

b) wurde im Beweis von a) mitbewiesen, wenn man dort $\langle x, e_n \rangle$ durch $c_n$ ersetzt.

c) Für $m \in \mathbb{N}$ gilt

$$\left\langle x - \sum_{n \in \mathbb{N}} \langle x, e_n \rangle e_n, e_m \right\rangle = \langle x, e_m \rangle - \sum_{n \in \mathbb{N}} \langle x, e_n \rangle \langle e_n, e_m \rangle = 0$$

wegen $\langle e_n, e_m \rangle = \delta_{nm}$. Man beachte hier, dass nach a) und wegen der Stetigkeit der Abbildung $\mathcal{H} \to \mathbb{K}$, $y \mapsto \langle y, e_m \rangle$ das Skalarprodukt in die Summe gezogen werden darf. $\qquad\square$

---

**Satz 2.45.** *Seien $\mathcal{H}$ ein Hilbertraum und $S = \{ e_n \mid n \in \mathbb{N} \} \subseteq \mathcal{H}$ ein abzählbares Orthonormalsystem. Dann sind äquivalent:*

(i) *$S$ ist eine Orthonormalbasis von $\mathcal{H}$.*

(ii) *Es gilt $S^\perp = \{0\}$.*

(iii) *Für alle $x \in \mathcal{H}$ gilt*

$$x = \sum_{n \in \mathbb{N}} \langle x, e_n \rangle e_n.$$

(iv) *Für alle $x, y \in \mathcal{H}$ gilt*

$$\langle x, y \rangle = \sum_{n \in \mathbb{N}} \langle x, e_n \rangle \overline{\langle y, e_n \rangle},$$

*wobei die Reihe absolut konvergiert.*

(v) *Es gilt die Parsevalsche Gleichung (manchmal auch Besselsche Gleichung)*

$$\|x\|^2 = \sum_{n \in \mathbb{N}} |\langle x, e_n \rangle|^2 \quad (x \in \mathcal{H}).$$

---

*Beweis.*

(i) $\Rightarrow$ (ii). Falls ein $x \in S^\perp \setminus \{0\}$ existiert, so ist $S \cup \{ \frac{x}{\|x\|} \}$ ein Orthonormalsystem im Widerspruch zur Maximalität von $S$.

(ii) $\Rightarrow$ (iii). Das folgt direkt aus Satz 2.44 c).

(iii) $\Rightarrow$ (iv). Sei $y \in \mathcal{H}$. Nach (iii) gilt $x = \lim_{N \to \infty} \sum_{n=1}^{N} \langle x, e_n \rangle e_n$ für alle $x \in \mathcal{H}$. Da die Abbildung $x \mapsto \langle x, y \rangle$, $\mathcal{H} \to \mathbb{K}$ stetig ist, erhält man

$$\langle x, y \rangle = \lim_{N \to \infty} \left\langle \sum_{n=1}^{N} \langle x, e_n \rangle e_n, y \right\rangle = \lim_{N \to \infty} \sum_{n=1}^{N} \langle x, e_n \rangle \overline{\langle y, e_n \rangle} = \sum_{n \in \mathbb{N}} \langle x, e_n \rangle \overline{\langle y, e_n \rangle},$$

was auch die Konvergenz der Reihe auf der rechten Seite zeigt. Die absolute Konvergenz dieser Reihe folgt aus Lemma 2.43.

(iv) $\Rightarrow$ (v). Setze $x = y$.

(v) $\Rightarrow$ (i). Falls $S$ nicht maximal ist, wählen wir ein $x \in S^\perp$ mit $\|x\| = 1$. Es ergibt sich $\sum_{n \in \mathbb{N}} |\langle x, e_n \rangle|^2 = 0$, Widerspruch zu (v). $\qquad\Box$

Der letzte Satz ist zentral für Hilberträume mit abzählbaren Orthonormalbasen. Insbesondere zeigt sich in (iii), dass jeder Vektor in $\mathscr{H}$ als unendliche Linearkombination von Basiselementen geschrieben werden kann, wobei die Reihe in der Norm von $\mathscr{H}$ konvergiert. Andererseits wird durch die Parsevalsche Gleichung (v) die Norm eines Vektors in $\mathscr{H}$ durch die Norm der Koeffizienten in der Reihendarstellung dargestellt. Die rechte Seite der Gleichheit in (v) kann als die Verallgemeinerung der euklidischen Norm auf den unendlich-dimensionalen Fall betrachtet werden, formal erhält man die Norm im Folgenraum $\ell^2$.

▶ **Definition 2.46.** Der Hilbertraum $\ell^2$ (gesprochen „klein ell 2") wird definiert als die Menge aller Folgen $x = (x_n)_{n \in \mathbb{N}} \subseteq \mathbb{K}$ mit

$$\|x\|_{\ell^2} := \left( \sum_{n \in \mathbb{N}} |x_n|^2 \right)^{1/2} < \infty.$$

Das zugehörige Skalarprodukt ist gegeben durch

$$\langle x, y \rangle_{\ell^2} = \sum_{n \in \mathbb{N}} x_n \overline{y_n} \quad (x, y \in \ell^2).$$

*Bemerkung 2.47.*

a) Man kann direkt nachrechnen, dass der Raum $\ell^2$ tatsächlich ein Hilbertraum ist. Da dies aber als Spezialfall der in Kap. 3 betrachteten Räume folgen wird (Korollar 3.60), wird hier darauf verzichtet.

b) Falls $\mathscr{H}$ ein Hilbertraum mit abzählbarer Orthonormalbasis $\{e_n \mid n \in \mathbb{N}\}$ ist, so ist die Abbildung

$$T : \mathscr{H} \to \ell^2, \ x \mapsto Tx := \big( \langle x, e_n \rangle \big)_{n \in \mathbb{N}}$$

nach Satz 2.45 wohldefiniert und nach der Parsevalschen Gleichung (Satz 2.45 (v)) sogar eine Isometrie, d. h. es gilt $\|Tx\|_{\ell^2} = \|x\|_{\mathscr{H}}$ für alle $x \in \mathscr{H}$. Als Isometrie ist $T$ injektiv. Um die Surjektivität zu zeigen, definiert man zu beliebigem $c = (c_n)_{n \in \mathbb{N}} \in \ell^2$ die Reihe $y := \sum_{k \in \mathbb{N}} c_k e_k$, welche nach Satz 2.44 b) in $\mathscr{H}$ konvergiert. Dann gilt

$$\langle y, e_n \rangle = \left\langle \sum_{k \in \mathbb{N}} c_k e_k, e_n \right\rangle = \sum_{k \in \mathbb{N}} c_k \langle e_k, e_n \rangle = c_n$$

für alle $n \in \mathbb{N}$ und damit $Ty = c$. Also ist $T$ auch surjektiv. Damit ist $T$ ein isometrischer Isomorphismus von Hilberträumen (d. h. linear, bijektiv und isometrisch). Da das Skalarprodukt durch die Polarisationsformel (Satz 2.3 c)) mit Hilfe der Norm berechnet werden kann, erhält man auch für die Skalarprodukte die Gleichheit

$$\langle Tx, Ty \rangle_{\ell^2} = \langle x, y \rangle_{\mathscr{H}} \quad (x, y \in \mathscr{H}).$$

In diesem Sinn ist $\ell^2$ „der" Hilbertraum.

Es gibt auch Hilberträume mit einer überabzählbaren Orthonormalbasis. Um die für uns interessanten Hilberträume mit abzählbarer Basis zu charakterisieren, kann folgender topologischer Begriff verwendet werden. Dabei heißt eine Menge abzählbar, wenn sie endlich ist oder wenn sie die Mächtigkeit der natürlichen Zahlen besitzt.

▶ **Definition 2.48.** Ein normierter Raum $(X, \| \cdot \|)$ heißt separabel, wenn eine abzählbare dichte Teilmenge $A \subseteq X$ existiert. Dabei heißt eine Menge $A \subseteq X$ dicht in $X$, falls für den Abschluss $\overline{A}$ (siehe Definition 2.15) von $A$ schon $\overline{A} = X$ gilt, d. h. falls für jedes $x \in X$ eine Folge $(x_n)_{n \in \mathbb{N}}$ mit $x_n \in A$ und $x_n \to x$ $(n \to \infty)$ existiert.

**Lemma 2.49.**

a) *Ein normierter Raum $X$ ist genau dann separabel, wenn es eine abzählbare Teilmenge $S$ von $X$ gibt mit $\overline{\operatorname{span} S} = X$.*

b) *Ein Hilbertraum $\mathscr{H}$ ist genau dann separabel, wenn es eine abzählbare Orthonormalbasis von $\mathscr{H}$ gibt. In diesem Fall sind alle Orthonormalbasen abzählbar.*

*Beweis.*

a) Falls $X$ separabel ist, existiert eine abzählbare Teilmenge $A \subseteq X$ mit $\overline{A} = X$. Damit gilt auch $\overline{\operatorname{span} A} = X$, und wir können $S := A$ wählen.

Sei nun $S$ abzählbar mit $\overline{\operatorname{span} S} = X$. Falls $\mathbb{K} = \mathbb{R}$, definieren wir

$$A := \left\{ \sum_{n=1}^N \alpha_n y_n \ \middle| \ N \in \mathbb{N}, \ \alpha_n \in \mathbb{Q}, \ y_n \in S \ (n = 1, \dots, N) \right\}.$$

Dann ist auch $A$ abzählbar. Wir zeigen, dass $A$ dicht in $X$ ist. Seien dazu $x \in X$ und $\varepsilon > 0$ gegeben. Wegen $\overline{\operatorname{span} S} = X$ existiert ein $y \in \operatorname{span} S$ mit $\|x - y\| < \frac{\varepsilon}{2}$. Da $y \in \operatorname{span} S$, existieren $N \in \mathbb{N}$, $y_1, \dots, y_N \in S$ und $\tilde{\alpha}_1, \dots, \tilde{\alpha}_N \in \mathbb{R}$ mit $y = \sum_{n=1}^N \tilde{\alpha}_n y_n$. Da $\mathbb{Q}$ dicht in $\mathbb{R}$ ist, können wir $\alpha_1, \dots, \alpha_N \in \mathbb{Q}$ mit

$$|\alpha_n - \tilde{\alpha}_n| < \frac{\varepsilon}{2 \sum_{j=1}^N \|y_j\|} \quad (n = 1, \dots, N)$$

wählen. Für $z := \sum_{n=1}^N \alpha_n y_n$ gilt dann $z \in A$ sowie

$$\|x - z\| \leq \|x - y\| + \|y - z\| < \frac{\varepsilon}{2} + \max_{n=1,\dots,N} |\alpha_n - \tilde{\alpha}_n| \sum_{j=1}^{N} \|y_j\| < \varepsilon.$$

Also ist $A$ dicht in $X$. Falls $\mathbb{K} = \mathbb{C}$ ist, geht man genauso vor, wählt nun aber die Koeffizienten $\alpha_n$ in $\mathbb{Q} + i\mathbb{Q}$.

b) Sei $\mathscr{H}$ ein Hilbertraum. Falls $S$ eine abzählbare Orthonormalbasis von $\mathscr{H}$ ist, so gilt $\overline{\operatorname{span} S} = \mathscr{H}$ nach Satz 2.44 (iii), und mit Teil a) folgt die Separabilität von $\mathscr{H}$.

Sei nun $\mathscr{H}$ separabel, und sei $S$ eine Orthonormalbasis von $\mathscr{H}$. Dann existiert eine abzählbare dichte Teilmenge $A$ von $\mathscr{H}$, d.h. zu jedem $\varepsilon > 0$ und $e \in S$ existiert ein $a \in A$ mit $\|e - a\| < \varepsilon$. Da $S$ orthonormal ist, besitzen zwei verschiedene Vektoren in $S$ (nach Pythagoras) den Abstand $\sqrt{2}$. Wählt man nun $\varepsilon < \frac{\sqrt{2}}{2}$, so kann es zu jedem $a \in A$ höchstens ein $e \in S$ geben, für welches diese Bedingung erfüllt ist. Damit ist die Mächtigkeit der Menge $S$ nicht größer als die der Menge $A$, d.h. $S$ ist abzählbar. Insbesondere sind in separablen Hilberträumen alle Orthonormalbasen abzählbar. □

*Bemerkung 2.50.* Aus Lemma 2.49 folgt insbesondere: Wenn eine Orthonormalbasis abzählbar ist, dann gilt dies für alle Orthormalbasen, d.h. für separable Hilberträume haben alle Basen die gleiche Mächtigkeit. Tatsächlich gilt dies für alle Hilberträume, was die Grundlage für den Begriff der Hilbertraumdimension ist. Ein separabler Hilbertraum $\mathscr{H}$ ist somit entweder endlich-dimensional (und damit isomorph zu $\mathbb{R}^N$ für ein $N \in \mathbb{N}$), oder $\mathscr{H}$ besitzt eine abzählbar unendliche Orthormalbasis und ist damit isomorph zum Folgenraum $\ell^2$ (siehe Bemerkung 2.47).

In der Definition des Raums $\ell^2$ waren die Elemente Folgen von (reellen oder komplexen) Zahlen. Man kann in der Konstruktion von $\ell^2$ auch annehmen, dass die Komponente $x_n$ in einem Hilbertraum $\mathscr{H}_n$ liegt, und erhält damit direkte Hilbertraumsummen, eine Verallgemeinerung der direkten Summe von zwei Hilberträumen (siehe Bemerkung 2.9 b)).

▶ **Definition 2.51.** Für $n \in \mathbb{N}$ sei $(\mathscr{H}_n, \langle \cdot, \cdot \rangle_n)$ ein $\mathbb{K}$-Hilbertraum mit zugehöriger Norm $\|\cdot\|_n$. Dann definiert man die direkte Hilbertraumsumme $\mathscr{H} = \bigoplus_{n \in \mathbb{N}} \mathscr{H}_n$ durch

$$\mathscr{H} := \left\{ x = (x_n)_{n \in \mathbb{N}} \;\middle|\; x_n \in \mathscr{H}_n \; (n \in \mathbb{N}), \; \|x\|_{\mathscr{H}}^2 := \sum_{n \in \mathbb{N}} \|x_n\|_n^2 < \infty \right\}.$$

Man definiert eine $\mathbb{K}$-Vektorraumstruktur auf $\mathscr{H}$ durch $x + y := (x_n + y_n)_{n \in \mathbb{N}}$ und $\alpha x := (\alpha x_n)_{n \in \mathbb{N}}$ für $x = (x_n)_{n \in \mathbb{N}}$, $y = (y_n)_{n \in \mathbb{N}} \in \mathscr{H}$ und $\alpha \in \mathbb{K}$, sowie

$$\langle x, y \rangle_{\mathscr{H}} := \sum_{n \in \mathbb{N}} \langle x_n, y_n \rangle_n. \tag{2.9}$$

**Lemma 2.52.**

a) *In der Situation von Definition 2.51 gilt für $x, y \in \mathcal{H}$*

$$\sum_{n \in \mathbb{N}} |\langle x_n, y_n \rangle_n| < \infty,$$

*d.h. die Summe in (2.9) konvergiert absolut.*

b) *Mit dem Skalarprodukt (2.9) wird $\mathcal{H} = \bigoplus_{n \in \mathbb{N}} \mathcal{H}_n$ ein $\mathbb{K}$-Hilbertraum.*

*Beweis.*

a) Unter der Verwendung der Cauchy–Schwarz-Ungleichung sowohl in $\mathcal{H}_n$ für $n \in \mathbb{N}$ als auch im Folgenraum $\ell^2$ erhält man für $x, y \in \mathcal{H}$

$$\sum_{n \in \mathbb{N}} |\langle x_n, y_n \rangle_n| \leq \sum_{n \in \mathbb{N}} \|x_n\|_n \|y_n\|_n \leq \left( \sum_{n \in \mathbb{N}} \|x_n\|_n^2 \right)^{1/2} \left( \sum_{n \in \mathbb{N}} \|y_n\|_n^2 \right)^{1/2}$$

$$= \|x\|_{\mathcal{H}} \|y\|_{\mathcal{H}} < \infty.$$

b) Die Eigenschaften eines Skalarprodukts sind offensichtlich, so gilt für $x, y \in \mathcal{H}$ und $\alpha \in \mathbb{K}$ etwa

$$\langle \alpha x, y \rangle_{\mathcal{H}} = \sum_{n \in \mathbb{N}} \langle \alpha x_n, y_n \rangle_n = \sum_{n \in \mathbb{N}} \alpha \langle x_n, y_n \rangle_n = \alpha \langle x, y \rangle_{\mathcal{H}}.$$

Zu zeigen ist noch die Vollständigkeit. Sei dazu $(x^{(k)})_{k \in \mathbb{N}} \subseteq \mathcal{H}$ eine Cauchyfolge bezüglich $\| \cdot \|_{\mathcal{H}}$, wobei $x^{(k)} = (x_n^{(k)})_{n \in \mathbb{N}}$. Wegen

$$\|x^{(k)} - x^{(m)}\|_{\mathcal{H}}^2 = \sum_{n \in \mathbb{N}} \|x_n^{(k)} - x_n^{(m)}\|_n^2$$

ist dann auch $(x_n^{(k)})_{k \in \mathbb{N}} \subseteq \mathcal{H}_n$ eine Cauchyfolge in $\mathcal{H}_n$ und, da $\mathcal{H}_n$ ein Hilbertraum ist, konvergent. Somit existiert ein $x_n \in \mathcal{H}_n$ mit $x_n^{(k)} \to x_n$ $(k \to \infty)$ für jedes $n \in \mathbb{N}$. Wir setzen $x := (x_n)_{n \in \mathbb{N}}$.

Zu $\varepsilon > 0$ existiert ein $k_0 \in \mathbb{N}$ mit $\|x^{(k)} - x^{(m)}\|_{\mathcal{H}}^2 < \varepsilon$ $(k, m \geq k_0)$. Somit gilt für alle $N \in \mathbb{N}$ und $k \geq k_0$ die Abschätzung

$$\sum_{n=1}^{N} \|x_n^{(k)} - x_n\|_n^2 = \lim_{m \to \infty} \sum_{n=1}^{N} \|x_n^{(k)} - x_n^{(m)}\|_n^2 \leq \sup_{m \geq k_0} \sum_{n=1}^{N} \|x_n^{(k)} - x_n^{(m)}\|_n^2$$

$$\leq \sup_{m \geq k_0} \sum_{n \in \mathbb{N}} \|x_n^{(k)} - x_n^{(m)}\|_n^2 \leq \varepsilon.$$

Mit $N \to \infty$ folgt

$$\|x^{(k)} - x\|^2_{\mathscr{H}} = \sum_{n \in \mathbb{N}} \|x_n^{(k)} - x_n\|^2_n \le \varepsilon$$

für $k \ge k_0$. Damit erhalten wir insbesondere $x^{(k)} - x \in \mathscr{H}$ für $k \ge k_0$, und da $\mathscr{H}$ ein Vektorraum ist, gilt auch $x = (x - x^{(k)}) + x^{(k)} \in \mathscr{H}$. Die obige Abschätzung zeigt $\|x^{(k)} - x\|_{\mathscr{H}} \to 0$ $(k \to \infty)$. Also ist jede Cauchyfolge in $\mathscr{H}$ konvergent, d. h. $\mathscr{H}$ ist vollständig. $\qquad\square$

*Was haben wir gelernt?*

- In unendlich-dimensionalen normierten Räumen hängt die Stetigkeit von Abbildungen an der Wahl der Normen, selbst die Identität kann unstetig sein.
- In Hilberträumen gelten die Cauchy–Schwarz-Ungleichung, der Satz von Pythagoras sowie die Besselsche Ungleichung. Falls das Orthonormalsystem vollständig ist, wird diese zur Parsevalschen Gleichung.
- Approximations- und Projektionssatz enthalten Aussagen über geometrische Eigenschaften in einem Hilbertraum wie die Existenz von Elementen mit kleinstem Abstand und orthogonale Zerlegung des Raums.
- Jeder Hilbertraum besitzt eine Orthonormalbasis, wie man mit dem Lemma von Zorn zeigen kann.
- Separable unendlich-dimensionale Hilberträume $\mathscr{H}$ sind durch die Existenz einer abzählbar unendlichen Orthonormalbasis $\{e_n \mid n \in \mathbb{N}\}$ charakterisiert. In diesem Fall kann man jedes Element $x \in \mathscr{H}$ in der Form

$$x = \sum_{n \in \mathbb{N}} \langle x, e_n \rangle e_n$$

schreiben, wobei die Reihe in der Norm von $\mathscr{H}$ konvergiert.
- Jeder unendlich-dimensionale separable Hilbertraum ist isometrisch isomorph zum Folgenraum $\ell^2$.

# Elemente der Maß- und Integrationstheorie 3

*Worum geht's?* In der Quantenmechanik sind Begriffe aus der Maß- und Integrationstheorie unter anderem beim Begriff der Wahrscheinlichkeit (Axiome [A3] und [A5]) sowie bei der Definition des Hilbertraums $L^2(\mathbb{R})$ zu finden. Dieser ist der Zustandsraum für die eindimensionale Orts- und Impulsobservable (Beispiele 1.13 und 1.14).

Die Motivation für den Raum $L^2(\mathbb{R})$ als Zustandsraum liegt darin, dass man einen Funktionenraum sucht, welcher sowohl vollständig ist als auch ein Skalarprodukt besitzt. Die Vollständigkeit wäre auch etwa beim Raum $C(X)$ aller stetigen Funktionen auf einer kompakten Menge $X$ gegeben, allerdings wird die zugehörige Supremumsnorm nicht von einem Skalarprodukt induziert (vergleiche auch Beispiel 2.8). Der Preis, den man für die guten Eigenschaften von $L^2(\mathbb{R})$ zu zahlen hat, ist jedoch die etwas kompliziertere Definition: Es handelt sich um Äquivalenzklassen von Funktionen, und das Skalarprodukt basiert auf einem allgemeinen Integralbegriff, welcher wiederum das Konzept eines Maßes voraussetzt. Der maßtheoretische Zugang hat aber auch einen großen Vorteil: Man kann gleichzeitig den Begriff eines Wahrscheinlichkeitsmaßes behandeln. Auch die zugehörigen Integrale sind sowohl in der Analysis (etwa für die Definition der Norm) als auch in der Stochastik (für den Erwartungswert) von Bedeutung. Ein Maß ist eine Abbildung, welche Teilmengen des Grundraums eine nichtnegative reelle Zahl oder den Wert Unendlich zuordnet, anschaulich kann man sich hierbei etwa das Volumen eines dreidimensionalen Körpers vorstellen. Allerdings kann ein Maß nicht immer auf allen Teilmengen definiert werden, so dass Maße als Definitionsbereich häufig nicht die ganze Potenzmenge besitzen. Das führt auf den Begriff der $\sigma$-Algebra und der messbaren Mengen.

In diesem Kapitel werden zunächst die Begriffe $\sigma$-Algebra, messbare Menge und Maß definiert, bevor man über messbare Funktionen zum Integral kommt. Es folgt die Diskussion der wichtigsten Sätze aus der Theorie des allgemeinen Lebesgue-Integrals, wie das Lemma von Fatou, die Sätze von Lebesgue über monotone und

© Springer-Verlag GmbH Deutschland, ein Teil von Springer Nature 2022
R. Denk, *Mathematische Grundlagen der Quantenmechanik*,
https://doi.org/10.1007/978-3-662-65554-2_3

majorisierte Konvergenz sowie der Satz von Fubini über die Vertauschbarkeit von Integralen und der Transformationssatz für das Lebesgue-Integral im $\mathbb{R}^n$. Schließlich wird der Hilbertraum $L^2(\mu)$ für ein beliebiges Maß $\mu$ betrachtet.

## 3.1  Der Maßbegriff und das Lebesgue-Maß

Wir hatten in Beispiel 2.2 b) und 2.8 c) gesehen, dass der Raum $C([0, 1])$, versehen mit dem Skalarprodukt

$$\langle f, g \rangle = \int_0^1 f(x)\overline{g(x)}\, dx,$$

ein Prähilbertraum, aber nicht vollständig und damit kein Hilbertraum ist. Die Vervollständigung dieses Prähilbertraums ist der Hilbertraum $L^2((0, 1))$ aller bezüglich des Lebesgue-Maßes quadratintegrierbarer Funktionen auf dem Intervall $(0, 1)$. Dabei ist ein Maß axiomatisch definiert. Um diese Axiome zu motivieren, betrachten wir das Volumen eines dreidimensionalen Körpers. Man würde gerne möglichst vielen Teilmengen des $\mathbb{R}^3$ eine Zahl (das Volumen dieser Teilmenge) zuordnen, wobei folgende Bedingungen natürlich erscheinen:

(i)   Das Volumen sollte nichtnegativ sein, die leere Menge hat Volumen 0.
(ii)  Das Volumen einer disjunkten Vereinigung von zwei Mengen sollte die Summe der beiden Volumina sein.

Stellt man sich einen Würfel vor, der in immer kleinere Scheiben geschnitten wird, so erscheint auch folgende Bedingung sinnvoll:

(iii) Das Volumen einer abzählbaren disjunkten Vereinigung von Mengen ist die Summe der einzelnen Volumina.

Da $\mathbb{R}^3$ sicher unendliches Volumen besitzt, müssen Maße auch den Wert $+\infty$ annehmen können.

Im Wesentlichen sind (i)–(iii) bereits die Axiome eines Maßes. Für das dreidimensionale Volumen wäre also im besten Fall eine Abbildung $\lambda\colon \mathscr{P}(\mathbb{R}^3) \to [0, \infty]$ gesucht, welche jeder Teilmenge $A \subseteq \mathbb{R}^3$ sein Volumen $\lambda(A)$ zuordnet und die Bedingungen (i)–(iii) erfüllt. Weiterhin sollte sich das Volumen einer Menge nicht ändern, wenn der Menge bewegt (also verschoben oder gedreht) wird.

Es stellt sich heraus, dass eine solche Abbildung nicht existieren kann. Dies zeigt das Banach–Tarski-Paradoxon, welches besagt, dass eine Zerlegung der Einheitskugel im $\mathbb{R}^3$ in endlich viele Mengen so existiert, dass sich aus den Teilen nur durch Verschiebung und Drehung zwei volle Einheitskugeln (ohne Löcher und Lücken) zusammensetzen lassen. Für eine genauere Diskussion dieses Paradoxons und Hinweise auf weiterführende Literatur erwähnen wir hier [17, Kap. 1, § 1]. Die Antwort auf dieses Paradoxon liegt darin, dass man zwar die obigen Axiome (inklusive der Invarianz unter Bewegung) so belässt, dass man aber darauf verzichtet, jeder Teilmenge ein Volumen zuzuordnen. Statt einer Abbildung $\lambda \colon \mathscr{P}(\mathbb{R}^3) \to [0, \infty]$ kann man eine Abbildung $\lambda \colon \mathscr{A} \to [0, \infty]$ mit $\mathscr{A} \subseteq \mathscr{P}(\mathbb{R}^3)$ definieren, welche alle Axiome erfüllt.

Motiviert durch das Volumen, betrachtet man allgemein Maße als Abbildungen $\mu \colon \mathscr{A} \to [0, \infty]$, wobei $\mathscr{A} \subseteq \mathscr{P}(X)$ gilt. Dabei verlangt man für $\mathscr{A}$ die folgenden Bedingungen.

▶ **Definition 3.1.** Sei $X$ eine Menge, $\mathscr{P}(X)$ die Potenzmenge von $X$ und $\mathscr{A} \subseteq \mathscr{P}(X)$. Dann heißt $\mathscr{A}$ eine $\sigma$-Algebra über $X$, falls folgende Bedingungen erfüllt sind.

(i) Es gilt $\emptyset \in \mathscr{A}$.
(ii) Für jedes $A \in \mathscr{A}$ ist auch das Komplement $A^c := \{x \in X \mid x \notin A\}$ wieder in $\mathscr{A}$.
(iii) Falls $A_n \in \mathscr{A}$ $(n \in \mathbb{N})$, so gilt $\bigcup_{n \in \mathbb{N}} A_n \in \mathscr{A}$.

In diesem Fall heißt $(X, \mathscr{A})$ Messraum, und die Mengen $A \in \mathscr{A}$ heißen messbar, genauer $\mathscr{A}$-messbar.

*Bemerkung 3.2.*
a) Eine $\sigma$-Algebra ist eine Menge von Mengen, also eine Teilmenge der Potenzmenge, genauso wie eine Topologie (Definition 2.12). Man beachte jedoch die Unterschiede bei den Bedingungen an die jeweiligen Mengensysteme.
b) Die (bezüglich Mengeninklusion) größte $\sigma$-Algebra ist $\mathscr{P}(X)$, die kleinste ist $\{\emptyset, X\}$. Falls $\mathscr{A}_i$ eine $\sigma$-Algebra ist für $i \in I$, wobei $I$ eine nichtleere Indexmenge ist, dann ist $\bigcap_{i \in I} \mathscr{A}_i$ wieder eine $\sigma$-Algebra, wie man direkt aus der Definition sieht.

▶ **Definition 3.3.** Sei $\mathscr{E} \subseteq \mathscr{P}(X)$ beliebig. Dann heißt

$$\sigma(\mathscr{E}) := \bigcap \{\mathscr{A} \supseteq \mathscr{E} \mid \mathscr{A} \text{ ist } \sigma\text{-Algebra über } X\}$$

die von $\mathscr{E}$ erzeugte $\sigma$-Algebra (d. h. die kleinste $\sigma$-Algebra, die $\mathscr{E}$ enthält). In diesem Fall heißt $\mathscr{E}$ ein Erzeugendensystem der $\sigma$-Algebra $\sigma(\mathscr{E})$.

Wie oben erwähnt, sind Maße auf $\sigma$-Algebren definiert. Die folgende Definition formalisiert die Axiome vom Beginn dieses Abschnitts. Dabei verwenden wir die Schreibweise $\dot{\bigcup}_{n \in \mathbb{N}} A_n := \bigcup_{n \in \mathbb{N}} A_n$, falls die Mengen $\{A_n \mid n \in \mathbb{N}\}$ paarweise disjunkt sind, d. h. falls $A_n \cap A_m = \emptyset$ für alle $m \neq n$ gilt. Analog schreibt man $A \,\dot{\cup}\, B := A \cup B$, falls $A \cap B = \emptyset$.

▶ **Definition 3.4.** Sei $(X, \mathscr{A})$ ein Messraum.

a) Eine Abbildung $\mu : \mathscr{A} \to [0, \infty]$ heißt ein Maß auf $\mathscr{A}$, falls gilt:

    (i) $\mu(\emptyset) = 0$,

    (ii) $\sigma$-Additivität: Sei $(A_n)_{n \in \mathbb{N}} \subseteq \mathscr{A}$ eine Folge von paarweise disjunkten Mengen, d.h. es gilt $A_n \cap A_m = \emptyset$ $(n \neq m)$. Dann gilt

$$\mu\left(\bigcup_{n \in \mathbb{N}} A_n\right) = \sum_{n \in \mathbb{N}} \mu(A_n). \tag{3.1}$$

    In diesem Fall heißt $(X, \mathscr{A}, \mu)$ ein Maßraum.

b) Ein Maß $\mu$ auf einer $\sigma$-Algebra $\mathscr{A}$ heißt

    (i) $\sigma$-endlich (oder $\sigma$-finit), falls es eine Folge $(A_n)_{n \in \mathbb{N}} \subseteq \mathscr{A}$ gibt mit $\bigcup_{n \in \mathbb{N}} A_n = X$ und $\mu(A_n) < \infty$ für alle $n \in \mathbb{N}$,

    (ii) endlich, falls $\mu(X) < \infty$ (und damit $\mu(A) < \infty$ für alle $A \in \mathscr{A}$),

    (iii) ein Wahrscheinlichkeitsmaß, falls $\mu(X) = 1$.

c) Sei $\mu$ ein Maß auf $\mathscr{A}$. Dann heißt eine Menge $A \subseteq X$ eine $\mu$-Nullmenge, falls $A \in \mathscr{A}$ und $\mu(A) = 0$ gilt. Falls für eine Aussage $M(x)$ die Menge $\{x \in X \mid M(x) \text{ gilt nicht}\}$ eine $\mu$-Nullmenge ist, so sagt man, die Aussage $M(x)$ gilt $\mu$-fast überall.

*Bemerkung 3.5.* In obiger Definition und auch im Folgenden tritt der Wert $\infty$ auf. Dabei sind folgende Rechenregeln zu beachten:

    (i) $\infty \cdot 0 = 0 \cdot \infty = 0$,

    (ii) $\infty \cdot a = a \cdot \infty = \infty$ $(0 < a \leq \infty)$,

    (iii) $\infty + a = a + \infty = \infty$ $(-\infty < a \leq \infty)$.

    (iv) Der Ausdruck $\infty - \infty$ ist nicht definiert.

---

**Beispiel 3.6**

a) Sei $X$ eine beliebige nichtleere Menge, und sei $x \in X$. Wir definieren $\delta_x : \mathscr{P}(X) \to [0, 1]$ durch

$$\delta_x(A) := \mathbb{1}_A(x) := \begin{cases} 1, & x \in A, \\ 0, & x \notin A. \end{cases}$$

Dann ist $\delta_x$ ein Wahrscheinlichkeitsmaß auf $\mathscr{P}(X)$ und damit auf jeder $\sigma$-Algebra $\mathscr{A}$ (durch Einschränkung). Das Maß $\delta_x$ wird als Dirac-Maß oder auch Punktmaß bezeichnet. Speziell im Fall $X = \mathbb{R}^n$ schreibt man auch $\delta := \delta_0$.

b) Sei wieder $X$ eine beliebige nichtleere Menge. Für alle $A \subseteq X$ definiert man

$$\zeta(A) := \begin{cases} |A|, & \text{falls } A \text{ endlich,} \\ \infty, & \text{falls } A \text{ unendlich.} \end{cases}$$

Dabei bezeichnet $|A|$ die Anzahl der Elemente (Mächtigkeit) der Menge $A$. Dann ist $\zeta$ ein Maß auf $\mathscr{P}(X)$, welches genau dann $\sigma$-endlich ist, falls $X$ abzählbar ist. Dieses Maß heißt Zählmaß über $X$.

c) Eine Motivation für die obigen Begriffe ist die mathematische Präzisierung des $n$-dimensionalen Volumens ($n = 1$: Länge, $n = 2$: Fläche, $n = 3$: Volumen). Wie schon in Definition 3.4 b) angedeutet, wird dieselbe Axiomatik auch für Wahrscheinlichkeiten verwendet. Würfelt man z. B. mit einem Würfel, so erhält man als mögliche Ergebnisse $X = \{1, \dots, 6\}$. Falls es sich um einen fairen Würfel handelt, so hat jede Zahl die Wahrscheinlichkeit $\frac{1}{6}$. Das zugehörige Wahrscheinlichkeitsmaß $\mathbb{P}$ ist definiert für jede Teilmenge von $X$, d. h. $\mathscr{A} = \mathscr{P}(X)$, und es gilt

$$\mathbb{P}(A) = \frac{|A|}{6} \quad (A \subseteq X).$$

Man beachte, dass das Wahrscheinlichkeitsmaß nicht für die einzelnen Ergebnisse, sondern für Teilmengen definiert ist. So gilt z. B. $\mathbb{P}(\{1\}) = \frac{1}{6}$ und $\mathbb{P}(\{2, 4, 6\}) = \frac{1}{2}$, d. h. die Wahrscheinlichkeit, eine gerade Zahl zu würfeln, beträgt $\frac{1}{2}$. Das Dirac-Maß aus Teil a) ist ebenfalls ein Wahrscheinlichkeitsmaß, welches der einelementigen Menge $\{x\}$ die Wahrscheinlichkeit 1 zuweist.◄

*Bemerkung 3.7.* Wie das letzte Beispiel zeigt, ist der Maßbegriff auch in der Stochastik ein zentraler Begriff. Die Notationen sind dabei üblicherweise etwas anders als in der Analysis. So wird bei einem Wahrscheinlichkeitsmaß häufig die Bezeichnung $\mathbb{P}$ verwendet, und der zugehörige Maßraum (der dann auch Wahrscheinlichkeitsraum heißt) wird als $(\Omega, \mathscr{F}, \mathbb{P})$ geschrieben. Statt $\mathbb{P}$-fast überall sagt man dann auch $\mathbb{P}$-fast sicher.

*Bemerkung 3.8.* Sei $(X, \mathscr{A}, \mu)$ ein Maßraum, und sei $Y \in \mathscr{A}$. Dann ist

$$\mathscr{A} \cap Y := \{A \cap Y \mid A \in \mathscr{A}\}$$

eine $\sigma$-Algebra über $Y$, genannt die Spur-$\sigma$-Algebra auf $Y$, und $\mu|_Y := \mu|_{\mathscr{A} \cap Y}$ ist ein Maß auf dem Messraum $(Y, \mathscr{A} \cap Y)$. Das Maß $\mu|_Y$ heißt das Spurmaß von $\mu$ auf $Y$.

Für Rechnungen mit Maßen ist der folgende Satz oft nützlich.

**Satz 3.9.** *Sei* $(X, \mathscr{A}, \mu)$ *ein Maßraum.*

a) *Sei* $(A_n)_{n \in \mathbb{N}} \subseteq \mathscr{A}$ *eine aufsteigende Folge messbarer Mengen, d. h. es gilt* $A_1 \subseteq$
   $A_2 \subseteq \ldots$ *. Dann ist* $A := \bigcup_{n \in \mathbb{N}} A_n$ *wieder messbar (also* $A \in \mathscr{A}$*), und es gilt*

$$\lim_{n \to \infty} \mu(A_n) = \mu(A),$$

   *wobei der Wert* $\infty$ *zugelassen ist. Man sagt,* $\mu$ *ist stetig von unten.*

b) *Sei* $(A_n)_{n \in \mathbb{N}} \subseteq \mathscr{A}$ *eine Folge mit* $\mu(A_1) < \infty$ *und* $A_1 \supseteq A_2 \supseteq \ldots$ *. Dann ist*
   $A := \bigcap_{n \in \mathbb{N}} A_n$ *messbar, und es gilt*

$$\lim_{n \to \infty} \mu(A_n) = \mu(A),$$

   *d. h.* $\mu$ *ist stetig von oben.*

*Beweis.*

a) Nach Definition 3.1 (iii) gilt $A \in \mathscr{A}$. Wir definieren $\tilde{A}_1 := A_1$ und $\tilde{A}_n := A_n \setminus A_{n-1}$
   für $n \geq 2$. Dann gilt $A = \dot{\bigcup}_{n \in \mathbb{N}} \tilde{A}_n$ sowie $A_n = \dot{\bigcup}_{k=1}^{n} \tilde{A}_k$. Somit folgt

$$\mu(A) = \sum_{n \in \mathbb{N}} \mu(\tilde{A}_n) = \lim_{n \to \infty} \sum_{k=1}^{n} \mu(\tilde{A}_k)$$

$$= \lim_{n \to \infty} \left( \mu(A_1) + \sum_{k=2}^{n} \mu(A_k) - \mu(A_{k-1}) \right) = \lim_{n \to \infty} \mu(A_n).$$

b) Wegen $\mu(A_1) < \infty$ gilt $\mu(A_n) < \infty$ $(n \in \mathbb{N})$ sowie $\mu(A_1 \setminus A_n) = \mu(A_1) - \mu(A_n)$.
   Wir setzen $B_n := A_1 \setminus A_n$ $(n \in \mathbb{N})$ sowie $B := A_1 \setminus A$ und erhalten mit a)

$$\mu(A_1) - \mu(A) = \mu(A_1 \setminus A) = \mu(B) = \lim_{n \to \infty} \mu(B_n) = \lim_{n \to \infty} \mu(A_1 \setminus A_n)$$

$$= \lim_{n \to \infty} \left( \mu(A_1) - \mu(A_n) \right).$$

Also gilt $\mu(A) = \lim_{n \to \infty} \mu(A_n)$.                                                    $\square$

**Beispiel 3.10**

In Teil b) des obigen Satzes kann die Bedingung $\mu(A_1) < \infty$ nicht weggelassen werden,
wie das folgende Beispiel zeigt: Sei $\zeta : \mathscr{P}(\mathbb{N}) \to [0, \infty]$ das Zählmaß (siehe Beispiel 3.6
b)), und sei $A_n := \{n, n+1, \ldots\}$ für $n \in \mathbb{N}$. Dann gilt $\zeta(A_n) = \infty$ für alle $n \in \mathbb{N}$, aber

$$\zeta\left(\bigcap_{n\in\mathbb{N}} A_n\right) = \zeta(\emptyset) = 0. \qquad \blacktriangleleft$$

Wir wollen das Lebesgue-Maß zumindest für $n$-dimensionale Quader definieren. Dazu definieren wir für $a, b \in \mathbb{R}^n, a = (a_1, \ldots, a_n)^\top, b = (b_1, \ldots, b_n)^\top$ mit $a_j \leq b_j$ $(j = 1, \ldots, n)$ den $n$-dimensionalen Quader oder das $n$-dimensionale abgeschlossene Intervall durch

$$[a, b] := \prod_{j=1}^{n} [a_j, b_j].$$

Falls für mindestens ein $j$ gilt $a_j > b_j$, so definiert man $[a, b] := \emptyset$. Analog definiert man offene Intervalle $(a, b) = \prod_{j=1}^{n}(a_j, b_j)$ und halboffene Intervalle. Da Maße stets auf einer $\sigma$-Algebra definiert sind, betrachten wir die von den Intervallen erzeugte $\sigma$-Algebra.

▶ **Definition 3.11.** Die von allen halboffenen Intervallen erzeugte $\sigma$-Algebra

$$\mathscr{B}(\mathbb{R}^n) := \sigma\big(\{(a, b] \mid a, b \in \mathbb{R}^n\}\big)$$

heißt die Borel-$\sigma$-Algebra im $\mathbb{R}^n$. Die Mengen in $\mathscr{B}(\mathbb{R}^n)$ heißen Borel-messbar.

*Bemerkung 3.12.*
a) Für $a, b \in \mathbb{R}^n$ mit $a_j < b_j$ $(j = 1, \ldots, n)$ gilt

$$(a, b) = \bigcup_{k\in\mathbb{N}} \prod_{j=1}^{n} \left(a_j, b_j - \tfrac{1}{k}\right].$$

Da jedes Intervall auf der rechten Seite in $\mathscr{B}(\mathbb{R}^n)$ ist, gilt dies auch für die Vereinigung. Somit sind alle offenen Intervalle ebenfalls Borel-messbar. Analog sieht man aus

$$(a, b] = \bigcap_{k\in\mathbb{N}} \prod_{j=1}^{n} \left(a_j, b_j + \tfrac{1}{k}\right), \qquad (3.2)$$

dass die Borel-$\sigma$-Algebra auch von allen offenen Intervallen erzeugt wird, oder von allen abgeschlossenen Intervallen.
b) Im Fall $n = 1$ gilt für $a, b \in \mathbb{R}$ mit $a < b$ die Gleichheit $(a, b] = (-\infty, b] \setminus (-\infty, a]$. Damit sieht man, dass sogar das System der halbunendlichen Intervalle $\{(-\infty, a] \mid a \in \mathbb{R}\}$ bereits die Borel-$\sigma$-Algebra $\mathscr{B}(\mathbb{R})$ erzeugt. Statt Intervalle der Form $(-\infty, a]$ kann man dabei auch $(-\infty, a)$ oder $(a, \infty)$ oder $[a, \infty)$ nehmen.

Wie das folgende Lemma zeigt, ist die Borel-$\sigma$-Algebra recht groß, so ist jede offene Menge Borel-messbar.

**Lemma 3.13.** *Sei $\mathscr{T} \subseteq \mathscr{P}(\mathbb{R}^n)$ das Mengensystem aller offenen Teilmengen des $\mathbb{R}^n$. Dann gilt $\mathscr{B}(\mathbb{R}^n) = \sigma(\mathscr{T})$. Insbesondere ist jede offene Teilmenge und damit jede abgeschlossene Teilmenge Borel-messbar.*

*Beweis.* Um für $\mathscr{E}_1, \mathscr{E}_2 \subseteq \mathscr{P}(X)$ die Gleichheit $\sigma(\mathscr{E}_1) = \sigma(\mathscr{E}_2)$ zu zeigen, reicht es offensichtlich, die Inklusionen $\mathscr{E}_1 \subseteq \sigma(\mathscr{E}_2)$ und $\mathscr{E}_2 \subseteq \sigma(\mathscr{E}_1)$ zu beweisen.

(i) Seien $a, b \in \mathbb{R}^n$ mit $a_j < b_j$ ($j = 1, \ldots, n$). Dann zeigen die Darstellung (3.2) und die Offenheit von $\prod_{j=1}^n (a_j, b_j + \frac{1}{k})$, dass $(a, b]$ in der von $\mathscr{T}$ erzeugten $\sigma$-Algebra liegt. Also gilt $\mathscr{B}(\mathbb{R}^n) \subseteq \sigma(\mathscr{T})$.

(ii) Sei $U \subseteq \mathbb{R}^n$ offen. Dann existiert zu jedem Punkt $x \in U$ ein $r_x > 0$ mit $B(x, r_x) \subseteq U$. Wir definieren die Vektoren $a(x)$ und $b(x)$ durch $a_j(x) := x_j - \frac{r_x}{\sqrt{n}}$ und $b_j(x) := x_j + \frac{r_x}{\sqrt{n}}$ für $j = 1, \ldots, n$. Dann folgt $(a(x), b(x)) \subseteq U$. Da $\mathbb{Q}$ dicht in $\mathbb{R}$ liegt, existieren $\tilde{a}_j(x) \in \mathbb{Q} \cap (a_j(x), x_j)$ und $\tilde{b}_j(x) \in \mathbb{Q} \cap (x_j, b_j(x))$, und wir erhalten $x \in (\tilde{a}(x), \tilde{b}(x)] \subseteq U$. Somit gilt

$$U = \bigcup_{x \in U} (\tilde{a}(x), \tilde{b}(x)].$$

Da alle Koordinaten von $\tilde{a}(x)$ und $\tilde{b}(x)$ rational sind, existieren nur abzählbar viele verschiedene Intervalle $(\tilde{a}(x), \tilde{b}(x)]$, d. h. $U$ ist eine abzählbare Vereinigung von Intervallen der Form $(\tilde{a}(x), \tilde{b}(x)] \in \mathscr{B}(\mathbb{R}^n)$, und damit folgt $U \in \mathscr{B}(\mathbb{R}^n)$. Also ist $\mathscr{T} \subseteq \mathscr{B}(\mathbb{R}^n)$. $\qquad\square$

Die offenen Teilmengen bilden gerade die Topologie, vergleiche Definition 2.12. Damit lässt sich der Begriff der Borel-$\sigma$-Algebra auf allgemeinen topologischen Räumen definieren. Nach Lemma 3.13 ist diese Definition auf $\mathbb{R}^n$ mit der ursprünglichen Definition kompatibel.

▶ **Definition 3.14.** Sei $(X, \mathscr{T})$ ein topologischer Raum. Dann heißt die von den offenen Mengen erzeugte $\sigma$-Algebra $\mathscr{B}(X) := \sigma(\mathscr{T})$ die Borel-$\sigma$-Algebra über $X$.

Das $n$-dimensionale Lebesgue-Maß wird auf der Borel-$\sigma$-Algebra des $\mathbb{R}^n$ definiert. Dabei soll das Maß eines $n$-dimensionalen Intervalls das Produkt der Seitenlängen sein. Wie der folgende Satz aus der Maßtheorie zeigt, ist dadurch das Lebesgue-Maß bereits eindeutig bestimmt. Ein Beweis findet sich etwa in [4, Satz 6.2].

**Satz 3.15.** *Es existiert genau ein Maß* $\lambda = \lambda_n \colon \mathscr{B}(\mathbb{R}^n) \to [0, \infty]$ *mit der Eigenschaft*

$$\lambda\Big(\prod_{j=1}^{n}[a_j, b_j]\Big) = \prod_{j=1}^{n}(b_j - a_j)$$

*für alle* $a, b \in \mathbb{R}^n$ *mit* $a_j < b_j$ $(j = 1, \ldots, n)$. *Das Maß* $\lambda_n$ *heißt das* $n$-*dimensionale Lebesgue-Maß.*

*Bemerkung 3.16.*

a) Die Menge $\{x\}$ ist für jeden Punkt $x = (x_1, \ldots, x_n)^{\top} \in \mathbb{R}^n$ eine $\lambda$-Nullmenge, denn es gilt

$$\{x\} = \bigcap_{k \in \mathbb{N}} \prod_{j=1}^{n}[x_j, x_j + \tfrac{1}{k}],$$

und nach Satz 3.9 b) folgt $\lambda(\{x\}) = \lim_{k \to \infty}(\tfrac{1}{k})^n = 0$.

b) Ähnlich sieht man, dass für $a, b \in \mathbb{R}^n$ mit $a_j \le b_j$ $(j = 1, \ldots, n)$ gilt:

$$\lambda((a, b)) = \lambda([a, b)) = \lambda((a, b]) = \lambda([a, b]) = \prod_{j=1}^{n}(b_j - a_j)$$

(vergleiche dazu auch Bemerkung 3.12). Insbesondere folgt $\lambda([a, b]) = 0$, falls der $n$-dimensionale Quader ausgeartet ist, d. h. falls $a_j = b_j$ für ein $j$ gilt. Auch für Untervektorräume der Form $V = \{x \in \mathbb{R}^n \mid x_1 = \cdots = x_k = 0\}$ folgt $\lambda(V) = 0$. Denn für jedes $N \in \mathbb{N}$ ist $V \cap [-N, N]^n$ ein entarteter Quader mit Maß 0, und wegen $V = \bigcup_{N \in \mathbb{N}}(V \cap [-N, N]^n)$ gilt $\lambda(V) = 0$ nach Satz 3.9 a).

c) Die Menge der rationalen Zahlen $\mathbb{Q}$ ist abzählbar und damit abzählbare Vereinigung von Punkten. Da alle Punkte Maß 0 haben und Maße $\sigma$-additiv sind, folgt $\lambda(\mathbb{Q}) = 0$.

d) Wegen $\mathbb{R}^n = \bigcup_{N \in \mathbb{N}}[-N, N]^n$ und $\lambda([-N, N])^n = (2N)^n < \infty$ ist das Lebesgue-Maß $\sigma$-endlich.

Falls man zwei Maßräume $(X_1, \mathscr{A}_1, \mu_1)$ und $(X_2, \mathscr{A}_2, \mu_2)$ gegeben hat, kann man die Produkt-$\sigma$-Algebra und das Produktmaß definieren.

▶ **Definition 3.17.**

a) Seien $(X_1, \mathscr{A}_1)$ und $(X_2, \mathscr{A}_2)$ zwei Messräume. Dann definiert man die Produkt-$\sigma$-Algebra $\mathscr{A}_1 \otimes \mathscr{A}_2$ über $X_1 \times X_2$ durch

$$\mathscr{A}_1 \otimes \mathscr{A}_2 := \sigma\left(\Big\{A_1 \times A_2 \,\Big|\, A_1 \in \mathscr{A}_1,\ A_2 \in \mathscr{A}_2\Big\}\right).$$

b) Seien $(X_1, \mathscr{A}_1, \mu_1)$ und $(X_2, \mathscr{A}_2, \mu_2)$ zwei Maßräume. Dann heißt ein Maß $\mu \colon \mathscr{A}_1 \otimes \mathscr{A}_2 \to [0, \infty]$ das Produktmaß von $\mu_1$ und $\mu_2$, falls

$$\mu(A_1 \times A_2) = \mu_1(A_1)\mu_2(A_2) \quad (A_1 \in \mathscr{A}_1, \ A_2 \in \mathscr{A}_2). \tag{3.3}$$

In diesem Fall schreibt man $\mu = \mu_1 \otimes \mu_2$.

*Bemerkung 3.18.*

a) Falls die Maße $\mu_1$ und $\mu_2$ in Definition 3.17 b) beide $\sigma$-endlich sind, so kann man zeigen (siehe [4, Satz 23.3]), dass das Produktmaß $\mu_1 \otimes \mu_2$ existiert und durch die Bedingung (3.3) bereits eindeutig festgelegt ist.

b) Analog definiert man das Produkt von endlich vielen Maßen. Für das Lebesgue-Maß gilt $\lambda_n = \lambda_1 \otimes \ldots \otimes \lambda_1$.

*Bemerkung 3.19.*    Statt Maße mit Werten in $[0, \infty]$ zu betrachten, kann man auch komplexwertige Maße definieren. Dabei heißt eine Abbildung $\mu \colon \mathscr{A} \to \mathbb{C}$ ein komplexwertiges Maß, falls die Bedingungen (i) und (ii) aus Definition 3.4 gelten, d. h. falls $\mu(\emptyset) = 0$ und

$$\mu\left(\dot{\bigcup_{n \in \mathbb{N}}} A_n\right) = \sum_{n \in \mathbb{N}} \mu(A_n)$$

für alle paarweise disjunkten Mengen $(A_n)_{n \in \mathbb{N}} \subset \mathscr{A}$ gilt. Dabei impliziert die letzte Gleichheit insbesondere die Konvergenz der Reihe in $\mathbb{C}$, der Wert $\infty$ ist ausgeschlossen. Wir wollen im Folgenden jedoch unter einem Maß stets ein $[0, \infty]$-wertiges Maß verstehen.

## 3.2    Messbare Funktionen und das Integral

Nun soll zu einem Maßraum $(X, \mathscr{A}, \mu)$ das zugehörige Integral definiert werden. Dabei soll das Integral so konstruiert werden, dass die Abbildung $f \mapsto \int f(x)\,d\mu(x)$ linear ist, und falls $f$ eine charakteristische Funktion ist, d. h. $f(x) = 1$ für alle $x \in A$ und $f(x) = 0$ sonst, so wird man $\int f(x)\,d\mu(x) = \mu(A)$ fordern. Dies entspricht (für Funktionen $f \colon \mathbb{R} \to \mathbb{R}$) der Idee, dass das Integral die Fläche zwischen $x$-Achse und dem Graphen der Funktion angibt. Damit $\mu(A)$ definiert ist, muss $A \in \mathscr{A}$ gelten, wir brauchen also eine Bedingung an die Funktion $f$, welche in der folgenden Definition formalisiert wird. Wir betrachten dabei für spätere Zwecke nicht nur Funktionen $f \colon X \to \mathbb{R}$, sondern Abbildungen $f \colon X \to Y$.

▶ **Definition 3.20.**    Seien $(X, \mathscr{A})$ und $(Y, \mathscr{B})$ Messräume. Für eine Abbildung $f \colon X \to Y$ betrachte das Urbild $f^{-1}(B) := \{x \in X \mid f(x) \in B\}$ für $B \in \mathscr{P}(Y)$. Dann heißt $f$ messbar (genauer $\mathscr{A}$-$\mathscr{B}$-messbar), falls für alle $B \in \mathscr{B}$ gilt: $f^{-1}(B) \in \mathscr{A}$.

Falls $(Y, \mathscr{B}) = (\mathbb{R}^n, \mathscr{B}(\mathbb{R}^n))$, so heißt eine $\mathscr{A}$-$\mathscr{B}$-messbare Funktion $f$ auch $\mathscr{A}$-messbar. Falls auch $(X, \mathscr{A}) = (\mathbb{R}^m, \mathscr{B}(\mathbb{R}^m))$, so heißt $f$ Borel-messbar oder auch nur messbar.

*Bemerkung 3.21.*

a) Sei $f: X \to Y$ eine konstante Funktion, d.h. es gibt ein $y_0 \in Y$ mit $f(x) = y_0$ $(x \in X)$. Dann gilt für jede Menge $B \subseteq Y$

$$f^{-1}(B) = \begin{cases} X, & \text{falls } y_0 \in B, \\ \emptyset, & \text{sonst.} \end{cases}$$

Da jede $\sigma$-Algebra die ganze Menge und die leere Menge enthält, ist $f$ unabhängig von der Wahl der $\sigma$-Algebren messbar.

b) Seien $A \subseteq X$ eine Menge und $f: X \to \mathbb{R}$ mit $f(x) = 1$ $(x \in A)$ und $f(x) = 0$ sonst. Dann gilt für jede Borel-messbare Menge $B \in \mathscr{B}(\mathbb{R})$

$$f^{-1}(B) \in \{\emptyset, A, A^c, X\},$$

und $f$ ist genau dann messbar, wenn $A \in \mathscr{A}$.

c) Direkt anhand der Definition sieht man, dass Kompositionen messbarer Funktionen wieder messbar sind. Seien $(X, \mathscr{A})$, $(Y, \mathscr{B})$ und $(Z, \mathscr{C})$ Messräume, und seien $f: X \to Y$ und $g: Y \to Z$ messbare Funktionen. Dann ist auch $g \circ f$ wieder messbar, denn für jede Menge $C \in \mathscr{C}$ gilt $B := g^{-1}(C) \in \mathscr{B}$ und damit $(g \circ f)^{-1}(C) = f^{-1}(g^{-1}(C)) = f^{-1}(B) \in \mathscr{A}$.

Das folgende Kriterium ist nützlich, um die Messbarkeit einer Funktion nachzuweisen.

**Lemma 3.22.** *Seien $(X, \mathscr{A})$ und $(Y, \mathscr{B})$ Messräume, und sei $\mathscr{E}$ ein Erzeugenden-system von $\mathscr{B}$, d.h. es gelte $\sigma(\mathscr{E}) = \mathscr{B}$ (siehe Definition 3.3). Dann ist eine Funktion $f: X \to Y$ genau dann messbar, wenn für jede Menge $E \in \mathscr{E}$ gilt: $f^{-1}(E) \in \mathscr{A}$.*

*Beweis.* Falls $f$ messbar ist, gilt $f^{-1}(B) \in \mathscr{A}$ für jede Menge $B \in \mathscr{B}$ und damit insbesondere für jede Menge $E \in \mathscr{E}$.

Es gelte nun $f^{-1}(E) \in \mathscr{A}$ für jedes $E \in \mathscr{E}$. Men rechnet direkt nach, dass das Mengen-system $\mathscr{B}' := \{B \subseteq Y \mid f^{-1}(B) \in \mathscr{A}\}$ eine $\sigma$-Algebra über $Y$ ist. Nach Voraussetzung gilt $\mathscr{E} \subseteq \mathscr{B}'$. Da $\sigma(\mathscr{E})$ die kleinste $\sigma$-Algebra ist, welche $\mathscr{E}$ enthält, folgt $\mathscr{B} = \sigma(\mathscr{E}) \subseteq \mathscr{B}'$. Dies ist aber gerade die Messbarkeit von $f$. $\qquad\square$

**Korollar 3.23.** *Seien $(X, \mathscr{A})$ ein Messraum und $f: X \to \mathbb{R}$ eine Funktion. Falls*

$$\{x \in X \mid f(x) \leq y\} \in \mathscr{A} \quad (y \in \mathbb{R}), \tag{3.4}$$

*dann ist $f$ messbar (genauer $\mathscr{A}$-$\mathscr{B}(\mathbb{R})$-messbar). Dieselbe Aussage gilt, wenn man „$\leq$" durch „$<$", „$\geq$" oder „$>$" ersetzt.*

*Beweis.* Falls $f$ messbar ist, so ist $\{x \in X \mid f(x) \leq y\} = f^{-1}((-\infty, y]) \in \mathscr{A}$ wegen $(-\infty, y] \in \mathscr{B}(\mathbb{R})$.

Falls andererseits (3.4) gilt, so gilt $f^{-1}((-\infty, y]) \in \mathscr{A}$ für alle $y \in \mathbb{R}$. Da das System $\{(-\infty, y] \mid y \in \mathbb{R}\}$ nach Bemerkung 3.12 b) ein Erzeugendensystem von $\mathscr{B}(\mathbb{R})$ ist, folgt die Messbarkeit von $f$ aus Lemma 3.22. Analog folgt die Behauptung für offene bzw. nach rechts unendliche Intervalle. $\qquad\square$

**Korollar 3.24.** *Seien* $(X, \mathscr{A})$ *ein Messraum, und seien* $f_1, f_2 \colon X \to \mathbb{R}$ *messbar. Dann ist auch*

$$f \colon X \to \mathbb{R}^2, \ x \mapsto \begin{pmatrix} f_1(x) \\ f_2(x) \end{pmatrix}$$

*messbar.*

*Beweis.* Nach Lemma 3.22 und der Definition von $\mathscr{B}(\mathbb{R}^2)$ müssen wir nur zeigen, dass $f^{-1}([a, b]) \in \mathscr{A}$ für alle $a, b \in \mathbb{R}^2$ mit $a_1 < b_1$ und $a_2 < b_2$ gilt. Dies folgt aber sofort aus

$$f^{-1}([a, b]) = \big\{x \in X \mid f_1(x) \in [a_1, b_1], \ f_2(x) \in [a_2, b_2]\big\}$$
$$= f_1^{-1}([a_1, b_1]) \cap f_2^{-1}([a_2, b_2])$$

und der Messbarkeit von $f_1$ und $f_2$. $\qquad\square$

**Lemma 3.25.** *Sei* $(X, \mathscr{T})$ *ein topologischer Raum, und sei* $\mathscr{B}(X) = \sigma(\mathscr{T})$ *die Borel-$\sigma$-Algebra über* $X$. *Dann ist jede stetige Funktion* $f \colon X \to \mathbb{R}$ *Borel-messbar, d. h.* $\mathscr{B}(X)$-$\mathscr{B}(\mathbb{R})$-*messbar.*

*Beweis.* Für eine stetige Funktion $f \colon X \to \mathbb{R}$ ist $f^{-1}((a, b))$ offen und damit in $\mathscr{B}(X)$ für alle $a, b \in \mathbb{R}$ mit $a < b$. Da die Intervalle $\{(a, b) \mid a, b \in \mathbb{R}, \ a < b\}$ ein Erzeugendensystem von $\mathscr{B}(\mathbb{R})$ bilden, folgt die Behauptung aus Lemma 3.22. $\qquad\square$

*Bemerkung 3.26.* Im Folgenden treten auch die Werte $\pm\infty$ als Funktionswerte auf. Dazu setzt man $\overline{\mathbb{R}} := \mathbb{R} \cup \{-\infty, +\infty\}$ und definiert die Borel-$\sigma$-Algebra auf $\overline{\mathbb{R}}$ durch $\mathscr{B}(\overline{\mathbb{R}}) := \sigma\big(\{(a, \infty] \mid a \in \mathbb{R}\}\big)$. Die obigen Aussagen gelten analog auch für Funktionen $f \colon X \to \overline{\mathbb{R}}$.

Der folgende Satz zeigt, dass sich die Messbarkeit von Funktionen gutmütig gegenüber Grenzwertbildung verhält.

**Satz 3.27.** *Sei* $(X, \mathscr{A})$ *ein Messraum.*

a) *Sei* $(f_k)_{k \in \mathbb{N}}$ *eine Folge messbarer Funktionen* $f_k \colon X \to \overline{\mathbb{R}}$. *Dann sind auch die Funktionen* $\inf_{k \in \mathbb{N}} f_k$, $\sup_{k \in \mathbb{N}} f_k$, $\liminf_{k \to \infty} f_k$ *und* $\limsup_{k \to \infty} f_k$ *als Funktionen von* $X$ *nach* $\overline{\mathbb{R}}$ *messbar.*

b) *Sei* $(f_k)_{k \in \mathbb{N}}$ *eine Folge messbarer Funktionen* $f_k \colon X \to \overline{\mathbb{R}}$, *und für alle* $x \in X$ *existiere* $f(x) = \lim_{k \to \infty} f_k(x) \in \overline{\mathbb{R}}$. *Dann ist auch* $f \colon X \to \overline{\mathbb{R}}$ *messbar.*

c) *Seien* $f_1, f_2 \colon X \to \mathbb{R}$ *messbar und* $F \colon \mathbb{R}^2 \to \mathbb{R}$ *messbar, so ist auch*

$$g \colon X \to \mathbb{R}, \ g(x) := F\left(\begin{pmatrix} f_1(x) \\ f_2(x) \end{pmatrix}\right)$$

*messbar. Insbesondere sind* $\max\{f_1, f_2\}, \min\{f_1, f_2\}, f_1 \pm f_2$ *und* $f_1 \cdot f_2$ *sowie (falls* $f_2(x) \neq 0$ *für alle* $x \in X$) $\frac{f_1}{f_2}$ *messbar.*

*Beweis.*

a) Sei $(f_k)_{k \in \mathbb{N}}$ wie im Satz angegeben, und sei $f(x) := \sup_{k \in \mathbb{N}} f_k(x) \in \overline{\mathbb{R}}$ $(x \in X)$. Dann gilt für alle $y \in \mathbb{R}$

$$f^{-1}([-\infty, y]) = \bigcap_{k \in \mathbb{N}} f_k^{-1}([-\infty, y]) \in \mathscr{A},$$

und nach Korollar 3.23 ist $f$ messbar. Da mit $f_k$ auch $-f_k$ messbar ist, folgen die anderen Behauptungen aus $\inf_{k \in \mathbb{N}} f_k = -\sup_{k \in \mathbb{N}}(-f_k)$, $\liminf_{k \to \infty} = \sup_{k \in \mathbb{N}} \inf_{m \geq k} f_m$ und $\limsup_{k \to \infty} f_k = \inf_{k \in \mathbb{N}} \sup_{m \geq k} f_m$.

b) Falls die Folge $(f_k)_{k \in \mathbb{N}}$ punktweise konvergent ist, so gilt $\lim_{k \to \infty} f_k(x) = \limsup_{k \to \infty} f_k(x)$ für alle $x \in X$, und damit folgt die Behauptung aus a).

c) Nach Korollar 3.24 ist auch die Funktion $f \colon X \to \mathbb{R}^2$, $x \mapsto (f_1(x), f_2(x))^\top$ messbar, und damit ist $g = F \circ f$ messbar (Bemerkung 3.21 c)). Die restlichen Aussagen folgen aus der Stetigkeit und damit (nach Lemma 3.25) Borel-Messbarkeit der Abbildungen $(x, y) \mapsto \max\{x, y\}$, $(x, y) \mapsto \min\{x, y\}$, $(x, y) \mapsto x \pm y$, $(x, y) \mapsto x \cdot y$, sowie $(x, y) \mapsto \frac{x}{y}$ $(y \neq 0)$. □

Im Folgenden sei $(X, \mathscr{A}, \mu)$ ein Maßraum. Für die Definition des Integrals werden zunächst messbare Funktionen besonders einfacher Gestalt betrachtet.

▶ **Definition 3.28.** Eine Stufenfunktion (oder Treppenfunktion oder einfache Funktion) ist eine Funktion $f \colon X \to \mathbb{R}$ der Form $f = \sum_{j=1}^{k} c_j \mathbb{1}_{A_j}$ mit $c_j \in \mathbb{R}$ und $A_j \in \mathscr{A}$. Dabei ist

$$\mathbb{1}_A(x) := \begin{cases} 1, & x \in A, \\ 0, & x \notin A \end{cases}$$

die charakteristische Funktion der Menge $A \subseteq X$. Der Raum aller beschränkten $\mathscr{A}$-messbaren Funktionen $f: X \to \mathbb{R}$ wird mit $B(X, \mathscr{A}; \mathbb{R})$ bezeichnet. Dies ist ein Untervektorraum des Raums $B(X; \mathbb{R})$ aller beschränkten Funktionen von $X$ nach $\mathbb{R}$. Wir versehen beide Räume mit der Supremumsnorm

$$\|f\|_\infty := \sup_{x \in X} |f(x)| \quad (f \in B(X; \mathbb{R})).$$

*Bemerkung 3.29.* In der Darstellung einer Stufenfunktion kann man (durch Verfeinerung der Mengen $A_j$) stets annehmen, dass die Mengen $A_j$ ($j = 1, \ldots, k$) paarweise disjunkt sind. Die Idee der Stufenfunktionen liegt darin, konstante Funktionswerte $c_j$ auf der Menge $A_j$ vorzugeben, wobei für die Menge $A_j$ nur die Messbarkeit verlangt wird. Damit können auch komplizierte Mengen $A_j$ auftreten. Es ist ein Prinzip der Lebesgue-Theorie, sich auf die Urbilder $A_j = f^{-1}(\{c_j\})$ zu konzentrieren, anders als z. B. beim Riemann-Integral, bei welchem die Werte auf Intervallen betrachtet werden. So ist z. B. (für $X = \mathbb{R}$) die Funktion $f = \mathbb{1}_\mathbb{Q}$ eine Stufenfunktion, der Wert von $f$ ist aber auf keinem Intervall konstant.

---

**Satz 3.30.**

a) *Zu jeder messbaren Funktion $f: X \to \overline{\mathbb{R}}$ existiert eine Folge $(s_k)_{k \in \mathbb{N}}$ von Stufenfunktionen mit $s_k(x) \to f(x)$ ($x \in X$). Falls zusätzlich $f \geq 0$ gilt, so kann man die Folge $(s_k)_{k \in \mathbb{N}}$ monoton wachsend wählen, d. h. es gilt $s_k(x) \leq s_{k+1}(x)$ ($k \in \mathbb{N}$, $x \in X$).*

b) *Falls $f: X \to \mathbb{R}$ beschränkt und messbar ist, so existiert eine Folge von Stufenfunktionen, welche gleichmäßig gegen $f$ konvergiert. Der Raum der Stufenfunktionen liegt somit dicht in $B(X, \mathscr{A}; \mathbb{R})$ bzgl. $\| \cdot \|_\infty$-Norm.*

---

*Beweis.*

a) Sei zunächst $f: X \to \overline{\mathbb{R}}$ messbar mit $f \geq 0$. Für $k, j \in \mathbb{N}$ mit $1 \leq j \leq k \cdot 2^k$ definiere

$$A_{kj} := \left\{ x \in X \,\Big|\, \frac{j-1}{2^k} \leq f(x) < \frac{j}{2^k} \right\} = f^{-1}\left( \left[ \frac{j-1}{2^k}, \frac{j}{2^k} \right) \right)$$

und $A_k := f^{-1}([k, \infty])$. Da $f$ messbar ist, sind $A_{kj}$ und $A_k$ messbar. Definiere nun

$$s_k := \sum_{j=1}^{k \cdot 2^k} \frac{j-1}{2^k} \, \mathbb{1}_{A_{kj}} + k \cdot \mathbb{1}_{A_k}.$$

Dann konvergiert die Folge $(s_k)_{k \in \mathbb{N}}$ monoton wachsend punktweise gegen $f$.

Im allgemeinen Fall zerlege man $f = f_+ - f_-$ mit $f_+ := \max\{f, 0\}$ und $f_- := -\min\{f, 0\}$ und wende obige Konstruktion auf $f_+$ und $f_-$ an.

b) Die Konstruktion in a) zeigt, dass die Folge $(s_k)_{k \in \mathbb{N}}$ bei beschränktem messbaren $f$ sogar gleichmäßig konvergiert. □

Das letzte Resultat zeigt, dass es genügt, das Integral für Stufenfunktionen zu definieren. Durch die Bedingung $\int \mathbb{1}_A(x) \, d\mu(x) = \mu(A)$ und die Linearität ist das Integral auf den Stufenfunktionen bereits vorgegeben. Die folgende Definition ist zentral für die Integrationstheorie.

▶ **Definition 3.31.**

a) Sei $s = \sum_{j=1}^{k} c_j \mathbb{1}_{A_j}$ mit $c_j \in \mathbb{R}$ und $A_j \in \mathscr{A}$ eine Stufenfunktion mit $s \geq 0$. Definiere das Integral von $s$ bzgl. $\mu$ durch

$$\int s \, d\mu := \int s(x) \, d\mu(x) := \sum_{j=1}^{k} c_j \mu(A_j) \in [0, \infty].$$

b) Sei nun $f : X \to [0, \infty]$ messbar. Definiere

$$\int f \, d\mu := \int f(x) \, d\mu(x) := \sup \left\{ \int s \, d\mu \ \middle| \ s \text{ Stufenfunktion}, 0 \leq s \leq f \right\} \in [0, \infty].$$

c) Falls $f : X \to \overline{\mathbb{R}}$ messbar ist, definiert man

$$\int f \, d\mu := \int f(x) \, d\mu(x) := \int f_+ \, d\mu - \int f_- \, d\mu, \tag{3.5}$$

falls nicht beide Integrale den Wert $+\infty$ haben. Dabei verwenden wir wieder $f_+(x) := \max\{f(x), 0\}$ und $f_-(x) = -\min\{f(x), 0\}$.

d) Eine Funktion $f : X \to \overline{\mathbb{R}}$ heißt integrierbar, falls $f$ messbar ist und beide Integrale in (3.5) endlich sind. Die Menge aller integrierbaren Funktionen wird mit $\mathscr{L}^1(\mu) = \mathscr{L}^1(X, \mathscr{A}, \mu) = \mathscr{L}^1(X)$ bezeichnet. Der Index „1" wird manchmal unten geschrieben: $\mathscr{L}_1(\mu)$. Das Integral $\int f \, d\mu$ heißt auch das (allgemeine) Lebesgue-Integral. Falls $\mu = \lambda$ das Lebesgue-Maß im $\mathbb{R}^n$ ist, so schreibt man $\int f(x) \, dx$ und spricht auch vom Lebesgue-Integral im eigentlichen Sinne.

e) Für $A \in \mathscr{A}$ definiert man

$$\int_A f \, d\mu := \int \mathbb{1}_A f \, d\mu.$$

Für $G \in \mathscr{B}(\mathbb{R}^n)$ schreiben wir $\mathscr{L}^1(G) := \mathscr{L}^1(\lambda|_G)$, wobei $\lambda$ das $n$-dimensionale Lebesgue-Maß und $\lambda|_G$ das Spurmaß von $\lambda$ auf $G$ bezeichne (siehe Bemerkung 3.8).

Der folgende Satz zeigt elementare Eigenschaften des Lebesgue-Integrals, die sich relativ schnell aus der Definition ergeben.

**Satz 3.32.** *Seien  $f: X \to \overline{\mathbb{R}}$  messbar und  $A \in \mathscr{A}$.*

a) *Sei zusätzlich  $f$  beschränkt (d. h.  $f \in B(X, \mathscr{A}; \mathbb{R})$ ) und  $\mu(X) < \infty$. Dann ist  $f \in \mathscr{L}^1(\mu)$.*

b) *Monotonie: Sind  $f, g \in \mathscr{L}^1(\mu)$  mit  $f \leq g$, so ist*

$$\int f \, d\mu \leq \int g \, d\mu.$$

*Speziell gilt: Ist  $a \leq f(x) \leq b$   $(x \in A)$  und  $\mu(A) < \infty$, so gilt*

$$a\mu(A) \leq \int_A f \, d\mu \leq b\mu(A).$$

c) *Ist  $A$  eine  $\mu$-Nullmenge, so gilt  $\int_A f \, d\mu = 0$.*

d) *Sind  $A, B \in \mathscr{A}$  disjunkt und  $f \in \mathscr{L}^1(\mu)$, so gilt  $\int_{A \dot{\cup} B} f \, d\mu = \int_A f \, d\mu + \int_B f \, d\mu$.*

e) *Ist  $f \in \mathscr{L}^1(\mu)$, so ist  $f \in \mathscr{L}^1(A, \mu|_A)$.*

f) *Falls  $f \in \mathscr{L}^1(\mu)$, so gilt  $\mu(\{x \in X \mid f(x) = \pm\infty\}) = 0$, d. h.  $f$  ist  $\mu$-fast überall endlich.*

g) *Seien  $f \in \mathscr{L}^1(\mu)$  und  $g: X \to \overline{\mathbb{R}}$  eine messbare Funktion mit  $f = g$   $\mu$-fast überall. Dann ist  $g \in \mathscr{L}^1(\mu)$  und  $\int f \, d\mu = \int g \, d\mu$.*

*Beweis.*

a) Sei  $f \in B(X, \mathscr{A}; \mathbb{R})$. Dann existiert eine Konstante  $C > 0$  mit  $|f| \leq C$  und damit  $0 \leq f_{\pm} \leq C$. Für jede Stufenfunktion  $s$  mit  $0 \leq s \leq f_+$  erhält man  $\int s \, d\mu \leq C\mu(X)$. Also gilt  $\int f_+ \, d\mu \leq C\mu(X) < \infty$. Analog sieht man  $\int f_- \, d\mu < \infty$.

b) Ist  $f \leq g$, so folgt  $f_+ \leq g_+$  und  $f_- \geq g_-$. Für jede Stufenfunktion  $s$  mit  $0 \leq s \leq f_+$  gilt daher auch  $s \leq g_+$. Damit folgt  $\int f_+ \, d\mu \leq \int g_+ \, d\mu$. Genauso sieht man  $\int f_- \, d\mu \geq \int g_- \, d\mu$  und damit die erste Behauptung.

   Die zweite Behauptung sieht man nun mit  $a\mathbb{1}_A \leq f\mathbb{1}_A \leq b\mathbb{1}_A$.

c) Für jede Stufenfunktion  $s = \sum_{j=1}^k c_j \mathbb{1}_{A_j}$  mit  $0 \leq s \leq f_+$  gilt

$$\int_A s \, d\mu = \sum_{j=1}^k c_j \mu(A \cap A_j) = 0$$

   wegen  $\mu(A \cap A_j) \leq \mu(A) = 0$. Damit ist  $\int_A f_+ \, d\mu = 0$. Analog folgt  $\int_A f_- \, d\mu = 0$.

d) Die Gleichheit gilt nach Definition des Integrals für Stufenfunktionen. Für integrierbare Funktionen  $f \geq 0$  und Stufenfunktionen  $0 \leq s \leq f$  gilt  $0 \leq s\mathbb{1}_A \leq f\mathbb{1}_A$  und  $0 \leq s\mathbb{1}_B \leq f\mathbb{1}_B$, andererseits ist für zwei Stufenfunktionen  $s_1, s_2$  mit  $0 \leq s_1 \leq f\mathbb{1}_A$  und  $0 \leq s_2 \leq f\mathbb{1}_B$  auch  $s := s_1 + s_2$  eine Stufenfunktion mit  $0 \leq s \leq f$. Geht man zum Supremum über, folgt die Behauptung für integrierbares $f \geq 0$ und damit für $f \in \mathscr{L}^1(\mu)$.

e) Für jede Stufenfunktion $s = \sum_{j=1}^{k} c_j \mathbb{1}_{A_j}$ mit $0 \leq s \leq f_+$ gilt

$$\int_A s \, d\mu = \sum_{j=1}^{k} c_j \mu(A \cap A_j) \leq \sum_{j=1}^{k} c_j \mu(A_j) = \int s \, d\mu.$$

Damit folgt $\int_A f_+ \, d\mu \leq \int f_+ \, d\mu < \infty$, analog für $f_-$.

f) Angenommen, für $A := f^{-1}(\{\infty\}) \in \mathscr{A}$ gilt $\mu(A) > 0$. Zu $N \in \mathbb{N}$ sei $s_N := N \mathbb{1}_A$. Dann ist $s_N$ eine Stufenfunktion mit $0 \leq s_N \leq f_+$ und $\int f_+ \, d\mu \geq \int s_N \, d\mu = N\mu(A)$. Für $N \to \infty$ erhält man $\int f_+ \, d\mu = \infty$ im Widerspruch zu $f \in \mathscr{L}^1(\mu)$. Genauso sieht man $\mu(\{x \in X \mid f(x) = -\infty\}) = 0$.

g) Sei $s$ eine Stufenfunktion mit $0 \leq s \leq g_+$. Wir definieren $N := \{x \in X \mid f(x) \neq g(x)\}$ und erhalten

$$\int s \, d\mu = \int_{X \setminus N} s \, d\mu + \int_N s \, d\mu \leq \int_{X \setminus N} f_+ \, d\mu \leq \int f_+ \, d\mu,$$

wobei $\mu(N) = 0$ und Teil c) verwendet wurden. Somit gilt $\int g_+ \, d\mu \leq \int f_+ \, d\mu < \infty$. Analog zeigt man $\int g_- \, d\mu \leq \int f_- \, d\mu < \infty$, und es folgt $g \in \mathscr{L}^1(\mu)$. Wieder mit c) sieht man

$$\int f \, d\mu = \int_{X \setminus N} f \, d\mu = \int_{X \setminus N} g \, d\mu = \int g \, d\mu. \qquad \square$$

---

**Beispiel 3.33**

a) Da $\mathbb{Q}$ eine $\lambda$-Nullmenge ist, folgt $\int \mathbb{1}_{\mathbb{Q}}(x) \, dx = \lambda(\mathbb{Q}) = 0$. Dies ist ein Beispiel für eine Funktion, die integrierbar im Sinn von Lebesgue ist (sogar eine Stufenfunktion), aber nicht integrierbar im Sinne des Riemann-Integrals (wir werden dies in Bemerkung 3.41 diskutieren).

b) Sei $f: \mathbb{R} \to \mathbb{R}$, $x \mapsto x$. Dann ist $f$ stetig und damit (Borel-)messbar. Um $\int_{[0,a]} f(x) \, dx$ für $a > 0$ zu berechnen, betrachten wir die Stufenfunktion

$$s_N: \mathbb{R} \to \mathbb{R}, \quad x \mapsto \sum_{n=1}^{N} \frac{a(n-1)}{N} \mathbb{1}_{\left(\frac{a(n-1)}{N}, \frac{an}{N}\right]}(x).$$

Dann gilt $s_N(x) \leq x$ an jeder Stelle $x \in [0, a]$ und damit $s_N \leq f \mathbb{1}_{[0,a]}$. Für das Integral erhalten wir

$$\int s_N(x) \, dx = \sum_{n=1}^{N} \frac{a}{N} \frac{a(n-1)}{N} = \frac{a^2}{N^2} \sum_{n=1}^{N} (n-1) = \frac{a^2}{N^2} \sum_{k=1}^{N-1} k = \frac{a^2}{2} \frac{N-1}{N}.$$

Andererseits gilt für die Stufenfunktion

$$\tilde{s}_N : \mathbb{R} \to \mathbb{R}, \ x \mapsto \sum_{n=1}^{N} \frac{an}{N} \, \mathbb{1}_{(\frac{a(n-1)}{N}, \frac{an}{N}]}(x)$$

die Abschätzung $\tilde{s}_N(x) \geq x = f(x)$ für alle $x \in [0, a]$. Genauso wie oben berechnet man $\int \tilde{s}_N(x)\,\mathrm{d}x = \frac{a^2}{2}\frac{N+1}{N}$. Mit der Monotonie des Integrals (Satz 3.32 b)) folgt

$$\frac{a^2}{2}\frac{(N-1)}{N} = \int s_N(x)\,\mathrm{d}x \leq \int_{[0,a]} f(x)\,\mathrm{d}x \leq \int \tilde{s}_N(x)\,\mathrm{d}x = \frac{a^2}{2}\frac{N+1}{N}.$$

Für $N \to \infty$ erhält man $\int_{[0,a]} f(x)\,\mathrm{d}x = \frac{a^2}{2}$. Wie auch dieses Beispiel zeigt, ist die Definition des Lebesgue-Integrals für eine direkte Berechnung des Integralwertes weniger geeignet, dafür ist diese Definition sehr gut, um Beweise durchzuführen. Im Wesentlichen müssen die Eigenschaften nur für Stufenfunktionen gezeigt werden, wenn geeignete Grenzwertaussagen zur Verfügung stehen.

c) Das folgende Beispiel zeigt, dass auch Summen als Spezialfall von allgemeinen Lebesgue-Integralen auftreten können. Wir betrachten den Maßraum $(X, \mathscr{A}, \mathbb{P})$ aus Beispiel 3.6 c), der das Würfeln mit einem fairen Würfel beschreibt. Es gelte also $X = \{1, \dots, 6\}$, $\mathscr{A} = \mathscr{P}(X)$ und $\mathbb{P}(A) = \frac{|A|}{6}$ für $A \in \mathscr{A}$. Da als $\sigma$-Algebra die Potenzmenge gewählt wird, ist jede Abbildung $f : X \to \mathbb{R}$ messbar, und da $X$ endlich ist, sogar eine Stufenfunktion. Für $f(x) = x$ erhält man wegen $f = \sum_{k=1}^{6} k \mathbb{1}_{\{k\}}$ für das Integral

$$\int f(x)\,\mathrm{d}\mathbb{P}(x) = \sum_{k=1}^{6} f(k)\mathbb{P}(\{k\}) = \sum_{k=1}^{6} k\,\frac{1}{6} = \frac{7}{2}.$$

Aus stochastischer Sicht entspricht dies gerade dem Erwartungswert für das Ergebnis beim einmaligen Würfeln, d. h. als Mittelwert des Ergebnisses bei vielen Wiederholungen wird man den Wert $\frac{7}{2}$ erwarten.◄

Teil c) des folgenden Satzes ist auch als Majorantenkriterium bekannt.

**Satz 3.34.** *Sei* $f : X \to \overline{\mathbb{R}}$ *messbar.*

a) *Ist* $f \geq 0$ *mit* $\int f\,\mathrm{d}\mu = 0$, *so ist* $f = 0$ $\mu$-*fast überall.*

b) *Es gilt* $f \in \mathscr{L}^1(\mu)$ *genau dann, wenn* $|f| \in \mathscr{L}^1(\mu)$ *gilt. In diesem Fall ist*

$$\left| \int f\,\mathrm{d}\mu \right| \leq \int |f|\,\mathrm{d}\mu. \tag{3.6}$$

c) *Sei* $g \in \mathscr{L}^1(\mu)$ *mit* $|f| \leq g$ $\mu$-*fast überall. Dann ist* $f \in \mathscr{L}^1(\mu)$.

*Beweis.*

a) Wir schreiben

$$\{x \in X \mid f(x) \neq 0\} = \bigcup_{j=1}^{\infty} \left\{ x \in X \mid \frac{1}{j+1} \leq f(x) < \frac{1}{j} \right\} \dot\cup \{x \in X \mid f(x) \geq 1\}.$$

Falls $\mu(\{x \in X \mid f(x) \neq 0\}) > 0$, so hat wegen der $\sigma$-Additivität von $\mu$ eine der Mengen auf der rechten Seite positives Maß, und damit folgt nach Satz 3.32 b) $\int f \, d\mu > 0$.

b) Die Mengen $A := \{x \in X \mid f(x) \geq 0\}$ und $B := \{x \in X \mid f(x) < 0\}$ sind messbar, ebenso die Funktion $|f|$. Nach Satz 3.32 d) gilt

$$\int |f| \, d\mu = \int_A |f| \, d\mu + \int_B |f| \, d\mu = \int f_+ \, d\mu + \int f_- \, d\mu < \infty.$$

Die Abschätzung (3.6) folgt aus $-|f| \leq f \leq |f|$ und der Monotonie des Integrals (Satz 3.32 b)).

c) Nach Änderung auf einer Nullmenge, welche nach Satz 3.32 g) die Integrale nicht ändert, können wir ohne Einschränkung $|f| \leq g$ annehmen. Dann ist $f_- \leq g$ und $f_+ \leq g$ und somit $\int f_\pm \, d\mu < \infty$. $\qquad\square$

Der Vorteil des soeben definierten Lebesgue-Integrals liegt zum einen an der großen Allgemeinheit (so werden etwa beliebige Maße zugelassen), zum anderen an starken Konvergenzaussagen. Die folgenden Aussagen, bei denen wir auf einen Beweis verzichten (siehe dazu etwa [11, Abschn. 2.2]), bilden den Kern der Lebesgueschen Integrationstheorie.

---

**Satz 3.35 (Linearität des Integrals).** *Seien* $f_1, f_2 \in \mathscr{L}^1(\mu)$, $\alpha_1, \alpha_2 \in \mathbb{R}$. *Dann ist* $\alpha_1 f_1 + \alpha_2 f_2 \in \mathscr{L}^1(\mu)$ *und*

$$\int (\alpha_1 f_1 + \alpha_2 f_2) \, d\mu = \alpha_1 \int f_1 \, d\mu + \alpha_2 \int f_2 \, d\mu.$$

---

**Satz 3.36 (Satz von Lebesgue über monotone Konvergenz).** *Sei* $(f_k)_{k \in \mathbb{N}}$ *eine Folge messbarer Funktionen* $f_k : X \to [0, \infty]$ *mit* $0 \leq f_1 \leq f_2 \leq \ldots$, *und sei* $f : X \to [0, \infty]$ *definiert durch* $f(x) := \lim_{k \to \infty} f_k(x)$ $(x \in X)$. *Dann gilt*

$$\lim_{k \to \infty} \int f_k \, d\mu = \int f \, d\mu = \int \lim_{k \to \infty} f_k \, d\mu.$$

**Satz 3.37.** *Sei* $(f_k)_{k \in \mathbb{N}}$ *eine Folge messbarer Funktionen* $f_k \colon X \to [0, \infty]$, *und sei* $f \colon X \to [0, \infty]$ *definiert durch* $f := \sum_{k=1}^{\infty} f_k$. *Dann gilt*

$$\int f \, \mathrm{d}\mu = \sum_{k=1}^{\infty} \int f_k \, \mathrm{d}\mu.$$

*Falls* $f_k \in \mathscr{L}^1(\mu)$ $(k \in \mathbb{N})$ *und die Summe auf der rechten Seite konvergiert, so gilt* $f \in \mathscr{L}^1(\mu)$, *und die Reihe* $\sum_{k=1}^{\infty} f_k(x)$ *konvergiert für* $\mu$*-fast alle* $x \in X$.

**Satz 3.38 (Lemma von Fatou).** *Sei* $(f_k)_{k \in \mathbb{N}}$ *eine Folge messbarer Funktionen* $f_k \colon X \to [0, \infty]$, *und sei* $f \colon X \to [0, \infty]$ *definiert durch* $f := \liminf_{k \to \infty} f_k$. *Dann gilt*

$$\int f \, \mathrm{d}\mu \le \liminf_{k \to \infty} \int f_k \, \mathrm{d}\mu.$$

Der folgende Satz ist einer der wichtigsten Sätze der Integrationstheorie und heißt auch Satz von Lebesgue über dominierte Konvergenz.

**Satz 3.39 (Satz von Lebesgue über majorisierte Konvergenz).** *Sei* $(f_k)_{k \in \mathbb{N}}$ *eine Folge messbarer Funktionen* $f_k \colon X \to \overline{\mathbb{R}}$, *und der Grenzwert* $f(x) := \lim_{k \to \infty} f_k(x) \in \overline{\mathbb{R}}$ *existiere* $\mu$*-fast überall . Weiter existiere eine Funktion* $g \in \mathscr{L}^1(\mu)$ *mit* $|f_k(x)| \le g(x)$ *für* $\mu$*-fast alle* $x \in X$ *und alle* $k \in \mathbb{N}$. *Dann ist* $f \in \mathscr{L}^1(\mu)$ *und*

$$\lim_{k \to \infty} \int f_k \, \mathrm{d}\mu = \int \lim_{k \to \infty} f_k \, \mathrm{d}\mu.$$

Mit Hilfe des letzten Satzes kann man folgende Aussage über parameterabhängige Integrale zeigen.

**Satz 3.40 (Satz über parameterabhängige Integrale).** *Seien* $U \subset \mathbb{R}^n$ *offen und* $f \colon X \times U \to \mathbb{R}$, $(x, u) \mapsto f(x, u)$, *eine Funktion. Für alle* $u \in U$ *sei die Abbildung* $X \to \mathbb{R}$, $x \mapsto f(x, u)$ $\mu$*-integrierbar. Definiere*

$$g: U \to \mathbb{R}, \quad g(u) := \int f(x, u) \, d\mu(x).$$

a) *Für alle $x \in X$ sei die Funktion $U \to \mathbb{R}$, $u \mapsto f(x, u)$ stetig an der Stelle $u_0 \in U$, und es existiere eine $\mu$-integrierbare Funktion $h: X \to [0, \infty]$ mit*

$$|f(x, u)| \leq h(x) \quad ((x, u) \in X \times U).$$

*Dann ist auch g stetig an der Stelle $u_0$.*

b) *Für alle $x \in X$ sei die Funktion $U \to \mathbb{R}$, $u \mapsto f(x, u)$ stetig differenzierbar in $U$, und es existiere eine $\mu$-integrierbare Funktion $h: X \to [0, \infty]$ mit*

$$\left| \frac{\partial f}{\partial u_j}(x, u) \right| \leq h(x) \quad ((x, u) \in X \times U, \ j = 1, \dots, n).$$

*Dann ist auch g stetig differenzierbar in $U$, und es gilt für alle $u \in U$*

$$\frac{\partial g}{\partial u_j}(u) = \int \frac{\partial f}{\partial u_j}(x, u) \, d\mu(x) \quad (j = 1, \dots, n).$$

*Beweis.*

a) Für jede Folge $(u_k)_{k \in \mathbb{N}} \subseteq U$ mit $u_k \to u_0$ gilt $f(\cdot, u_k) \to f(\cdot, u_0)$ punktweise (bzgl. $x \in X$). Nach Voraussetzung ist $h$ eine integrierbare Majorante von $(f(\cdot, u_k))_{k \in \mathbb{N}}$, und die Aussage folgt mit dem Satz über majorisierte Konvergenz, Satz 3.39.

b) Seien $j \in \{1, \dots, n\}$ und $(t_k)_{k \in \mathbb{N}} \subseteq \mathbb{R}$ eine Folge mit $t_k \to 0$, $t_k \neq 0$. Dann konvergiert

$$\frac{f(\cdot, u + t_k e_j) - f(\cdot, u)}{t_k} \to \frac{\partial f}{\partial u_j}(\cdot, u) \quad (k \to \infty)$$

punktweise bzgl. $x \in X$, wobei $e_j$ den $j$-ten Einheitsvektor in $\mathbb{R}^n$ bezeichne. Nach dem Mittelwertsatz der Differentialrechnung ist die Funktionenfolge auf der linken Seite majorisiert durch $h$. Damit folgen die Differenzierbarkeit von $g$ mit dem Satz über majorisierte Konvergenz und die Stetigkeit von $\frac{\partial g}{\partial u_j}$ mit Teil a). $\square$

Die Sätze über monotone Konvergenz und majorisierte Konvergenz sind in vielen Anwendungen nützlich. Wir erwähnen hier zwei weitere Folgerungen.

*Bemerkung 3.41.*

a) Sei $f: X \to [0, \infty]$ messbar. Dann existiert nach Satz 3.30 a) eine monoton steigende Folge $(s_k)_{k \in \mathbb{N}}$ von Stufenfunktionen mit $s_k(x) \to f(x)$ $(x \in X)$. Nach dem Satz über monotone Konvergenz folgt

$$\int f(x)\,d\mu(x) = \lim_{k\to\infty} \int s_k(x)\,d\mu(x) \in [0,\infty].$$

Somit hätte man etwa in Beispiel 3.33 b) auf die Betrachtung der oberen Schranke $\tilde{s}_N$ verzichten können, wenn man für die untere Schranke die monoton wachsende Teilfolge $(s_{2^N})_{N\in\mathbb{N}}$ wählt.

b) Sei $X = \mathbb{N}$, versehen mit der $\sigma$-Algebra $\mathscr{A} := \mathscr{P}(\mathbb{N})$ und dem Zählmaß $\zeta : \mathscr{P}(\mathbb{N}) \to [0,\infty]$, gegeben durch $\zeta(A) := |A|$ (siehe Beispiel 3.6 b)). Dann ist jede Funktion $f : \mathbb{N} \to \mathbb{R}$ eine Folge $(a_n)_{n\in\mathbb{N}}$, wobei $a_n := f(n)$. Da $\mathscr{A}$ die Potenzmenge ist, ist jede solche Funktion messbar. Nach Satz 3.34 b) ist $f$ genau dann integrierbar, falls $|f|$ integrierbar ist, d. h. falls $\int |f|\,d\zeta < \infty$ gilt. Für die Stufenfunktionen $s_N := \sum_{n=1}^N |f(n)|\mathbb{1}_{\{n\}}$ gilt $s_N(x) \nearrow |f(x)|$ $(N \to \infty)$ für alle $x \in \mathbb{N}$. Mit dem Satz über monotone Konvergenz folgt

$$\int |f(x)|\,d\zeta(x) = \lim_{N\to\infty} \int s_N(x)\,d\zeta(x) = \lim_{N\to\infty} \sum_{n=1}^N |f(n)|\zeta(\{n\})$$

$$= \sum_{n=1}^\infty |f(n)| = \sum_{n=1}^\infty |a_n|$$

(vergleiche auch Beispiel 3.33 c)). Damit ist $f$ genau dann integrierbar bzgl. $\zeta$, wenn die Folge $(a_n)_{n\in\mathbb{N}} \subseteq \mathbb{R}$ mit $a_n := f(n)$ absolut konvergiert, und in diesem Fall ist

$$\int f(x)\,d\zeta(x) = \sum_{n=1}^\infty a_n.$$

Man beachte, dass die Konvergenz der Reihe nicht für die Integrierbarkeit ausreicht. So ist etwa die Funktion $f : \mathbb{N} \to \mathbb{R}$, $n \mapsto \frac{(-1)^n}{n}$ nicht integrierbar bzgl. $\zeta$, obwohl die Reihe $\sum_{n=1}^\infty \frac{(-1)^n}{n}$ konvergiert.

*Bemerkung 3.42 (Riemann-Integral).* Die Konstruktion des Lebesgue-Integrals verwendet Stufenfunktionen der Form $s = \sum_{j=1}^k c_j \mathbb{1}_{A_j}$ mit $A_j \in \mathscr{A}$. Da die Mengen $A_j$ kompliziert sein können, erhält man eine große Zahl von Stufenfunktionen – so ist z. B. $\mathbb{1}_\mathbb{Q}$ eine Stufenfunktion bezüglich der Borel-$\sigma$-Algebra $\mathscr{B}(\mathbb{R})$ – und damit einen recht allgemeinen Integralbegriff. Im Gegensatz dazu betrachtet man beim (eindimensionalen) Riemann-Integral Zerlegungen des Integrationsbereichs in Intervalle und kann dadurch auf das Konzept der $\sigma$-Algebra verzichten, erhält aber einen weniger allgemeinen Integralbegriff. Wir wollen diesen Zugang kurz erläutern, wobei wir nicht die ursprüngliche Definition nach Riemann verwenden, sondern einen äquivalenten Zugang über das Darboux-Integral wählen.

Seien $a, b \in \mathbb{R}$ mit $a < b$, und sei $f : [a,b] \to \mathbb{R}$ eine beschränkte Funktion. Wir betrachten eine Partition $\pi = (t_0, t_1, \ldots, t_k)$ von $[a,b]$, d. h. es gelte $k \in \mathbb{N}$ und

$$a = t_0 < t_1 < \ldots < t_k = b.$$

Zu $f$ und $\pi$ definiert man die obere und untere Darboux-Summe durch

$$O_{f,\pi} := \sum_{j=1}^{k} (t_j - t_{j-1}) \sup_{x \in [t_{j-1}, t_j]} f(x),$$

$$U_{f,\pi} := \sum_{j=1}^{k} (t_j - t_{j-1}) \inf_{x \in [t_{j-1}, t_j]} f(x).$$

Man beachte, dass $O_{f,\pi}$ und $U_{f,\pi}$ als Integrale von Stufenfunktionen im Sinne von Definition 3.31 aufgefasst werden können. So gilt etwa $O_{f,\pi} = \int_{[a,b]} s \, d\lambda$ mit $s = \sum_{j=1}^{k} c_j \mathbb{1}_{(t_{j-1},t_j)}$, wobei $c_j := \sup_{x \in [t_{j-1}, t_j]} f(x)$.

Das Ober- und Unterintegral von $f$ sind definiert als

$$O_f := \inf \left\{ O_{f,\pi} \mid \pi \text{ ist eine Partition von } [a, b] \right\},$$
$$U_f := \sup \left\{ U_{f,\pi} \mid \pi \text{ ist eine Partition von } [a, b] \right\}.$$

Die Funktion $f$ heißt Riemann-integrierbar (äquivalent: Darboux-integrierbar), falls $O_f = U_f$ gilt, und in diesem Fall heißt

$$\int_a^b f(x) \, dx := O_f = U_f$$

das Riemann-Integral von $f$.

Man sieht leicht, dass alle stetige Funktionen $f \colon [a, b] \to \mathbb{R}$ Riemann-integrierbar sind. Man kann zeigen (siehe etwa [17, Abschn. IV.6]), dass jede Riemann-integrierbare Funktion $f \colon [a, b] \to \mathbb{R}$ nach eventueller Änderung auf einer Lebesgue-Nullmenge auch Lebesgue-integrierbar ist und die beiden Integrale übereinstimmen. Dabei kann die Änderung auf einer Nullmenge für die Borel-Messbarkeit notwendig sein, siehe [17, Beispiel IV.6.2 c)]. Die Funktion $f \colon [a, b] \to \mathbb{R}$, $x \mapsto \mathbb{1}_{\mathbb{Q}}(x)$ ist ein Beispiel für eine Lebesgue-integrierbare Funktion, welche nicht Riemann-integrierbar ist (denn es gilt $O_f = b - a$ und $U_f = 0$).

Analog kann man das Riemann-Integral für Funktionen $f \colon \mathbb{R}^n \to \mathbb{R}$ definieren, wobei Partitionen von mehrdimensionalen Intervallen betrachtet werden.

Zum Abschluss dieses Abschnitts wollen wir noch zwei nützliche Sätze aus der Integrationstheorie ohne Beweis zitieren. Der erste davon, der Satz von Fubini, behandelt iterierte Integrale. Obwohl dieser Satz auch wesentlich allgemeiner gilt, beschränken wir uns hier auf das Lebesgue-Maß. Im folgenden Satz seien $\lambda_n \colon \mathscr{B}(\mathbb{R}^n) \to [0, \infty]$ das $n$-dimensionale Lebesgue-Maß und $\mathscr{L}^1(\mathbb{R}^n)$ die bezüglich $\lambda_n$ integrierbaren Funktionen.

**Satz 3.43 (Satz von Fubini).** *Seien* $n, m \in \mathbb{N}$ *und* $f \in \mathscr{L}^1(\mathbb{R}^{n+m})$. *Dann ist für fast alle* $y \in \mathbb{R}^m$ *die Funktion* $\mathbb{R}^n \to \mathbb{R}$, $x \mapsto f(x, y)$ *integrierbar bezüglich* $\lambda_n$, *und die Funktion*

$$\mathbb{R}^m \to \mathbb{R}, \quad y \mapsto \int_{\mathbb{R}^n} f(x, y) \, d\lambda_n(x)$$

*ist* $\lambda_m$*-integrierbar. Weiter gilt*

$$\int_{\mathbb{R}^{n+m}} f(x, y) \, d\lambda_{n+m}(x, y) = \int_{\mathbb{R}^m} \left( \int_{\mathbb{R}^n} f(x, y) \, d\lambda_n(x) \right) d\lambda_m(y).$$

Ein Beweis (der allgemeinen Version) ist etwa in [4, §23], zu finden. Der zweite Satz ist das mehrdimensionale Analogon der Integration durch Substitution, der Transformationssatz für das Lebesgue-Integral. Man beachte, dass eine Abbildung $\Phi \colon U \to V$ zwischen zwei offenen Mengen $U, V \subseteq \mathbb{R}^n$ ein $C^1$-Diffeomorphismus heißt, falls $\Phi$ bijektiv und stetig differenzierbar ist und die Umkehrabbildung $\Phi^{-1} \colon V \to U$ ebenfalls stetig differenzierbar ist. Ein Beweis der folgenden Aussage steht z. B. in [11, Satz 3.17].

**Satz 3.44 (Transformationssatz).** *Seien* $U, V \subseteq \mathbb{R}^n$ *offen und* $\Phi \colon U \to V$ *ein* $C^1$*-Diffeomorphismus. Eine messbare Funktion* $f \colon V \to \mathbb{R}$ *ist über* $V = \Phi(U)$ *genau dann* $\lambda$*-integrierbar, wenn* $(f \circ \Phi) |\det \Phi'| \colon U \to \mathbb{R}$ $\lambda$*-integrierbar über* $U$ *ist. In diesem Fall gilt*

$$\int_{\Phi(U)} f(y) \, dy = \int_U f\big(\Phi(x)\big) |\det \Phi'(x)| \, dx.$$

*Bemerkung 3.45.* In symbolischer Schreibweise schreibt man diesen Satz oft in der Form $y = \Phi(x)$ und $dy = |\det \Phi'(x)| \, dx$. Man kann im obigen Integral den (symbolischen) Ausdruck $dy$ auf der linken Seite durch $|\det \Phi'(x)| \, dx$ ersetzen und den Integrationsbereich entsprechend anpassen und erhält dann die rechte Seite. Falls $n = 1$, erhält man die bekannte Substitutionsregel

$$\int_{\Phi(a)}^{\Phi(b)} f(y) \, dy = \int_a^b f(\Phi(x)) \Phi'(x) \, dx,$$

in diesem Fall taucht der Betrag bei $\Phi'(x)$ nicht auf, da das Vorzeichen durch die Reihenfolge der Integralgrenzen berücksichtigt wird.

**Beispiel 3.46**

Ein typisches Beispiel für den Transformationssatz ist die Verwendung von Polarkoordinaten in $\mathbb{R}^2$. Hier betrachtet man die geschlitzte Ebene $V := \mathbb{R}^2 \setminus \{(x_1, 0)^\top \mid x_1 \geq 0\}$ und den $C^1$-Diffeomorphismus

$$\Phi : (0, \infty) \times (0, 2\pi) \to V, \quad \begin{pmatrix} r \\ \varphi \end{pmatrix} \mapsto \begin{pmatrix} r \cos \varphi \\ r \sin \varphi \end{pmatrix}.$$

Es gilt

$$\det \Phi'(r, \varphi) = \det \begin{pmatrix} \cos \varphi & -r \sin \varphi \\ \sin \varphi & r \cos \varphi \end{pmatrix} = r.$$

Da die Menge $N := \{(x_1, 0) \mid x_1 \geq 0\}$ eine Lebesgue-Nullmenge ist, erhalten wir für integrierbare Funktionen $f \in \mathscr{L}^1(\mathbb{R}^2)$ mit dem Transformationssatz

$$\int_{\mathbb{R}^2} f(x) \, dx = \int_0^\infty \int_0^{2\pi} f(r \cos \varphi, r \sin \varphi) \, r \, d\varphi \, dr.$$

Als Beispiel betrachten wir $f(x) := e^{-\alpha |x|^2}$ $(x \in \mathbb{R}^2)$ mit $\alpha > 0$ und erhalten

$$\int_{\mathbb{R}^2} e^{-\alpha |x|^2} \, dx = \int_0^\infty \int_0^{2\pi} e^{-\alpha r^2} r \, d\varphi \, dr = 2\pi \left[ -\frac{e^{-\alpha r^2}}{2\alpha} \right]_{r=0}^\infty = \frac{\pi}{\alpha}.$$

Wegen

$$\int_{\mathbb{R}^2} e^{-\alpha |x|^2} \, dx = \int_{\mathbb{R}} \int_{\mathbb{R}} e^{-\alpha x_1^2} e^{-\alpha x_2^2} \, dx_1 \, dx_2 = \left( \int_{\mathbb{R}} e^{-\alpha z^2} \, dz \right)^2$$

liefert dies

$$\int_{\mathbb{R}} e^{-\alpha z^2} \, dz = \sqrt{\frac{\pi}{\alpha}}.$$

◄

## 3.3 Der Hilbertraum aller quadratintegrierbaren Funktionen

Mit Hilfe des Lebesgue-Integrals kann nun der Hilbertraum $L^2(\mu)$ aller bezüglich des Maßes $\mu$ quadratintegrierbaren Funktionen definiert werden. Insbesondere der Raum $L^2(\mathbb{R}^n)$ spielt in der Quantenmechanik eine zentrale Rolle. Da die auftretenden Funktionen typischerweise komplexwertig sind, beginnen wir mit der entsprechenden Definition des Integrals.

Im Folgenden sei wieder $(X, \mathscr{A}, \mu)$ ein Maßraum.

*Bemerkung 3.47.* Die Messbarkeit einer Funktion $f : X \to \mathbb{C}$ ist wie üblich als Borel-Messbarkeit definiert (also $\mathscr{A}$-$\mathscr{B}(\mathbb{C})$-Messbarkeit). Dabei ist die Norm auf $\mathbb{C} = \mathbb{R}^2$ die euklidische Norm auf $\mathbb{R}^2$, und es gilt $\mathscr{B}(\mathbb{C}) = \mathscr{B}(\mathbb{R}^2)$. Eine Funktion $f : X \to \mathbb{C}$ ist genau dann messbar, wenn $\operatorname{Re} f, \operatorname{Im} f : X \to \mathbb{R}$ beide messbar sind. Denn falls $f$ messbar ist, so sind auch $\operatorname{Re} f$ und $\operatorname{Im} f$ messbar, da die Abbildungen $z \mapsto \operatorname{Re} z$ und $z \mapsto \operatorname{Im} z$ stetig und damit Borel-messbar sind. Falls umgekehrt $\operatorname{Re} f$ und $\operatorname{Im} f$ messbar sind, so folgt die Messbarkeit von $f$ aus Korollar 3.24.

▶ **Definition 3.48.** Eine Funktion $f : X \to \mathbb{C}$ heißt integrierbar, falls $\operatorname{Re} f \in \mathscr{L}^1(\mu)$ und $\operatorname{Im} f \in \mathscr{L}^1(\mu)$ gilt. Wir schreiben $f \in \mathscr{L}^1(\mu; \mathbb{C})$ oder $f \in \mathscr{L}^1(X; \mathbb{C})$. Für $f \in \mathscr{L}^1(\mu; \mathbb{C})$ wird $\int f \, \mathrm{d}\mu$ definiert durch $\int f \, \mathrm{d}\mu := \int \operatorname{Re} f \, \mathrm{d}\mu + i \int \operatorname{Im} f \, \mathrm{d}\mu$.

*Bemerkung 3.49.* Nach dieser Definition und Satz 3.34 b) ist $f : X \to \mathbb{C}$ genau dann integrierbar, falls $\operatorname{Re} f$ und $\operatorname{Im} f$ beide messbar sind und $\int |\operatorname{Re} f| \, \mathrm{d}\mu < \infty$ sowie $\int |\operatorname{Im} f| \, \mathrm{d}\mu < \infty$ gelten. Dies ist äquivalent dazu, dass $f : X \to \mathbb{C}$ messbar ist (siehe Bemerkung 3.47) und $\int |f| \, \mathrm{d}\mu < \infty$ gilt. Das folgt sofort aus dem Majorantenkriterium (Satz 3.34 c)) und den Ungleichungen $|\operatorname{Re} f| \leq |f|$, $|\operatorname{Im} f| \leq |f|$ und $|f| \leq |\operatorname{Re} f| + |\operatorname{Im} f|$.

c) Die obigen Sätze der Integrationstheorie gelten genauso für komplexwertige Funktionen, wobei die Aussagen, welche die Ordnung verwenden (wie etwa das Lemma von Fatou oder der Satz über monotone Konvergenz) nicht übertragbar sind, da der Körper $\mathbb{C}$ keine vollständige Ordnung besitzt.

▶ **Definition 3.50** ($\mathscr{L}^p$-**Räume**).

a) Für $p \in [1, \infty)$ definiert man $\mathscr{L}^p(\mu; \mathbb{C})$ als die Menge aller messbaren Funktionen $f : X \to \mathbb{C}$ mit

$$\|f\|_{L^p(\mu)} := \left( \int |f|^p \, \mathrm{d}\mu \right)^{1/p} < \infty.$$

Für Funktionen $f : X \to \mathbb{R}$ (oder auch für $\overline{\mathbb{R}}$-wertige Funktionen) werden die entsprechenden Funktionenräume mit $\mathscr{L}^p(\mu; \mathbb{R})$ bezeichnet. Im Folgenden schreiben wir kurz $\mathscr{L}^p(\mu)$ für $\mathscr{L}^p(\mu; \mathbb{K})$, wobei $\mathbb{K} \in \{\mathbb{R}, \mathbb{C}\}$. Falls $G \subseteq \mathbb{R}^n$ eine messbare Menge ist, so setzt man wieder $\mathscr{L}^p(G) := \mathscr{L}^p(\lambda|_G)$, wobei $\lambda|_G$ die Einschränkung des $n$-dimensionalen Lebesgue-Maßes auf die Menge $G$ ist.

b) Der Raum $\mathscr{L}^\infty(\mu)$ ist definiert als die Menge aller messbaren Funktionen $f : X \to \mathbb{C}$, für welche ein $c > 0$ existiert mit $\mu(\{x \in X \mid |f(x)| > c\}) = 0$. In diesem Fall definiert man

$$\|f\|_{L^\infty(\mu)} := \inf \left\{ c > 0 \,\Big|\, \mu\big(\{x \in X \mid |f(x)| > c\}\big) = 0 \right\}.$$

Neben den integrierbaren Funktionen $\mathscr{L}^1(\mu)$ ist insbesondere der Raum $\mathscr{L}^2(\mu)$ von Bedeutung.

**Lemma 3.51.** *Der Raum* $\mathscr{L}^2(\mu)$ *ist ein* $\mathbb{K}$-*Vektorraum.*

*Beweis.* Seien $f, g \in \mathscr{L}^2(\mu)$. Dann ist offensichtlich für alle $\alpha \in \mathbb{K}$ auch wieder $\alpha f \in \mathscr{L}^2(\mu)$, und die Funktion $f + g$ ist wieder messbar. Mit Hilfe der elementaren Ungleichung $(a + b)^2 \leq 2a^2 + 2b^2$ für $a, b \geq 0$ sieht man

$$\|f + g\|_{L^2(\mu)}^2 = \int |f(x) + g(x)|^2 \, \mathrm{d}\mu(x) \leq 2 \int (|f(x)|^2 + |g(x)|^2) \, \mathrm{d}\mu(x)$$
$$= 2\|f\|_{L^2(\mu)}^2 + 2\|g\|_{L^2(\mu)}^2 < \infty,$$

und damit gilt auch $f + g \in \mathscr{L}^2(\mu)$.                                          □

*Bemerkung 3.52.*

a)  Die Abbildung $f \mapsto \|f\|_{L^2(\mu)}$ ist im Allgemeinen keine Norm. Denn falls $\emptyset \neq A \in \mathscr{A}$ eine $\mu$-Nullmenge ist, so ist $f := \mathbb{1}_A$ eine Funktion mit $f \neq 0$ und $\|f\|_{L^2(\mu)} = 0$ (vergleiche Satz 3.32 c)).

b)  Auch für $p \neq 2$ kann man zeigen, dass $\mathscr{L}^p(\mu)$ ein Vektorraum ist. Wie für $p = 2$ ist auch $\|\cdot\|_{L^p(\mu)}$ keine Norm, da $\|f\|_{L^p(\mu)} = 0$ für alle Funktionen gilt, welche $\mu$-fast überall gleich Null sind.

Wie die letzte Bemerkung zeigt, sollten Funktionen, welche sich nur um eine Nullmenge unterscheiden, im Sinne von $\|\cdot\|_{L^p(\mu)}$ identifiziert werden. Daher geht man zu Äquivalenzklassen über.

▶ **Definition 3.53.**

a)  Sei $p \in [1, \infty]$. Definiere auf $\mathscr{L}^p(\mu)$ die Äquivalenzrelation $\sim$ durch

$$f \sim g \quad :\Longleftrightarrow \quad \mu(\{x \in X \mid f(x) \neq g(x)\}) = 0$$

(d. h. durch Gleichheit $\mu$-fast überall). Die Menge der Äquivalenzklassen $\{[f] \mid f \in \mathscr{L}^p(\mu)\}$ wird mit $L^p(\mu)$ bezeichnet. Der Raum $L^2(\mu)$ heißt auch Raum aller bezüglich $\mu$ quadratintegrierbaren Funktionen.

Auf $L^p(\mu)$ wird repräsentantenweise eine Vektorraumstruktur definiert durch $\alpha[f] := [\alpha f]$ und $[f] + [g] := [f + g]$ für $\alpha \in \mathbb{K}$ und $f, g \in \mathscr{L}^p(\mu)$.

Man beachte in dieser Definition, dass die Skalarmultiplikation und die Addition wohldefiniert sind, d. h. nicht von der Wahl des Repräsentanten abhängen: Seien $f_1, f_2 \in \mathscr{L}^p(\mu)$ mit $[f_1] = [f_2]$, d. h. $f_1 \sim f_2$. Für $\alpha \in \mathbb{K} \setminus \{0\}$ gilt dann

$$\mu(\{x \in X \mid \alpha f_1(x) \neq \alpha f_2(x)\}) = \mu(\{x \in X \mid f_1(x) \neq f_2(x)\}) = 0$$

und damit $[\alpha f_1] = [\alpha f_2]$. Analog folgt die Wohldefiniertheit der Addition.

*Bemerkung 3.54.*

a) Man definiert das Integral für eine Äquivalenzklasse $[f] \in L^1(\mu)$ durch

$$\int [f] \, d\mu := \int f \, d\mu.$$

Da sich zwei Repräsentanten von $[f]$ nur auf einer $\mu$-Nullmenge unterscheiden, zeigt Satz 3.32 g), dass das Integral auf der rechten Seite nicht von der Wahl des Repräsentanten abhängt.

b) Im Folgenden wird in der Schreibweise nicht mehr zwischen $[f]$ und $f$ unterschieden. Wichtig ist bei dieser Betrachtung, dass es für „Funktionen" $f \in L^p(\mu)$ im Allgemeinen keinen Sinn macht, vom Wert $f(x)$ an einer Stelle $x \in X$ zu sprechen. Denn falls $\mu(\{x\}) = 0$, so kann man den Repräsentanten $f$ an der Stelle $x$ ändern, ohne die Äquivalenzklasse zu ändern.

Für $a, b \in \mathbb{R}$ mit $a < b$ unterscheiden sich die Mengen $(a, b)$ und $[a, b]$ nur auf einer Lebesgue-Nullmenge, daher gilt für $f \in L^1((a, b))$ die Gleichheit

$$\int_{[a,b]} f(x) \, dx = \int_{(a,b)} f(x) \, dx =: \int_a^b f(x) \, dx.$$

**Satz 3.55.** *Die Abbildung* $\langle \cdot, \cdot \rangle_{L^2(\mu)} \colon L^2(\mu) \times L^2(\mu) \to \mathbb{K}$, *definiert durch*

$$\langle f, g \rangle_{L^2(\mu)} := \int f(x) \overline{g(x)} \, d\mu(x) \quad (f, g \in L^2(\mu)) \qquad (3.7)$$

*ist wohldefiniert und ein Skalarprodukt auf* $L^2(\mu)$. *Damit wird* $L^2(\mu)$ *zu einem Hilbertraum.*

*Beweis.*

(i) Wir zeigen zunächst, dass $\langle \cdot, \cdot \rangle_{L^2(\mu)}$ ein Skalarprodukt ist. Seien $f, g \in L^2(\mu)$, und seien $f_0, g_0 \in \mathscr{L}^2(\mu)$ zugehörige Repräsentanten, d. h. es gilt $f = [f_0]$ und $g = [g_0]$. Dann ist die Abbildung $x \mapsto f_0(x) \overline{g_0(x)}$ nach Satz 3.27 c) wieder messbar, und die elementare Abschätzung $ab \leq a^2 + b^2$ für $a, b \geq 0$ zeigt

$$\int |f_0(x) \overline{g_0(x)}| \, d\mu(x) \leq \int (|f_0(x)|^2 + |g_0(x)|^2) \, d\mu(x) = \|f_0\|_{L^2(\mu)}^2 + \|g_0\|_{L^2(\mu)}^2 < \infty.$$

Damit ist das Integral in (3.7) mit Wert in $\mathbb{K}$ definiert. Man sieht auch sofort, dass der Integrand in (3.7) sich bei Übergang zu anderen Repräsentanten nur auf einer Nullmenge ändert und daher das Skalarprodukt als Abbildung auf $L^2(\mu) \times L^2(\mu)$ wohldefiniert ist.

Offensichtlich ist die Abbildung $L^2(\mu) \to \mathbb{K}$, $f \mapsto \langle f, g \rangle_{L^2(\mu)}$ linear, und es gilt $\langle f, g \rangle_{L^2(\mu)} = \overline{\langle g, f \rangle}_{L^2(\mu)}$ für alle $f, g \in L^2(\mu)$. Sei $f \in L^2(\mu)$ mit $\langle f, f \rangle = 0$, und sei $f_0 \in \mathscr{L}^2(\mu)$ mit $f = [f_0]$. Dann gilt $\langle f_0, f_0 \rangle = \int |f_0|^2 \, d\mu = 0$. Nach Satz 3.34 folgt $|f_0|^2 = 0$ $\mu$-fast überall und somit $f_0 = 0$ $\mu$-fast überall. Somit ist $f = [f_0] = 0$, und wir haben alle Eigenschaften eines Skalarprodukts nachgewiesen. Insbesondere wird nach Lemma 2.6 durch

$$\|f\|_{L^2(\mu)} := \left( \int |f(x)|^2 \, d\mu(x) \right)^{1/2} \quad (f \in L^2(\mu))$$

eine Norm definiert.

(ii)  Wir zeigen, dass $L^2(\mu)$ vollständig ist. Sei $(f_k)_{k \in \mathbb{N}} \subseteq L^2(\mu)$ eine Cauchyfolge. Wähle eine Teilfolge $(f_{k_j})_{j \in \mathbb{N}}$ mit $\|f_{k_{j+1}} - f_{k_j}\|_{L^2(\mu)} \leq 2^{-j}$ $(j \in \mathbb{N})$ und definiere für $\ell \in \mathbb{N}$ und $x \in X$ die Funktionen $g_\ell, g \colon X \to [0, \infty]$ durch

$$g_\ell(x) := \sum_{j=1}^{\ell} |f_{k_{j+1}}(x) - f_{k_j}(x)|, \quad g(x) := \sum_{j=1}^{\infty} |f_{k_{j+1}}(x) - f_{k_j}(x)|.$$

Man beachte hier, dass die Funktionen $g_\ell$ und $g$ von der Wahl der Repräsentanten von $f_{k_j}$ abhängen und damit nur bis auf Nullmengen eindeutig definiert sind. Aus der Dreiecksungleichung für die Norm $\| \cdot \|_{L^2(\mu)}$ folgt

$$\|g_\ell\|_{L^2(\mu)} \leq \sum_{j=1}^{\ell} \|f_{k_{j+1}} - f_{k_j}\|_{L^2(\mu)} \leq \sum_{j=1}^{\ell} 2^{-j} \leq 1,$$

und nach dem Satz von der monotonen Konvergenz gilt

$$\|g\|_{L^2(\mu)}^2 = \int |g(x)|^2 \, d\mu(x) = \int \lim_{\ell \to \infty} |g_\ell(x)|^2 \, d\mu(x) = \lim_{\ell \to \infty} \int |g_\ell(x)|^2 \, d\mu \leq 1.$$

Nach Satz 3.32 f) ist $g$ $\mu$-fast überall endlich, und damit ist die Reihe

$$f(x) := f_{k_1}(x) + \sum_{j=1}^{\infty} (f_{k_{j+1}}(x) - f_{k_j}(x))$$

für $\mu$-fast alle $x \in X$ absolut konvergent. Somit gilt $f = \lim_{j \to \infty} f_{k_j}$ $\mu$-fast überall. Man definiert noch $f(x) := 0$, falls die obige Reihe nicht konvergiert. Die Funktion $f$ ist als punktweiser Grenzwert messbarer Funktionen messbar.

Wir zeigen $\|f - f_k\|_{L^2(\mu)} \to 0$ $(k \to \infty)$. Sei $\varepsilon > 0$. Dann existiert ein $N \in \mathbb{N}$ mit $\|f_k - f_\ell\|_{L^2(\mu)} < \varepsilon$ für alle $k, \ell \geq N$. Nach dem Lemma von Fatou ist für $k \geq N$

$$\int |f(x) - f_k(x)|^2 \, \mathrm{d}\mu(x) = \int \lim_{j \to \infty} |f_{k_j}(x) - f_k(x)|^2 \, \mathrm{d}\mu(x)$$

$$\leq \liminf_{j \to \infty} \int |f_{k_j}(x) - f_k(x)|^2 \, \mathrm{d}\mu(x) \leq \varepsilon^2.$$

Insbesondere ist $f - f_k \in L^2(\mu)$ und damit $f = f_k + (f - f_k) \in L^2(\mu)$, und es gilt $f_k \to f$ in $L^2(\mu)$. Daher ist $L^2(\mu)$ vollständig und somit ein Hilbertraum. $\square$

**Korollar 3.56.** *Sei* $(f_k)_{k \in \mathbb{N}} \subseteq L^2(\mu)$ *eine Folge mit* $f_k \to f \in L^2(\mu)$ $(k \to \infty)$. *Dann besitzt* $(f_k)_{k \in \mathbb{N}}$ *eine Teilfolge, welche* $\mu$-*fast überall gegen* $f$ *konvergiert.*

*Beweis.* Das wurde im Beweis von Satz 3.55 mit gezeigt. $\square$

*Bemerkung 3.57.*

a)  Der Trick im obigen Beweis besteht darin, aus der gegebenen Cauchyfolge $(f_k)_{k \in \mathbb{N}}$ eine Teilfolge $(f_{k_j})_{j \in \mathbb{N}}$ so auszuwählen, dass $f_{k_{j+1}} - f_{k_j}$ bezüglich $\| \cdot \|_{L^2(\mu)}$ schneller gegen Null konvergiert („Turbo-Teilfolge"). Wir haben den Beweis der Vollständigkeit nur für den Fall $p = 2$ durchgeführt, er funktioniert aber ganz ähnlich für alle $p \in [1, \infty)$. Allerdings muss man dafür zunächst die Dreiecksungleichung in $L^p(\mu)$ zeigen, welche im Hilbertraum-Fall $p = 2$ aus den Eigenschaften des Skalarprodukts folgt. Im Fall $p = \infty$ beweist man die Vollständigkeit unter Verwendung der gleichmäßigen Konvergenz mit Beachtung der Nullmengen. Somit erhält man für alle $p \in [1, \infty]$ den Banachraum $L^p(\mu)$.

**Lemma 3.58.** *Die Menge aller Stufenfunktionen* $s \colon X \to \mathbb{K}$, *d. h. aller Funktionen der Form* $s = \sum_{j=1}^k c_j \mathbb{1}_{A_j}$ *mit* $c_j \in \mathbb{K}$ *und* $A_j \in \mathscr{A}$, *liegt dicht in* $L^2(\mu)$. *Genauer existiert zu jedem* $f = [f_0] \in L^2(\mu)$ *eine Folge* $(s_n)_{n \in \mathbb{N}}$ *von Stufenfunktionen mit* $s_n(x) \to f_0(x)$ $(n \to \infty)$ *für alle* $x \in X$ *und* $\|s_n - f_0\|_{L^2(\mu)} \to 0$ $(n \to \infty)$. *Dabei kann man die Folge so wählen, dass* $|s_n(x)| \nearrow |f_0(x)|$ $(n \to \infty)$ *für alle* $x \in X$ *gilt.*

*Beweis.* Wir approximieren $(\operatorname{Re} f_0)_+$ und $(\operatorname{Re} f_0)_-$ wie im Beweis von Satz 3.30 punktweise durch eine monoton wachsende Folge $(s_n^+)_{n \in \mathbb{N}}$ bzw. $(s_n^-)_{n \in \mathbb{N}}$ von Stufenfunktionen. Für $s_n' := s_n^+ - s_n^-$ gilt dann $s_n' \to \operatorname{Re} f_0$ $(n \to \infty)$ punktweise und $|s_n'(x)| \nearrow |\operatorname{Re} f_0(x)|$ $(n \to \infty)$ für alle $x \in X$. Falls $\mathbb{K} = \mathbb{C}$, verwendet man dieselbe Konstruktion für den Imaginärteil und erhält eine Folge $(s_n'')_{n \in \mathbb{N}}$ von Stufenfunktionen mit $s_n'' \to \operatorname{Im} f_0$ $(n \to \infty)$ punktweise und $|s_n''| \nearrow |\mathrm{Im}\, f_0|$ $(n \to \infty)$. Damit gilt für $s_n := s_n' + i s_n''$ die punktweise Konvergenz $s_n \to f_0$ und $|s_n(x)| \nearrow |f_0(x)|$ $(n \to \infty)$ für alle $x \in X$. Also erhalten wir $|s_n(x) - f_0(x)| \to 0$ $(n \to \infty)$ sowie $|s_n - f_0| \leq 2|f_0|$. Mit majorisierter Konvergenz folgt

$$\|s_n - f_0\|_{L^2(\mu)}^2 = \int |s_n(x) - f_0(x)|^2 \, d\mu(x) \to 0 \quad (n \to \infty),$$

wobei $4|f_0|^2$ eine integrierbare Majorante ist. $\qquad\square$

---

**Beispiel 3.59**

a) Seien $X = \{1, \ldots, n\}$, $\mathscr{A} := \mathscr{P}(X)$ und $\zeta \colon \mathscr{P}(X) \to [0, \infty)$ das Zählmaß, d. h. $\zeta(A) := |A|$. Dann sind alle Funktionen $f \colon X \to \mathbb{K}$ messbar, und jede Funktion $f$ ist gegeben durch das Tupel $(f(j))_{j=1,\ldots,n} \in \mathbb{K}^n$. Für zwei Funktionen $f, g \colon X \to \mathbb{K}$ erhält man das Skalarprodukt

$$\langle f, g \rangle_{L^2(\zeta)} = \int f(x)\overline{g(x)} \, d\zeta(x) = \sum_{j=1}^{n} f(j)\overline{g(j)}.$$

Damit ist $L^2(\zeta) = \mathbb{K}^n$ mit dem kanonischen Skalarprodukt und der zugehörigen euklidischen Norm.

b) Häufig auftretende Hilberträume sind $L^2(\mathbb{R}^n)$ sowie $L^2(G)$ für eine messbare Teilmenge $G \subseteq \mathbb{R}^n$, wobei hier jeweils das Lebesgue-Maß zugrunde gelegt wird. $\qquad\blacktriangleleft$

---

Als letztes Beispiel können wir den Beweis von Bemerkung 2.47 nachtragen.

---

**Korollar 3.60.** *Der Folgenraum $\ell^2$ ist ein Hilbertraum.*

---

*Beweis.* Wir wählen $X := \mathbb{N}$, $\mathscr{A} := \mathscr{P}(X)$ und als Maß das Zählmaß $\zeta$ über $\mathbb{N}$. Dann gilt (vergleiche Bemerkung 3.41 b))

$$L^2(\zeta) = \left\{ f \colon \mathbb{N} \to \mathbb{K} \,\middle|\, \sum_{j=1}^{\infty} |f(j)|^2 < \infty \right\},$$

und das Skalarprodukt für zwei Funktionen $f, g \in L^2(\zeta)$ ist gegeben durch

$$\langle f, g \rangle_{L^2(\zeta)} = \sum_{j=1}^{\infty} f(j)\overline{g(j)} \quad (f, g \in L^2(\zeta)).$$

Da die Funktionen $f: \mathbb{N} \to \mathbb{K}$ gerade die Folgen $(f(j))_{j \in \mathbb{N}} \subseteq \mathbb{K}$ sind, gilt somit $L^2(\zeta) = \ell^2$ als Mengen, und die Skalarprodukte auf $L^2(\zeta)$ und $\ell^2$ sind identisch (und damit auch die Normen). Nach Satz 3.55 ist $\ell^2 = L^2(\zeta)$ ein Hilbertraum.                                                    $\square$

*Was haben wir gelernt?*

- Maße sind auf $\sigma$-Algebren definiert, der Maßbegriff beinhaltet sowohl Wahrscheinlichkeitsmaße als auch das Lebesgue-Maß und ist deshalb nützlich in Analysis und Stochastik. Für das Lebesgue-Maß betrachtet man die Borel-$\sigma$-Algebra.
- Das allgemeine Lebesgue-Integral ist definiert als Grenzwert von Integralen über Stufenfunktionen und besitzt gute Konvergenzeigenschaften. Wichtige Sätze der Integrationstheorie sind der Satz über monotone Konvergenz, der Satz über majorisierte Konvergenz und der Satz von Fubini.
- Für jedes Maß $\mu$ kann man den Hilbertraum $L^2(\mu)$ definieren. Wählt man für $\mu$ das $n$-dimensionale Lebesgue-Maß auf $\mathscr{B}(\mathbb{R}^n)$, so erhält man den Raum $L^2(\mathbb{R}^n)$, der in der Quantenmechanik eine wichtige Rolle spielt.

# Distributionen und die Fourier-Transformation 4

*Worum geht's?* In Beispiel 1.14 wird die eindimensionale Impulsobservable $P$ definiert durch $P\psi := -i\psi'$ für $\psi \in H^1(\mathbb{R})$. Der Ableitungsbegriff ist hier aber mit Vorsicht zu verwenden: Der Grundraum $L^2(\mathbb{R})$ besteht aus Äquivalenzklassen von Funktionen, und ein Zustand $\psi \in L^2(\mathbb{R})$ ändert sich nicht, wenn $\psi(x)$ an einer Stelle $x \in \mathbb{R}$ beliebig abgeändert wird. Daher sind die klassischen Begriffe wie Stetigkeit oder Differenzierbarkeit für $L^2(\mathbb{R})$-Funktionen nicht verwendbar. Selbst bei entsprechender Wahl eines Vertreters ist eine Funktion in $H^1(\mathbb{R})$ zwar stetig, aber im Allgemeinen nicht im klassischen Sinn differenzierbar.

Die Antwort auf diese Schwierigkeit besteht in einer Verallgemeinerung des Ableitungsbegriffs, welche auf der Idee der Distributionen beruht. Tatsächlich handelt es sich hierbei in erster Linie um eine neue Interpretation von Funktionen: Statt unter einer Funktion $f: \mathbb{R} \to \mathbb{R}$ wie üblich die Abbildung $x \mapsto f(x)$ zu verstehen, wird die Wirkung von $f$ auf sehr gute (unter anderem unendlich oft differenzierbare) Funktionen $\varphi$ getestet: Man berechnet den Wert von $\int_{\mathbb{R}} f(x)\varphi(x)\,dx$ für eine geeignete Klasse von Testfunktionen $\varphi$. In diesem Sinn wird aus einer Funktion eine Distribution, auch verallgemeinerte Funktion genannt. Diese Grundidee erlaubt es, Operationen wie etwa die Ableitung auf die Testfunktion zu werfen und damit jede Distribution (somit auch jede $L^2$-Funktion) differenzierbar zu machen.

Wenn man mit distributionellen Ableitungen für $L^2$-Funktionen arbeitet, ist oft die Fouriertransformation nicht mehr weit weg, denn diese verwandelt Ableitungen in punktweise Multiplikationen und dient somit zu einer einfachen Beschreibung von Observablen, welche als Ableitungsoperatoren definiert sind. Daher wird in diesem Kapitel auch die Fouriertransformation diskutiert, wobei das Konzept der Testfunktionen auch hier helfen wird, die Fouriertransformation für eine große Klasse von Distributionen zu definieren.

© Springer-Verlag GmbH Deutschland, ein Teil von Springer Nature 2022    81
R. Denk, *Mathematische Grundlagen der Quantenmechanik*,
https://doi.org/10.1007/978-3-662-65554-2_4

Wir diskutieren zunächst die Begriffe Testfunktionen, Distributionen und distributionelle Ableitung, welche es schließlich erlauben, Sobolevräume wie den Raum $H^1(\mathbb{R})$ zu betrachten. Danach wird die Fouriertransformation zunächst für glatte Funktionen (Schwartz-Funktionen) definiert und in einem zweiten Schritt – dem Grundgedanken der Distributionen folgend – über Dualität auf temperierte Distributionen erweitert. Insbesondere erhält man die Fouriertransformation auf dem Raum $L^2(\mathbb{R}^n)$, und der Satz von Plancherel besagt, dass diese ein isometrischer Isomorphismus ist.

## 4.1   Distributionen und Sobolevräume

Die Idee der Distributionen erlaubt es unter anderem, beliebige Ableitungen einer großen Klasse von Funktionen $u \colon G \to \mathbb{K}$ zu definieren, wobei $G \subseteq \mathbb{R}^n$ offen sei. In diesem Zusammenhang ist folgende Multiindex-Schreibweise nützlich: Zu einem Tupel $\alpha = (\alpha_1, \ldots, \alpha_n)^\top \in \mathbb{N}_0^n$ von nichtnegativen ganzen Zahlen definiert man $|\alpha| := \alpha_1 + \ldots + \alpha_n$ sowie für $|\alpha|$-fach differenzierbare Funktionen $\varphi \colon G \to \mathbb{K}$

$$\partial^\alpha \varphi(x) := (\tfrac{\partial}{\partial x_1})^{\alpha_1} \ldots (\tfrac{\partial}{\partial x_n})^{\alpha_n} \varphi(x) \quad (x \in G).$$

Für $x, \xi \in \mathbb{R}^n$ setzen wir weiter

$$x \cdot \xi := \sum_{j=1}^n x_j \xi_j,$$

$$x^\alpha := x_1^{\alpha_1} \cdot \ldots \cdot x_n^{\alpha_n}.$$

Wie bisher sei $|x| = (\sum_{j=1}^n |x_j|^2)^{1/2}$ die euklidische Norm des Vektors $x \in \mathbb{R}^n$.

▶ **Definition 4.1.** Ein Gebiet in $\mathbb{R}^n$ ist eine offene Teilmenge $G \subseteq \mathbb{R}^n$ mit folgender Eigenschaft: Seien $x_1, x_2 \in G$. Dann existiert eine stetige Abbildung $\gamma \colon [0, 1] \to G$ mit $\gamma(0) = x_1$ und $\gamma(1) = x_2$.

Die Abbildung $\gamma$ in dieser Definition heißt ein (stetiger) Weg zwischen $x_1$ und $x_2$, d.h. in einem Gebiet $G$ können zwei beliebige Punkte durch einen stetigen Weg verbunden werden, der das Gebiet nicht verlässt. Diese Eigenschaft heißt wegzusammenhängend. Die übliche Definition eines Gebietes verwendet eine ähnliche Eigenschaft (zusammenhängend), welche etwas komplizierter zu formulieren, aber für offene Teilmengen äquivalent zu wegzusammenhängend ist.

Im Folgenden sei $G$ ein Gebiet in $\mathbb{R}^n$. Für $k \in \mathbb{N}_0 \cup \{\infty\}$ sei $C^k(G)$ die Menge aller Funktionen $f \colon G \to \mathbb{K}$, für welche die Ableitungen $\partial^\alpha f$ für alle $|\alpha| \le k$ in $G$ existieren und stetig sind. Für die Definition von Distributionen beginnen wir mit dem Begriff der Testfunktionen.

▶ **Definition 4.2.**

a) Die Menge

$$\mathscr{D}(G) := C_c^\infty(G) := \{\varphi \in C^\infty(G) \mid \operatorname{supp}\varphi \subseteq G, \ \operatorname{supp}\varphi \ \text{kompakt}\}$$

heißt die Menge der Testfunktionen auf $G$. Dabei ist $\operatorname{supp}\varphi := \overline{\{x \in G \mid \varphi(x) \neq 0\}}$ der Träger von $\varphi$, wobei $\overline{\{\ldots\}}$ den Abschluss in $\mathbb{R}^n$ bezeichnet. In der Literatur findet man auch die Bezeichnung $C_0^\infty(\mathbb{R}^n) := C_c^\infty(\mathbb{R}^n)$.

b) Eine Folge $(\varphi_k)_{k\in\mathbb{N}} \subseteq \mathscr{D}(G)$ konvergiert gegen eine Funktion $\varphi \in \mathscr{D}(G)$, falls folgende Bedingungen erfüllt sind:

(i) Es gibt eine kompakte Teilmenge $K \subseteq G$ mit $\operatorname{supp}\varphi_k \subseteq K$ für alle $k \in \mathbb{N}$.

(ii) Für alle Multiindizes $\alpha \in \mathbb{N}_0^n$ gilt

$$\sup_{x\in K} |\partial^\alpha \varphi_k(x) - \partial^\alpha \varphi(x)| \to 0 \quad (k \to \infty).$$

In diesem Fall schreibt man $\varphi_k \xrightarrow{\mathscr{D}(G)} \varphi \ (k \to \infty)$.

*Bemerkung 4.3.*

a) Die Konvergenz in (ii) ist sehr stark: Die Funktionen $\varphi_k$ und alle Ableitungen konvergieren gleichmäßig. Es ist möglich, auf $\mathscr{D}(G)$ eine Topologie zu definieren, so dass die in b) angegebene Konvergenz einer Folge gerade der Konvergenz bezüglich dieser Topologie entspricht. Da es sich jedoch nicht um einen normierten Raum handelt (es liegt vielmehr eine sogenannte lokalkonvexe Topologie vor), wird an dieser Stelle darauf verzichtet, und wir geben nur die Konvergenz an. Eine ausführliche Diskussion der Topologie auf dem Raum der Testfunktionen ist etwa in [25], Abschn. 2.1 oder in [70], Abschn. VIII.5 zu finden.

b) Das folgende Beispiel zeigt, dass es nichttriviale Testfunktionen gibt: Definiere $\varphi_1 \colon \mathbb{R} \to \mathbb{R}$ durch

$$\varphi_1(x) := \begin{cases} \exp\left(\frac{1}{x^2-1}\right), & \text{falls } |x| < 1, \\ 0, & \text{sonst.} \end{cases}$$

Man kann leicht nachrechnen, dass $\varphi \in C^\infty(\mathbb{R})$ gilt (insbesondere sind alle Ableitungen von $\varphi$ an den Stellen $\pm 1$ gleich Null), und nach Definition gilt $\operatorname{supp}\varphi_1 = [-1, 1]$. Definiert man $\varphi_n \colon \mathbb{R}^n \to \mathbb{R}$ durch $\varphi_n(x) := \varphi_1(|x|) \ (x \in \mathbb{R}^n)$, erhält man eine Testfunktion $\varphi_n \in \mathscr{D}(\mathbb{R}^n)$.

▶ **Definition 4.4.** Die Menge $\mathscr{D}'(G)$ aller Distributionen auf $G$ wird definiert als die Menge aller Abbildungen $u\colon \mathscr{D}(G) \to \mathbb{K}$ mit folgenden Eigenschaften:

(i) $u\colon \mathscr{D}(G) \to \mathbb{K}$ ist linear.

(ii) Für alle Folgen $(\varphi_k)_{k\in\mathbb{N}} \subseteq \mathscr{D}(G)$ mit $\varphi_k \xrightarrow{\mathscr{D}(G)} 0$ $(k \to \infty)$ gilt $u(\varphi_k) \to 0$.

*Bemerkung 4.5.*

a) Die Bezeichnung $\mathscr{D}'(G)$ ist kein Zufall: Wählt man die in Bemerkung 4.3 a) erwähnte Topologie auf $\mathscr{D}(G)$, so ist $\mathscr{D}'(G)$ gerade die Menge aller stetigen linearen Funktionale auf $\mathscr{D}(G)$, d. h. es handelt sich um den topologischen Dualraum, der für normierte Räume in Definition 2.22 eingeführt wurde.

b) Auch auf dem Raum der Distributionen kann eine (lokalkonvexe) Topologie eingeführt werden. In dieser konvergiert eine Folge $(u_k)_{k\in\mathbb{N}} \subseteq \mathscr{D}'(G)$ von Distributionen genau dann gegen ein $u \in \mathscr{D}'(G)$, falls

$$u_k(\varphi) \to u(\varphi) \ (k \to \infty) \ \text{für alle} \ \varphi \in \mathscr{D}(G).$$

---

**Beispiel 4.6**

Eine Funktion $f\colon G \to \mathbb{K}$ heißt lokal integrierbar, falls $f|_K \in L^1(K)$ für jede kompakte Teilmenge $K \subseteq G$ gilt. Man schreibt $L^1_{\mathrm{loc}}(G)$ für die Menge aller lokalintegrierbaren Funktionen (wieder werden Äquivalenzklassen bezüglich Gleichheit fast überall betrachtet). Für eine Funktion $f \in L^1_{\mathrm{loc}}(G)$ definiert man

$$[f]\colon \mathscr{D}(G) \to \mathbb{K}, \quad \varphi \mapsto [f](\varphi) := \int_G f(x)\varphi(x)\,\mathrm{d}x.$$

Dabei existiert das Integral, da $x \mapsto Mf(x)\mathbb{1}_{\mathrm{supp}\,\varphi}(x)$ mit $M := \max_{y\in\mathrm{supp}\,\varphi} |\varphi(y)|$ eine integrierbare Majorante ist. Somit ist die Abbildung $[f]\colon \mathscr{D}(G) \to \mathbb{K}$ wohldefiniert, und offensichtlich ist $[f]$ eine lineare Abbildung. Sei nun $(\varphi_k)_{k\in\mathbb{N}} \subseteq \mathscr{D}(G)$ eine Folge mit $\varphi_k \xrightarrow{\mathscr{D}(G)} 0$ $(k \to \infty)$. Dann existiert nach Definition der Konvergenz eine kompakte Menge $K \subseteq G$ mit $\mathrm{supp}\,\varphi_k \subseteq K$ für alle $k \in \mathbb{N}$, und wir erhalten

$$\left| [f](\varphi_k) \right| \le \int_G |f(x)\varphi_k(x)|\,\mathrm{d}x \le \|f\|_{L^1(K)} \max_{x\in K} |\varphi_k(x)| \to 0 \quad (k \to \infty).$$

Also ist $[f]$ eine Distribution. Dieses Beispiel zeigt, dass eine große Klasse von Funktionen als Distribution aufgefasst werden kann, und war die Motivation für das Konzept von Distributionen: Statt die Werte einer Funktion $f$ an einer Stelle $x \in G$ zu betrachten, betrachtet man die Wirkung, die $f$ auf Testfunktionen mit Hilfe der Abbildung $\varphi \mapsto \int_G f(x)\varphi(x)\,\mathrm{d}x$ ausübt.   ◀

▶ **Definition 4.7.** Eine Distribution $u \in \mathscr{D}'(G)$ heißt eine reguläre Distribution, falls ein $f \in L^1_{\text{loc}}(G)$ existiert mit $u = [f]$, wobei $[f]$ wie in Beispiel 4.6 definiert ist. In diesem Fall heißt $u$ die von $f$ erzeugte reguläre Distribution. Falls $u = [f]$ mit $f \in L^p(G)$ für ein $p \in [1, \infty)$ gilt, schreibt man auch kurz (und formal inkorrekt) $u \in L^p(G)$.

*Bemerkung 4.8.* Man beachte in obiger Definition, dass $L^p(G) \subseteq L^1_{\text{loc}}(G)$ für alle $p \in [1, \infty)$ gilt. Denn für alle kompakten Teilmengen $K \subseteq G$ erhalten wir

$$
\begin{aligned}
\int_K |f(x)|\,dx &= \int_{\{x \in K \,|\, |f(x)| \leq 1\}} |f(x)|\,dx + \int_{\{x \in K \,|\, |f(x)| > 1\}} |f(x)|\,dx \\
&\leq \int_{\{x \in K \,|\, |f(x)| \leq 1\}} 1\,dx + \int_{\{x \in K \,|\, |f(x)| > 1\}} |f(x)|^p\,dx \\
&\leq \lambda(K) + \|f\|_{L^p(G)}^p < \infty,
\end{aligned}
$$

d. h. es gilt $f|_K \in L^1(K)$ für alle kompakten Teilmengen $K \subseteq G$.

---

**Beispiel 4.9 (Dirac-Distribution)**

a) Sei $x_0 \in G$. Dann definiert man die Abbildung $\delta_{x_0}$ durch

$$
\delta_{x_0} : \mathscr{D}(G) \to \mathbb{K}, \quad \varphi \mapsto \varphi(x_0).
$$

Offensichtlich ist $\delta_{x_0} : \mathscr{D}(G) \to \mathbb{K}$ linear. Sei $(\varphi_k)_{k \in \mathbb{N}} \subseteq \mathscr{D}(G)$ eine Folge mit $\varphi_k \xrightarrow{\mathscr{D}(G)} 0$, und sei $K \subseteq G$ kompakt mit $\text{supp}\,\varphi_k \subseteq K$ für alle $k \in \mathbb{N}$. Dann gilt

$$
|\delta_{x_0}(\varphi_k)| = |\varphi_k(x_0)| \leq \sup_{x \in K} |\varphi_k(x)| \to 0 \quad (k \to \infty).
$$

Also ist $\delta_{x_0}$ eine Distribution, welche Dirac-Distribution genannt wird. Häufig setzt man $\delta := \delta_0$.

In der physikalischen Literatur findet man für die Dirac-Distribution oft die Schreibweise

$$
\int_{\mathbb{R}^n} f(y)\delta(x - y)\,dy = f(x).
$$

Dies ist nicht so zu verstehen, dass $\delta : \mathbb{R}^n \to [0, \infty]$ eine Funktion ist. Wäre etwa $\delta(x) = \infty$ für $x = 0$ und $\delta(x) = 0$ für alle $x \neq 0$, so wäre $\int f(y)\delta(x - y)\,dy = 0$ für jede Funktion $f : \mathbb{R}^n \to \mathbb{K}$, da die Menge $\{x\}$ eine Lebesgue-Nullmenge ist. Die mathematische Präzisierung der Dirac-„Funktion" ist somit die Dirac-Distribution. Die Dirac-Distribution kann allerdings durch reguläre Distributionen approximiert werden (im Sinne von Bemerkung 4.5 b)). Sei $\psi \in \mathscr{D}(\mathbb{R}^n)$ mit $\text{supp}\,\psi \subseteq B(0, 1)$, $\psi \geq 0$ und $\int_{\mathbb{R}^n} \psi(x)\,dx = 1$. Wir betrachten die skalierte Funktion $\psi_\varepsilon : \mathbb{R}^n \to \mathbb{R}$, $x \mapsto \varepsilon^{-n}\psi(\frac{x}{\varepsilon})$. Dann gilt $\psi_\varepsilon \in \mathscr{D}(\mathbb{R}^n)$ mit $\text{supp}\,\psi_\varepsilon \subseteq B(0, \varepsilon)$, und nach dem Transformationssatz (Satz 3.44) folgt $\int_{\mathbb{R}^n} \psi_\varepsilon(x)\,dx = 1$. Für jede Testfunktion

$\varphi \in \mathscr{D}(\mathbb{R}^n)$ erhalten wir mit majorisierter Konvergenz für $\varepsilon \searrow 0$

$$[\psi_\varepsilon](\varphi) = \int_{\mathbb{R}^n} \varepsilon^{-n} \psi\left(\frac{x}{\varepsilon}\right) \varphi(x)\,\mathrm{d}x = \int_{\mathbb{R}^n} \psi(y)\varphi(\varepsilon y)\,\mathrm{d}y$$

$$\to \varphi(0) \int_{\mathbb{R}^n} \psi(y)\,\mathrm{d}y = \varphi(0) = \delta(\varphi).$$

Somit gilt $[\psi_\varepsilon](\varphi) \to \delta(\varphi)$ ($\varepsilon \searrow 0$) für alle $\varphi \in \mathscr{D}(\mathbb{R}^n)$.

b) Offensichtlich besteht ein enger Zusammenhang zwischen der Dirac-Distribution und dem Dirac-Maß (Beispiel 3.6 a)). Sei allgemein $\mu: \mathscr{B}(G) \to [0, \infty]$ ein Maß, welches kompakten Mengen endliche Werte zuordnet. Dann kann man zu $\mu$ die Abbildung

$$u_\mu: \mathscr{D}(G) \to \mathbb{C}, \quad \varphi \mapsto \int_G \varphi(x)\,\mathrm{d}\mu(x)$$

betrachten. Offenbar ist $u_\mu$ linear, und wegen

$$|u_\mu(\varphi)| \leq \sup_{x \in G} |\varphi(x)|\, \mu(\operatorname{supp}\varphi)$$

ist diese Abbildung auch stetig, d. h. $u_\mu$ ist eine Distribution. Wählt man hierbei das Maß $\mu$ als Dirac-Maß $\mu = \delta_{x_0}$ mit $x_0 \in G$, so erhält man die Dirac-Distribution. ◄

**Lemma 4.10.** *Die Dirac-Distribution $\delta_{x_0}$, $x_0 \in G$, ist keine reguläre Distribution.*

*Beweis.* Angenommen, es existiert ein $f \in L^1_{\mathrm{loc}}(G)$ mit $\delta_{x_0} = [f]$, d. h.

$$\delta_{x_0}(\varphi) = \varphi(x_0) = \int_G f(x)\varphi(x)\,\mathrm{d}x \quad (\varphi \in \mathscr{D}(G)).$$

Da $G$ offen ist, existiert ein $r > 0$ so, dass $K := \overline{B(x_0, r)} \subseteq G$. Da $K$ als abgeschlossene und beschränkte Teilmenge von $\mathbb{R}^n$ kompakt ist, gilt $f|_K \in L^1(K)$. Setzt man $f_k := f \mathbb{1}_{B(x_0, 1/k)}$, so gilt $f_k \to f \mathbb{1}_{\{x_0\}}$ ($k \to \infty$), und mit majorisierter Konvergenz erhalten wir

$$\int_{B(x_0, 1/k)} |f(x)|\,\mathrm{d}x = \int |f_k(x)|\,\mathrm{d}x \to \int_{\{x_0\}} |f(x)|\,\mathrm{d}x = 0 \quad (k \to \infty),$$

da $\{x_0\}$ eine Lebesgue-Nullmenge ist. Also existiert ein $k_0 \in \mathbb{N}$ mit

$$\int_{B(x_0, 1/k_0)} |f(x)|\,\mathrm{d}x \leq \frac{1}{2}\,.$$

Wir wählen eine Testfunktion $\varphi \in \mathscr{D}(G)$ mit $\operatorname{supp}\varphi \subseteq B(x_0, 1/k_0)$ sowie $\varphi \geq 0$ und $\varphi(x_0) = \max_{x \in G} \varphi(x) > 0$. (Eine Testfunktion mit diesen Eigenschaften lässt sich durch Verschiebung und Skalierung aus der Funktion $\varphi_n$ von Bemerkung 4.3 b) konstruieren.) Dann gilt

$$\varphi(x_0) = \delta_{x_0}(\varphi) = \int_G f(x)\varphi(x)\,\mathrm{d}x \leq \varphi(x_0) \int_{B(x_0, 1/k_0)} |f(x)|\,\mathrm{d}x \leq \tfrac{1}{2}\varphi(x_0),$$

im Widerspruch zu $\varphi(x_0) > 0$. □

Das folgende Resultat, das auch als Fundamentallemma, Variationslemma oder Lemma von Du Bois-Reymond bekannt ist, zeigt, dass die Abbildung $L^1_{\mathrm{loc}}(G) \to \mathscr{D}'(G)$, $f \mapsto [f]$ injektiv ist. Wir verzichten hier auf einen Beweis (siehe [2], Abschn. 2.22, oder [35], Theorem 1.2.5).

**Lemma 4.11.** *Sei $f \in L^1_{\mathrm{loc}}(G)$. Falls $[f](\varphi) = 0$ für alle $\varphi \in \mathscr{D}(G)$ gilt, so folgt $f = 0$ fast überall.*

Wie zu Anfang dieses Kapitels bereits erwähnt wurde, haben wir das Ziel, den klassischen Ableitungsbegriff zu verallgemeinern. Das bedeutet aber, dass sich dieser Ableitungsbegriff bei klassisch differenzierbaren Funktionen nicht von dem üblichen Begriff unterscheiden sollte. Es seien $f \in C^k(\mathbb{R}^n)$ und $[f]$ die von $f$ erzeugte reguläre Distribution. Mit Hilfe partieller Integration (Satz von Gauß) erhält man für alle $\varphi \in \mathscr{D}(\mathbb{R}^n)$ und alle $\alpha \in \mathbb{N}_0^n$ mit $|\alpha| \leq k$

$$\begin{aligned}[\partial^\alpha f](\varphi) &= \int_{\mathbb{R}^n} (\partial^\alpha f)(x)\varphi(x)\,\mathrm{d}x = (-1)^{|\alpha|} \int_{\mathbb{R}^n} f(x)(\partial^\alpha \varphi)(x)\,\mathrm{d}x \\ &= (-1)^{|\alpha|}[f](\partial^\alpha \varphi).\end{aligned}$$

Man beachte dabei, dass die Randterme wegen der Kompaktheit von $\operatorname{supp}\varphi$ verschwinden. Die obige Gleichheit motiviert die folgende Definition.

▶ **Definition 4.12.** Für $u \in \mathscr{D}'(G)$ und $\alpha \in \mathbb{N}_0^n$ definiert man die Ableitung $\partial^\alpha u$ der Distribution $u$ durch

$$\partial^\alpha u : \mathscr{D}(G) \to \mathbb{K}, \quad \varphi \mapsto (-1)^{|\alpha|} u(\partial^\alpha \varphi).$$

*Bemerkung 4.13.* Offensichtlich ist für $u \in \mathscr{D}'(G)$ und $\alpha \in \mathbb{N}_0^n$ auch die Ableitung $\partial^\alpha u : \mathscr{D}(G) \to \mathbb{K}$ linear. Falls $(\varphi_k)_{k \in \mathbb{N}} \subseteq \mathscr{D}(G)$ eine Folge mit $\varphi_k \xrightarrow{\mathscr{D}(G)} 0$ $(k \to \infty)$ ist, so gilt nach Definition der Konvergenz in $\mathscr{D}(G)$ auch $\partial^\alpha \varphi_k \xrightarrow{\mathscr{D}(G)} 0$ $(k \to \infty)$. Damit folgt

$$(\partial^\alpha u)(\varphi_k) = (-1)^{|\alpha|} u(\partial^\alpha \varphi_k) \to 0 \quad (k \to \infty).$$

Also ist $\partial^\alpha u \in \mathscr{D}'(G)$. Insbesondere ist jede Distribution (und damit als Spezialfall jede $L^2$-Funktion) im distributionellen Sinne unendlich oft differenzierbar.

Wir erhalten die Abbildung

$$\partial^\alpha : \mathscr{D}'(G) \to \mathscr{D}'(G), \quad u \mapsto \partial^\alpha u.$$

Diese Abbildung besitzt folgende Stetigkeitseigenschaft: Seien $(u_k)_{k\in\mathbb{N}} \subseteq \mathscr{D}'(G)$ und $u \in \mathscr{D}'(G)$ mit $u_k \to u$ $(k \to \infty)$ im Sinne von Bemerkung 4.5 b), d. h. es gelte $u_k(\varphi) \to u(\varphi)$ $(\varphi \in \mathscr{D}(G))$. Dann gilt auch $\partial^\alpha u_k \to \partial^\alpha u$ $(k \to \infty)$.

---

**Beispiel 4.14**

a) Die Heaviside-Funktion $h \colon \mathbb{R} \to \mathbb{R}$ ist definiert als $h := \mathbb{1}_{[0,\infty)}$, d. h.

$$h(x) := \begin{cases} 1, & \text{falls } x \ge 0, \\ 0, & \text{falls } x < 0. \end{cases}$$

Dann ist $h \in L^1_{\mathrm{loc}}(\mathbb{R})$, und für $\varphi \in \mathscr{D}(\mathbb{R})$, $\operatorname{supp} \varphi \subseteq [a, b]$ mit $a \le 0 \le b$, gilt

$$[h]'(\varphi) = -\int_a^b h(x)\varphi'(x)\,\mathrm{d}x = -\int_0^b \varphi'(x)\,\mathrm{d}x = \varphi(0) = \delta_0(\varphi).$$

Also erhalten wir $[h]' = \delta_0$ in $\mathscr{D}'(\mathbb{R})$.

b) Seien $x_0 \in \mathbb{R}^n$ und $\alpha \in \mathbb{N}_0^n$. Dann ist die Ableitung der Dirac-Distribution $\delta_{x_0} \in \mathscr{D}'(\mathbb{R}^n)$ gegeben durch

$$(\partial^\alpha \delta_{x_0})(\varphi) = (-1)^{|\alpha|} \delta_{x_0}(\partial^\alpha \varphi) = (-1)^{|\alpha|} (\partial^\alpha \varphi)(x_0) \quad (\varphi \in \mathscr{D}(\mathbb{R}^n)).$$

So erhalten wir z. B. für die Heaviside-Funktion $[h]''(\varphi) = -\varphi'(0)$ $(\varphi \in \mathscr{D}(\mathbb{R}))$. ◀

---

Für Anwendungen in der mathematischen Physik sind besonders Funktionen interessant, deren distributionelle Ableitungen wieder reguläre Distributionen sind. Dies ist das Konzept des Sobolevraums. Wie bisher sei $G \subseteq \mathbb{R}^n$ ein Gebiet.

▶ **Definition 4.15.** Für $s \in \mathbb{N}_0$ definiert man den Sobolevraum $H^s(G)$ durch

$$H^s(G) := \big\{ u \in \mathscr{D}'(G) \mid \text{für alle } \alpha \in \mathbb{N}_0^n \text{ mit } |\alpha| \le s \text{ gilt } \partial^\alpha u \in L^2(G) \big\}.$$

Der Raum $H^s(G)$ wird mit dem Skalarprodukt

$$\langle u, v \rangle_{H^s(G)} := \sum_{|\alpha| \le s} \langle \partial^\alpha u, \partial^\alpha v \rangle_{L^2(G)} \quad (u, v \in H^s(G))$$

versehen. Der Raum $H_0^s(G) \subseteq H^s(G)$ wird definiert als Abschluss von $\mathscr{D}(G) = C_c^\infty(G)$ im Raum $H^s(G)$ bezüglich der durch das Skalarprodukt induzierten Norm $\| \cdot \|_{H^s(G)}$.

*Bemerkung 4.16.*

a) Man beachte in dieser Definition, dass die Bedingung $\partial^\alpha u \in L^2(G)$ bedeutet, dass die Distribution $\partial^\alpha u$ eine reguläre Distribution ist, d. h. es gilt $\partial^\alpha u = [f_\alpha]$ mit einem $f_\alpha \in L_{\mathrm{loc}}^1(G)$, und dass zusätzlich $f_\alpha \in L^2(G)$ gilt. Da man für $\alpha = 0$ die Bedingung $u \in L^2(G)$ erhält, kann der Sobolevraum auch in der Form

$$H^s(G) = \left\{ u \in L^2(G) \mid \partial^\alpha u \in L^2(G) \ (|\alpha| \le s) \right\} \tag{4.1}$$

geschrieben werden. Obwohl hier $\mathscr{D}'(G)$ formal nicht auftritt, sind die Ableitungen distributionell zu verstehen.

b) Statt mit distributionellen Ableitungen zu arbeiten, kann man auch schwache Ableitungen betrachten. Zu $u \in L^2(G)$ und $\alpha \in \mathbb{N}_0^n$ heißt eine Funktion $f_\alpha \in L^2(G)$ die schwache $\alpha$-fache Ableitung von $u$, falls

$$\int_G u(x)(\partial^\alpha \varphi)(x)\,\mathrm{d}x = (-1)^{|\alpha|} \int_G f_\alpha(x)\varphi(x)\,\mathrm{d}x \quad (\varphi \in \mathscr{D}(G))$$

gilt. Man beachte, dass wegen $u, \varphi, \partial^\alpha \varphi, f_\alpha \in L^2(G)$ alle Integrale existieren. Direkt anhand der Definitionen sieht man, dass die schwache $\alpha$-fache Ableitung $f_\alpha$ mit der distributionellen Ableitung $\partial^\alpha u$ übereinstimmt, und dass der Raum $H^s(G)$ genau aus allen $u \in L^2(G)$ besteht, für welche alle schwachen $\alpha$-fachen Ableitungen mit $|\alpha| \le s$ existieren. Das Konzept der schwachen Ableitung hat den Vorteil, ohne den Begriff der Distributionen auszukommen, ist aber weniger allgemein, da z. B. die Heaviside-Funktion keine schwache Ableitung besitzt.

**Lemma 4.17.** *Für alle $s \in \mathbb{N}_0$ ist der Sobolevraum $H^s(G)$ ein Hilbertraum.*

*Beweis.* Wir verwenden die Darstellung (4.1). Sei $u \in H^s(G)$ mit $\langle u, u \rangle_{H^s(G)} = 0$. Dann folgt insbesondere $\|u\|_{L^2(G)}^2 = 0$ und damit $u = 0$ in $L^2(G)$. Die anderen Eigenschaften eines Skalarprodukts sind offensichtlich, d. h. $H^s(G)$ ist ein Prähilbertraum.

Um die Vollständigkeit zu zeigen, sei $(u_k)_{k \in \mathbb{N}} \subseteq H^s(G)$ eine Cauchyfolge. Nach Definition der Norm auf $H^s(G)$ ist dann auch für jedes $|\alpha| \le s$ die Folge $(\partial^\alpha u_k)_{k \in \mathbb{N}} \subseteq L^2(G)$ eine Cauchyfolge, und wegen der Vollständigkeit von $L^2(G)$ existiert der Grenzwert $f_\alpha := \lim_{k \to \infty} \partial^\alpha u_k$. Wir setzen $u := f_{(0,\dots,0)^\top} \in L^2(G)$.

Für $\alpha \in \mathbb{N}_0^n$ mit $|\alpha| \le s$ und $\varphi \in \mathscr{D}(G)$ erhält man unter Verwendung der Cauchy–Schwarz-Ungleichung in $L^2(G)$

$$\left|[\partial^\alpha u_k](\varphi) - [f_\alpha](\varphi)\right| = \left|\int_G (\partial^\alpha u_k - f_\alpha)(x)\varphi(x)\,\mathrm{d}x\right| = \left|\langle\partial^\alpha u_k - f_\alpha, \bar\varphi\rangle_{L^2(G)}\right|$$

$$\leq \|\partial^\alpha u_k - f_\alpha\|_{L^2(G)}\|\varphi\|_{L^2(G)} \to 0 \quad (k \to \infty).$$

Damit folgt

$$(\partial^\alpha[u])(\varphi) = (-1)^{|\alpha|}[u](\partial^\alpha\varphi) = (-1)^{|\alpha|}\lim_{k\to\infty}[u_k](\partial^\alpha\varphi)$$

$$= \lim_{k\to\infty}[\partial^\alpha u_k](\varphi) = [f_\alpha](\varphi)$$

für alle $\varphi \in \mathscr{D}(G)$. Somit ist $\partial^\alpha u = f_\alpha \in L^2(G)$, d.h. $u \in H^s(G)$. Weiter gilt

$$\|u_k - u\|_{H^s(G)}^2 = \sum_{|\alpha|\leq s}\|\partial^\alpha u_k - \partial^\alpha u\|_{L^2(G)}^2 = \sum_{|\alpha|\leq s}\|\partial^\alpha u_k - f_\alpha\|_{L^2(G)}^2 \to 0 \ (k \to \infty),$$

also haben wir $u_k \to u$ in $H^s(G)$, und $H^s(G)$ ist vollständig und damit ein Hilbertraum. $\square$

Der Raum $H^s(G)$ wurde nicht als Raum klassisch differenzierbarer Funktionen konstruiert. Dennoch besitzen die Funktionen in $H^s(G)$ eine gewisse Glattheit und sind sogar differenzierbar im klassischen Sinn, allerdings nicht bis zur Ordnung $s$. Dies ist der Inhalt des folgenden Satzes aus der Theorie der Sobolevräume, der hier nicht bewiesen werden soll. Er setzt für das Gebiet $G$ eine gewisse Glattheit voraus, in der hier angegebenen Version verlangen wir, dass $G$ ein gleichmäßiges $C^1$-Gebiet ist. Dabei heißt $G$ ein $C^1$-Gebiet, falls der Rand von $G$ lokal als Nullstellenmenge einer $C^1$-Funktion geschrieben werden kann, und ein gleichmäßiges $C^1$-Gebiet, falls die $C^1$-Normen der den Rand darstellenden lokalen Funktionen und die $C^1$-Normen ihrer Umkehrfunktionen durch globale Konstanten beschränkt sind. Wir verzichten hier auf eine formale Definition, in vielen Fällen reicht es zu wissen, dass beschränkte $C^1$-Gebiete oder auch der ganze Raum $G = \mathbb{R}^n$ die Bedingung erfüllen.

**Satz 4.18 (Sobolevscher Einbettungssatz).** *Sei $G \subseteq \mathbb{R}^n$ ein gleichmäßiges $C^1$-Gebiet, und seien $s, k \in \mathbb{N}_0$ mit $s > \frac{n}{2} + k$. Dann besitzt jedes $u \in H^s(G)$ einen Repräsentanten, welcher $k$-mal klassisch differenzierbar ist mit beschränkten und gleichmäßig stetigen Ableitungen bis zur Ordnung $k$, und es gilt*

$$\max_{|\alpha|\leq k}\sup_{x\in G}|\partial^\alpha u(x)| \leq C\|u\|_{H^s(G)} \quad (u \in H^s(G))$$

*mit einer Konstante $C$, die nicht von $u$ abhängt. In diesem Sinn gilt die stetige Einbettung $H^s(G) \subseteq \mathrm{BUC}^k(G)$.*

Eine recht allgemeine Version dieses Satzes inklusive Beweis ist in [1], Theorem 4.12, zu finden. In obiger Aussage wurde die Bezeichnung $\mathrm{BUC}^k(G)$ verwendet, die folgendermaßen definiert ist:

▶ **Definition 4.19.** Seien $G \subseteq \mathbb{R}^n$ ein Gebiet und $k \in \mathbb{N}_0$. Dann definiert man $\mathrm{BUC}^k(G)$ als die Menge aller Funktionen $u\colon G \to \mathbb{C}$, für welche alle Ableitungen $\partial^\alpha u$ der Ordnung $|\alpha| \leq k$ im klassischen Sinn existieren und beschränkt und gleichmäßig stetig sind. Der Raum $\mathrm{BUC}^k(G)$ wird versehen mit der Norm

$$\|u\|_{\mathrm{BUC}^k(G)} := \max_{|\alpha| \leq k} \sup_{x \in G} |\partial^\alpha u(x)| \quad (u \in \mathrm{BUC}^k(G)).$$

Wir setzen $\mathrm{BUC}(G) := \mathrm{BUC}^0(G)$.

Ein weiterer in vielen Anwendungen wichtiger Satz ist der Satz von Rellich–Kondrachov, der eine Kompaktheitsaussage trifft. Für einen Beweis verweisen wir auf [1], Theorem 6.3.

---

**Satz 4.20 (Rellich–Kondrachov).** *Sei $G \subseteq \mathbb{R}^n$ ein beschränktes $C^1$-Gebiet, und seien $s \in \mathbb{N}_0$ und $k \in \mathbb{N}$. Dann besitzt jede beschränkte Folge $(u_j)_{j \in \mathbb{N}} \subseteq H^{s+k}(G)$ (d.h. es gilt $\sup_{j \in \mathbb{N}} \|u_j\|_{H^{s+k}(G)} < \infty$) eine Teilfolge $(u_{j_\ell})_{\ell \in \mathbb{N}}$, welche in $H^s(G)$ konvergiert, d.h. es existiert ein $u \in H^s(G)$ so, dass $\|u_{j_\ell} - u\|_{H^s(G)} \to 0 \ (\ell \to \infty)$.*

---

Die Aussage des Satzes von Rellich–Kondrachov kann kurz formuliert werden durch: Die Einbettung $H^{s+k}(G) \subseteq H^s(G)$ ist kompakt. Dabei wird der Begriff eines kompakten Operators verwendet, welcher später in Abschn. 7.1 behandelt wird.

Der Raum der Testfunktionen und der Distributionen als dessen Dualraum sind für die Fouriertransformation nicht gut geeignet. Deshalb betrachtet man einen weiteren Raum glatter Funktionen, welche nicht notwendig einen kompakten Träger besitzen. Die entsprechenden Distributionen heißen temperierte Distributionen. Es werden jetzt mehr Funktionen als Testfunktionen zugelassen, was über Dualität dazu führt, dass die Klasse der Distributionen kleiner wird.

▶ **Definition 4.21.**

a) Der Vektorraum $\mathscr{S}(\mathbb{R}^n)$ besteht aus allen Funktionen $\varphi \in C^\infty(\mathbb{R}^n)$, für welche gilt:

$$p_N(\varphi) := \max_{|\alpha| \leq N} \sup_{x \in \mathbb{R}^n} (1 + |x|^N)|\partial^\alpha \varphi(x)| < \infty \quad (N \in \mathbb{N}_0).$$

Der Raum $\mathscr{S}(\mathbb{R}^n)$ heißt Schwartz-Raum oder der Raum der schnell fallenden Funktionen.

b) Eine Folge $(\varphi_k)_{k\in\mathbb{N}} \subseteq \mathscr{S}(\mathbb{R}^n)$ von Schwartz-Funktionen konvergiert gegen eine Funktion $\varphi \in \mathscr{S}(\mathbb{R}^n)$, falls $p_N(\varphi_k - \varphi) \to 0$ $(k \to \infty)$ für alle $N \in \mathbb{N}_0$ gilt. In diesem Fall schreibt man $\varphi_k \xrightarrow{\mathscr{S}(\mathbb{R}^n)} \varphi$ $(k \to \infty)$. Eine Abbildung $T: \mathscr{S}(\mathbb{R}^n) \to \mathscr{S}(\mathbb{R}^n)$ heißt stetig, falls für alle Folgen $(\varphi_k)_{k\in\mathbb{N}} \subseteq \mathscr{S}(\mathbb{R}^n)$ mit $\varphi_k \xrightarrow{\mathscr{S}(\mathbb{R}^n)} \varphi \in \mathscr{S}(\mathbb{R}^n)$ $(k \to \infty)$ folgt: $T(\varphi_k) \xrightarrow{\mathscr{S}(\mathbb{R}^n)} T(\varphi)$ $(k \to \infty)$.

*Bemerkung 4.22.*

a) Im Gegensatz zu Testfunktionen sind die Schwartzfunktionen nur auf dem ganzen Raum $G = \mathbb{R}^n$ definiert. Es gilt $\mathscr{D}(\mathbb{R}^n) \subseteq \mathscr{S}(\mathbb{R}^n)$, denn für jede Testfunktion $\varphi \in \mathscr{D}(\mathbb{R}^n)$ ist die Funktion $x \mapsto (1 + |x|^N)|\partial^\alpha \varphi(x)|$ für alle $N \in \mathbb{N}_0$ und $\alpha \in \mathbb{N}_0^n$ als stetige Funktion auf der kompakten Menge $\operatorname{supp}\varphi$ beschränkt. Die Funktion $x \mapsto \exp(-|x|^2)$, $\mathbb{R}^n \to \mathbb{R}$ ist ein Beispiel für eine Funktion in $\mathscr{S}(\mathbb{R}^n)$, welche nicht in $\mathscr{D}(\mathbb{R}^n)$ liegt.

b) Anstelle der Bedingung $p_N(\varphi) < \infty$ $(N \in \mathbb{N}_0)$ kann man die Definition auch mit jeder der beiden folgenden Bedingungen formulieren, ohne die Menge $\mathscr{S}(\mathbb{R}^n)$ zu ändern:

$$p_{\alpha,N}(\varphi) := \sup_{x\in\mathbb{R}^n} (1 + |x|^N)|\partial^\alpha \varphi(x)| < \infty \quad (\alpha \in \mathbb{N}_0^n,\ N \in \mathbb{N}_0),$$

$$p_{\alpha,\beta}(\varphi) := \sup_{x\in\mathbb{R}^n} |x^\beta \partial^\alpha \varphi(x)| < \infty \quad (\alpha, \beta \in \mathbb{N}_0^n).$$

Dies gilt entsprechend auch für die Konvergenz.

**Lemma 4.23.**

a) *Es gilt $\mathscr{S}(\mathbb{R}^n) \subseteq L^p(\mathbb{R}^n)$ für alle $p \in [1, \infty]$.*

b) *Seien $\alpha \in \mathbb{N}_0^n$, $f \in \mathscr{S}(\mathbb{R}^n)$ und $P$ ein Polynom in $n$ Variablen. Dann ist jede der drei Abbildungen $\varphi \mapsto \partial^\alpha \varphi$, $\varphi \mapsto f \cdot \varphi$ und $\varphi \mapsto P \cdot \varphi$ eine stetige lineare Abbildung von $\mathscr{S}(\mathbb{R}^n)$ nach $\mathscr{S}(\mathbb{R}^n)$.*

*Beweis.* a) Seien $p \in [1, \infty)$ und $\varphi \in \mathscr{S}(\mathbb{R}^n)$. Dann gilt für alle $N \in \mathbb{N}$ mit $N > \frac{n}{p}$

$$\int_{\mathbb{R}^n} |\varphi(x)|^p\, dx \le (p_N(\varphi))^p \int_{\mathbb{R}^n} \frac{1}{(1 + |x|^N)^p}\, dx < \infty,$$

und somit ist $\varphi \in L^p(\mathbb{R}^n)$. Wegen $|\varphi(x)| \le p_0(\varphi)$ gilt auch $\mathscr{S}(\mathbb{R}^n) \subseteq L^\infty(\mathbb{R}^n)$.

b) Seien $\alpha$, $f$ und $P$ wie im Satz. Dann gilt für alle $N \in \mathbb{N}$ und $\varphi \in \mathscr{S}(\mathbb{R}^n)$

$$p_N(\partial^\alpha \varphi) \le p_{N+|\alpha|}(\varphi), \tag{4.2}$$

wie man direkt aus der Definition von $p_N$ sieht. Damit folgt $p_N(\partial^\alpha \varphi) < \infty$ für alle $N \in \mathbb{N}$, d.h. $\partial^\alpha \varphi \in \mathscr{S}(\mathbb{R}^n)$. Falls $(\varphi_k)_{k\in\mathbb{N}} \subseteq \mathscr{S}(\mathbb{R}^n)$ eine Folge mit $\varphi_k \xrightarrow{\mathscr{S}(\mathbb{R}^n)} \varphi$ ist, so folgt ebenfalls aus (4.2) $p_N(\partial^\alpha \varphi_k - \partial^\alpha \varphi) \to 0$ $(k \to \infty)$ für alle $N \in \mathbb{N}$. Also gilt

$$\partial^\alpha \varphi_k \xrightarrow{\mathscr{S}(\mathbb{R}^n)} \partial^\alpha \varphi \quad (k \to \infty),$$

was die Stetigkeit der Abbildung $\partial^\alpha \colon \mathscr{S}(\mathbb{R}^n) \to \mathscr{S}(\mathbb{R}^n)$ zeigt.

Für die Abbildungen $\varphi \mapsto P \cdot \varphi$ und $\varphi \mapsto f \cdot \varphi$ verwendet man die Leibniz-Formel

$$\partial^\alpha (f \cdot \varphi) = \sum_{\beta \leq \alpha} \binom{\alpha}{\beta} (\partial^{\alpha-\beta} f)(\partial^\beta \varphi).$$

Dabei wird $\beta \leq \alpha$ definiert durch $\beta_j \leq \alpha_j$ $(j = 1, \ldots, n)$. Damit sieht man

$$p_N(P \cdot \varphi) \leq c_N \left[ \max_{|\beta| \leq N} \sup_{x \in \mathbb{R}^n} \frac{|\partial^\beta P(x)|}{1 + |x|^{\deg P}} \right] p_{N+\deg P}(\varphi),$$

$$p_N(f \cdot \varphi) \leq c_N \max_{|\beta| \leq N} \sup_{x \in \mathbb{R}^n} |\partial^\beta f(x)| \, p_N(\varphi),$$

wobei $c_N$ von $\varphi$ und $P$ bzw. $f$ unabhängige Konstanten sind. Wie oben folgen daraus die Wohldefiniertheit und Stetigkeit der entsprechenden Abbildungen. $\qquad \square$

Die Aussage a) des letzten Lemmas kann verschärft werden, tatsächlich liegt $\mathscr{S}(\mathbb{R}^n)$ dicht in $H^s(\mathbb{R}^n)$. Dies gilt sogar schon für den Raum aller Testfunktionen $\mathscr{D}(\mathbb{R}^n)$. Wir verzichten an dieser Stelle auf einen Beweis (siehe [2], Satz 2.24 und U8.8).

**Satz 4.24.** *Sei $s \in \mathbb{N}_0$. Dann liegt $\mathscr{D}(\mathbb{R}^n)$ dicht in $H^s(\mathbb{R}^n)$, d. h. es gilt $\overline{\mathscr{D}(\mathbb{R}^n)} = H^s(\mathbb{R}^n)$, wobei $\overline{\mathscr{D}(\mathbb{R}^n)}$ den Abschluss von $\mathscr{D}(\mathbb{R}^n)$ bezüglich $\|\cdot\|_{H^s(\mathbb{R}^n)}$ bezeichnet. Insbesondere liegt auch $\mathscr{S}(\mathbb{R}^n)$ dicht in $H^s(\mathbb{R}^n)$.*

In Analogie zur Definition der Distributionen (Definition 4.4) bilden die temperierten Distributionen den Dualraum des Schwartz-Raums.

▶ **Definition 4.25.** Die Menge $\mathscr{S}'(\mathbb{R}^n)$ aller temperierten Distributionen wird definiert als die Menge aller Abbildungen $u \colon \mathscr{S}(\mathbb{R}^n) \to \mathbb{K}$ mit folgenden Eigenschaften:

(i) $u \colon \mathscr{S}(\mathbb{R}^n) \to \mathbb{K}$ ist linear.

(ii) Für alle Folgen $(\varphi_k)_{k \in \mathbb{N}} \subseteq \mathscr{S}(\mathbb{R}^n)$ mit $\varphi_k \xrightarrow{\mathscr{S}(\mathbb{R}^n)} 0$ $(k \to \infty)$ gilt $u(\varphi_k) \to 0$.

*Bemerkung 4.26.* Sei $u \in \mathscr{S}'(\mathbb{R}^n)$ eine temperierte Distribution. Dann ist $u|_{\mathscr{D}(\mathbb{R}^n)} \in \mathscr{D}'(\mathbb{R}^n)$. Denn sei $(\varphi_k)_{k \in \mathbb{N}} \subseteq \mathscr{D}(\mathbb{R}^n)$ eine Folge mit $\varphi_k \xrightarrow{\mathscr{D}(\mathbb{R}^n)} 0$ $(k \to \infty)$. Dann gilt auch

$p_N(\varphi_k) \to 0$ $(k \to \infty)$ für alle $N \in \mathbb{N}$, und die Bedingung (ii) in Definition 4.25 ergibt $u(\varphi_k) \to 0$ $(k \to \infty)$. Man kann zeigen, dass die Abbildung

$$\mathscr{S}'(\mathbb{R}^n) \to \mathscr{D}'(\mathbb{R}^n), \ u \mapsto u|_{\mathscr{D}(\mathbb{R}^n)}$$

stetig und injektiv ist, daher kann $\mathscr{S}'(\mathbb{R}^n)$ als Teilmenge von $\mathscr{D}'(\mathbb{R}^n)$ aufgefasst werden.

---

**Beispiel 4.27**

a) Sei $x_0 \in \mathbb{R}^n$. Für die Dirac-Distribution $\delta_{x_0} \colon \mathscr{S}(\mathbb{R}^n) \to \mathbb{K}$, $\varphi \mapsto \varphi(x_0)$, gilt $\delta_{x_0} \in \mathscr{S}'(\mathbb{R}^n)$. Denn aus der Abschätzung $|\delta_{x_0}(\varphi)| \le p_0(\varphi)$ $(\varphi \in \mathscr{S}(\mathbb{R}^n))$ folgt Eigenschaft (ii) in Definition 4.25.

b) Sei $f \in L^1_{\mathrm{loc}}(\mathbb{R}^n)$ polynomial beschränkt, d.h. es existieren $C \ge 0$ und $M \in \mathbb{N}$ mit $|f(x)| \le C(1 + |x|^M)$ für fast alle $x \in \mathbb{R}^n$. Dann ist die zugehörige reguläre Distribution

$$[f] \colon \mathscr{S}(\mathbb{R}^n) \to \mathbb{K}, \ \varphi \mapsto \int_{\mathbb{R}^n} f(x)\varphi(x)\,\mathrm{d}x \quad (\varphi \in \mathscr{S}(\mathbb{R}^n))$$

wohldefiniert, und es gilt $[f] \in \mathscr{S}'(\mathbb{R}^n)$. Dies folgt aus der Abschätzung

$$|[f](\varphi)| \le C p_{M+n+1}(\varphi) \quad (\varphi \in \mathscr{S}(\mathbb{R}^n)).$$

c) Sei $f \in L^2(\mathbb{R}^n)$. Für $\varphi \in \mathscr{S}(\mathbb{R}^n)$ gilt mit der Cauchy–Schwarz-Ungleichung

$$|[f](\varphi)| = \left| \langle f, \bar{\varphi} \rangle_{L^2(\mathbb{R}^n)} \right| \le \|f\|_{L^2(\mathbb{R}^n)} \|\varphi\|_{L^2(\mathbb{R}^n)} \le C_N \|f\|_{L^2(\mathbb{R}^n)} p_N(\varphi)$$

für $N > \frac{n}{2}$, wobei die letzte Ungleichung im Beweis von Lemma 4.23 a) gezeigt wurde. Damit ist $[f] \in \mathscr{S}'(\mathbb{R}^n)$, d.h. es gilt $L^2(\mathbb{R}^n) \subseteq \mathscr{S}'(\mathbb{R}^n)$.

d) Seien $\mathscr{B}(\mathbb{R}^n)$ die Borelmengen des $\mathbb{R}^n$, und sei $\mu \colon \mathscr{B}(\mathbb{R}^n) \to [0, \infty)$ ein endliches Maß. Dann wird durch

$$u_\mu(\varphi) := \int_{\mathbb{R}^n} \varphi(x)\,\mathrm{d}\mu(x) \quad (\varphi \in \mathscr{S}(\mathbb{R}^n))$$

eine temperierte Distribution definiert, denn es gilt

$$|u_\mu(\varphi)| \le \mu(\mathbb{R}^n) p_0(\varphi) \quad (\varphi \in \mathscr{S}(\mathbb{R}^n))$$

(vergleiche auch Beispiel 4.9 b)). Wählt man hierbei $\mu$ als das Dirac-Maß, erhält man wieder die Aussage von a).　◀

**Lemma 4.28.** *Seien* $f \in \mathscr{S}(\mathbb{R}^n)$ *und* $u \in \mathscr{S}'(\mathbb{R}^n)$. *Dann wird durch*

$$f \cdot u : \mathscr{S}(\mathbb{R}^n) \to \mathbb{K}, \ \varphi \mapsto (f \cdot u)(\varphi) := u(f \cdot \varphi)$$

*eine temperierte Distribution* $f \cdot u \in \mathscr{S}'(\mathbb{R}^n)$ *definiert. Die analoge Aussage gilt für* $P \cdot u$ *für ein Polynom* $P : \mathbb{R}^n \to \mathbb{K}$.

*Beweis.* Nach Lemma 4.23 b) ist die Abbildung $\mathscr{S}(\mathbb{R}^n) \to \mathscr{S}(\mathbb{R}^n)$, $\varphi \mapsto f \cdot \varphi$ wohldefiniert, linear und stetig. Damit ist $u(f \cdot \varphi)$ für alle $\varphi \in \mathscr{S}(\mathbb{R}^n)$ definiert, und die Abbildung $\varphi \mapsto u(f \cdot \varphi)$ ist offensichtlich linear. Falls $\varphi_k \overset{\mathscr{S}(\mathbb{R}^n)}{\longrightarrow} 0 \ (k \to \infty)$, so folgt $f \cdot \varphi_k \overset{\mathscr{S}(\mathbb{R}^n)}{\longrightarrow} 0 \ (k \to \infty)$ nach Lemma 4.23 b) und damit $u(f \cdot \varphi_k) \to 0 \ (k \to \infty)$. Dies zeigt $f \cdot u \in \mathscr{S}'(\mathbb{R}^n)$. Der Aussage für Polynome $P$ wird analog bewiesen. $\qquad\square$

## 4.2   Die Fouriertransformation in $\mathbb{R}^n$

Die Fouriertransformation ist eines der zentralen Werkzeuge der Analysis. Wir beginnen mit der Definition auf dem Raum $L^1(\mathbb{R}^n)$ aller Äquivalenzklassen Lebesgue-integrierbarer Funktionen. Da die Fouriertransformation am einfachsten mit Hilfe der komplexen Exponentialfunktion definiert wird, ist in diesem Abschnitt stets $\mathbb{K} = \mathbb{C}$.

▶ **Definition 4.29.**   Für $f \in L^1(\mathbb{R}^n)$ wird die Fouriertransformierte $\mathscr{F}f$ von $f$ definiert durch

$$(\mathscr{F}f)(\xi) := \hat{f}(\xi) := (2\pi)^{-n/2} \int_{\mathbb{R}^n} f(x) e^{-ix \cdot \xi} \, dx \quad (\xi \in \mathbb{R}^n).$$

Die Normierung $(2\pi)^{-n/2}$ in dieser Definition ist in der Literatur nicht einheitlich. Manchmal findet man auch statt des Exponenten $-ix \cdot \xi$ den Exponenten $ix \cdot \xi$. Man beachte auch, dass das obige Integral wegen $|e^{-ix \cdot \xi}| = 1$ und $f \in L^1(\mathbb{R}^n)$ existiert. Die folgenden Eigenschaften lassen sich sofort nachrechnen.

**Satz 4.30.** *Seien* $f, g \in L^1(\mathbb{R}^n)$ *und* $\alpha, \beta \in \mathbb{C}$.
a) *Es gilt* $\mathscr{F}(\alpha f + \beta g) = \alpha \mathscr{F}f + \beta \mathscr{F}g$.
b) *Ist* $\bar{f}(x) := \overline{f(x)} \ (x \in \mathbb{R}^n)$, *so folgt* $(\mathscr{F}\bar{f})(\xi) = \overline{(\mathscr{F}f)(-\xi)} \ (\xi \in \mathbb{R}^n)$.
c) *Sei* $y \in \mathbb{R}^n$. *Dann gilt*

$$\big(\mathscr{F}(x \mapsto f(x-y))\big)(\xi) = e^{-iy\cdot\xi}(\mathscr{F}f)(\xi) \quad (\xi \in \mathbb{R}^n),$$

$$\big(\mathscr{F}(x \mapsto e^{-iy\cdot x}f(x))\big)(\xi) = (\mathscr{F}f)(\xi+y) \quad (\xi \in \mathbb{R}^n).$$

d) *Sei zu* $\lambda \in \mathbb{R}\setminus\{0\}$ *die skalierte Funktion* $f_\lambda$ *definiert durch* $f_\lambda(x) := f(\lambda x)$ $(x \in \mathbb{R}^n)$. *Dann gilt*

$$(\mathscr{F}f_\lambda)(\xi) = |\lambda|^{-n}(\mathscr{F}f)\Big(\frac{\xi}{\lambda}\Big) \quad (\xi \in \mathbb{R}^n).$$

**Lemma 4.31.** *Sei* $f \in L^1(\mathbb{R}^n)$. *Dann ist* $\mathscr{F}f$ *gleichmäßig stetig und beschränkt. Genauer gilt* $|(\mathscr{F}f)(\xi)| \le (2\pi)^{-n/2}\|f\|_{L^1(\mathbb{R}^n)}$ *für alle* $\xi \in \mathbb{R}^n$.

*Beweis.* Für $f \in L^1(\mathbb{R}^n)$ und $\xi, h \in \mathbb{R}^n$ erhalten wir

$$|(\mathscr{F}f)(\xi+h) - (\mathscr{F}f)(\xi)| \le \int_{\mathbb{R}^n} |f(x)|\,|e^{-i(x\cdot(\xi+h))} - e^{-ix\cdot\xi}|\,\mathrm{d}x$$

$$= \int_{\mathbb{R}^n} |f(x)|\,|e^{-ix\cdot h} - 1|\,\mathrm{d}x.$$

Die Funktion $x \mapsto |f(x)|\,|e^{-ix\cdot h} - 1|$ konvergiert punktweise gegen 0 für $h \to 0$ und besitzt die integrierbare Majorante $2|f(\cdot)|$. Mit dem Satz über majorisierte Konvergenz (Satz 3.39) folgt, dass das Integral auf der rechten Seite für $h \to 0$ gegen 0 konvergiert. Daraus erhalten wir die Stetigkeit und, da die rechte Seite nicht von $\xi$ abhängt, sogar die gleichmäßige Stetigkeit von $\mathscr{F}f$.

Die Beschränktheit von $\mathscr{F}f$ ergibt sich sofort aus

$$|(\mathscr{F}f)(\xi)| = (2\pi)^{-n/2}\Big|\int_{\mathbb{R}^n} f(x)e^{-ix\cdot\xi}\,\mathrm{d}x\Big| \le (2\pi)^{-n/2}\int_{\mathbb{R}^n} |f(x)|\,\mathrm{d}x$$

$$= (2\pi)^{-n/2}\|f\|_{L^1(\mathbb{R}^n)}.$$

$\square$

Für die Analysis zentral ist die Eigenschaft der Fouriertransformation, Ableitungen in Multiplikationen mit den Koordinatenvariablen zu verwandeln. Dies ist der Inhalt des folgenden Satzes, in welchem wir wieder die Multiindex-Schreibweisen $\partial_\xi^\alpha = (\frac{\partial}{\partial \xi_1})^{\alpha_1}\ldots(\frac{\partial}{\partial \xi_n})^{\alpha_n}$ sowie $x^\alpha = x_1^{\alpha_1}\cdot\ldots\cdot x_n^{\alpha_n}$ und analog $\partial_x^\alpha, \xi^\alpha$ verwenden.

**Satz 4.32.**

a) Seien $\varphi \in \mathscr{S}(\mathbb{R}^n)$ und $\alpha \in \mathbb{N}_0^n$. Dann ist $\mathscr{F}\varphi \in C^\infty(\mathbb{R}^n)$, und es gilt

$$\partial_\xi^\alpha (\mathscr{F}\varphi)(\xi) = (-i)^{|\alpha|} \mathscr{F}(x \mapsto x^\alpha \varphi(x))(\xi) \quad (\xi \in \mathbb{R}^n).$$

b) Für $\varphi \in \mathscr{S}(\mathbb{R}^n)$ und $\alpha \in \mathbb{N}_0^n$ gilt

$$\left( \mathscr{F}(\partial_x^\alpha \varphi) \right)(\xi) = i^{|\alpha|} \xi^\alpha (\mathscr{F}\varphi)(\xi) \quad (\xi \in \mathbb{R}^n).$$

c) Für $\varphi \in \mathscr{S}(\mathbb{R}^n)$ ist $\mathscr{F}\varphi \in \mathscr{S}(\mathbb{R}^n)$, und die Fouriertransformation $\mathscr{F}: \mathscr{S}(\mathbb{R}^n) \to \mathscr{S}(\mathbb{R}^n)$ ist eine stetige lineare Abbildung.

*Beweis.*

a) Nach Lemma 4.23 b) ist $x \mapsto x^\alpha \varphi(x) \in \mathscr{S}(\mathbb{R}^n)$, und nach Lemma 4.23 a) gilt $\mathscr{S}(\mathbb{R}^n) \subseteq L^1(\mathbb{R}^n)$. Insbesondere ist die Fourier-Transformierte dieser Funktion definiert, und mit dem Satz über parameterabhängige Integrale (Satz 3.40) erhält man

$$\partial_\xi^\alpha (\mathscr{F}\varphi)(\xi) = \int_{\mathbb{R}^n} \varphi(x) \partial_\xi^\alpha e^{-ix \cdot \xi} \, dx = (-i)^{|\alpha|} \int_{\mathbb{R}^n} \varphi(x) x^\alpha e^{-ix \cdot \xi} \, dx$$
$$= (-i)^{|\alpha|} \left( \mathscr{F}(x \mapsto x^\alpha \varphi(x)) \right)(\xi).$$

Insbesondere gilt $\mathscr{F}\varphi \in C^\infty(\mathbb{R}^n)$.

b) Mit partieller Integration erhalten wir

$$\mathscr{F}(\partial_x^\alpha \varphi)(\xi) = \int_{\mathbb{R}^n} (\partial_x^\alpha \varphi)(x) e^{-ix \cdot \xi} \, dx = (-1)^{|\alpha|} \int_{\mathbb{R}^n} \varphi(x) \partial_x^\alpha e^{-ix \cdot \xi} \, dx$$
$$= i^{|\alpha|} \xi^\alpha (\mathscr{F}\varphi)(\xi) \quad (\xi \in \mathbb{R}^n).$$

Dabei verschwinden die Randterme wegen $|\varphi(x) e^{-ix \cdot \xi}| = |\varphi(x)| \to 0$ $(|x| \to \infty)$.

c) Wir verwenden die Familie $p_{\alpha, N}(\varphi) := \sup_{x \in \mathbb{R}^n} (1 + |x|^N) |\partial^\alpha \varphi(x)|$ zur Definition von $\mathscr{S}(\mathbb{R}^n)$ (vergleiche Bemerkung 4.22 b)). Für $\varphi \in \mathscr{S}(\mathbb{R}^n)$ gilt

$$|(\mathscr{F}\varphi)(\xi)| \leq \int_{\mathbb{R}^n} (1 + |x|^{n+1})^{-1} \, dx \; p_{0, n+1}(\varphi) = C_n p_{0, n+1}(\varphi) < \infty \quad (\xi \in \mathbb{R}^n).$$

Für gerades $N$ ist $Q(\xi) := (1 + |\xi|^N)$ ein Polynom in $\xi$ vom Grad $N$, und mit a), b) und der obigen Abschätzung folgt

$$p_{\alpha, N}(\mathscr{F}\varphi) = \sup_{\xi \in \mathbb{R}^n} \left| Q(\xi) \partial_\xi^\alpha (\mathscr{F}\varphi)(\xi) \right| = \sup_{\xi \in \mathbb{R}^n} \left| [\mathscr{F}(x \mapsto Q(\partial_x) x^\alpha \varphi(x))](\xi) \right|$$

$$\leq C_n \, p_{0, n+1}(x \mapsto Q(\partial_x) x^\alpha \varphi) \leq C_n C_{\alpha, N} \sum_{|\beta| \leq N} p_{\beta, |\alpha| + n + 1}(\varphi). \quad (4.3)$$

Somit gilt $p_{\alpha,N}(\mathscr{F}\varphi) < \infty$ für alle $\alpha \in \mathbb{N}_0^n$ und $N \in \mathbb{N}_0$, d.h. $\mathscr{F}\varphi \in \mathscr{S}(\mathbb{R}^n)$. Falls $(\varphi_k)_{k\in\mathbb{N}} \subseteq \mathscr{S}(\mathbb{R}^n)$ mit $\varphi_k \xrightarrow{\mathscr{S}(\mathbb{R}^n)} \varphi$ $(k \to \infty)$ ist, so folgt ebenfalls aus (4.3)

$$p_{\alpha,N}(\mathscr{F}\varphi_k - \mathscr{F}\varphi) \to 0 \quad (k \to \infty)$$

für alle $\alpha \in \mathbb{N}_0^n$ und $N \in \mathbb{N}_0$, was die Stetigkeit der linearen Abbildung $\mathscr{F}: \mathscr{S}(\mathbb{R}^n) \to \mathscr{S}(\mathbb{R}^n)$ zeigt.                                                                            $\square$

Teil c) des obigen Satzes erlaubt es, die Grundidee der Distributionen auch auf die Fourier-Transformation anzuwenden. Wie bei der Definition der Ableitung von Distributionen (Definition 4.12), wird dabei die Fourier-Transformation auf die Testfunktion angewendet.

**Definition und Satz 4.33.** Für $u \in \mathscr{S}'(\mathbb{R}^n)$ definiert man die Fouriertransformierte durch

$$(\mathscr{F}u)(\varphi) := u(\mathscr{F}\varphi) \quad (\varphi \in \mathscr{S}(\mathbb{R}^n)).$$

Dann ist $\mathscr{F}u \in \mathscr{S}'(\mathbb{R}^n)$. Für $\alpha \in \mathbb{N}_0^n$ und $u \in \mathscr{S}'(\mathbb{R}^n)$ gilt $\mathscr{F}(\partial^\alpha u) = q_\alpha \cdot (\mathscr{F}u)$ als Gleichheit in $\mathscr{S}'(\mathbb{R}^n)$, wobei $q_\alpha: \mathbb{R}^n \to \mathbb{C}, \xi \mapsto i^{|\alpha|}\xi^\alpha$ sei.

*Beweis.* Der Beweis von $\mathscr{F}u \in \mathscr{S}'(\mathbb{R}^n)$ folgt wie im Beweis von Lemma 4.28, die Gleichheit $\mathscr{F}(\partial^\alpha u) = q_\alpha \cdot (\mathscr{F}u)$ folgt direkt aus Satz 4.32 a) und den entsprechenden Definitionen für Distributionen.                                                                            $\square$

Im Folgenden werden wir zeigen, dass die Fouriertransformation als Abbildung $\mathscr{F}: \mathscr{S}(\mathbb{R}^n) \to \mathscr{S}(\mathbb{R}^n)$ sogar bijektiv ist und eine Darstellung der inversen Abbildung herleiten. Wir beginnen mit einem Fixpunkt von $\mathscr{F}$.

**Lemma 4.34.** *Definiere die Funktion* $\gamma: \mathbb{R}^n \to \mathbb{C}$ *durch*

$$\gamma(x) := \exp\left(-\frac{|x|^2}{2}\right) \quad (x \in \mathbb{R}^n).$$

*Dann gilt* $\gamma \in \mathscr{S}(\mathbb{R}^n)$ *und* $\mathscr{F}\gamma = \gamma$.

*Beweis.* (i) Sei $n = 1$. Offensichtlich ist $\gamma \in \mathscr{S}(\mathbb{R}^n)$, und durch Ableiten sieht man, dass $\gamma$ das Anfangswertproblem

$$y'(x) + xy(x) = 0, \quad y(0) = 1 \tag{4.4}$$

löst. Für $\mathscr{F}\gamma$ erhält man nach Satz 4.32

$$0 = \mathscr{F}(x \mapsto \gamma'(x) + x\gamma(x))(\xi) = i\xi(\mathscr{F}\gamma)(\xi) + i(\mathscr{F}\gamma)'(\xi).$$

Wegen

$$(\mathscr{F}\gamma)(0) = \frac{1}{\sqrt{2\pi}} \int_{-\infty}^{\infty} e^{-\frac{x^2}{2}} \, dx = 1$$

(siehe Beispiel 3.46) löst $\mathscr{F}\gamma$ ebenfalls das Anfangswertproblem (4.4). Da nach dem Satz von Picard–Lindelöf die Lösung des Anfangswertproblems eindeutig ist, folgt $\gamma = \mathscr{F}\gamma$.

(ii) Für $n > 1$ verwenden wir

$$(\mathscr{F}\gamma)(\xi) = (2\pi)^{-n/2} \int_{\mathbb{R}^n} \Big( \prod_{j=1}^{n} e^{-x_j^2/2} \Big) \Big( \prod_{j=1}^{n} e^{-ix_j\xi_j} \Big) \, dx$$

$$= \prod_{j=1}^{n} \Big( \frac{1}{\sqrt{2\pi}} \int_{\mathbb{R}} e^{-x_j^2/2} e^{-ix_j\xi_j} \, dx_j \Big) = \prod_{j=1}^{n} e^{-\xi_j^2/2} = \gamma(\xi).$$

$\square$

Im folgenden Lemma schreiben wir $\mathscr{F}^2\varphi := \mathscr{F}(\mathscr{F}\varphi)$.

**Lemma 4.35.** *Für $\varphi \in \mathscr{S}(\mathbb{R}^n)$ gilt $(\mathscr{F}^2\varphi)(x) = \varphi(-x)$ $(x \in \mathbb{R}^n)$.*

*Beweis.* Für festes $\xi_0 \in \mathbb{R}^n$ und $\varepsilon > 0$ definieren wir $\gamma_\varepsilon(x) := \gamma(\varepsilon x)$ $(x \in \mathbb{R}^n)$ mit der Funktion $\gamma$ aus Lemma 4.34 und

$$g_\varepsilon(x) := (2\pi)^{-n/2} e^{-ix \cdot \xi_0} \gamma_\varepsilon(x) \quad (x \in \mathbb{R}^n).$$

Dann gilt $g_\varepsilon \in \mathscr{S}(\mathbb{R}^n)$, und nach Satz 4.30 c), d) und Lemma 4.34 erhalten wir

$$(\mathscr{F}g_\varepsilon)(\xi) = (2\pi)^{-n/2}(\mathscr{F}\gamma_\varepsilon)(\xi + \xi_0) = (2\pi)^{-n/2} \varepsilon^{-n} \gamma\Big( \frac{\xi + \xi_0}{\varepsilon} \Big) \quad (\xi \in \mathbb{R}^n).$$

Die Funktion $(x, \xi) \mapsto \varphi(\xi)g_\varepsilon(x)e^{-ix \cdot \xi}$ liegt in $\mathscr{S}(\mathbb{R}^{2n})$ und damit nach Lemma 4.23 a) in $L^1(\mathbb{R}^{2n})$, also können wir den Satz von Fubini (Satz 3.43) anwenden. Wir erhalten

$$\int_{\mathbb{R}^n} (\mathscr{F}\varphi)(x) g_\varepsilon(x) \, dx = (2\pi)^{-n/2} \int_{\mathbb{R}^n} \Big( \int_{\mathbb{R}^n} \varphi(y)e^{-ix \cdot y} \, dy \Big) g_\varepsilon(x) \, dx$$

$$= (2\pi)^{-n/2} \int_{\mathbb{R}^{2n}} g_\varepsilon(x)\varphi(y)e^{-ix \cdot y} \, d(x, y)$$

$$= (2\pi)^{-n/2} \int_{\mathbb{R}^n} \Big( \int_{\mathbb{R}^n} g_\varepsilon(x)e^{-ix \cdot y} \, dx \Big) \varphi(y) \, dy$$

$$= \int_{\mathbb{R}^n} (\mathscr{F} g_\varepsilon)(y) \varphi(y) \, dy$$

$$= (2\pi)^{-n/2} \int_{\mathbb{R}^n} \varepsilon^{-n} \gamma \left( \frac{y + \xi_0}{\varepsilon} \right) \varphi(y) \, dy$$

$$= (2\pi)^{-n/2} \int_{\mathbb{R}^n} \gamma(z) \varphi(\varepsilon z - \xi_0) \, dz. \tag{4.5}$$

Bei der letzten Gleichheit haben wir die Substitution $z = \frac{y + \xi_0}{\varepsilon}$ verwendet. Wir nehmen auf beiden Seiten von (4.5) den Grenzwert $\varepsilon \searrow 0$. Es gilt dann $\gamma(\varepsilon x) \to 1$ punktweise und $g_\varepsilon(x) \to (2\pi)^{-n/2} e^{-ix \cdot \xi_0}$ punktweise. Wegen $\mathscr{F}\varphi \in L^1(\mathbb{R}^n)$ können wir majorisierte Konvergenz anwenden und erhalten für die linke Seite von (4.5)

$$\int_{\mathbb{R}^n} (\mathscr{F}\varphi)(x) g_\varepsilon(x) \, dx \to (2\pi)^{-n/2} \int_{\mathbb{R}^n} e^{-ix \cdot \xi_0} (\mathscr{F}\varphi)(x) \, dx = (\mathscr{F}^2 \varphi)(\xi_0).$$

Um den Grenzwert für die rechte Seite von (4.5) zu berechnen, verwenden wir $\varphi(\varepsilon z - \xi_0) \to \varphi(-\xi_0)$ punktweise. Da $z \mapsto p_0(\varphi)\gamma(z)$ mit $p_0$ aus Definition 4.21 eine integrierbare Majorante ist, erhalten wir

$$(2\pi)^{-n/2} \int_{\mathbb{R}^n} \gamma(z) \varphi(\varepsilon z - \xi_0) \, dz \to \varphi(-\xi_0) \, (2\pi)^{-n/2} \int_{\mathbb{R}^n} \gamma(z) \, dz = \varphi(-\xi_0)$$

für $\varepsilon \searrow 0$. Also gilt $(\mathscr{F}^2 \varphi)(\xi_0) = \varphi(-\xi_0)$. $\qquad \square$

**Satz 4.36.** *Die Fouriertransformation* $\mathscr{F} \colon \mathscr{S}(\mathbb{R}^n) \to \mathscr{S}(\mathbb{R}^n)$ *ist ein Isomorphismus, d. h. sie ist linear, stetig und bijektiv mit stetiger Inverse. Für* $\varphi \in \mathscr{S}(\mathbb{R}^n)$ *ist die inverse Abbildung gegeben durch*

$$(\mathscr{F}^{-1}\varphi)(x) = (2\pi)^{-n/2} \int_{\mathbb{R}^n} \varphi(\xi) e^{ix \cdot \xi} \, d\xi \quad (x \in \mathbb{R}^n).$$

*Beweis.* Nach Lemma 4.35 gilt $(\mathscr{F}^2 \varphi)(x) = \varphi(-x)$ $(x \in \mathbb{R}^n)$ für alle $\varphi \in \mathscr{S}(\mathbb{R}^n)$, d. h. $\mathscr{F}^4 = \mathrm{id}_{\mathscr{S}(\mathbb{R}^n)}$. Damit ist $\mathscr{F} \colon \mathscr{S}(\mathbb{R}^n) \to \mathscr{S}(\mathbb{R}^n)$ bijektiv mit Inverse $\mathscr{F}^{-1} = \mathscr{F}^3$. Somit gilt für $\varphi \in \mathscr{S}(\mathbb{R}^n)$

$$(\mathscr{F}^{-1}\varphi)(x) = (\mathscr{F}^3 \varphi)(x) = \big(\mathscr{F}^2(\mathscr{F}\varphi)\big)(x) = (\mathscr{F}\varphi)(-x)$$

$$= (2\pi)^{-n/2} \int_{\mathbb{R}^n} \varphi(\xi) e^{ix \cdot \xi} \, d\xi \quad (x \in \mathbb{R}^n).$$

Die Stetigkeit von $\mathscr{F}$ wurde bereits in Satz 4.32 c) gezeigt, und wegen $\mathscr{F}^{-1} = \mathscr{F}^3$ ist auch die inverse Abbildung stetig. $\qquad \square$

**Korollar 4.37.** *Die Fouriertransformation ist als Abbildung $\mathscr{F}\colon \mathscr{S}'(\mathbb{R}^n) \to \mathscr{S}'(\mathbb{R}^n)$ linear und bijektiv, und die inverse Abbildung ist gegeben durch $\mathscr{F}^{-1}u = \mathscr{F}^3 u$ ($u \in \mathscr{S}'(\mathbb{R}^n)$).*

*Beweis.* Die Abbildung $\mathscr{F}\colon \mathscr{S}'(\mathbb{R}^n) \to \mathscr{S}'(\mathbb{R}^n)$ ist offensichtlich linear und nach Satz 4.33 wohldefiniert. Für alle $u \in \mathscr{S}'(\mathbb{R}^n)$ und $\varphi \in \mathscr{S}(\mathbb{R}^n)$ gilt $(\mathscr{F}^4 u)(\varphi) = u(\mathscr{F}^4 \varphi) = u(\varphi)$. Also ist $\mathscr{F}^4 = \mathrm{id}_{\mathscr{S}'(\mathbb{R}^n)}$, und $\mathscr{F}$ ist auf $\mathscr{S}'(\mathbb{R}^n)$ bijektiv mit inverser Abbildung $\mathscr{F}^{-1} = \mathscr{F}^3$. $\qquad\square$

**Beispiel 4.38**

Sei $x_0 \in \mathbb{R}^n$. Betrachte die Dirac-Distribution $\delta_{x_0} \in \mathscr{S}'(\mathbb{R}^n)$. Es gilt

$$(\mathscr{F}\delta_{x_0})(\varphi) = \delta_{x_0}(\mathscr{F}\varphi) = (\mathscr{F}\varphi)(x_0) = (2\pi)^{-n/2} \int e^{-ix_0 \cdot x} \varphi(x)\, \mathrm{d}x$$

$$= (2\pi)^{-n/2}[e_{x_0}](\varphi),$$

wobei die Funktion $e_{x_0}\colon \mathbb{R}^n \to \mathbb{C}$ durch $e_{x_0}(x) := e^{-ix_0 \cdot x}$ ($x \in \mathbb{R}^n$) definiert wird. Damit gilt $\mathscr{F}\delta_{x_0} = (2\pi)^{-n/2}[e_{x_0}]$. Insbesondere gilt $\mathscr{F}\delta_0 = (2\pi)^{-n/2}[\mathbb{1}_{\mathbb{R}^n}]$, wobei $\mathbb{1}_{\mathbb{R}^n}$ die konstante Funktion 1 bezeichne. Damit und mit Lemma 4.35 folgt für jedes $\varphi \in \mathscr{S}(\mathbb{R}^n)$

$$\big(\mathscr{F}[\mathbb{1}_{\mathbb{R}^n}]\big)(\varphi) = (2\pi)^{n/2}(\mathscr{F}^2 \delta_0)(\varphi) = (2\pi)^{n/2}\delta_0(\mathscr{F}^2 \varphi)$$

$$= (2\pi)^{n/2}\delta_0(x \mapsto \varphi(-x)) = (2\pi)^{n/2}\varphi(0) = (2\pi)^{n/2}\delta_0(\varphi).$$

Wir erhalten $\mathscr{F}[\mathbb{1}_{\mathbb{R}^n}] = (2\pi)^{n/2}\delta_0$, in diesem Sinn ist die Fouriertransformation der konstanten Funktion 1 gerade ein Vielfaches der Dirac-Distribution. ◄

In Satz 4.36 und Korollar 4.37 haben wir gesehen, dass die Fouriertransformation in den beiden Fällen

$$\mathscr{F}\colon \mathscr{S}(\mathbb{R}^n) \to \mathscr{S}(\mathbb{R}^n),$$

$$\mathscr{F}\colon \mathscr{S}'(\mathbb{R}^n) \to \mathscr{S}'(\mathbb{R}^n)$$

jeweils linear und bijektiv ist. Der Raum $\mathscr{S}(\mathbb{R}^n)$ aller Schwartz-Funktionen ist dabei recht klein, während der Raum $\mathscr{S}'(\mathbb{R}^n)$ sehr groß ist und etwa auch $L^2(\mathbb{R}^n)$ enthält (siehe Beispiel 4.27 c)). Der folgende Satz ist eines der wesentlichen Resultate über die Fouriertransformation und besagt, dass auch $\mathscr{F}\colon L^2(\mathbb{R}^n) \to L^2(\mathbb{R}^n)$ ein Isomorphismus ist. Man beachte dabei, dass die Fouriertransformation auf $L^2(\mathbb{R}^n)$ als Einschränkung von $\mathscr{F}\colon \mathscr{S}'(\mathbb{R}^n) \to \mathscr{S}'(\mathbb{R}^n)$ definiert ist, d.h. für $f \in L^2(\mathbb{R}^n)$ setzt man $\mathscr{F}f := \mathscr{F}[f]$, wobei $[f] \in \mathscr{S}'(\mathbb{R}^n)$ die zu $f$ gehörige temperierte Distribution ist.

**Satz 4.39 (Satz von Plancherel).** *Für alle $f, g \in L^2(\mathbb{R}^n)$ gilt $\mathscr{F}f, \mathscr{F}g \in L^2(\mathbb{R}^n)$ und*

$$\langle f, g \rangle_{L^2(\mathbb{R}^n)} = \langle \mathscr{F}f, \mathscr{F}g \rangle_{L^2(\mathbb{R}^n)}.$$

*Insbesondere gilt $\|\mathscr{F}f\|_{L^2(\mathbb{R}^n)} = \|f\|_{L^2(\mathbb{R}^n)}$ für alle $f \in L^2(\mathbb{R}^n)$, d. h. die Fourier-transformation ist eine Isometrie auf $L^2(\mathbb{R}^n)$. Die Abbildung*

$$\mathscr{F}: L^2(\mathbb{R}^n) \to L^2(\mathbb{R}^n)$$

*ist ein isometrischer Isomorphismus, d. h. linear, bijektiv, stetig mit stetiger Inverse und isometrisch.*

*Beweis.* Seien $f, h \in \mathscr{S}(\mathbb{R}^n)$. Wie im Beweis von Lemma 4.35 folgt mit dem Satz von Fubini

$$\int_{\mathbb{R}^n} (\mathscr{F}f)(x)h(x)\,\mathrm{d}x = (2\pi)^{-n/2} \int_{\mathbb{R}^{2n}} f(y)h(x)e^{-ix\cdot y}\,\mathrm{d}(x,y)$$

$$= \int_{\mathbb{R}^n} f(y)(\mathscr{F}h)(y)\,\mathrm{d}y. \tag{4.6}$$

Somit gilt $\langle \mathscr{F}f, \overline{h} \rangle_{L^2(\mathbb{R}^n)} = \langle f, \overline{\mathscr{F}h} \rangle_{L^2(\mathbb{R}^n)}$. Man definiert $g \in \mathscr{S}(\mathbb{R}^n)$ durch $g(y) := \overline{(\mathscr{F}h)(y)}$ $(y \in \mathbb{R}^n)$. Da $\mathscr{F}$ eine Bijektion auf $\mathscr{S}(\mathbb{R}^n)$ ist, können wir $\mathscr{F}^{-1}$ anwenden und erhalten

$$\overline{h(x)} = \overline{(\mathscr{F}^{-1}\overline{g})(x)} = (2\pi)^{-n/2} \overline{\int_{\mathbb{R}^n} \overline{g(y)}e^{ix\cdot y}\,\mathrm{d}y} = (\mathscr{F}g)(x) \quad (x \in \mathbb{R}^n).$$

Eingesetzt in (4.6) erhält man für alle $f, g \in \mathscr{S}(\mathbb{R}^n)$

$$\langle \mathscr{F}f, \mathscr{F}g \rangle_{L^2(\mathbb{R}^n)} = \langle f, g \rangle_{L^2(\mathbb{R}^n)}. \tag{4.7}$$

Setzt man $f = g$, folgt

$$\|\mathscr{F}f\|_{L^2(\mathbb{R}^n)} = \|f\|_{L^2(\mathbb{R}^n)} \quad (f \in \mathscr{S}(\mathbb{R}^n)). \tag{4.8}$$

Wir wollen zeigen, dass (4.8) sogar für alle $f \in L^2(\mathbb{R}^n)$ gilt, wobei wir die Dichtheit von $\mathscr{S}(\mathbb{R}^n)$ in $L^2(\mathbb{R}^n)$ (Satz 4.24) verwenden. Zu $f \in L^2(\mathbb{R}^n)$ existiert somit eine Folge $(f_k)_{k \in \mathbb{N}} \subseteq \mathscr{S}(\mathbb{R}^n)$ mit $\|f - f_k\|_{L^2(\mathbb{R}^n)} \to 0$ $(k \to \infty)$. Als konvergente Folge ist $(f_k)_{k \in \mathbb{N}} \subseteq L^2(\mathbb{R}^n)$ eine Cauchyfolge, und wegen (4.8) ist auch $(\mathscr{F}f_k)_{k \in \mathbb{N}} \subseteq L^2(\mathbb{R}^n)$ eine Cauchyfolge und, da $L^2(\mathbb{R}^n)$ vollständig ist, konvergent. Wir setzen $g := \lim_{k \to \infty} \mathscr{F}f_k \in L^2(\mathbb{R}^n)$.

Für alle $\varphi \in \mathscr{S}(\mathbb{R}^n)$ gilt mit (4.6)

$$(\mathscr{F}[f])(\varphi) = [f](\mathscr{F}\varphi) = \int_{\mathbb{R}^n} f(x)(\mathscr{F}\varphi)(x)\,dx = \lim_{k\to\infty} \int_{\mathbb{R}^n} f_k(x)(\mathscr{F}\varphi)(x)\,dx$$

$$= \lim_{k\to\infty} \int_{\mathbb{R}^n} (\mathscr{F}f_k)(x)\varphi(x)\,dx = \int_{\mathbb{R}^n} g(x)\varphi(x)\,dx = [g](\varphi).$$

Dabei wurde zweimal die Stetigkeit des $L^2$-Skalarprodukts ausgenutzt: Für $f_k \to f$ in $L^2(\mathbb{R}^n)$ folgt $\langle f_k, \overline{\mathscr{F}\varphi}\rangle_{L^2(\mathbb{R}^n)} \to \langle f, \overline{\mathscr{F}\varphi}\rangle_{L^2(\mathbb{R}^n)}$. Wir erhalten $\mathscr{F}[f] = g \in L^2(\mathbb{R}^n)$ und

$$\|\mathscr{F}[f]\|_{L^2(\mathbb{R}^n)} = \|g\|_{L^2(\mathbb{R}^n)} = \lim_{k\to\infty} \|\mathscr{F}f_k\|_{L^2(\mathbb{R}^n)} = \lim_{k\to\infty} \|f_k\|_{L^2(\mathbb{R}^n)} = \|f\|_{L^2(\mathbb{R}^n)}.$$

Also gilt (4.8) für alle $f \in L^2(\mathbb{R}^n)$, und aus (4.8) erhält man mit Hilfe der Polarisationsformel (Satz 2.3 c)) die Gleichheit (4.7) für alle $f, g \in L^2(\mathbb{R}^n)$.

Sei nun $\mathscr{F}_0 \colon L^2(\mathbb{R}^n) \to \mathscr{S}'(\mathbb{R}^n)$ die Einschränkung von $\mathscr{F} \colon \mathscr{S}'(\mathbb{R}^n) \to \mathscr{S}'(\mathbb{R}^n)$ auf $L^2(\mathbb{R}^n)$. Dann ist $\mathscr{F}_0$ als Einschränkung einer bijektiven Abbildung selbst bijektiv auf seinen Wertebereich $\mathrm{im}(\mathscr{F}_0)$, und nach (4.8) gilt $\mathrm{im}(\mathscr{F}_0) \subseteq L^2(\mathbb{R}^n)$. Andererseits ist zu $g \in L^2(\mathbb{R}^n)$ die Funktion $f := \mathscr{F}^{-1}g$ nach (4.8) wieder in $L^2(\mathbb{R}^n)$, d.h. $\mathscr{F}_0 \colon L^2(\mathbb{R}^n) \to L^2(\mathbb{R}^n)$ ist eine Bijektion. Die Isometrie liefert nach Satz 2.20 die Stetigkeit von $\mathscr{F}_0$ und von $\mathscr{F}_0^{-1}$. $\qquad\square$

Der Satz von Plancherel erlaubt eine einfache Beschreibung der Sobolevräume (Definition 4.15) in $\mathbb{R}^n$.

**Satz 4.40.** *Sei $s \in \mathbb{N}_0$. Dann gilt*

$$H^s(\mathbb{R}^n) = \big\{u \in L^2(\mathbb{R}^n) \,\big|\, \xi \mapsto (1+|\xi|^2)^{s/2}\mathscr{F}u(\xi) \in L^2(\mathbb{R}^n)\big\},$$

*und die Normen $\|u\|_{H^s(\mathbb{R}^n)}$ und $\|(1+|\cdot|^2)^{s/2}\mathscr{F}u(\cdot)\|_{L^2(\mathbb{R}^n)}$ sind äquivalent, d.h. es existieren Konstanten $C_1, C_2 > 0$ so, dass für alle $u \in H^s(\mathbb{R}^n)$*

$$C_1\|u\|_{H^s(\mathbb{R}^n)} \leq \|(1+|\cdot|^2)^{s/2}\mathscr{F}u(\cdot)\|_{L^2(\mathbb{R}^n)} \leq C_2\|u\|_{H^s(\mathbb{R}^n)}$$

*gilt.*

*Beweis.* Nach dem Satz von Plancherel und nach Satz 4.33 gilt

$$\|u\|_{H^s(\mathbb{R}^n)} = \Big(\sum_{|\alpha|\leq s} \|\xi \mapsto \xi^\alpha \mathscr{F}u(\xi)\|^2_{L^2(\mathbb{R}^n)}\Big)^{1/2}.$$

Damit genügt es für den Beweis des Satzes, die Äquivalenz der beiden Ausdrücke $(1+|\xi|^2)^s$ und $\sum_{|\alpha|\leq s} |\xi^\alpha|^2$ zu zeigen.

Für alle $\xi \in \mathbb{R}^n$ folgt unter Verwendung von $|\xi_j^{\alpha_j}|^2 \leq (1+|\xi|^2)^{\alpha_j}$ die Abschätzung

$$\sum_{|\alpha| \le s} |\xi^\alpha|^2 \le \sum_{|\alpha| \le s} (1 + |\xi|^2)^{|\alpha|} \le (1 + |\xi|^2)^s \sum_{|\alpha| \le s} 1 = C_{s,n}(1 + |\xi|^2)^s.$$

Für die umgekehrte Abschätzung multiplizieren wir den Ausdruck $(1 + |\xi|^2)^s = (1 + \xi_1^2 + \cdots + \xi_n^2)^s$ aus und erhalten $(n + 1)^s$ Summanden der Form $\xi_{j_1}^2 \cdots \cdot \xi_{j_k}^2$ mit $k \le s$. Da sich jedes solche Produkt in der Form $|\xi^\alpha|^2$ mit einem Multiindex $\alpha$ mit $|\alpha| \le s$ schreiben lässt, erhalten wir

$$(1 + |\xi|^2)^s \le (n + 1)^s \sum_{|\alpha| \le s} |\xi^\alpha|^2 \quad (\xi \in \mathbb{R}^n)$$

und somit die gewünschte Äquivalenz. $\qquad\square$

*Bemerkung 4.41.*  Im Gegensatz zur ursprünglichen Definition der Sobolevräume ist die Norm

$$\|\xi \mapsto (1 + |\xi|^2)^{s/2} \mathscr{F}u(\xi)\|_{L^2(\mathbb{R}^n)}$$

auch für nicht ganzzahlige Werte von $s$ definiert. Man verwendet diese Norm für die Definition des Sobolevraums $H^s(\mathbb{R}^n)$ für alle $s \in \mathbb{R}$. Genauer definiert man $H^s(\mathbb{R}^n)$ für $s \in \mathbb{R}$ als die Menge aller temperierten Distributionen $u \in \mathscr{S}'(\mathbb{R}^n)$, für welche $\mathscr{F}u$ eine reguläre Distribution ist und die obige Norm endlich ist. Wie der obige Satz zeigt, erhält man für $s \in \mathbb{N}_0$ eine zur ursprünglichen Definition äquivalente Norm.

Aus der Darstellung der Sobolevraum-Norm in Satz 4.40 lässt sich eine nützliche Ungleichung beweisen, die wir nur im einfachsten Fall formulieren.

**Lemma 4.42 (Interpolationsungleichung).**  *Zu jedem  $\varepsilon > 0$  existiert ein  $C_\varepsilon > 0$  so, dass für alle  $u \in H^2(\mathbb{R}^n)$  gilt:*

$$\|u\|_{H^1(\mathbb{R}^n)} \le \varepsilon \|u\|_{H^2(\mathbb{R}^n)} + C_\varepsilon \|u\|_{L^2(\mathbb{R}^n)}.$$

*Beweis.*  Wir wählen für die Sobolevräume die Normen aus Satz 4.40 und zeigen eine punktweise Abschätzung für alle $\xi \in \mathbb{R}^n$. Dazu verwenden wir die elementare Ungleichung $ab \le a^2 + b^2$ für $a, b \ge 0$. Angewendet auf $a = \varepsilon|\xi|^2$ und $b = \varepsilon^{-1}$, erhält man

$$|\xi|^2 = \varepsilon|\xi|^2 \varepsilon^{-1} \le \varepsilon^2|\xi|^4 + \varepsilon^{-2} \le \varepsilon^2(1 + |\xi|^2)^2 + \varepsilon^{-2}.$$

Somit folgt

$$\|(1 + |\cdot|^2)^{1/2}\mathscr{F}u\|_{L^2(\mathbb{R}^n)} = \left(\int_{\mathbb{R}^n}(1 + |\xi|^2)|(\mathscr{F}u)(\xi)|^2\,d\xi\right)^{1/2}$$

$$\leq \left(\int_{\mathbb{R}^n}\left(\varepsilon^2(1+|\xi|^2)^2 + (1+\varepsilon^{-2})\right)|(\mathscr{F}u)(\xi)|^2\,d\xi\right)^{1/2}$$

$$= \left(\|\varepsilon(1+|\cdot|^2)\mathscr{F}u\|^2_{L^2(\mathbb{R}^n)} + \|\sqrt{1+\varepsilon^{-2}}\mathscr{F}u\|^2_{L^2(\mathbb{R}^n)}\right)^{1/2}$$

$$\leq \varepsilon\|(1+|\cdot|^2)\mathscr{F}u\|_{L^2(\mathbb{R}^n)} + \sqrt{1+\varepsilon^{-2}}\|\mathscr{F}u\|_{L^2(\mathbb{R}^n)}.$$

Dabei wurde im letzten Schritt die Ungleichung $(a^2 + b^2)^{1/2} \leq a + b$ für $a, b \geq 0$ verwendet. $\qquad\square$

Wie die Sätze 4.32 und 4.33 zeigen, verwandelt die Fouriertransformation die Ableitung in eine punktweise Multiplikation mit den entsprechenden Koordinatenfunktionen. Dies ist einer der Gründe, warum die Fouriertransformation in der Analysis partieller Differentialgleichungen ein wichtiges Werkzeug darstellt. Andererseits verwandelt die Fouriertransformation die Faltung zweier Funktionen in punktweise Multiplikation der entsprechenden Transformierten, was etwa in der Signaltheorie von Bedeutung ist. Wir beginnen mit der Definition der Faltung für Schwartz-Funktionen.

▶ **Definition 4.43.** Für $f, g \in \mathscr{S}(\mathbb{R}^n)$ wird die Faltung $f * g\colon \mathbb{R}^n \to \mathbb{C}$ definiert durch

$$(f * g)(x) := \int_{\mathbb{R}^n} f(y)g(x - y)\,dy \quad (x \in \mathbb{R}^n). \tag{4.9}$$

**Satz 4.44.** *Seien $f, g \in \mathscr{S}(\mathbb{R}^n)$. Dann gilt $f * g \in \mathscr{S}(\mathbb{R}^n)$, und für jedes $\alpha \in \mathbb{N}_0^n$ gilt*

$$\partial^\alpha(f * g) = (\partial^\alpha f) * g = f * (\partial^\alpha g). \tag{4.10}$$

*Die Abbildung $\mathscr{S}(\mathbb{R}^n) \times \mathscr{S}(\mathbb{R}^n) \to \mathscr{S}(\mathbb{R}^n)$, $(f, g) \mapsto f * g$, ist kommutativ (d. h. es gilt $f * g = g * f$) und stetig in jeder Variablen. Für die Fouriertransformierten gilt*

$$\mathscr{F}(f * g) = (2\pi)^{n/2}\mathscr{F}f \cdot \mathscr{F}g,$$
$$\mathscr{F}(f \cdot g) = (2\pi)^{-n/2}\mathscr{F}f * \mathscr{F}g.$$

*Beweis.* Seien $f, g \in \mathscr{S}(\mathbb{R}^n)$. Im Folgenden schreiben wir $g(x - \cdot)$ für die Funktion $y \mapsto g(x - y)$. Wegen $f(\cdot), g(x - \cdot) \in \mathscr{S}(\mathbb{R}^n) \subseteq L^2(\mathbb{R}^n)$ ist die Faltung $(f * g)(x)$ an jeder Stelle $x \in \mathbb{R}^n$ definiert, und die Substitution $z = x - y$ zeigt die Kommutativität. Differentiation unter dem Integral (Satz 3.40) in (4.9) ergibt für $\alpha \in \mathbb{N}_0^n$

$$(\partial^\alpha (f * g))(x) = \int_{\mathbb{R}^n} f(y)(\partial^\alpha g)(x - y)\, dy = (f * (\partial^\alpha g))(x) \quad (x \in \mathbb{R}^n).$$

Dabei ist $y \mapsto p_{|\alpha|}(g)\, f(y)$ eine integrierbare Majorante, vergleiche Definition 4.21. Wegen $f * g = g * f$ folgt daraus (4.10).

Für die Fouriertransformierten erhält man

$$
\begin{aligned}
(\mathscr{F}(f * g))(\xi) &= (2\pi)^{-n/2} \int_{\mathbb{R}^n} e^{-ix\cdot\xi}(f * g)(x)\, dx \\
&= (2\pi)^{-n/2} \int_{\mathbb{R}^n} e^{-ix\cdot\xi}\Big(\int_{\mathbb{R}^n} f(y)g(x - y)\, dy\Big)\, dx \\
&= (2\pi)^{-n/2} \int_{\mathbb{R}^n} e^{-iy\cdot\xi} f(y)\Big(\int_{\mathbb{R}^n} e^{-i(x-y)\cdot\xi} g(x - y)\, dx\Big)\, dy \\
&= (2\pi)^{-n/2} \int_{\mathbb{R}^n} e^{-iy\cdot\xi} f(y)\Big(\int_{\mathbb{R}^n} e^{-iz\cdot\xi} g(z)\, dz\Big)\, dy \\
&= (2\pi)^{-n/2} \int_{\mathbb{R}^n} e^{-iy\cdot\xi} f(y)(2\pi)^{n/2}(\mathscr{F}g)(\xi)\, dy \\
&= (2\pi)^{n/2}(\mathscr{F}f)(\xi)(\mathscr{F}g)(\xi) \quad (\xi \in \mathbb{R}^n).
\end{aligned}
$$

Dies zeigt $\mathscr{F}(f * g) = (2\pi)^{n/2}\mathscr{F}f \cdot \mathscr{F}g$. Wir wenden dies auf $\mathscr{F}f$ und $\mathscr{F}g$ an und erhalten wegen $\mathscr{F}^2 f(x) = f(-x)$

$$
\begin{aligned}
\mathscr{F}((\mathscr{F}f) * (\mathscr{F}g))(x) &= (2\pi)^{n/2}(\mathscr{F}^2 f)(x)(\mathscr{F}^2 g)(x) = (2\pi)^{n/2} f(-x)g(-x) \\
&= (2\pi)^{n/2}(fg)(-x) = (2\pi)^{n/2}\mathscr{F}^2(f \cdot g)(x)
\end{aligned}
$$

für alle $x \in \mathbb{R}^n$. Nimmt man auf beiden Seiten $\mathscr{F}^{-1}$, folgt $\mathscr{F}(f \cdot g) = (2\pi)^{-n/2}\mathscr{F}f * \mathscr{F}g$.

Die Stetigkeit der Abbildung $\mathscr{S}(\mathbb{R}^n) \to \mathscr{S}(\mathbb{R}^n)$, $f \mapsto f * g$ bei festem $g \in \mathscr{S}(\mathbb{R}^n)$ folgt nun aus der Darstellung $f * g = (2\pi)^{n/2}\mathscr{F}^{-1}(\mathscr{F}f \cdot \mathscr{F}g)$ und der Stetigkeit der Multiplikation (Lemma 4.23 b)) und der Fouriertransformation (Satz 4.32 c)) in $\mathscr{S}(\mathbb{R}^n)$. □

In Definition 4.43 wurde die Faltung für Schwartz-Funktionen definiert. Man sieht leicht, dass man diese Definition auch für $f, g \in L^1(\mathbb{R}^n)$ verwenden kann. Andererseits kann man die Faltung auch distributionell lesen: Für $f, g \in \mathscr{S}(\mathbb{R}^n)$ gilt

$$(g * f)(x) = \int_{\mathbb{R}^n} g(y) f(x - y)\, dy = [g](f(x - \cdot)) \quad (x \in \mathbb{R}^n).$$

Auf der rechten Seite kann man jetzt $[g]$ durch eine beliebige temperierte Distribution $u \in \mathscr{S}'(\mathbb{R}^n)$ ersetzen.

▶ **Definition 4.45.** Für $u \in \mathscr{S}'(\mathbb{R}^n)$ und $f \in \mathscr{S}(\mathbb{R}^n)$ ist die Faltung $u * f$ definiert durch

$$u * f \colon \mathbb{R}^n \to \mathbb{C}, \quad x \mapsto u(f(x - \cdot)).$$

Man beachte, dass hier nicht die Faltung zweier Distributionen betrachtet wird, und dass $u * f$ als Funktion und nicht als Distribution definiert wird. Für reguläre Distributionen $u = [g] \in \mathscr{S}'(\mathbb{R}^n)$ folgt direkt aus den Definitionen $[g] * f = g * f$. Der folgende Satz, der hier nicht bewiesen werden soll, zeigt, dass sich viele Eigenschaften auch auf die Faltung von Distribution und Funktion übertragen.

**Satz 4.46.** *Seien* $u \in \mathscr{S}'(\mathbb{R}^n)$ *und* $f \in \mathscr{S}(\mathbb{R}^n)$.
a) *Es ist* $u * f \in C^\infty(\mathbb{R}^n)$, *und für alle* $\alpha \in \mathbb{N}_0^n$ *gilt*

$$\partial^\alpha(u * f) = (\partial^\alpha u) * f = u * (\partial^\alpha f).$$

*Die Funktion* $u * f$ *ist polynomial beschränkt (vergleiche Beispiel 4.27 b)) und damit* $[u * f] \in \mathscr{S}'(\mathbb{R}^n)$.
b) *Es gilt*

$$\mathscr{F}([u * f]) = (2\pi)^{n/2}(\mathscr{F}f) \cdot (\mathscr{F}u),$$
$$\mathscr{F}(f \cdot u) = (2\pi)^{-n/2}[(\mathscr{F}u) * (\mathscr{F}f)].$$

*als Gleichheit in* $\mathscr{S}'(\mathbb{R}^n)$. *Dabei sind* $(\mathscr{F}f) \cdot (\mathscr{F}u)$ *und* $f \cdot u$ *wie in Lemma 4.28 definiert.*

**Beispiel 4.47**

Für die Dirac-Distribution $\delta = \delta_0$ erhält man

$$(\delta * f)(x) = \delta(f(x - \cdot)) = f(x - 0) = f(x) \quad (x \in \mathbb{R}^n)$$

für alle $f \in \mathscr{S}(\mathbb{R}^n)$. Somit gilt $\delta * f = f$, d.h. die Dirac-Distribution ist bezüglich der Faltung ein neutrales Element.  ◄

*Was haben wir gelernt?*
- Distributionen sind stetige lineare Funktionale auf dem Raum der Testfunktionen, Beispiele sind lokal integrierbare Funktionen, aber auch die Dirac-Distribution.
- Ableitung und Fouriertransformation werden für Distributionen über Dualität definiert, d.h. indem die entsprechende Operation auf die Testfunktion angewendet wird.

- Für $s \in \mathbb{N}_0$ ist der Sobolevraum $H^s(\mathbb{R}^n)$ ein Hilbertraum und besteht aus allen Funktionen in $L^2(\mathbb{R}^n)$, bei welchem die distributionellen (schwachen) Ableitungen bis zur Ordnung $s$ ebenfalls in $L^2(\mathbb{R}^n)$ liegen.
- Die Fouriertransformation wird zunächst für Schwartz-Funktionen definiert, dann auf temperierte Distributionen fortgesetzt und bildet einen Isomorphismus in den folgenden Räumen:

$$\mathscr{F} : \mathscr{S}(\mathbb{R}^n) \to \mathscr{S}(\mathbb{R}^n),$$
$$F : \mathscr{S}'(\mathbb{R}^n) \to \mathscr{S}'(\mathbb{R}^n),$$
$$F : L^2(\mathbb{R}^n) \to L^2(\mathbb{R}^n).$$

Nach dem Satz von Plancherel ist die letzte Abbildung sogar eine Isometrie.

# Lineare Operatoren in Hilberträumen 5

*Worum geht's?* Der Begriff des selbstadjungierten Operators taucht in mehreren Axiomen der Quantenmechanik auf, so werden laut [A2] Observable als selbstadjungierte Operatoren definiert, und die zeitliche Entwicklung wird in [A4] mit Hilfe des Hamilton-Operators beschrieben, welcher ebenfalls ein selbstadjungierter Operator ist. Daher beschäftigt sich dieses Kapitel mit dem Studium dieser mathematischen Objekte. Lineare Abbildungen zwischen unendlich-dimensionalen Räumen können sich im Vergleich zum endlich-dimensionalen Fall sehr überraschend verhalten: So ist typischerweise der Definitionsbereich nicht der ganze Raum, und ein injektiver Operator $T : \mathcal{H} \to \mathcal{H}$ ist nicht notwendigerweise surjektiv. Im endlich-dimensionalen Fall $\mathcal{H} = \mathbb{R}^n$, in welchem jede lineare Abbildung mit Hilfe einer quadratischen Matrix dargestellt werden kann, ist hingegen jeder injektive Operator auch surjektiv und umgekehrt, wie uns die lineare Algebra sagt.

So muss man im unendlich-dimensionalen Fall genauer hinsehen: Ob ein Operator abgeschlossen, symmetrisch oder selbstadjungiert ist, hängt stark von der Wahl des Definitionsbereichs ab. Auch besteht die Menge aller komplexen Zahlen $\lambda$, für welche $T - \lambda$ nicht bijektiv ist, nicht nur aus Eigenwerten – man erhält verschiedene Anteile des Spektrums von $T$. Da die nachfolgenden Kapitel (und die Axiome der Quantenmechanik) selbstadjungierte Operatoren voraussetzen, sind Kriterien für die Selbstadjungiertheit besonders wichtig.

In diesem Kapitel werden zunächst lineare Operatoren und zugehörige Konzepte wie abgeschlossen und abschließbar, Spektrum, Resolvente sowie der adjungierte Operator diskutiert. Damit lassen sich Symmetrie und Selbstadjungiertheit eines Operators definieren, als Beispiel werden Multiplikationsoperatoren betrachtet. Die Friedrichs-Erweiterung liefert eine Methode zur Konstruktion selbstadjungierter Operatoren, und das Kriterium von Kato ist ein Beispiel für einen Störungssatz zur Selbstadjungiertheit.

© Springer-Verlag GmbH Deutschland, ein Teil von Springer Nature 2022
R. Denk, *Mathematische Grundlagen der Quantenmechanik*,
https://doi.org/10.1007/978-3-662-65554-2_5

## 5.1    Abgeschlossene lineare Operatoren

Im Folgenden sei stets $\mathscr{H}$ ein $\mathbb{C}$-Hilbertraum mit Skalarprodukt $\langle \cdot, \cdot \rangle$ und zugehöriger Norm $\| \cdot \|$. Da wir auch Abbildungen zwischen zwei verschiedenen Hilberträumen betrachten wollen, seien im Folgenden $\mathscr{H}_1$, $\mathscr{H}_2$ zwei $\mathbb{C}$-Hilberträume mit Skalarprodukt $\langle \cdot, \cdot \rangle_{\mathscr{H}_j}$ und zugehöriger Norm $\| \cdot \|_{\mathscr{H}_j}$ für $j = 1, 2$.

Falls $\mathscr{H}$ ein endlich-dimensionaler Hilbertraum und damit isomorph zu $\mathbb{C}^n$ für ein $n \in \mathbb{N}$ ist, so kann jede lineare Abbildung $T : \mathscr{H} \to \mathscr{H}$ als $(n \times n)$-Matrix beschrieben werden. Wie aus der linearen Algebra bekannt ist, sind in diesem Fall die Eigenschaften injektiv, surjektiv und bijektiv alle äquivalent. Im unendlich-dimensionalen Fall ist dies nicht der Fall, wie das folgende Beispiel zeigt.

---

**Beispiel 5.1 (Shift-Operatoren)**

Im Hilbertraum $\ell^2$ (Definition 2.46) definiert man den Rechtsshift $S_R : D(S_R) = \ell^2 \to \ell^2$ durch

$$S_R\big((x_1, x_2, \ldots)\big) := (0, x_1, x_2, \ldots) \quad (x = (x_n)_{n \in \mathbb{N}} \in \ell^2).$$

Dann gilt $\|S_R x\|_{\ell^2} = \|x\|_{\ell^2}$ für alle $x \in \ell^2$, d. h. $S_R$ ist eine Isometrie und daher stetig mit Norm 1 (siehe Satz 2.20) sowie injektiv. Andererseits ist der Vektor $e_1 := (1, 0, 0, \ldots)$ nicht im Wertebereich, und $S_R$ ist nicht surjektiv. Analog ist der Linksshift, definiert durch

$$S_L\big((x_1, x_2, \ldots)\big) := (x_2, x_3, \ldots) \quad (x = (x_n)_{n \in \mathbb{N}} \in \ell^2)$$

stetig mit Norm 1 und surjektiv, aber nicht injektiv, denn es gilt $S_L e_1 = 0$.
Betrachtet man statt $\ell^2$ den Raum

$$\ell^2(\mathbb{Z}) := \left\{ x : \mathbb{Z} \to \mathbb{C} \;\middle|\; \|x\|_2 := \left( \sum_{n \in \mathbb{Z}} |x_n|^2 \right)^{1/2} < \infty \right\}$$

und definiert den Rechtsshift $S_R : \ell^2(\mathbb{Z}) \to \ell^2(\mathbb{Z})$ analog durch

$$S_R\big((x_n)_{n \in \mathbb{Z}}\big) := (x_{n-1})_{n \in \mathbb{Z}},$$

dann ist $S_R$ bijektiv. Man sieht sofort, dass das Inverse von $S_R$ der Linksshift $S_L$ ist und dass $S_R$ und $S_L$ auf $\ell^2(\mathbb{Z})$ isometrisch und damit stetig sind.          ◀

---

**Beispiel 5.2**

Lineare Operatoren sind häufig nicht auf dem ganzen Raum $\mathscr{H}$ definiert und müssen nicht stetig sein. Wir betrachten etwa den Ableitungsoperator $Tu := u'$, der bis auf physikalische Konstanten der Impulsobservablen eines eindimensionalen Teilchens entspricht. Der klassische Ableitungsbegriff würde als Definitionsbereich etwa $C^1(\mathbb{R})$ als Teilmenge des Raums aller stetigen Funktionen $C(\mathbb{R})$ verlangen. Allerdings ist $C(\mathbb{R})$ kein

Hilbertraum, weshalb man $T$ als Abbildung in $\mathscr{H} := L^2(\mathbb{R})$ definiert und die distributionelle oder schwache Ableitung (Definition 4.12 bzw. Bemerkung 4.16 b)) verwendet. Die Bedingung $Tu \in L^2(\mathbb{R})$ liefert schließlich als Definitionsbereich den Sobolevraum

$$D(T) := \{u \in L^2(\mathbb{R}) \mid u' \in L^2(\mathbb{R})\} = H^1(\mathbb{R})$$

(siehe Definition 4.15).

Wir zeigen, dass der Operator $T$ nicht stetig ist. Sei dazu $u_0 \in H^1(\mathbb{R})$ mit $\|u_0\|_{L^2(\mathbb{R})} \neq 0$ und $\|u_0'\|_{L^2(\mathbb{R})} \neq 0$, und sei $u_k(x) := \sqrt{k}\, u_0(kx)$ $(x \in \mathbb{R})$ für $k \in \mathbb{N}$. Dann gilt $\|u_k\|_{L^2(\mathbb{R})} = \|u_0\|_{L^2(\mathbb{R})}$, aber $\|Tu_k\|_{L^2(\mathbb{R})} = \|u_k'\|_{L^2(\mathbb{R})} = k\|u_0'\|_{L^2(\mathbb{R})}$, wie man sofort mit Substitution sieht. Daher existiert keine Konstante $C > 0$ mit $\|Tu\|_{L^2(\mathbb{R})} \leq \|u\|_{L^2(\mathbb{R})}$ für alle $u \in H^1(\mathbb{R})$, d. h. der Operator $T$ ist unbeschränkt und daher nicht stetig. Dies zeigt den Unterschied zum endlich-dimensionalen Fall, in welchem alle linearen Abbildungen nach Bemerkung 2.23 b) stetig sind. ◄

In der folgenden Definition ist $\mathscr{H}_1 \oplus \mathscr{H}_2$ die direkte Hilbertraumsumme von $\mathscr{H}_1$ und $\mathscr{H}_2$ (siehe Bemerkung 2.9 b)).

▶ **Definition 5.3.**

a) Ein (linearer) Operator $T$ von $\mathscr{H}_1$ nach $\mathscr{H}_2$ ist eine lineare Abbildung $T : \mathscr{H}_1 \supseteq D(T) \to \mathscr{H}_2$ vom Definitionsbereich $D(T) \subseteq \mathscr{H}_1$ nach $\mathscr{H}_2$, wobei $D(T)$ ein Untervektorraum von $\mathscr{H}_1$ ist. Da hier keine nichtlinearen Operatoren betrachtet werden, verstehen wir im Folgenden unter einem Operator immer einen linearen Operator. Wir schreiben $\ker T := \{x \in D(T) \mid Tx = 0\}$ für den Kern von $T$ und $\operatorname{im}(T) := \{Tx \mid x \in D(T)\}$ für den Wertebereich von $T$. Die Menge $G(T) := \{(x, Tx) \mid x \in D(T)\} \subseteq \mathscr{H}_1 \oplus \mathscr{H}_2$ heißt der Graph von $T$.

b) Der Operator $T$ heißt abgeschlossen, wenn $G(T)$ eine abgeschlossene Teilmenge von $\mathscr{H}_1 \oplus \mathscr{H}_2$ ist.

c) Der Operator $T$ heißt abschließbar, wenn es einen abgeschlossenen linearen Operator $\overline{T}$ gibt mit $G(\overline{T}) = \overline{G(T)}$. Der Operator $\overline{T}$ heißt die Abschließung oder der Abschluss von $T$.

*Bemerkung 5.4.* Man beachte, dass die Stetigkeit bei der Definition eines linearen Operators nicht verlangt wird. Nach Definition ist ein Operator $T$ eine lineare Abbildung $T : D(T) \to \mathscr{H}_2$. Für die Frage der Stetigkeit wird $D(T)$ mit Norm $\|\cdot\|_{\mathscr{H}_1}$ versehen – da $D(T)$ ein Untervektorraum von $\mathscr{H}_1$ ist, erhält man den normierten Raum $(D(T), \|\cdot\|_{\mathscr{H}_1})$. Ein Operator $T : (D(T), \|\cdot\|_{\mathscr{H}_1}) \to (\mathscr{H}_2, \|\cdot\|_{\mathscr{H}_2})$ ist nach Satz 2.20 genau dann stetig, wenn $T$ stetig an der Stelle 0 ist, d. h. wenn für alle Folgen $(x_n)_{n\in\mathbb{N}} \subseteq D(T)$ mit $\|x_n\|_{\mathscr{H}_1} \to 0$ gilt: $\|Tx_n\|_{\mathscr{H}_2} \to 0$. Dies ist äquivalent zur Beschränktheit, also zur Bedingung

$$\exists\, C > 0 \,\forall\, x \in D(T) : \|Tx\|_{\mathscr{H}_2} \leq C\|x\|_{\mathscr{H}_1}.$$

Wie bisher bezeichne $L(\mathscr{H}_1, \mathscr{H}_2)$ die Menge aller stetigen linearen Operatoren $T\colon \mathscr{H}_1 \to \mathscr{H}_2$, siehe Definition 2.22. Insbesondere ist für $T \in L(\mathscr{H}_1, \mathscr{H}_2)$ stets $D(T) = \mathscr{H}_1$.

Die Summe und das Produkt (Komposition) von Operatoren wird auf kanonische Weise definiert. In der folgenden Definition sei $\mathscr{H}_3$ ein weiterer $\mathbb{C}$-Hilbertraum.

▶ **Definition 5.5.** Seien $S\colon \mathscr{H}_1 \supseteq D(S) \to \mathscr{H}_2$, $T\colon \mathscr{H}_1 \supseteq D(T) \to \mathscr{H}_2$ und $R\colon \mathscr{H}_2 \supseteq D(R) \to \mathscr{H}_3$ lineare Operatoren.

a)  Dann definiert man die Summe $S + T$ durch

$$D(S+T) := D(S) \cap D(T), \ (S+T)x := Sx + Tx \quad (x \in D(S+T))$$

und das Produkt $RT$ durch

$$D(RT) := \{x \in D(T) \mid Tx \in D(R)\}, \ (RT)x := R(Tx) \quad (x \in D(RT)).$$

b)  Man schreibt $S \subseteq T$, falls $D(S) \subseteq D(T)$ und $T|_{D(S)} = S$ gilt, und man schreibt $S = T$, falls $S \subseteq T$ und $T \subseteq S$ gilt. Damit impliziert $S = T$ bereits die Gleichheit der Definitionsbereiche (und der Werte).

Nach Teil b) dieser Definition erhält man $D(S+T) = D(T)$, falls $D(S) = \mathscr{H}_1$ (insbesondere falls $S \in L(\mathscr{H}_1, \mathscr{H}_2)$). Genauso gilt $D(RT) = D(T)$, falls $R \in L(\mathscr{H}_2, \mathscr{H}_3)$.

---

**Lemma 5.6.** *Sei $T\colon \mathscr{H}_1 \supseteq D(T) \to \mathscr{H}_2$ ein linearer Operator. Dann sind äquivalent:*

(i)  *$T$ ist abgeschlossen.*
(ii)  *Für alle Folgen $(x_n)_{n\in\mathbb{N}} \subseteq D(T)$ mit $x_n \to x \in \mathscr{H}_1$ und $Tx_n \to y \in \mathscr{H}_2$ gilt $x \in D(T)$ und $Tx = y$.*
(iii)  *$(D(T), \|\cdot\|_T)$ ist vollständig.*

*Dabei ist die Graphennorm $\|\cdot\|_T$ auf $D(T)$ definiert durch*

$$\|x\|_T := \left(\|x\|_{\mathscr{H}_1}^2 + \|Tx\|_{\mathscr{H}_2}^2\right)^{1/2} \quad (x \in D(T)).$$

---

*Beweis.* Eigenschaft (ii) ist gerade die Abgeschlossenheit des Graphen $G(T)$ im Produktraum $\mathscr{H}_1 \oplus \mathscr{H}_2$, was die Äquivalenz von (i) und (ii) zeigt.

(ii)⇒(iii): Sei $(x_n)_{n\in\mathbb{N}} \subseteq D(T)$ eine Cauchyfolge bezüglich $\|\cdot\|_T$. Dann sind nach Definition der Graphennorm auch $(x_n)_{n\in\mathbb{N}} \subseteq \mathscr{H}_1$ und $(Tx_n)_{n\in\mathbb{N}} \subseteq \mathscr{H}_2$ Cauchyfolgen. Da $\mathscr{H}_1$ und $\mathscr{H}_2$ vollständig sind, existieren $x := \lim_{n\to\infty} x_n$ und $y := \lim_{n\to\infty} Tx_n$. Nach (ii) folgt $x \in D(T)$ und $Tx = y$. Damit erhalten wir

$$\|x_n - x\|_T^2 = \|x_n - x\|_{\mathcal{H}_1}^2 + \|Tx_n - Tx\|_{\mathcal{H}_2}^2$$
$$= \|x_n - x\|_{\mathcal{H}_1}^2 + \|Tx_n - y\|_{\mathcal{H}_2}^2 \to 0 \quad (n \to \infty),$$

also ist $(D(T), \|\cdot\|_T)$ vollständig.

(iii)$\Rightarrow$(ii): Seien $(x_n)_{n\in\mathbb{N}} \subseteq D(T)$ sowie $x$ und $y$ wie in (ii). Dann sind $(x_n)_{n\in\mathbb{N}} \subseteq \mathcal{H}_1$ und $(Tx_n)_{n\in\mathbb{N}} \subseteq \mathcal{H}_2$ Cauchyfolgen, und nach Definition der Graphennorm ist $(x_n)_{n\in\mathbb{N}} \subseteq D(T)$ auch eine Cauchyfolge bezüglich $\|\cdot\|_T$. Wegen (iii) existiert ein $\tilde{x} \in D(T)$ mit $\|x_n - \tilde{x}\|_T \to 0$ $(n \to \infty)$. Somit gilt $\tilde{x} = \lim_{n\to\infty} x_n = x$ und $T\tilde{x} = \lim_{n\to\infty} Tx_n = y$, was $x \in D(T)$ und $Tx = y$ zeigt. □

Man beachte, dass nach Definition der Graphennorm $T \in L((D(T), \|\cdot\|_T), \mathcal{H}_2)$ für jeden abgeschlossenen Operator $T$ gilt.

---

**Lemma 5.7.** *Sei $T \in L(\mathcal{H}_1, \mathcal{H}_2)$. Dann ist $T$ abgeschlossen.*

---

*Beweis.* Wir verwenden Bedingung 5.6 (ii). Sei $(x_n)_{n\in\mathbb{N}} \subseteq D(T)$ mit $x_n \to x$ in $\mathcal{H}_1$ und $Tx_n \to y$ in $\mathcal{H}_2$ für $n \to \infty$. Dann gilt trivialerweise $x \in D(T) = \mathcal{H}_1$, und da $T$ stetig ist, folgt $Tx_n \to Tx$ $(n \to \infty)$, d.h. $Tx = y$. □

Wir werden später sehen (Satz vom abgeschlossenen Graphen, Satz 5.14), dass in gewisser Weise eine Rückrichtung des obigen Lemmas gilt: Falls $T$ abgeschlossen ist mit $D(T) = \mathcal{H}_1$, so ist $T$ bereits stetig und damit $T \in L(\mathcal{H}_1, \mathcal{H}_2)$.

---

**Lemma 5.8.** *Sei $T: \mathcal{H}_1 \supseteq D(T) \to \mathcal{H}_2$ ein linearer Operator. Dann sind äquivalent:*

(i) *$T$ ist abschließbar.*

(ii) *Für jede Folge $(x_n)_{n\in\mathbb{N}} \subseteq D(T)$ mit $x_n \to 0$ $(n \to \infty)$ in $\mathcal{H}_1$ und $Tx_n \to y$ $(n \to \infty)$ in $\mathcal{H}_2$ gilt $y = 0$.*

---

*Beweis.* (i)$\Rightarrow$(ii): Sei $T$ abschließbar, und sei $(x_n)_{n\in\mathbb{N}} \subseteq D(T)$ wie angegeben. Dann liegt $(0, y)$ im Abschluss von $G(T)$. Wegen $\overline{G(T)} = G(\overline{T})$ folgt $y = \overline{T}(0) = 0$.

(ii)$\Rightarrow$(i): Wir müssen zeigen, dass $\overline{G(T)}$ der Graph eines Operators ist, d.h. für alle $(x, y), (x, \tilde{y}) \in \overline{G(T)}$ muss gelten $y = \tilde{y}$. Wähle dazu Folgen $(x_n)_{n\in\mathbb{N}} \subseteq D(T)$ und $(\tilde{x}_n)_{n\in\mathbb{N}} \subseteq D(T)$ mit $(x_n, Tx_n) \to (x, y)$ und $(\tilde{x}_n, T\tilde{x}_n) \to (x, \tilde{y})$ in $\mathcal{H}_1 \oplus \mathcal{H}_2$. Dann ist $(x_n - \tilde{x}_n)_{n\in\mathbb{N}} \subseteq D(T)$ eine Folge mit $x_n - \tilde{x}_n \to 0$, und es gilt $T(x_n - \tilde{x}_n) \to y - \tilde{y}$ in $\mathcal{H}_2$. Wir können also (ii) auf die Folge $(x_n - \tilde{x}_n)_{n\in\mathbb{N}}$ anwenden und erhalten $y = \tilde{y}$. □

**Beispiel 5.9**

Wir betrachten wieder den Ableitungsoperator (Beispiel 5.2), aber mit einem kleineren Definitionsbereich. Seien $\mathscr{H} := L^2(\mathbb{R})$ und $T : \mathscr{H} \supseteq D(T) \to \mathscr{H}$ mit $D(T) := \mathscr{D}(\mathbb{R})$ und $Tu := u'$ für $u \in D(T)$. Dann ist $T$ nicht abgeschlossen, denn zu $u \in H^1(\mathbb{R}) \setminus \mathscr{D}(\mathbb{R})$ existiert nach Satz 4.24 eine Folge $(u_n)_{n\in\mathbb{N}} \subseteq \mathscr{D}(\mathbb{R})$ mit $\|u - u_n\|_{H^1(\mathbb{R})} \to 0$ $(n \to \infty)$. Wegen

$$\|u - u_n\|_{H^1(\mathbb{R})} = \left(\|u - u_n\|^2_{L^2(\mathbb{R})} + \|u' - u_n'\|^2_{L^2(\mathbb{R})}\right)^{1/2} = \|u - u_n\|_T$$

folgt $(u, u') \in \overline{G(T)}$, aber $(u, u') \notin G(T)$.

Wir zeigen mit Lemma 5.8, dass $T$ abschließbar ist. Sei $(u_n)_{n\in\mathbb{N}} \subseteq \mathscr{D}(\mathbb{R})$ mit $u_n \to 0$ in $L^2(\mathbb{R})$ und $u_n' \to v$ in $L^2(\mathbb{R})$. Dann erhält man für alle $\varphi \in \mathscr{D}(\mathbb{R})$ mit partieller Integration

$$\langle v, \varphi \rangle_{L^2(\mathbb{R})} = \langle \lim_{n\to\infty} u_n', \varphi \rangle_{L^2(\mathbb{R})} = \lim_{n\to\infty} \int_{\mathbb{R}} u_n'(x)\overline{\varphi(x)}\,\mathrm{d}x = -\lim_{n\to\infty} \int_{\mathbb{R}} u_n(x)\overline{\varphi'(x)}\,\mathrm{d}x$$

$$= -\lim_{n\to\infty} \langle u_n, \varphi' \rangle_{L^2(\mathbb{R})} = -\langle \lim_{n\to\infty} u_n, \varphi' \rangle_{L^2(\mathbb{R})} = 0.$$

Also gilt $v \in (\mathscr{D}(\mathbb{R}))^\perp = (\overline{\mathscr{D}(\mathbb{R})})^\perp = L^2(\mathbb{R})^\perp = \{0\}$, und nach Lemma 5.8 ist $T$ abschließbar. Hier wurde wieder die Dichtheit von $\mathscr{D}(\mathbb{R})$ in $L^2(\mathbb{R})$ (Satz 4.24) verwendet. ◄

Häufig ist es wichtig zu wissen, ob ein Operator abgeschlossen oder abschließbar ist. In diesem Zusammenhang sind einige abstrakte Sätze aus der Funktionalanalysis nützlich. Wir beginnen mit einem zentralen Prinzip, welches hier nicht bewiesen werden soll. Der Beweis (siehe etwa [70], Theorem VI.3.3) verwendet den Kategoriensatz von Baire.

**Satz 5.10 (Satz von der offenen Abbildung).** *Seien $X, Y$ Banachräume und $T \in L(X, Y)$ surjektiv. Dann ist $T$ eine offene Abbildung, d. h. falls $U \subseteq X$ eine offene Teilmenge ist, so ist $T(U) = \{Tx \mid x \in U\} \subseteq Y$ ebenfalls offen.*

**Korollar 5.11.** *Sei $T : \mathscr{H}_1 \supseteq D(T) \to \mathscr{H}_2$ ein abgeschlossener linearer Operator. Falls $\mathrm{im}(T)$ abgeschlossen ist, dann ist $T : D(T) \to \mathrm{im}(T)$ eine offene Abbildung. Dabei werden $D(T)$ mit der Norm $\|\cdot\|_{\mathscr{H}_1}$ und $\mathrm{im}(T)$ mit der Norm $\|\cdot\|_{\mathscr{H}_2}$ versehen.*

*Beweis.* Da $T$ abgeschlossen ist, ist $(D(T), \| \cdot \|_T)$ nach Lemma 5.6 ein Banachraum, und die Abbildung

$$\tilde{T} : (D(T), \| \cdot \|_T) \to (\mathrm{im}(T), \| \cdot \|_{\mathscr{H}_2}), \quad x \mapsto Tx$$

ist surjektiv und nach Definition der Graphennorm stetig. Da $\mathrm{im}(T)$ nach Voraussetzung abgeschlossen ist, ist $(\mathrm{im}(T), \| \cdot \|_{\mathscr{H}_2})$ ebenfalls ein Banachraum. Also sind alle Voraussetzungen von Satz 5.10 erfüllt, und $\tilde{T}$ ist eine offene Abbildung.

Sei $U$ eine offene Teilmenge von $(D(T), \| \cdot \|_{\mathscr{H}_1})$, und sei $x \in U$. Dann existiert ein $\varepsilon > 0$ so, dass $\{u \in D(T) \mid \|u - x\|_{\mathscr{H}_1} < \varepsilon\} \subseteq U$ (Definition 2.10). Wegen $\|u - x\|_{\mathscr{H}_1} \leq \|u - x\|_T$ folgt $\{u \in D(T) \mid \|u - x\|_T < \varepsilon\} \subseteq U$, d.h. die Menge $U$ ist auch eine offene Teilmenge von $(D(T), \| \cdot \|_T)$. Da $\tilde{T}$ offen ist, ist $T(U) = \tilde{T}(U) \subseteq \mathrm{im}(T)$ offen, also ist auch $T : (D(T), \| \cdot \|_{\mathscr{H}_1}) \to (\mathrm{im}(T), \| \cdot \|_{\mathscr{H}_2})$ eine offene Abbildung.  $\square$

---

**Satz 5.12 (Satz vom stetigen Inversen).** *Sei $T : \mathscr{H}_1 \supseteq D(T) \to \mathscr{H}_2$ ein injektiver abgeschlossener linearer Operator. Falls $\mathrm{im}(T)$ abgeschlossen ist, so ist der inverse Operator $T^{-1} : (\mathrm{im}(T), \| \cdot \|_{\mathscr{H}_2}) \to (\mathscr{H}_1, \| \cdot \|_{\mathscr{H}_1})$ stetig.*

---

*Beweis.* Weil $T$ injektiv ist, existiert die inverse Abbildung $T^{-1} : \mathrm{im}(T) \to D(T)$. Die Stetigkeit von $T^{-1}$ ist nach Definition äquivalent zur Offenheit von $T$ (vergleiche Definition 2.17), welche aus Korollar 5.11 folgt.  $\square$

---

**Beispiel 5.13**

Sei $\mathscr{H} := L^2((0, 1))$, und sei der lineare Operator $T$ definiert durch $D(T) := \mathscr{H}$ und

$$(Tu)(x) := \int_0^x u(s)\, ds \quad (x \in (0, 1),\ u \in \mathscr{H}).$$

Der Operator $T$ ist ein einfaches Beispiel eines Volterra-Operators. Aus der Cauchy–Schwarz-Ungleichung erhalten wir

$$|(Tu)(x)| \leq \int_0^1 1 \cdot |u(s)|\, ds \leq \|u\|_{L^2((0,1))} \quad (x \in (0, 1),\ u \in \mathscr{H})$$

und damit $\|Tu\|_{\mathscr{H}} \leq \|u\|_{\mathscr{H}}$. Somit ist $T \in L(\mathscr{H})$, und $T$ ist abgeschlossen nach Lemma 5.7.

Wir zeigen, dass $T$ injektiv ist. Sei dazu $u \in \mathscr{H}$ mit $v := Tu = 0$. Dann gilt $v' = 0$, und für alle $\varphi \in \mathscr{D}((0, 1))$ erhalten wir mit dem Satz von Fubini (Satz 3.43)

$$0 = [v'](\varphi) = -[v](\varphi') = -\int_0^1 v(x)\varphi'(x)\,\mathrm{d}x = -\int_0^1 \Big( \int_0^x u(s)\,\mathrm{d}s \Big)\varphi'(x)\,\mathrm{d}x$$

$$= -\int_0^1 u(s)\Big( \int_s^1 \varphi'(x)\,\mathrm{d}x \Big)\,\mathrm{d}s = \int_0^1 u(s)\varphi(s)\,\mathrm{d}s = [u](\varphi).$$

Nach dem Fundamentallemma 4.11 folgt $u = 0$ fast überall.

Für $n \in \mathbb{N}$ definiere $u_n(x) := x^n$ $(x \in (0,1))$. Dann ist $u_n \in \mathcal{H}$ und $(Tu_n)(x) = \frac{x^{n+1}}{n+1}$ $(x \in (0,1))$. Wegen

$$\|u_n\|_{L^2((0,1))} = \Big( \int_0^1 x^{2n}\,\mathrm{d}x \Big)^{1/2} = \frac{1}{\sqrt{2n+1}}$$

und $\|Tu_n\|_{L^2((0,1))} = \frac{1}{n+1}\frac{1}{\sqrt{2n+3}}$ gilt $\|u_n\|_{\mathcal{H}} \geq (n+1)\|Tu_n\|_{\mathcal{H}}$. Daher ist $T^{-1}$ nicht stetig, und nach Satz 5.12 ist $\operatorname{im}(T)$ nicht abgeschlossen. Dies ist also ein Beispiel für einen beschränkten linearen Operator mit nicht abgeschlossenem Wertebereich.  ◄

**Satz 5.14 (Satz vom abgeschlossenen Graphen).** *Sei $T \colon \mathcal{H}_1 \supseteq D(T) \to \mathcal{H}_2$ ein abgeschlossener linearer Operator. Falls $D(T)$ abgeschlossen ist, so ist $T$ stetig.*

*Beweis.* Da $T$ abgeschlossen ist, ist $G(T)$ mit Norm

$$\|(x, Tx)\|_G := (\|x\|_{\mathcal{H}_1}^2 + \|Tx\|_{\mathcal{H}_2}^2)^{1/2}$$

als abgeschlossener Unterraum von $\mathcal{H}_1 \oplus \mathcal{H}_2$ selbst ein Hilbertraum. Die Projektion $\pi_1 \colon G(T) \to \mathcal{H}_1$, $(x, Tx) \mapsto x$, ist injektiv und hat Operatornorm $\leq 1$, ist also stetig und damit ein abgeschlossener linearer Operator (Lemma 5.7). Der Wertebereich $\operatorname{im}(\pi_1) = D(T)$ ist nach Voraussetzung abgeschlossen in $\mathcal{H}_1$. Nach Satz 5.12 ist $\pi_1^{-1}$ stetig als Abbildung von $(D(T), \|\cdot\|_{\mathcal{H}_1})$ nach $(G(T), \|\cdot\|_G)$. Ebenso ist $\pi_2 \colon G(T) \to \mathcal{H}_2$, $(x, Tx) \mapsto Tx$, stetig als Abbildung von $(G(T), \|\cdot\|_G)$ nach $(\operatorname{im}(T), \|\cdot\|_{\mathcal{H}_2})$. Damit ist $T = \pi_2 \circ \pi_1^{-1}$ stetig. $\qquad\square$

**Korollar 5.15 (Satz von Hellinger–Toeplitz).** *Sei $T \colon \mathcal{H} \to \mathcal{H}$ ein linearer Operator mit $D(T) = \mathcal{H}$ und*

$$\langle Tx, y\rangle_{\mathcal{H}} = \langle x, Ty\rangle_{\mathcal{H}} \quad (x, y \in \mathcal{H}).$$

*Dann ist $T$ stetig.*

*Beweis.* Wir zeigen, dass $T$ abgeschlossen ist. Sei dazu $(x_n)_{n \in \mathbb{N}} \subseteq \mathcal{H}$ mit $x_n \to x$ $(n \to \infty)$ und $T x_n \to y$ $(n \to \infty)$. Für alle $z \in \mathcal{H}$ gilt dann

$$\langle y, z \rangle_{\mathcal{H}} = \lim_{n \to \infty} \langle T x_n, z \rangle = \lim_{n \to \infty} \langle x_n, T z \rangle_{\mathcal{H}} = \langle x, T z \rangle_{\mathcal{H}} = \langle T x, z \rangle_{\mathcal{H}}.$$

Also gilt $\langle y - T x, z \rangle_{\mathcal{H}} = 0$ für alle $z \in \mathcal{H}$ und damit $y = T x$, was die Abgeschlossenheit von $T$ zeigt. Nach Satz 5.14 ist $T \in L(\mathcal{H})$. $\square$

> **Lemma 5.16.** *Sei* $T \colon \mathcal{H}_1 \supseteq D(T) \to \mathcal{H}_2$ *ein abgeschlossener linearer Operator. Dann sind äquivalent:*
>
> (i) *Es existiert ein* $C > 0$ *mit* $\|T x\|_{\mathcal{H}_2} \geq C \|x\|_{\mathcal{H}_1}$ $(x \in D(T))$.
> (ii) $T$ *ist injektiv und* $\mathrm{im}(T)$ *ist abgeschlossen.*

*Beweis.* (i)$\Rightarrow$(ii): Der Operator $T \colon (D(T), \|\cdot\|_T) \to (\mathrm{im}(T), \|\cdot\|_{\mathcal{H}_2})$ ist stetig, surjektiv und wegen (i) auch injektiv. Ebenfalls aus (i) folgt, dass $T^{-1}$ stetig ist. Sei $(y_n)_{n \in \mathbb{N}} \subseteq \mathrm{im}(T)$ eine Folge mit $y_n \to y \in \mathcal{H}_2$ $(n \to \infty)$. Wegen der Stetigkeit von $T^{-1}$ ist dann die Folge $(x_n)_{n \in \mathbb{N}}$ mit $x_n := T^{-1} y_n$ eine Cauchyfolge in $\mathcal{H}_1$. Damit ist $(x_n, T x_n)_{n \in \mathbb{N}}$ eine Cauchyfolge in $\mathcal{H}_1 \oplus \mathcal{H}_2$, d. h. $(x_n)_{n \in \mathbb{N}}$ ist auch eine Cauchyfolge in $(D(T), \|\cdot\|_T)$. Da $T$ abgeschlossen ist, existiert $x \in D(T)$ mit $\|x_n - x\|_T \to 0$ $(n \to \infty)$. Damit folgt $y = \lim_{n \to \infty} y_n = \lim_{n \to \infty} T x_n = T x \in \mathrm{im}(T)$, was die Abgeschlossenheit von $\mathrm{im}(T)$ zeigt.

(ii)$\Rightarrow$(i): Dies folgt direkt aus dem Satz vom stetigen Inversen (Satz 5.12). $\square$

## 5.2 Spektrum und Resolvente

Wieder sei im Folgenden $\mathcal{H}$ ein $\mathbb{C}$-Hilbertraum mit Skalarprodukt $\langle \cdot, \cdot \rangle$ und zugehöriger Norm $\|\cdot\|$, wobei wir zusätzlich $\mathcal{H} \neq \{0\}$ annehmen. Falls $\mathcal{H}$ endlich-dimensional ist und $T \in L(\mathcal{H})$, dann ist $T - \lambda \, \mathrm{id}_{\mathcal{H}}$ genau dann bijektiv, wenn $T - \lambda \, \mathrm{id}_{\mathcal{H}}$ injektiv ist. Somit besteht das Spektrum von $T$ in diesem Fall aus den Eigenwerten von $T$. Im unendlich-dimensionalen Fall ist die Situation komplizierter, und man betrachtet verschiedene Anteile des Spektrums. Wir schreiben kurz $T - \lambda$ statt $T - \lambda \, \mathrm{id}_{\mathcal{H}}$.

▶ **Definition 5.17.** Sei $T \colon \mathcal{H} \supseteq D(T) \to \mathcal{H}$ ein abgeschlossener linearer Operator.

a) Die Resolventenmenge $\rho(T) \subseteq \mathbb{C}$ von $T$ ist definiert durch

$$\rho(T) := \{\lambda \in \mathbb{C} \mid T - \lambda \colon D(T) \to \mathcal{H} \text{ bijektiv}\}.$$

b) Das Spektrum $\sigma(T)$ von $T$ wird definiert als $\sigma(T) := \mathbb{C} \setminus \rho(T)$. Das Punktspektrum von $T$ ist definiert als

$$\sigma_p(T) := \{\lambda \in \mathbb{C} \mid T - \lambda \colon D(T) \to \mathscr{H} \text{ nicht injektiv}\}.$$

Die Zahlen $\lambda \in \sigma_p(T)$ heißen die Eigenwerte von $T$. Die Menge

$$\sigma_c(T) := \{\lambda \in \mathbb{C} \mid T - \lambda \colon D(T) \to \mathscr{H} \text{ injektiv, nicht surjektiv, } \overline{\mathrm{im}(T - \lambda)} = \mathscr{H}\}$$

heißt das kontinuierliche Spektrum von $T$. Das Restspektrum oder residuelle Spektrum von $T$ ist definiert durch

$$\sigma_r(T) := \{\lambda \in \mathbb{C} \mid T - \lambda \colon D(T) \to \mathscr{H} \text{ injektiv, } \overline{\mathrm{im}(T - \lambda)} \neq \mathscr{H}\}.$$

Für $\lambda \in \sigma_p(T)$ heißt $\ker(T - \lambda)$ der geometrische Eigenraum von $T$ zu $\lambda$ und

$$\{x \in \mathscr{H} \mid \exists\, n \in \mathbb{N} \colon x \in D(T^n) \text{ und } (T - \lambda)^n x = 0\}$$

der algebraische Eigenraum oder Hauptraum von $T$ zu $\lambda$. Die von Null verschiedenen Elemente des geometrischen Eigenraums heißen die Eigenvektoren von $T$. Falls $\mathscr{H}$ ein Raum von Funktionen ist, spricht man auch von Eigenfunktionen.

*Bemerkung 5.18.*
a) Nach Definition gilt

$$\mathbb{C} = \rho(T) \,\dot\cup\, \sigma(T) = \rho(T) \,\dot\cup\, \sigma_p(T) \,\dot\cup\, \sigma_c(T) \,\dot\cup\, \sigma_r(T),$$

wobei $\dot\cup$ wieder die disjunkte Vereinigung bezeichnet.
b) Wir haben das Spektrum nur für abgeschlossene Operatoren definiert, da man in der Quantenmechanik stets abgeschlossene Operatoren betrachtet, welche meistens als Abschluss eines geeignet definierten abschließbaren Operators konstruiert werden. Für nicht abgeschlossene Operatoren ist die Definition der spektralen Anteile in der Literatur nicht ganz einheitlich.
c) Falls $T$ abgeschlossen ist, ist auch $T - \lambda$ abgeschlossen. Mit dem Satz vom stetigen Inversen (Satz 5.12) folgt, dass für alle $\lambda \in \rho(T)$ der Operator $(T - \lambda)^{-1} \colon \mathscr{H} \to \mathscr{H}$ stetig ist, d. h. es gilt $(T - \lambda)^{-1} \in L(\mathscr{H})$. Für nicht abgeschlossene Operatoren wird diese Stetigkeit meistens mit in die Definition der Resolventenmenge aufgenommen.
d) Falls $\mathscr{H}$ endlich-dimensional ist, ist jeder dicht definierte Operator stetig und damit auf ganz $\mathscr{H}$ definierbar. Für $T \in L(\mathscr{H})$ folgt in diesem Fall $\sigma_c(T) = \sigma_r(T) = \emptyset$.

**Beispiel 5.19**

Sei $\mathscr{H} = \ell^2$ und $S_R \in L(\mathscr{H})$ der Rechtsshift aus Beispiel 5.1, d. h. $S_R(x_1, x_2, \dots) :=$ $(0, x_1, x_2, \dots)$ $(x \in \ell^2)$. Dann ist $D(S_R) = \ell^2$, $\ker S_R = \{0\}$, und für $e_1 := (1, 0, 0, \dots)$ gilt $e_1 \in (\operatorname{im}(S_R))^\perp$. Daher ist $\overline{\operatorname{im}(S_R)} \neq \mathscr{H}$ und $0 \in \sigma_r(S_R)$. ◀

▶ **Definition 5.20.** Sei $T : \mathscr{H} \supseteq D(T) \to \mathscr{H}$ ein abgeschlossener linearer Operator. Für $\lambda \in \rho(T)$ heißt $R_\lambda(T) := (T - \lambda)^{-1}$ die Resolvente von $T$ an der Stelle $\lambda$. Die Abbildung

$$\rho(T) \to L(\mathscr{H}), \quad \lambda \mapsto (T - \lambda)^{-1}$$

heißt Resolventenabbildung.

Man beachte in obiger Definition, dass $(T - \lambda)^{-1} \in L(\mathscr{H})$ nach Bemerkung 5.18 c) gilt.

**Lemma 5.21 (Neumannsche Reihe).** *Sei $T \in L(\mathscr{H})$ mit $\|T\| < 1$, wobei $\|T\|$ die Operatornorm von $T$ bezeichne (siehe Definition 2.22). Dann existiert $(1 - T)^{-1} \in L(\mathscr{H})$, und es gilt*

$$(1 - T)^{-1} = \sum_{n=0}^{\infty} T^n$$

*(Konvergenz der Reihe bezüglich der Operatornorm) und $\|(1 - T)^{-1}\| \leq \frac{1}{1-\|T\|}$.*

*Beweis.* Es gilt

$$\sum_{n=0}^{N} \|T^n\| \leq \sum_{n=0}^{N} \|T\|^n \leq \sum_{n=0}^{\infty} \|T\|^n = \frac{1}{1 - \|T\|},$$

d. h. die Reihe konvergiert absolut. Da $L(\mathscr{H})$, versehen mit der Operatornorm, vollständig ist (siehe Bemerkung 2.23 a)), existiert $S := \sum_{n=0}^{\infty} T^n \in L(\mathscr{H})$, und es gilt $\|S\| \leq \frac{1}{1-\|T\|}$. Weiter folgt

$$ST = TS = \lim_{N \to \infty} \sum_{n=0}^{N} T^{n+1} = \sum_{n=1}^{\infty} T^n = S - 1,$$

d. h. $S(1 - T) = (1 - T)S = 1$. Also ist $1 - T$ invertierbar mit $(1 - T)^{-1} = S$. ☐

**Satz 5.22.** *Sei $T : \mathscr{H} \supseteq D(T) \to \mathscr{H}$ ein abgeschlossener linearer Operator. Dann ist $\rho(T)$ offen und somit $\sigma(T)$ abgeschlossen.*

*Beweis.* Falls $\rho(T) = \emptyset$, so ist nichts zu zeigen. Sei also $\lambda_0 \in \rho(T)$. Es gilt

$$T - \lambda = T - \lambda_0 - (\lambda - \lambda_0) = (T - \lambda_0)\left[1 - (\lambda - \lambda_0)(T - \lambda_0)^{-1}\right].$$

Nach Bemerkung 5.18 c) ist $(T - \lambda_0)^{-1}$ stetig. Für $\lambda \in \mathbb{C}$ mit $|\lambda - \lambda_0| \cdot \left\|(T - \lambda_0)^{-1}\right\| < 1$ existiert

$$\left[1 - (\lambda - \lambda_0)(T - \lambda_0)^{-1}\right]^{-1} \in L(\mathcal{H})$$

nach Lemma 5.21. Damit existiert auch

$$(T - \lambda)^{-1} = \left[1 - (\lambda - \lambda_0)(T - \lambda_0)^{-1}\right]^{-1}(T - \lambda_0)^{-1} \in L(\mathcal{H}).$$

Somit gilt

$$\left\{\lambda \in \mathbb{C} \,\middle|\, |\lambda - \lambda_0| < \left\|(T - \lambda_0)^{-1}\right\|^{-1}\right\} \subseteq \rho(T),$$

also ist $\rho(T)$ offen.                                                                      $\square$

---

**Korollar 5.23.** *Sei* $T: \mathcal{H} \supseteq D(T) \to \mathcal{H}$ *ein abgeschlossener linearer Operator.*
*a) Für* $\lambda_0 \in \rho(T)$ *gilt*

$$\left\|(T - \lambda_0)^{-1}\right\| \geq \frac{1}{\mathrm{dist}(\lambda_0, \sigma(T))}.$$

*b) Für* $\lambda_0 \in \rho(T)$ *und* $\lambda \in \mathbb{C}$ *mit* $|\lambda - \lambda_0| < \|(T - \lambda_0)^{-1}\|^{-1}$ *gilt*

$$(T - \lambda)^{-1} = \sum_{n=0}^{\infty}(\lambda - \lambda_0)^n[(T - \lambda_0)^{-1}]^{n+1}.$$

---

*Beweis.* a) folgt aus der letzten Formel im Beweis von Satz 5.22, b) aus der Darstellung von $(T - \lambda)^{-1}$ im Beweis von Satz 5.22 und der Neumann-Reihe.                $\square$

---

**Satz 5.24.** *Sei* $T \in L(\mathcal{H})$. *Dann ist das Spektrum* $\sigma(T) \subseteq \mathbb{C}$ *kompakt und nichtleer.*

---

*Beweis.*
(i)  Kompaktheit von $\sigma(T)$: Für $\lambda \in \mathbb{C}$ mit $|\lambda| > \|T\|$ ist $T - \lambda = (-\lambda)(1 - \lambda^{-1}T)$ nach Lemma 5.21 invertierbar, d. h. $\lambda \in \rho(T)$. Also ist $\sigma(T)$ eine nach Satz 5.22 abgeschlossene Teilmenge der beschränkten Menge $\{\lambda \in \mathbb{C} \mid |\lambda| \leq \|T\|\}$ und damit kompakt.
(ii)  Wir nehmen an, dass $\sigma(T) = \emptyset$ und damit $\rho(T) = \mathbb{C}$ gilt. Sei $\lambda_0 \in \mathbb{C}$. Dann gilt mit Korollar 5.23 b) für alle $x, y \in \mathcal{H}$ und alle $\lambda$ in einer Umgebung von $\lambda_0$ die Reihenentwicklung

$$f_{x,y}(\lambda) := \langle (T - \lambda)^{-1} x, y \rangle = \sum_{n=0}^{\infty} \langle (T - \lambda_0)^{-(n+1)} x, y \rangle (\lambda - \lambda_0)^n. \tag{5.1}$$

Damit ist die Funktion $f_{x,y} \colon \mathbb{C} \to \mathbb{C}$ an jeder Stelle $\lambda_0 \in \mathbb{C}$ komplex differenzierbar und damit holomorph. Für $|\lambda| \geq 2\|T\|$ erhält man mit der Neumannschen Reihe

$$(T - \lambda)^{-1} = -\frac{1}{\lambda} \left( 1 - \frac{T}{\lambda} \right)^{-1} = -\sum_{n=0}^{\infty} \lambda^{-n-1} T^n$$

und somit unter Verwendung der Cauchy–Schwarz-Ungleichung

$$|f_{x,y}(\lambda)| \leq \sum_{n=0}^{\infty} \frac{\|T\|^n}{|\lambda|^{n+1}} \|x\| \, \|y\| \leq \frac{\|x\| \, \|y\|}{|\lambda|} \sum_{n=0}^{\infty} \left( \frac{1}{2} \right)^n \leq \frac{\|x\| \, \|y\|}{\|T\|}.$$

Da $f_{x,y}$ als stetige Funktion auf der kompakten Menge $\{\lambda \in \mathbb{C} \mid |\lambda| \leq 2\|T\|\}$ beschränkt ist (Satz 2.28), ist $f_{x,y} \colon \mathbb{C} \to \mathbb{C}$ eine holomorphe beschränkte Funktion. Nach dem Satz von Liouville aus der Funktionentheorie (siehe etwa [11], Satz 8.2) folgt, dass $f_{x,y}$ eine konstante Funktion ist. Damit sind alle Koeffizienten in der Potenzreihendarstellung (5.1) gleich Null bis auf den konstanten Term $n = 0$. Insbesondere gilt für den linearen Term $n = 1$

$$\langle (T - \lambda_0)^{-2} x, y \rangle = 0 \quad (x, y \in \mathcal{H})$$

und daher $(T - \lambda_0)^{-2} = 0$ im Widerspruch zur Bijektivität von $T - \lambda_0$ und damit von $(T - \lambda_0)^2$. Wir erhalten $\rho(T) \neq \mathbb{C}$, d.h. $\sigma(T) \neq \emptyset$. $\qquad \square$

---

**Beispiel 5.25**

Die folgenden Beispiele zeigen, dass für unbeschränkte Operatoren sehr wohl die Fälle $\sigma(T) = \mathbb{C}$ und $\sigma(T) = \emptyset$ auftreten können. Wir betrachten wieder den Ableitungsoperator, diesmal allerdings auf dem endlichen Intervall $(0, 1)$.

a) Seien $\mathcal{H} = L^2((0, 1))$ und $T \colon \mathcal{H} \supseteq D(T) \to \mathcal{H}$ definiert durch $D(T) := H^1((0, 1))$ und $Tu := u'$ ($u \in D(T)$) (vergleiche Beispiele 5.2 und 5.9). Wie in Beispiel 5.9 sieht man, dass $T$ abgeschlossen ist. Zu $\lambda \in \mathbb{C}$ betrachte die Funktion $u_\lambda \colon (0, 1) \to \mathbb{C}$, $x \mapsto e^{\lambda x}$. Dann ist $u_\lambda \in H^1((0, 1))$, und es gilt $Tu_\lambda - \lambda u_\lambda = u_\lambda' - \lambda u_\lambda = 0$. Somit ist $u_\lambda \in \ker(T - \lambda) \setminus \{0\}$, was $\sigma_p(T) = \mathbb{C}$ und damit $\rho(T) = \emptyset$ zeigt.

b) Wir betrachten denselben Operator wie in a), allerdings jetzt auf dem Definitionsbereich $D(T) := \{u \in H^1((0, 1)) \mid u(0) = 0\}$. Dazu beachte man, dass nach dem Sobolevschen Einbettungssatz (Satz 4.18), angewendet auf das eindimensionale glatte Gebiet $G = (0, 1) \subseteq \mathbb{R}$, die Einbettung $H^1((0, 1)) \subseteq \mathrm{BUC}((0, 1))$ gilt. Da jede beschränkte und gleichmäßig stetige Funktion auf $(0, 1)$ eindeutig auf $[0, 1]$ fortgesetzt werden kann, ist insbesondere der Funktionswert $u(0)$ für $u \in H^1((0, 1))$ definiert, und nach Satz 4.18 gilt

$$|u(0)| \leq C \|u\|_{H^1((0,1))} \quad (u \in H^1((0, 1))).$$

Damit ist die Abbildung $H^1((0, 1)) \to \mathbb{C}$, $u \mapsto u(0)$ stetig und $D(T)$ ist als Kern dieser stetigen Abbildung abgeschlossen in $H^1((0, 1))$. Als Einschränkung des Operators aus a) auf den abgeschlossenen Unterraum $D(T)$ ist $T$ selbst wieder abgeschlossen. Sei $f \in \mathcal{H} = L^2((0, 1))$. Dann ist die eindeutige Lösung der gewöhnlichen Differentialgleichung $u' - \lambda u = f$ mit Anfangswert $u(0) = 0$ gegeben durch

$$u(x) = \int_0^x e^{\lambda(x-y)} f(y) \, dy \quad (x \in (0, 1)).$$

Dabei ist die rechte Seite für alle $f \in L^2((0, 1))$ definiert. Wegen

$$|u(x)| \leq \max_{z \in [0,1]} |e^{\lambda z}| \int_0^1 1 \cdot |f(y)| \, dy \leq \max_{z \in [0,1]} |e^{\lambda z}| \|f\|_{L^2((0,1))}$$

gilt $u \in L^2((0, 1))$, und mit $u' = f + \lambda u \in L^2((0, 1))$ folgt $u \in H^1((0, 1))$. Somit hat die Gleichung $(T - \lambda)u = f$ für jedes $f \in \mathcal{H}$ eine eindeutige Lösung $u \in D(T)$, und wir erhalten $\rho(T) = \mathbb{C}$ und damit $\sigma(T) = \emptyset$.                ◀

Der Vergleich von a) und b) zeigt, dass eine kleine Änderung des Definitionsbereichs das Spektrum eines unbeschränkten Operators erheblich beeinflussen kann.

## 5.3    Der adjungierte Operator

In der linearen Algebra haben die symmetrischen (falls $\mathbb{K} = \mathbb{R}$) bzw. die hermiteschen (falls $\mathbb{K} = \mathbb{C}$) Matrizen besonders gute Eigenschaften. So sind etwa alle Eigenwerte reell, und die Matrizen können orthogonal bzw. unitär auf Diagonalform transformiert werden. Für lineare Operatoren in unendlich-dimensionalen Hilberträumen haben die selbstadjungierten Operatoren vergleichbare Eigenschaften. Dazu definieren wir zunächst den Begriff des adjungierten Operators. Für spätere Anwendungen betrachten wir hierbei wieder Operatoren zwischen zwei $\mathbb{C}$-Hilberträumen $\mathcal{H}_1$, $\mathcal{H}_2$, auch wenn in den meisten Fällen $\mathcal{H}_1 = \mathcal{H}_2 = \mathcal{H}$ gilt.

▶ **Definition 5.26.** Sei $T \colon \mathcal{H}_1 \supseteq D(T) \to \mathcal{H}_2$ ein linearer Operator, welcher dicht definiert ist (d. h. es gilt $\overline{D(T)} = \mathcal{H}_1$). Dann definiert man den adjungierten Operator $T^* \colon \mathcal{H}_2 \supseteq D(T^*) \to \mathcal{H}_1$ durch

$$D(T^*) := \left\{ y \in \mathcal{H}_2 \,\middle|\, \exists z \in \mathcal{H}_1 \,\forall x \in D(T) : \langle Tx, y \rangle_{\mathcal{H}_2} = \langle x, z \rangle_{\mathcal{H}_1} \right\}$$

und $T^*y := z \ (y \in D(T^*))$.

*Bemerkung 5.27.*

a) Man beachte die Bedingung $\overline{D(T)} = \mathcal{H}_1$. Seien $y \in D(T^*)$ und $z_1, z_2 \in \mathcal{H}_1$ mit

$$\langle Tx, y \rangle_{\mathcal{H}_2} = \langle x, z_1 \rangle_{\mathcal{H}_1} = \langle x, z_2 \rangle_{\mathcal{H}_1} \quad (x \in D(T)).$$

Dann gilt $z_1 - z_2 \in (D(T))^\perp = (\overline{D(T)})^\perp = \mathcal{H}_1^\perp = \{0\}$ und somit $z_1 = z_2$. Dies zeigt, dass $T^*y$ wohldefiniert ist. Falls $D(T)$ nicht dicht in $\mathcal{H}_1$ ist, so ist die Eindeutigkeit von $z$ nicht gesichert, und der adjungierte Operator kann nicht definiert werden.

b) Sei $(y, z) \in \mathcal{H}_2 \times \mathcal{H}_1$. Dann gilt nach Definition genau dann $(y, z) \in G(T^*)$, falls

$$\langle Tx, y \rangle_{\mathcal{H}_2} = \langle x, z \rangle_{\mathcal{H}_1} \quad (x \in D(T)).$$

c) Sei $T$ wie in der Definition, und sei $S \colon \mathcal{H}_1 \supseteq D(S) \to \mathcal{H}_2$ ein weiterer dicht definierter Operator mit $S \subseteq T$. Dann folgt aus b) sofort $G(T^*) \subseteq G(S^*)$ und damit $T^* \subseteq S^*$.

d) Sei $T$ wie in der Definition, und sei $y \in \mathcal{H}_2$. Falls die Abbildung

$$L_y \colon (D(T), \|\cdot\|_{\mathcal{H}_1}) \to \mathbb{C}, \ x \mapsto \langle Tx, y \rangle_{\mathcal{H}_2} \tag{5.2}$$

stetig ist, so kann sie aufgrund der Dichtheit von $D(T)$ eindeutig zu einem stetigen linearen Funktional $\widetilde{L}_y \in \mathcal{H}_1'$ fortgesetzt werden. Nach dem Satz von Riesz (Satz 2.37) existiert in diesem Fall genau ein $z \in \mathcal{H}_1$ mit

$$\widetilde{L}_y x = \langle x, z \rangle_{\mathcal{H}_1} \quad (x \in \mathcal{H}_1),$$

und damit gilt $y \in D(T^*)$. Umgekehrt folgt aus $y \in D(T^*)$ sofort die Stetigkeit der Abbildung $L_y$. Damit erhalten wir

$$D(T^*) = \left\{ y \in \mathcal{H}_2 \mid \text{ die Abbildung } L_y \text{ in (5.2) ist stetig} \right\}.$$

Dies ist die Grundlage für die Definition des adjungierten Operators für lineare Operatoren zwischen Banachräumen.

Man beachte in der folgenden Aussage, dass die Schreibweise $S \subseteq T$ für Operatoren als $D(S) \subseteq D(T)$ und $T|_{D(S)} = S$ definiert wurde (Definition 5.5), also durch die Bedingung $G(S) \subseteq G(T)$.

**Satz 5.28.** *Sei $T : \mathcal{H}_1 \supseteq D(T) \to \mathcal{H}_2$ ein dicht definierter linearer Operator.*

a) *Der adjungierte Operator $T^* : \mathcal{H}_2 \supseteq D(T^*) \to \mathcal{H}_1$ ist abgeschlossen.*
b) *$T^*$ ist genau dann dicht definiert, wenn $T$ abschließbar ist, und in diesem Fall gilt $T \subseteq \overline{T} = T^{**}$.*

*Beweis.*

a) Sei $(y_n)_{n\in\mathbb{N}} \subseteq D(T^*)$ eine Folge mit $y_n \to y$ und $T^* y_n \to z$ für $n \to \infty$. Dann gilt

$$\langle Tx, y\rangle_{\mathcal{H}_2} = \lim_{n\to\infty} \langle Tx, y_n\rangle_{\mathcal{H}_2} = \lim_{n\to\infty} \langle x, T^* y_n\rangle_{\mathcal{H}_1} = \langle x, z\rangle_{\mathcal{H}_1} \quad (x \in D(T)),$$

und nach Bemerkung 5.27 b) folgt $y \in D(T^*)$ sowie $T^* y = z$, was die Abgeschlossenheit von $T^*$ zeigt.

b) Sei zunächst $T^*$ dicht definiert. In einem ersten Schritt zeigen wir $T \subseteq T^{**}$. Für $x \in D(T)$ und $y \in D(T^*)$ gilt $\langle Tx, y\rangle_{\mathcal{H}_2} = \langle x, T^* y\rangle_{\mathcal{H}_1}$. Daher ist die Abbildung $D(T^*) \to \mathbb{C}$, $y \mapsto \langle T^* y, x\rangle_{\mathcal{H}_1}$ stetig, was $x \in D(T^{**})$ zeigt (siehe Bemerkung 5.27 d)). Weiter gilt

$$\langle y, T^{**} x\rangle_{\mathcal{H}_2} = \langle T^* y, x\rangle_{\mathcal{H}_1} = \langle y, Tx\rangle_{\mathcal{H}_2} \quad (y \in D(T^*)),$$

und da $D(T^*) \subseteq \mathcal{H}_2$ dicht ist, folgt $Tx = T^{**} x$ ($x \in D(T)$) und damit $T \subseteq T^{**}$. Nach a) ist $T^{**}$ abgeschlossen, insbesondere ist $T$ abschließbar, und es gilt $\overline{G(T)} \subseteq G(T^{**})$. Um die andere Inklusion zu zeigen, genügt es nach Korollar 2.36, die Inklusion $G(T)^\perp \subseteq G(T^{**})^\perp$ zu zeigen, wobei sich „$\perp$" auf das Skalarprodukt in $\mathcal{H}_1 \oplus \mathcal{H}_2$ (siehe Bemerkung 2.9 b)) bezieht. Sei also $(u, v) \in G(T)^\perp$. Dann gilt für alle $x \in D(T)$

$$\langle x, u\rangle_{\mathcal{H}_1} + \langle Tx, v\rangle_{\mathcal{H}_2} = 0.$$

Nach Definition von $T^*$ folgt $v \in D(T^*)$ und $T^* v = -u$. Für alle $(y, T^{**} y) \in G(T^{**})$ erhalten wir

$$\langle y, u\rangle_{\mathcal{H}_1} + \langle T^{**} y, v\rangle_{\mathcal{H}_2} = \langle y, u\rangle_{\mathcal{H}_1} + \langle y, T^* v\rangle_{\mathcal{H}_1} = \langle y, u + T^* v\rangle_{\mathcal{H}_1} = 0.$$

Also gilt $(u, v) \in G(T^{**})^\perp$, und mit Korollar 2.36 folgt $G(T^{**}) \subseteq \overline{G(T)}$ und somit $\overline{T} = T^{**}$.

Wir haben bisher gezeigt, dass aus $\overline{D(T^*)} = \mathcal{H}_2$ die Abschließbarkeit von $T$ sowie $\overline{T} = T^{**}$ folgen. Um den Beweis zu schließen, müssen wir noch zeigen, dass für abschließbare Operatoren $T$ der adjungierte Operator dicht definiert ist. Sei also $T$ abschließbar, und sei $z \in D(T^*)^\perp$. Für alle $(u, v) \in G(T)^\perp$ gilt

$$0 = \langle (x, Tx), (u, v)\rangle_{\mathcal{H}_1 \oplus \mathcal{H}_2} = \langle x, u\rangle_{\mathcal{H}_1} + \langle Tx, v\rangle_{\mathcal{H}_2} \quad (x \in D(T)),$$

und nach Bemerkung 5.27 b) folgt $(v, -u) \in G(T^*)$. Somit erhalten wir

$$\langle (0, z), (u, v) \rangle_{\mathcal{H}_1 \oplus \mathcal{H}_2} = \langle z, v \rangle_{\mathcal{H}_2} = 0 \quad ((u, v) \in G(T)^\perp),$$

wobei die letzte Gleichheit aus $v \in D(T^*)$ und $z \in D(T^*)^\perp$ folgt. Somit ist $(0, z) \in G(T)^{\perp\perp} = \overline{G(T)} = G(\overline{T})$, was $z = \overline{T}(0) = 0$ impliziert. Also gilt $D(T^*)^\perp = \{0\}$ und folglich $\overline{D(T^*)} = \mathcal{H}_2$. $\qquad\square$

---

**Satz 5.29.** *Sei $T : \mathcal{H}_1 \supseteq D(T) \to \mathcal{H}_2$ ein dicht definierter Operator. Dann gilt*

$$\operatorname{im}(T)^\perp = \overline{\operatorname{im}(T)}^\perp = \ker T^* \quad und \quad \overline{\operatorname{im}(T)} = (\ker T^*)^\perp.$$

*Falls $T$ abschließbar ist, gilt außerdem*

$$\operatorname{im}(T^*)^\perp = \ker \overline{T} \quad und \quad \overline{\operatorname{im}(T^*)} = (\ker \overline{T})^\perp.$$

---

*Beweis.* Es gilt $y \in \operatorname{im}(T)^\perp$ genau dann, wenn $\langle Tx, y \rangle = 0$ für alle $x \in D(T)$ gilt. Dies ist äquivalent zu $y \in D(T^*)$ und $T^*y = 0$, also zu $y \in \ker T^*$. Somit erhalten wir $\operatorname{im}(T)^\perp = \ker T^*$, und wegen $\overline{\operatorname{im}(T)} = (\operatorname{im}(T))^{\perp\perp}$ folgt daraus $\overline{\operatorname{im}(T)} = (\ker T^*)^\perp$.

Falls $T$ abschließbar ist, ist $T^*$ nach Satz 5.28 dicht definiert, und es gilt $\overline{T} = T^{**}$. Wir können also die bisher bewiesenen Aussagen auf $T^*$ anwenden. $\qquad\square$

Für beschränkte Operatoren ist der Begriff des adjungierten Operators besonders einfach, wie das folgende Resultat zeigt.

---

**Lemma 5.30.** *Sei $T \in L(\mathcal{H}_1, \mathcal{H}_2)$. Dann ist $T^* \in L(\mathcal{H}_2, \mathcal{H}_1)$ mit $\|T^*\|_{L(\mathcal{H}_2, \mathcal{H}_1)} = \|T\|_{L(\mathcal{H}_1, \mathcal{H}_2)}$, und $T^*$ ist durch die Bedingung*

$$\langle Tx, y \rangle_{\mathcal{H}_2} = \langle x, T^*y \rangle_{\mathcal{H}_1} \quad (x \in \mathcal{H}_1, \, y \in \mathcal{H}_2) \tag{5.3}$$

*eindeutig festgelegt.*

---

*Beweis.* Aus $T \in L(\mathcal{H}_1, \mathcal{H}_2)$ folgt mit der Cauchy–Schwarz-Ungleichung (Satz 2.4 a)) und der Definition der Operatornorm

$$|\langle Tx, y \rangle_{\mathcal{H}_2}| \leq \|T\|_{L(\mathcal{H}_1, \mathcal{H}_2)} \|x\|_{\mathcal{H}_1} \|y\|_{\mathcal{H}_2}$$

für alle $x \in \mathcal{H}_1$ und $y \in \mathcal{H}_2$. Also ist die Abbildung

$$L_y \colon \mathcal{H}_1 \to \mathbb{C}, \ x \mapsto \langle Tx, y \rangle_{\mathcal{H}_2}$$

für alle $y \in \mathcal{H}_2$ ein stetiges lineares Funktional auf $\mathcal{H}_1$, und mit Bemerkung 5.27 d) erhalten wir $D(T^*) = \mathcal{H}_2$. Für den Operator $T^*$ gilt nach Definition des adjungierten Operators die Identität (5.3). Andererseits wird durch (5.3) bereits der Wert von $\langle x, T^*y \rangle_{\mathcal{H}_1}$ für alle $x \in \mathcal{H}_1$ und $y \in \mathcal{H}_2$ und damit der Wert von $T^*y$ für alle $y \in \mathcal{H}_2$ festgelegt.

Zur Bestimmung von $\|T^*\|_{L(\mathcal{H}_2, \mathcal{H}_1)}$ verwenden wir, dass nach dem Satz von Riesz (Satz 2.37) $\|T^*y\|_{\mathcal{H}_1} = \|L_y\|_{\mathcal{H}_1'}$ gilt. Es folgt

$$\|T^*y\|_{\mathcal{H}_1} = \sup_{\|x\|_{\mathcal{H}_1} \leq 1} |L_y x| = \sup_{\|x\|_{\mathcal{H}_1} \leq 1} |\langle Tx, y \rangle_{\mathcal{H}_2}|$$

$$\leq \sup_{\|x\|_{\mathcal{H}_1} \leq 1} \|T\|_{L(\mathcal{H}_1, \mathcal{H}_2)} \|x\|_{\mathcal{H}_1} \|y\|_{\mathcal{H}_2} = \|T\|_{L(\mathcal{H}_1, \mathcal{H}_2)} \|y\|_{\mathcal{H}_2}$$

für alle $y \in \mathcal{H}_2$ und damit $\|T^*\|_{L(\mathcal{H}_2, \mathcal{H}_1)} \leq \|T\|_{L(\mathcal{H}_1, \mathcal{H}_2)}$.

Als stetiger Operator ist $T$ abgeschlossen (Lemma 5.7), und nach Satz 5.28 b) gilt $T = T^{**}$. Also erhalten wir

$$\|T\|_{L(\mathcal{H}_1, \mathcal{H}_2)} = \|T^{**}\|_{L(\mathcal{H}_1, \mathcal{H}_2)} \leq \|T^*\|_{L(\mathcal{H}_2, \mathcal{H}_1)}$$

und somit $\|T^*\|_{L(\mathcal{H}_2, \mathcal{H}_1)} = \|T\|_{L(\mathcal{H}_1, \mathcal{H}_2)}$. $\qquad\square$

**Korollar 5.31.** *Seien $T \in L(\mathcal{H}_1, \mathcal{H}_2)$ und $S \in L(\mathcal{H}_2, \mathcal{H}_3)$. Dann gilt $(ST)^* = T^*S^*$. Falls $T \in L(\mathcal{H}_1, \mathcal{H}_2)$ invertierbar ist, so ist auch $T^* \in L(\mathcal{H}_2, \mathcal{H}_1)$ invertierbar, und es gilt $(T^*)^{-1} = (T^{-1})^*$.*

*Beweis.* Die erste Aussage folgt sofort aus

$$\langle STx, y \rangle_{\mathcal{H}_3} = \langle Tx, S^*y \rangle_{\mathcal{H}_2} = \langle x, T^*S^*y \rangle_{\mathcal{H}_1} \quad (x \in \mathcal{H}_1, \ y \in \mathcal{H}_3)$$

und Lemma 5.30. Falls $T$ invertierbar ist, gilt $TT^{-1} = \mathrm{id}_{\mathcal{H}_2}$ und $T^{-1}T = \mathrm{id}_{\mathcal{H}_1}$, und wegen $\mathrm{id}_{\mathcal{H}_j} = \mathrm{id}_{\mathcal{H}_j}^*$, $j = 1, 2$, erhalten wir $(T^{-1})^*T^* = \mathrm{id}_{\mathcal{H}_2}$ und $T^*(T^{-1})^* = \mathrm{id}_{\mathcal{H}_1}$ und damit $(T^*)^{-1} = (T^{-1})^*$. $\qquad\square$

▶ **Definition 5.32.** Ein Operator $T \in L(\mathcal{H}_1, \mathcal{H}_2)$ heißt unitär, falls $T^*T = \mathrm{id}_{\mathcal{H}_1}$ und $TT^* = \mathrm{id}_{\mathcal{H}_2}$ gilt.

*Bemerkung 5.33.* Sei $T \in L(\mathscr{H}_1, \mathscr{H}_2)$ ein unitärer Operator. Dann gilt nach Lemma 5.30

$$\|Tx\|^2_{\mathscr{H}_2} = \langle Tx, Tx \rangle_{\mathscr{H}_2} = \langle x, T^*Tx \rangle_{\mathscr{H}_1} = \langle x, x \rangle_{\mathscr{H}_1} = \|x\|^2_{\mathscr{H}_1} \quad (x \in \mathscr{H}_1),$$

d. h. $T$ ist eine Isometrie.

## 5.4  Selbstadjungierte Operatoren

Wie bisher sei $\mathscr{H}$ ein $\mathbb{C}$-Hilbertraum mit Skalarprodukt $\langle \cdot, \cdot \rangle$ und Norm $\| \cdot \|$. Die obigen Sätze wurden für den Fall zweier Hilberträume $\mathscr{H}_1$ und $\mathscr{H}_2$ formuliert. Die folgenden Definitionen, welche zentral für die Quantenmechanik sind, sind jedoch nur für $\mathscr{H}_1 = \mathscr{H}_2$ sinnvoll.

▶ **Definition 5.34.** Sei $T : \mathscr{H} \supseteq D(T) \to \mathscr{H}$ ein dicht definierter linearer Operator. Dann heißt $T$

  (i)  selbstadjungiert, falls $T = T^*$,
 (ii)  wesentlich selbstadjungiert, falls $T$ abschließbar ist und $\overline{T}$ selbstadjungiert ist,
(iii)  symmetrisch, falls $T \subseteq T^*$ gilt,
 (iv)  normal, falls $D(T) = D(T^*)$ und $\|Tx\| = \|T^*x\|$ $(x \in D(T))$ gilt.

Bei dieser Definition ist wieder zu beachten, dass die Gleichheit zweier Operatoren insbesondere die Gleichheit der Definitionsbereiche voraussetzt (Definition 5.5). Beim Nachweis der Selbstadjungiertheit ist die Bestimmung des Definitionsbereichs von $T^*$ oft der schwierigste Schritt, während die Symmetrie häufig einfacher folgt. Für einen selbstadjungierten Operator wird dabei immer vorausgesetzt, dass er dicht definiert ist (sonst ist der adjungierte Operator gar nicht definiert).

*Bemerkung 5.35.*
a)  Ein dicht definierter Operator ist nach Definition genau dann symmetrisch, wenn

$$\langle Tx, y \rangle = \langle x, Ty \rangle \quad (x, y \in D(T)).$$

   Dies kann auch als Definition für symmetrische, nicht dicht definierte Operatoren verwendet werden.
b)  Ein beschränkter Operator $T \in L(\mathscr{H})$ ist genau dann symmetrisch, wenn er selbstadjungiert ist. Denn aus $T \subseteq T^*$ und $D(T) = D(T^*) = \mathscr{H}$ (siehe Lemma 5.30) folgt $T = T^*$.
c)  Normale Operatoren sind abgeschlossen. Denn sei $T : \mathscr{H} \supseteq D(T) \to \mathscr{H}$ ein normaler Operator. Dann ist $D(T)$, versehen mit der Graphennorm $\| \cdot \|_T$, ein Banachraum wegen

$D(T) = D(T^*)$, der Gleichheit von $\|\cdot\|_T$ und $\|\cdot\|_{T^*}$ auf $D(T)$ und der Abgeschlossenheit von $T^*$.

d) Falls $T \in L(\mathscr{H})$, so ist $T$ genau dann normal, falls $TT^* = T^*T$ gilt. Denn für $T \in L(\mathscr{H})$ ist $D(T) = D(T^*) = \mathscr{H}$ nach Lemma 5.30, und aus $\|Tx\|^2 = \|T^*x\|^2$ ($x \in \mathscr{H}$) folgt mit der Polarisationsformel (Satz 2.3) auch $\langle Tx, Ty \rangle = \langle T^*x, T^*y \rangle$ ($x, y \in \mathscr{H}$). Damit gilt

$$\langle T^*Tx, y \rangle = \langle Tx, Ty \rangle = \langle T^*x, T^*y \rangle = \langle TT^*x, y \rangle \quad (x, y \in \mathscr{H}),$$

d. h. $T^*T = TT^*$. Andererseits folgt aus $TT^* = T^*T$ sofort

$$\|Tx\|^2 = \langle Tx, Tx \rangle = \langle T^*Tx, x \rangle = \langle TT^*x, x \rangle = \langle T^*x, T^*x \rangle = \|T^*x\|^2 \quad (x \in \mathscr{H}).$$

**Lemma 5.36.** *Sei* $T : \mathscr{H} \supseteq D(T) \to \mathscr{H}$ *ein dicht definierter Operator. Dann ist* $T$ *genau dann symmetrisch, falls*

$$\langle Tx, x \rangle \in \mathbb{R} \quad (x \in D(T)). \tag{5.4}$$

*Beweis.* Falls $T$ symmetrisch ist, gilt $\langle Tx, x \rangle = \langle x, Tx \rangle = \overline{\langle Tx, x \rangle}$ für alle $x \in D(T)$, also gilt (5.4).

Sei nun $T$ ein dicht definierter Operator, und es gelte (5.4). Seien $x, y \in D(T)$. Dann gilt nach Voraussetzung

$$\langle T(x + \alpha y), x + \alpha y \rangle = \overline{\langle T(x + \alpha y), x + \alpha y \rangle}$$

für alle $\alpha \in \mathbb{C}$. Durch Ausmultiplizieren erhält man

$$\alpha \langle Ty, x \rangle + \overline{\alpha} \langle Tx, y \rangle = \alpha \langle y, Tx \rangle + \overline{\alpha} \langle x, Ty \rangle \quad (\alpha \in \mathbb{C}).$$

Setzt man nun $\alpha = 1$ bzw. $\alpha = i$, folgt daraus

$$\langle Ty, x \rangle + \langle Tx, y \rangle = \langle y, Tx \rangle + \langle x, Ty \rangle,$$
$$\langle Ty, x \rangle - \langle Tx, y \rangle = \langle y, Tx \rangle - \langle x, Ty \rangle.$$

Wir erhalten also $\langle Ty, x \rangle = \langle y, Tx \rangle$ für alle $x, y \in D(T)$, d. h. $T$ ist symmetrisch. $\quad\square$

**Satz 5.37** *Sei $T: \mathscr{H} \supseteq D(T) \to \mathscr{H}$ ein dicht definierter, symmetrischer Operator.*

a) *$T$ ist abschließbar mit $\overline{T} = T^{**}$, und der Operator $\overline{T}$ ist ebenfalls symmetrisch. Es gilt $(\overline{T})^* = T^*$.*

b) *Es gilt $\langle Tx, x \rangle \in \mathbb{R}$ für alle $x \in D(T)$.*

c) *Für alle $\lambda \in \mathbb{C} \setminus \mathbb{R}$ gilt*

$$\|(T - \lambda)x\| \geq |\mathrm{Im}\,\lambda|\,\|x\| \quad (x \in D(T)).$$

*Insbesondere ist $T - \lambda$ injektiv für alle $\lambda \in \mathbb{C} \setminus \mathbb{R}$.*

d) *$T$ ist genau dann abgeschlossen, wenn $\mathrm{im}(T - \lambda)$ für ein $\lambda \in \mathbb{C} \setminus \mathbb{R}$ abgeschlossen ist. In diesem Fall gilt dies für alle $\lambda \in \mathbb{C} \setminus \mathbb{R}$.*

*Beweis.*

a) Wegen $T \subseteq T^*$ und der Abgeschlossenheit von $T^*$ ist $T$ abschließbar. Außerdem ist $T^*$ dicht definiert sowie $\overline{T} = T^{**}$ nach Satz 5.28. Nach Bemerkung 5.27 c) gilt $T^{**} \subseteq T^*$, und wegen

$$T \subseteq \overline{T} = T^{**} \subseteq T^* = \overline{T^*} = T^{***} = (\overline{T})^*$$

ist auch $\overline{T}$ symmetrisch.

b) Dies folgt aus Lemma 5.36.

c) Für $x = 0$ ist dies trivial. Für alle $x \in D(T) \setminus \{0\}$ erhält man wegen b)

$$|\mathrm{Im}\,\lambda|\,\|x\|^2 = \big|\mathrm{Im}\langle (T - \lambda)x, x \rangle\big| \leq \big|\langle (T - \lambda)x, x \rangle\big| \leq \|(T - \lambda)x\|\,\|x\|.$$

Die Behauptung folgt nun durch Division mit $\|x\|$.

d) Falls $T$ abgeschlossen ist, so ist auch $T - \lambda$ abgeschlossen, und aus c) und Lemma 5.16 folgt die Abgeschlossenheit von $\mathrm{im}(T - \lambda)$ für jedes $\lambda \in \mathbb{C} \setminus \mathbb{R}$.

Sei nun $\mathrm{im}(T - \lambda)$ für ein $\lambda \in \mathbb{C} \setminus \mathbb{R}$ abgeschlossen, und sei $(x_n)_{n \in \mathbb{N}} \subseteq D(T)$ mit $x_n \to x \in \mathscr{H}$ und $y_n := (T - \lambda)x_n \to y \in \mathscr{H}$ für $n \to \infty$. Wegen der Abgeschlossenheit von $\mathrm{im}(T - \lambda)$ folgt $y \in \mathrm{im}(T - \lambda)$, d. h. es existiert ein $\widetilde{x} \in D(T)$ mit $(T - \lambda)\widetilde{x} = y$. Nach c) gilt

$$\|x_n - \widetilde{x}\| \leq \frac{1}{|\mathrm{Im}\,\lambda|}\|y_n - y\| \to 0 \ (n \to \infty),$$

also folgt $x = \widetilde{x}$ wegen der Eindeutigkeit des Grenzwerts. Dies zeigt $x \in D(T - \lambda)$ und $(T - \lambda)x = y$. Also ist $T - \lambda$ und damit auch $T$ abgeschlossen. $\qquad \square$

**Beispiel 5.38**

Wir setzen Beispiel 5.25 fort und betrachten den Ableitungsoperator auf $\mathscr{H} := L^2((0, 1))$ mit Skalarprodukt $\langle \cdot, \cdot \rangle := \langle \cdot, \cdot \rangle_{L^2((0,1))}$. Wir multiplizieren den Ableitungsoperator mit $i$, um symmetrische Operatoren zu erhalten. Für $u \in H^1((0, 1))$ definieren wir die drei Operatoren $T_1, T_2, T_3$ durch

$$D(T_1) := H^1((0, 1)),$$
$$D(T_2) := \{u \in H^1((0, 1)) \mid u(0) = u(1)\},$$
$$D(T_3) := \{u \in H^1((0, 1)) \mid u(0) = u(1) = 0\}$$

und $T_j u := iu'$ ($u \in D(T_j)$) für $j = 1, 2, 3$. Offensichtlich gilt $\mathscr{D}((0, 1)) \subseteq D(T_j)$ für alle $j = 1, 2, 3$, und da $\mathscr{D}((0, 1))$ dicht in $L^2((0, 1))$ liegt (Satz 4.24), sind alle drei Operatoren dicht definiert. Wegen $T_3 \subseteq T_2 \subseteq T_1$ erhalten wir mit Bemerkung 5.27 c)

$$T_1^* \subseteq T_2^* \subseteq T_3^*.$$

Analog zu Beispiel 5.25 definieren wir zu $f \in L^2((0, 1))$ die Funktion $Rf$ durch

$$(Rf)(x) := -i \int_0^x f(y)\, dy \quad (x \in [0, 1]).$$

Dann gelten $(Rf)' = -if$ als Gleichheit in $L^2((0, 1))$ sowie $Rf \in H^1((0, 1)) = D(T_1)$. Also erhalten wir $T_1(Rf) = i(Rf)' = f$, und $T_1$ ist surjektiv.

(i) Alle drei Operatoren sind abgeschlossen. Sind nämlich $j \in \{1, 2, 3\}$ und $(u_n)_{n \in \mathbb{N}} \subseteq D(T_j)$ eine Folge mit $u_n \to u_0$ und $T_j u_n = iu_n' \to v_0$ in $\mathscr{H}$ für $n \to \infty$, so ist $(u_n)_{n \in \mathbb{N}}$ eine Cauchyfolge in $H^1((0, 1))$. Wegen der Vollständigkeit von $H^1((0, 1))$ existiert ein $\tilde{u}_0 \in H^1((0, 1))$ mit $\|u_n - \tilde{u}_0\|_{H^1((0,1))} \to 0$ ($n \to \infty$). Also gilt $u_n \to \tilde{u}_0$ in $L^2((0, 1))$, was $u_0 = \tilde{u}_0$ zeigt, sowie $iu_n' \to i(\tilde{u}_0)'$, was $T u_0 = v_0$ zeigt. Somit ist $T_1$ abgeschlossen. Da die Abbildung $H^1((0, 1)) \to \mathbb{C}$, $u \mapsto u(0)$, stetig ist (vergleiche Beispiel 5.25), gilt $u_n(0) \to u_0(0)$, und analog folgt $u_n(1) \to u_0(1)$. Somit erhalten wir für $j \in \{2, 3\}$ und $(u_n)_{n \in \mathbb{N}} \subseteq D(T_j)$, dass $u_0 \in D(T_j)$, was die Abgeschlossenheit von $T_2$ und $T_3$ zeigt.

(ii) Wir zeigen, dass $T_2$ und $T_3$ symmetrisch sind. Für alle $u, v \in H^1((0, 1))$ erhalten wir mit partieller Integration

$$\langle Tu, v \rangle = i \int_0^1 u'(x)\overline{v(x)}\, dx = iu(x)\overline{v(x)}\Big|_0^1 - i \int_0^1 u(x)\overline{v'(x)}\, dx \tag{5.5}$$
$$= i\big(u(1)\overline{v(1)} - u(0)\overline{v(0)}\big) + \langle u, Tv \rangle.$$

Damit gilt $\langle T_2 u, v \rangle = \langle u, T_2 v \rangle$ für alle $u, v \in D(T_2)$, d. h. $T_2$ ist symmetrisch, und als Einschränkung eines symmetrischen Operators ist auch $T_3$ symmetrisch (vergleiche

Bemerkung 5.35). Weiter gilt $\langle T_1 u, v \rangle = \langle u, T_3 v \rangle$ für alle $u \in D(T_1)$ und $v \in D(T_3)$, und es folgt $T_3 \subseteq T_1^*$.

(iii) Es gilt $T_3^* = T_1$ und $T_1^* = T_3$. Um dies zu sehen, sei $v \in D(T_1^*)$. Für $w := R(T_1^* v)$ gilt $w \in D(T_1)$, $w(0) = 0$ und $T_1 w = T_1^* v$. Damit ergibt sich für alle $u \in D(T_1)$ unter Verwendung von (5.5)

$$\langle T_1 u, v \rangle = \langle u, T_1^* v \rangle = \langle u, T_1 w \rangle = -iu(1)\overline{w(1)} + \langle T_1 u, w \rangle.$$

Wir wählen speziell $u$ als konstante Funktion mit Wert 1, d.h. $u := \mathbb{1}_{[0,1]} \in D(T_1)$, und erhalten $w(1) = 0$. Somit gilt

$$\langle T_1 u, v \rangle = \langle T_1 u, w \rangle \quad (u \in D(T_1)).$$

Da $T_1$ surjektiv ist, folgt $v = w$ und damit $v(0) = v(1) = 0$. Folglich ist $v \in D(T_3)$, und wir erhalten $D(T_1^*) \subseteq D(T_3)$. Wegen $T_3 \subseteq T_1^*$ (siehe (ii)) impliziert dies $T_1^* = T_3$. Mit der Abgeschlossenheit von $T_1$ folgt $T_3^* = T_1^{**} = \overline{T_1} = T_1$.

(iv) Wir zeigen, dass $T_2$ selbstadjungiert ist. Sei dazu $v \in D(T_2^*)$, und sei $w := R(T_2^* v)$. Wie in (iii) erhält man $w(0) = w(1) = 0$ und

$$\langle T_2 u, v \rangle = \langle T_2 u, w \rangle \quad (u \in D(T_2)),$$

man beachte dabei, dass $\mathbb{1}_{[0,1]} \in D(T_2)$ gilt. Da $\mathscr{D}((0,1)) \subseteq D(T_2)$, folgt für alle $\varphi \in \mathscr{D}((0,1))$

$$[v - w]'(\varphi) = -[v - w](\varphi') = -\int_0^1 (v(x) - w(x))\varphi'(x)\,dx$$

$$= i \int_0^1 (v(x) - w(x))i\varphi'(x)\,dx = -i\langle v - w, T_2\overline{\varphi}\rangle = 0,$$

wobei $[v - w] \in \mathscr{D}'((0,1))$ die zu $v - w$ gehörige reguläre Distribution bezeichne. Wegen $v, w \in H^1((0,1))$ ist auch $[v - w]' = [v' - w']$ eine reguläre Distribution, und nach dem Fundamentallemma (Lemma 4.11) folgt $v' = w'$ fast überall. Damit erhalten wir (bei Wahl stetiger Repräsentanten) $v(x) = w(x) + c$ $(x \in [0,1])$ für eine Konstante $c \in \mathbb{C}$. Wegen $w(0) = w(1) = 0$ folgt insbesondere $v(0) = v(1)$ und damit $v \in D(T_2)$. Wir haben $D(T_2^*) \subseteq D(T_2)$ gezeigt, und wegen der Symmetrie von $T_2$ folgt, dass $T_2$ selbstadjungiert ist.

Insgesamt erhalten wir also $T_3 = T_1^* \subseteq T_2 = T_2^* \subseteq T_1 = T_3^*$. ◄

Der folgende Satz zeigt, dass für das Spektrum selbstadjungierter Operatoren viele gute Eigenschaften gelten. Man beachte dabei, dass ein selbstadjungierter Operator nach Definition stets dicht definiert ist.

**Satz 5.39.** *Sei* $T : \mathcal{H} \supseteq D(T) \to \mathcal{H}$ *ein selbstadjungierter Operator.*

a) *Es gilt* $\sigma(T) \subseteq \mathbb{R}$.

b) *Für alle* $\lambda \in \mathbb{C} \setminus \mathbb{R}$ *gilt* $\left\| (T - \lambda)^{-1} \right\| \leq |\mathrm{Im}\,\lambda|^{-1}$.

c) *Für* $\lambda \in \sigma_p(T)$ *sind geometrischer und algebraischer Eigenraum identisch.*

d) *Eigenvektoren zu verschiedenen Eigenwerten sind orthogonal.*

e) *Es gilt* $\sigma_r(T) = \emptyset$.

*Beweis.*

a) Seien $\lambda \in \mathbb{C} \setminus \mathbb{R}$ und $x \in D(T)$. Nach Satz 5.37 c) gilt

$$\| (T - \lambda)x \| \geq |\mathrm{Im}\,\lambda| \, \| x \|, \tag{5.6}$$

$T - \lambda$ ist injektiv und $\mathrm{im}(T - \lambda)$ abgeschlossen (Satz 5.37 d)). Weiterhin ist auch $T - \overline{\lambda}$ injektiv wegen $\overline{\lambda} \in \mathbb{C} \setminus \mathbb{R}$. Nach Satz 5.29 gilt

$$\mathrm{im}(T - \lambda) = \overline{\mathrm{im}(T - \lambda)} = (\ker(T - \lambda)^*)^\perp = (\ker(T - \overline{\lambda}))^\perp = \{0\}^\perp = \mathcal{H}.$$

Also ist $T - \lambda$ auch surjektiv und damit bijektiv für alle $\lambda \in \mathbb{C} \setminus \mathbb{R}$, was $\sigma(T) \subseteq \mathbb{R}$ zeigt.

b) Seien $\lambda \in \mathbb{C} \setminus \mathbb{R}$ und $y \in \mathcal{H}$. Dann gilt mit (5.6)

$$\| (T - \lambda)^{-1} y \| = \| x \| \leq \frac{\| (T - \lambda)x \|}{|\mathrm{Im}\,\lambda|} = \frac{1}{|\mathrm{Im}\,\lambda|} \, \| y \|$$

für $x := (T - \lambda)^{-1} y$, was b) zeigt.

c) Sei $\lambda \in \sigma_p(T)$. Wir nehmen an, dass der algebraische und geometrische Eigenraum zu $\lambda$ verschieden sind. Dann existiert ein $n \in \mathbb{N}$, $n \geq 2$, und ein $x \in \ker(T - \lambda)^n \setminus \ker(T - \lambda)$. Wegen $T = T^*$ und $\lambda \in \mathbb{R}$ folgt

$$\| (T - \lambda)^{n-1} x \|^2 = \langle (T - \lambda)^{n-1} x, (T - \lambda)^{n-1} x \rangle = \langle (T - \lambda)^n x, (T - \lambda)^{n-2} x \rangle = 0,$$

also $(T - \lambda)^{n-1} x = 0$. Iterativ erhalten wir $0 = (T - \lambda)^{n-2} x = (T - \lambda)^{n-3} x = \dots$ und schließlich $(T - \lambda)x = 0$, Widerspruch zu $x \notin \ker(T - \lambda)$.

d) Das folgt wie in der linearen Algebra. Seien $x_1, x_2$ Eigenvektoren zu $\lambda_1 \neq \lambda_2$ mit $\lambda_1, \lambda_2 \in \sigma_p(T)$. Dann gilt (man beachte $\lambda_2 \in \mathbb{R}$ nach a))

$$\lambda_1 \langle x_1, x_2 \rangle = \langle \lambda_1 x_1, x_2 \rangle = \langle T x_1, x_2 \rangle = \langle x_1, T x_2 \rangle = \langle x_1, \lambda_2 x_2 \rangle = \lambda_2 \langle x_1, x_2 \rangle.$$

Wegen $\lambda_1 \neq \lambda_2$ folgt $\langle x_1, x_2 \rangle = 0$.

e) Sei $\lambda \in \sigma(T) \setminus \sigma_p(T)$. Dann ist $\lambda \in \mathbb{R}$, und wir erhalten mit Satz 5.29

$$\overline{\mathrm{im}(T - \lambda)} = (\ker(T - \lambda)^*)^\perp = (\ker(T - \lambda))^\perp = \{0\}^\perp = \mathscr{H}.$$

Damit folgt $\lambda \in \sigma_c(T)$, und somit ist $\sigma_r(T) = \emptyset$. □

Für einen selbstadjungierten Operator $T$ gilt also $\sigma(T) = \sigma_p(T) \,\dot\cup\, \sigma_c(T)$. Diese beiden Anteile des Spektrums können mit dem Begriff des approximativen Punktspektrums simultan behandelt werden.

▶ **Definition 5.40.** Sei $T \colon \mathscr{H} \supseteq D(T) \to \mathscr{H}$ ein abgeschlossener linearer Operator. Dann ist die Menge der approximativen Eigenwerte oder das approximative Punktspektrum $\sigma_{\mathrm{app}}(T)$ definiert als

$$\sigma_{\mathrm{app}}(T) := \big\{ \lambda \in \mathbb{C} \,\big|\, \exists\, (x_n)_{n \in \mathbb{N}} \subseteq D(T),\, \|x_n\| = 1 : (T - \lambda)x_n \to 0\ (n \to \infty) \big\}.$$

In diesem Fall heißt die Folge $(x_n)_{n \in \mathbb{N}}$ eine Folge approximativer Eigenvektoren oder (falls $\mathscr{H}$ ein Raum von Funktionen ist) approximativer Eigenfunktionen.

Offensichtlich sind alle Eigenwerte von $T$ in $\sigma_{\mathrm{app}}(T)$, denn für einen Eigenwert $\lambda$ kann man die konstante Folge $x_n := x$ wählen, wobei $x$ ein Eigenvektor von $T$ zum Eigenwert $\lambda$ mit $\|x\| = 1$ ist.

**Lemma 5.41.** *Sei $T \colon \mathscr{H} \supseteq D(T) \to \mathscr{H}$ ein abgeschlossener linearer Operator. Dann gilt*

$$\sigma_p(T) \,\dot\cup\, \sigma_c(T) \subseteq \sigma_{\mathrm{app}}(T) \subseteq \sigma(T).$$

*Insbesondere gilt für selbstadjungierte Operatoren $T$*

$$\sigma(T) = \sigma_p(T) \,\dot\cup\, \sigma_c(T) = \sigma_{\mathrm{app}}(T).$$

*Beweis.*

(i) Sei $\lambda \in \sigma_{\mathrm{app}}(T)$. Falls $\lambda \in \rho(T)$, so ist $(T - \lambda)^{-1}$ stetig, d. h. für alle $x_n \in D(T) \setminus \{0\}$ ist

$$\frac{\|x_n\|}{\|(T - \lambda)x_n\|} \leq \big\|(T - \lambda)^{-1}\big\| < \infty.$$

Dies ist aber ein Widerspruch zur Definition der approximativen Eigenwerte.

(ii) Wie oben bemerkt, gilt $\sigma_p(T) \subseteq \sigma_{\mathrm{app}}(T)$. Sei nun $\lambda \in \sigma_c(T)$. Dann ist $T - \lambda$ injektiv und $\mathrm{im}(T - \lambda)$ nicht abgeschlossen. Nach Lemma 5.16 existiert keine Konstante $C > 0$ mit $\|(T - \lambda)x\| \geq C \|x\|$ für alle $x \in D(T)$. Somit existiert eine Folge $(x_n)_{n \in \mathbb{N}} \subseteq D(T)$ mit $\|x_n\| = 1$ und $\|(T - \lambda)x_n\| \to 0$. □

Für die nächste Aussage erinnern wir an die schwache Konvergenz (Definition 2.24). Mit dem Satz von Riesz (Satz 2.37) sieht man, dass eine Folge $(x_n)_{n \to \infty} \subseteq \mathcal{H}$ genau dann schwach gegen ein $x \in \mathcal{H}$ konvergiert, falls $\langle x_n, y \rangle \to \langle x, y \rangle$ $(n \to \infty)$ für alle $y \in \mathcal{H}$ · gilt. In diesem Fall schreiben wir wieder $x_n \rightharpoonup x$ $(n \to \infty)$.

> **Lemma 5.42.** *Sei* $T : \mathcal{H} \supseteq D(T) \to \mathcal{H}$ *ein selbstadjungierter Operator, und sei* $\lambda \in \sigma_c(T)$. *Falls* $(x_n)_{n \in \mathbb{N}} \subseteq D(T)$, $\|x_n\| = 1$, *eine Folge approximativer Eigenvektoren zu* $\lambda$ *ist, so besitzt* $(x_n)_{n \in \mathbb{N}}$ *keine konvergente Teilfolge (bezüglich Normkonvergenz), und es gilt* $x_n \rightharpoonup 0$ *für* $n \to \infty$.

*Beweis.* Sei $(x_n)_{n \in \mathbb{N}}$ eine Folge approximativer Eigenvektoren zu $\lambda \in \sigma_c(T)$. Angenommen, es existiert eine konvergente Teilfolge $(x_{n_j})_{j \in \mathbb{N}}$. Für $x := \lim_{j \to \infty} x_{n_j} \in \mathcal{H}$ gilt dann $\|x\| = 1$ und

$$T x_{n_j} = (T - \lambda) x_{n_j} + \lambda x_{n_j} \to \lambda x \quad (j \to \infty).$$

Da $T$ abgeschlossen ist, folgt $x \in D(T)$ und $Tx = \lim_{j \to \infty} T x_{n_j} = \lambda x$. Also ist $x$ ein Eigenvektor im Widerspruch zu $\lambda \notin \sigma_p(T)$.

Sei $y \in \operatorname{im}(T - \lambda)$. Dann existiert ein $z \in D(T)$ mit $y = (T - \lambda)z$, und wir erhalten

$$\langle x_n, y \rangle = \langle x_n, (T - \lambda)z \rangle = \langle (T - \lambda)x_n, z \rangle \to 0 \quad (n \to \infty). \tag{5.7}$$

Seien nun $y_0 \in \mathcal{H}$ und $\varepsilon > 0$. Wegen $\lambda \in \sigma_c(T)$ ist $\operatorname{im}(T - \lambda)$ dicht in $\mathcal{H}$, also existiert ein $y \in \operatorname{im}(T - \lambda)$ mit $\|y_0 - y\| \leq \frac{\varepsilon}{2}$. Wegen (5.7) existiert ein $n_0 \in \mathbb{N}$ mit $|\langle x_n, y \rangle| \leq \frac{\varepsilon}{2}$ für alle $n \geq n_0$, und man erhält wegen $\|x_n\| = 1$

$$|\langle x_n, y_0 \rangle| \leq |\langle x_n, y \rangle| + |\langle x_n, y_0 - y \rangle| \leq \frac{\varepsilon}{2} + \|x_n\| \|y_0 - y\| \leq \frac{\varepsilon}{2} + \frac{\varepsilon}{2} = \varepsilon$$

für alle $n \geq n_0$. Also gilt $\langle x_n, y \rangle \to 0$ für alle $y \in \mathcal{H}$ und damit $x_n \rightharpoonup 0$ $(n \to \infty)$. $\square$

▶ **Definition 5.43.** Seien $T : \mathcal{H} \supseteq D(T) \to \mathcal{H}$ ein abgeschlossener linearer Operator und $\lambda \in \mathbb{C}$. Eine Folge $(x_n)_{n \in \mathbb{N}} \subseteq D(T)$ mit $\|x_n\| = 1$ und $(T - \lambda)x_n \to 0$, welche keine konvergente Teilfolge besitzt, heißt auch eine *Weylsche Folge* für $\lambda$. Die Menge

$$\sigma_{\mathrm{ess}}(T) := \{\lambda \in \mathbb{R} \mid \text{es existiert eine Weylsche Folge für } \lambda\}$$

heißt das *essentielle Spektrum* von $T$. Die Menge $\sigma(T) \setminus \sigma_{\mathrm{ess}}(T)$ heißt auch *diskretes Spektrum* von $T$.

Nach Definition gilt $\sigma_{\mathrm{ess}}(T) \subseteq \sigma_{\mathrm{app}}(T)$, und nach Lemma 5.42 folgt für selbstadjungierte Operatoren $\sigma_c(T) \subseteq \sigma_{\mathrm{ess}}(T)$. Ein Eigenwert $\lambda \in \sigma_p(T)$ mit unendlicher geometrischer

Vielfachheit (d. h. es gilt $\dim \ker(T - \lambda) = \infty$) liegt ebenfalls im essentiellen Spektrum von $T$, da man als Weylsche Folge eine Orthonormalbasis von $\ker(T - \lambda)$ wählen kann.

Für die Lokalisierung des Spektrums kann der numerische Wertebereich nützlich sein. Er ist folgendermaßen definiert:

▶ **Definition 5.44.** Sei $T: \mathcal{H} \supseteq D(T) \to \mathcal{H}$ ein linearer Operator. Dann ist der numerische Wertebereich $W(T)$ definiert durch

$$W(T) := \{\langle Tx, x\rangle \mid x \in D(T),\ \|x\| = 1\}.$$

**Lemma 5.45.** *Sei* $T: \mathcal{H} \supseteq D(T) \to \mathcal{H}$ *ein abgeschlossener linearer Operator. Dann gilt*

$$\sigma_p(T) \cup \sigma_c(T) \subseteq \overline{W(T)},$$

*wobei* $\overline{W(T)}$ *den Abschluss von* $W(T)$ *in* $\mathbb{C}$ *bezeichne. Falls* $T \in L(\mathcal{H})$, *so gilt sogar* $\sigma(T) \subseteq \overline{W(T)}$.

*Beweis.* Sei $\lambda \notin \overline{W(T)}$. Für $x \in D(T)$ mit $\|x\| = 1$ folgt

$$0 < d := \operatorname{dist}(\lambda, \overline{W(T)}) \le |\lambda - \langle Tx, x\rangle| = |\langle(\lambda - T)x, x\rangle|$$
$$\le \|(T - \lambda)x\| \cdot \|x\| = \|(T - \lambda)x\|.$$

Damit haben wir $\|(T - \lambda)x\| \ge d\,\|x\|$ $(x \in D(T))$. Also ist nach Lemma 5.16 der Operator $T - \lambda$ injektiv und $\operatorname{im}(T - \lambda)$ abgeschlossen, d. h. es gilt $\lambda \notin \sigma_p(T) \cup \sigma_c(T)$.

Seien nun $T \in L(\mathcal{H})$ und $\lambda \notin \overline{W(T)}$. Falls $T - \lambda$ nicht surjektiv ist, dann existiert ein $x_0 \in \operatorname{im}(T - \lambda)^\perp$ mit $\|x_0\| = 1$, und es ist

$$0 = \langle(T - \lambda)x_0, x_0\rangle = \langle Tx_0, x_0\rangle - \lambda,$$

was im Widerspruch steht zu $\lambda \notin \overline{W(T)}$. Also ist $T - \lambda$ bijektiv, d. h. $\lambda \in \rho(T)$. □

Man beachte, dass aus obigem Lemma für selbstadjungierte Operatoren $T$ wegen $\sigma_r(T) = \emptyset$ die Inklusion $\sigma(T) \subseteq \overline{W(T)}$ folgt.

**Lemma 5.46.** *Sei* $T \in L(\mathcal{H})$ *selbstadjungiert. Für* $s_* := \inf_{\|x\|=1} \langle Tx, x\rangle$ *und* $s^* := \sup_{\|x\|=1} \langle Tx, x\rangle$ *gilt* $\sigma(T) \subseteq [s_*, s^*]$ *sowie* $s_* \in \sigma(T)$ *und* $s^* \in \sigma(T)$.

*Beweis.* Die Inklusion $\sigma(T) \subseteq \overline{W(T)} \subseteq [s_*, s^*]$ gilt nach Lemma 5.45.

Sei $(x_n)_{n \in \mathbb{N}} \subseteq \mathcal{H}$ eine Folge mit $\|x_n\| = 1$ und $\langle Tx_n, x_n \rangle \to s_*$ $(n \to \infty)$ (eine solche Folge existiert nach Definition des Infimums). Für festes $\varepsilon \in (0, 1)$ betrachten wir die Abbildung

$$[\,\cdot\,,\,\cdot\,]\colon \mathcal{H} \times \mathcal{H} \to \mathbb{C}, \quad (x, y) \mapsto \langle (T - s_* + \varepsilon)x, y \rangle.$$

Dann ist $[\,\cdot\,,\,\cdot\,]$ linear im ersten Argument, und mit $T = T^*$ erhalten wir $[y, x] = \overline{[x, y]}$ für alle $x, y \in \mathcal{H}$. Wegen $\langle (T - s^*)x, x \rangle \geq 0$ folgt $[x, x] \geq \varepsilon \|x\|^2$, und $[\,\cdot\,,\,\cdot\,]$ ist ein Skalarprodukt auf $\mathcal{H} \times \mathcal{H}$. Wir wenden die Cauchy–Schwarz-Ungleichung auf $[\,\cdot\,,\,\cdot\,]$ an und erhalten

$$
\begin{aligned}
\|(T - s_* + \varepsilon)x_n\|^2 &= \langle (T - s_* + \varepsilon)x_n, (T - s_* + \varepsilon)x_n \rangle = [x_n, (T - s_* + \varepsilon)x_n] \\
&\leq [x_n, x_n]^{1/2} [(T - s_* + \varepsilon)x_n, (T - s_* + \varepsilon)x_n]^{1/2} \\
&= \langle (T - s_* + \varepsilon)x_n, x_n \rangle^{1/2} \cdot \langle (T - s_* + \varepsilon)^2 x_n, (T - s_* + \varepsilon)x_n \rangle^{1/2} \\
&\leq \left( \langle Tx_n, x_n \rangle - s_* \|x_n\|^2 + \varepsilon \|x_n\|^2 \right)^{1/2} \|T - s_* + \varepsilon\|^{3/2} \|x_n\| \\
&\leq \left( \langle Tx_n, x_n \rangle - s_* + \varepsilon \right)^{1/2} \left( \|T - s_*\| + 1 \right)^{3/2},
\end{aligned}
$$

wobei im letzten Schritt $\|x_n\| = 1$ und $\varepsilon < 1$ verwendet wurden. Wir nehmen auf beiden Seiten den Grenzwert für $\varepsilon \searrow 0$ und erhalten

$$\|(T - s_*)x_n\|^2 \leq \left( \langle Tx_n, x_n \rangle - s_* \right)^{1/2} \left( \|T - s_*\| + 1 \right)^{3/2} \to 0 \quad (n \to \infty).$$

Also ist $s_* \in \sigma_{\mathrm{app}}(T) = \sigma(T)$. Analog zeigt man $s^* \in \sigma(T)$. □

---

**Beispiel 5.47**

Wir diskutieren ein konkretes Beispiel eines Operators und bestimmen dessen Spektrum. Es handelt sich dabei um einen Multiplikationsoperator, diese Operatoren werden später noch allgemein behandelt. Sei $\mathcal{H} = L^2((0, 3))$, und für $f \in \mathcal{H}$ sei $Tf$ definiert durch $(Tf)(x) := m(x)f(x)$ $(x \in (0, 3))$. Dabei sei die Funktion $m$ definiert durch

$$
m(x) := \begin{cases} x, & \text{falls } x \in (0, 1], \\ 1, & \text{falls } x \in [1, 2], \\ x - 1, & \text{falls } x \in [2, 3). \end{cases}
$$

(i)  Offensichtlich ist $T$ linear, und wegen

$$\|Tf\|^2 = \int_0^3 |m(x)f(x)|^2 \, dx \leq \|m\|_\infty^2 \int_0^3 |f(x)|^2 dx = 4\|f\|^2$$

ist $T \in L(\mathcal{H})$ mit $\|T\| \leq 2$.

(ii) Es gilt für alle $f \in \mathscr{H}$

$$\langle Tf, f \rangle = \int_0^3 m(x) |f(x)|^2 \, dx \in \mathbb{R}.$$

Nach Lemma 5.36 ist $T$ symmetrisch und damit als symmetrischer beschränkter Operator selbstadjungiert (Bemerkung 5.35 b)).

(iii) Wegen $0 \leq m(x) \leq 2$ ($x \in (0, 3)$) gilt für alle $f \in \mathscr{H}$ mit $\|f\| = 1$

$$\langle Tf, f \rangle = \int_0^3 m(x) |f(x)|^2 \, dx \in [0, 2].$$

Also gilt für den numerischen Wertbereich $W(T) \subseteq [0, 2]$ und damit $\sigma(T) \subseteq [0, 2]$.

(iv) Sei $\lambda \in (0, 2) \setminus \{1\}$. Dann ist die Menge $m^{-1}(\{\lambda\})$ einelementig und damit eine Nullmenge. Somit gilt: Falls $f \in \mathscr{H}$ mit $Tf = \lambda f$, so gilt $(m(x) - \lambda) f(x) = 0$ fast überall und daher $f(x) = 0$ fast überall, d. h. $f = 0$ in $\mathscr{H}$. Also ist $\lambda$ kein Eigenwert. Sei andererseits $\lambda = 1$. Dann ist z. B. $f(x) := \mathbb{1}_{(1,2)}(x)$ ein Eigenvektor von $T$. Somit ist $1 \in \sigma_p(T)$. (Man sieht sofort, dass die geometrische Vielfachheit $\infty$ ist.)

(v) Sei $\lambda \in (0, 2)$, und sei $x_0 \in (0, 3)$ mit $m(x_0) = \lambda$. Da $m$ Lipschitz-stetig mit Konstante 1 ist, gilt $|m(x) - m(x_0)| \leq \frac{1}{n}$ falls $|x - x_0| \leq \frac{1}{n}$. Zu $n \in \mathbb{N}$ sei $I_n \subseteq (0, 3)$ ein offenes Intervall der Länge $\frac{1}{n}$ mit $x_0 \in I_n$. Für $f_n := \sqrt{n} \mathbb{1}_{I_n}$ gilt dann $f_n \in \mathscr{H}$ mit $\|f_n\| = 1$ sowie

$$\|(T - \lambda) f_n\|^2 = \int_{I_n} |m(x) - m(x_0)|^2 n \, dx \leq \int_{I_n} \frac{1}{n^2} n \, dx = \frac{1}{n^2} \to 0 \quad (n \to \infty).$$

Also gilt $\lambda \in \sigma_{\mathrm{app}}(T) = \sigma(T)$, und mit Lemma 5.45 erhält man $\overline{W(T)} = [0, 2]$.

(vi) Da $\sigma(T)$ abgeschlossen ist, folgt $0 \in \sigma(T)$ und $2 \in \sigma(T)$. Wie in (iv) folgt, dass weder 0 noch 2 ein Eigenwert von $T$ ist.

Insgesamt haben wir also $\sigma_p(T) = \{1\}$, $\sigma_c(T) = [0, 2] \setminus \{1\}$ und (wie auch schon aus der Selbstadjungiertheit folgt) $\sigma_r(T) = \emptyset$. ◄

Multiplikationsoperatoren, wie im letzten Beispiel betrachtet, können in allgemeinen $L^2$-Räumen (siehe Definition 3.53) betrachtet werden.

▶ **Definition 5.48.** Sei $(X, \mathscr{A}, \mu)$ ein Maßraum, und sei $m \colon X \to \mathbb{C}$ eine messbare Funktion. Dann definiert man den Multiplikationsoperator $M_m$ zu $m$ im Hilbertraum $\mathscr{H} := L^2(\mu)$ durch

$$D(M_m) := \big\{ u \in L^2(\mu) \mid mu \in L^2(\mu) \big\},$$
$$M_m u := mu.$$

**Satz 5.49.** *Sei $(X, \mathscr{A}, \mu)$ ein Maßraum, und $m \colon X \to \mathbb{R}$ eine reellwertige messbare Funktion. Dann ist der Operator $M_m \colon \mathscr{H} \supseteq D(M_m) \to \mathscr{H}$ ein selbstadjungierter Operator in $\mathscr{H} := L^2(\mu)$.*

*Beweis.* Wir zeigen zunächst, dass $M_m$ dicht definiert ist. Wir definieren dazu $A_n := \{x \in X \mid |m(x)| \le n\}$. Dann ist $A_n$ messbar, und für alle $u \in L^2(\mu)$ ist $u \mathbb{1}_{A_n} \in D(M_m)$ wegen $\|mu\mathbb{1}_{A_n}\| \le n\|u\|$. Mit majorisierter Konvergenz folgt $u\mathbb{1}_{A_n} \to u$ in $L^2(\mu)$ $(n \to \infty)$ für jedes $u \in \mathscr{H}$, also ist $D(M_m)$ dicht.

Seien $u, v \in D(M_m)$. Dann gilt

$$\langle M_m u, v\rangle = \int m(x)u(x)\overline{v(x)} \, d\mu(x) = \int u(x)\overline{m(x)v(x)} \, d\mu(x) = \langle u, M_m v\rangle,$$

also ist $M_m$ symmetrisch, d.h. $M_m \subseteq M_m^*$.

Sei nun $u \in D(M_m^*)$. Dann gilt für alle $v \in D(M_m)$

$$\int (M_m^* u)(x)\overline{v(x)} \, d\mu(x) = \langle M_m^* u, v\rangle = \langle u, M_m v\rangle = \int u(x)m(x)\overline{v(x)} \, d\mu(x),$$

und damit erhalten wir

$$\int \left(M_m^* u(x) - m(x)u(x)\right)\overline{v(x)} \, d\mu(x) = 0 \quad (v \in D(M_m)).$$

Also ist $M_m^* u - mu \in D(M_m)^\perp = \{0\}$, wobei wir die Dichtheit von $D(M_m)$ ausgenutzt haben. Es folgt $M_m^* u = mu$, und insbesondere ist $mu \in L^2(\mu)$, d.h. $u \in D(M_m)$. Somit haben wir $D(M_m^*) \subseteq D(M_m)$ gezeigt, was wegen der Symmetrie die Selbstadjungiertheit von $M_m$ beweist. $\square$

▶ **Definition 5.50.** Seien $(X, \mathscr{A}, \mu)$ ein Maßraum und $m \colon X \to \mathbb{R}$ eine messbare Funktion. Dann definiert man den essentiellen Wertebereich von $m$ als

$$\mathrm{ess\,im}(m) := \left\{z \in \mathbb{R} \,\middle|\, \forall \varepsilon > 0 : \mu\big(\{x \in X \mid |m(x) - z| < \varepsilon\}\big) > 0\right\}.$$

**Lemma 5.51.** *Seien $(X, \mathscr{A}, \mu)$ ein Maßraum und $m \colon X \to \mathbb{R}$ eine messbare Funktion. Für den Multiplikationsoperator $M_m$ zu $m$ gilt $\sigma(M_m) = \mathrm{ess\,im}(m)$.*

*Beweis.* Sei zunächst $\lambda \notin \text{ess im}(m)$. Dann existiert ein $\varepsilon > 0$ mit $\mu(\{x \in X \mid |m(x) - \lambda| < \varepsilon\}) = 0$, d.h. es gilt $|m(x) - \lambda| \geq \varepsilon$ für $\mu$-fast alle $x \in X$. Zu $f \in \mathcal{H} = L^2(\mu)$ ist also die Funktion $u(x) := \frac{f(x)}{m(x) - \lambda}$ fast überall definiert, und es gilt

$$\|u\|^2 = \int |u(x)|^2 \, d\mu(x) = \int \frac{|f(x)|^2}{|m(x) - \lambda|^2} \, d\mu(x) \leq \varepsilon^{-2} \|f\|^2 < \infty.$$

Folglich ist $u \in L^2(\mu)$, und wegen $mu = f + \lambda u \in L^2(\mu)$ gilt $u \in D(M_m)$. Nach Definition ist $u$ die eindeutige Lösung der Gleichung $(M_m - \lambda)u = f$, und wir erhalten $\lambda \in \rho(M_m)$.

Sei nun $\lambda \in \text{ess im}(m)$, und für $n \in \mathbb{N}$ sei $A_n := \{x \in X \mid |m(x) - \lambda| < 4^{-n}\}$. Dann ist $c_n := \mu(A_n) > 0$, und die Funktion $f := \sum_{n \in \mathbb{N}} c_n^{-1/2} 2^{-n} \mathbb{1}_{A_n}$ ist messbar mit

$$\|f\| \leq \sum_{n \in \mathbb{N}} c_n^{-1/2} 2^{-n} \|\mathbb{1}_{A_n}\| = \sum_{n \in \mathbb{N}} c_n^{-1/2} 2^{-n} \mu(A_n)^{1/2} = \sum_{n \in \mathbb{N}} 2^{-n} = 1.$$

Falls $u \in L^2(\mu)$ mit $(M_m - \lambda)u = f$ existiert, so gilt $(m - \lambda)u = f$ $\mu$-fast überall, und wir erhalten für alle $n \in \mathbb{N}$

$$\|u\|^2 = \int \frac{|f(x)|^2}{|m(x) - \lambda|^2} \, d\mu(x) \geq \int_{A_n} \frac{c_n^{-1} 4^{-n}}{|m(x) - \lambda|^2} \, d\mu(x) \geq \int_{A_n} \frac{c_n^{-1} 4^{-n}}{4^{-2n}} \, d\mu(x) = 4^n$$

im Widerspruch zu $u \in L^2(\mu)$. Die Gleichung $(M_m - \lambda)u = f$ besitzt also keine Lösung in $L^2(\mu)$, und der Operator $M_m - \lambda$ ist nicht surjektiv, was $\lambda \in \sigma(M_m)$ zeigt. $\qquad\square$

Wie die obigen Beispiele zeigen, ist es in vielen Fällen einfach, die Symmetrie eines Operators zu zeigen, während der Nachweis der Selbstadjungiertheit deutlich komplizierter ist. Dazu ist folgendes Kriterium nützlich.

**Satz 5.52.** *Sei* $T : \mathcal{H} \supseteq D(T) \to \mathcal{H}$ *ein linearer Operator, und es gelte*

$$\langle Tx, y \rangle = \langle x, Ty \rangle \quad (x, y \in D(T)). \tag{5.8}$$

*Dann sind äquivalent:*

(i) *$T$ ist dicht definiert und selbstadjungiert.*
(ii) *$T$ ist dicht definiert und abgeschlossen, und es gilt* $\ker(T^* \pm i) = \{0\}$.
(iii) *$\text{im}(T \pm i) = \mathcal{H}$.*

*Dabei kann $i$ durch jede Zahl $\lambda_0 \in \mathbb{C} \setminus \mathbb{R}$ ersetzt werden.*

*Beweis.* (i)⇒(ii): Selbstadjungierte Operatoren sind abgeschlossen, und es gilt $\ker(T^* \pm i) = \ker(T \pm i) = \{0\}$ wegen $\pm i \in \rho(T)$ nach Satz 5.39 a).

(ii)⇒(iii): Mit Satz 5.29 folgt aus (ii) $\operatorname{im}(T \pm i)^\perp = \ker(T^* \mp i) = \{0\}$, d. h. $\operatorname{im}(T \pm i)$ ist dicht in $\mathscr{H}$. Nach Satz 5.37 d) ist $\operatorname{im}(T \pm i)$ abgeschlossen, und wir erhalten $\operatorname{im}(T \pm i) = \mathscr{H}$.

(iii)⇒(i): Angenommen, es gilt $\overline{D(T)} \neq \mathscr{H}$. Dann wählen wir ein $y \in (D(T))^\perp \setminus \{0\}$. Wegen (iii) existiert dazu ein $x \in D(T) \setminus \{0\}$ mit $(T+i)x = y$. Wie im Beweis von Satz 5.37 c) folgt aus (5.8) die Abschätzung

$$\left| \operatorname{Im} \langle (T+i)x, x \rangle \right| \geq \|x\|^2 > 0.$$

Andererseits gilt wegen $y \in (D(T))^\perp$ auch

$$\langle (T+i)x, x \rangle = \langle y, x \rangle = 0,$$

Widerspruch. Also ist $T$ dicht definiert. Sei nun $x \in D(T^*)$. Nach (iii) existiert ein $\widetilde{x} \in D(T)$ mit $(T \pm i)\widetilde{x} = (T^* \pm i)x$. Wegen (5.8) gilt $T \subseteq T^*$, und es folgt $(T^* \pm i)\widetilde{x} = (T^* \pm i)x$. Wieder mit Satz 5.29 erhalten wir $\ker(T^* \pm i) = \operatorname{im}(T \mp i)^\perp = \{0\}$, also ist $T^* \pm i$ injektiv, was $\widetilde{x} = x$ und damit $x \in D(T)$ impliziert. Wir haben $D(T^*) \subseteq D(T)$ und damit die Selbstadjungiertheit von $T$ gezeigt.

Wie man im Beweis sieht, kann die Zahl $i$ durch jede Zahl $\lambda_0 \in \mathbb{C} \setminus \mathbb{R}$ ersetzt werden. □

---

**Beispiel 5.53**

Als Anwendung geben wir einen alternativen Beweis für die Selbstadjungiertheit des Multiplikationsoperators $M_m$ im Raum $\mathscr{H} := L^2(\mu)$ aus Satz 5.49 an. Man sieht direkt, dass für alle $u, v \in D(M_m)$ die Bedingung $\langle M_m u, v \rangle = \langle u, M_m v \rangle$ erfüllt ist. Wegen $|m(x) \pm i| \geq |\operatorname{Im}(m(x) \pm i)| = 1$ ist für alle $f \in L^2(\mu)$ die Funktion $u_\pm \colon X \to \mathbb{C}$, $x \mapsto \frac{f(x)}{m(x) \pm i}$ als Element in $L^2(\mu)$ definiert, und wegen $mu_\pm = f \mp iu_\pm \in L^2(\mu)$ gilt $u_\pm \in D(M_m)$. Damit erhalten wir $(M_m \pm i)u_\pm = f$, und der Operator $M_m \pm i$ ist surjektiv. Die Anwendung von Satz 5.52 liefert nun einen weiteren Beweis für die Selbstadjungiertheit von $M_m$.  ◀

---

Aus Satz 5.52 erhält man sofort ein Kriterium für wesentliche Selbstadjungiertheit.

---

**Lemma 5.54.** *Sei* $T \colon \mathscr{H} \supseteq D(T) \to \mathscr{H}$ *ein dicht definierter und symmetrischer linearer Operator. Dann sind äquivalent:*

(i) *$T$ ist wesentlich selbstadjungiert.*

(ii) *Es gilt* $\ker(T^* \pm i) = \{0\}$.

(iii) $\operatorname{im}(T \pm i)$ *ist dicht in* $\mathscr{H}$.

*Dabei kann $i$ durch jede Zahl $\lambda_0 \in \mathbb{C} \setminus \mathbb{R}$ ersetzt werden.*

*Beweis.* Da $T$ symmetrisch und dicht definiert ist, ist auch $\overline{T}$ symmetrisch, und es gilt $T^{**} = \overline{T}$ sowie $T^* = (\overline{T})^*$ (Satz 5.37 a)). Wir können also Satz 5.52 auf $\overline{T}$ anwenden und erhalten die behauptete Äquivalenz.                                                        □

Viele Operatoren der mathematischen Physik sind erstmal nur auf einem kleinen Definitions-bereich gegeben, z. B. auf der Menge der Testfunktionen. Um die Theorie selbstadjungier-ter Operatoren, etwa den Spektralsatz, anwenden zu können, müssen diese typischerweise symmetrischen Operatoren zu selbstadjungierten Operatoren fortgesetzt werden. Falls man zeigen kann, dass der Operator wesentlich selbstadjungiert ist, so geht man zum Abschluss über. Eine weitere kanonische Art, selbstadjungierte Fortsetzungen zu erhalten, funktioniert bei halbbeschränkten Operatoren. Wir starten mit der Definition.

▶ **Definition 5.55.** Sei $T : \mathscr{H} \supseteq D(T) \to \mathscr{H}$ ein symmetrischer Operator. Dann heißt $T$ von unten halbbeschränkt, falls ein $C \in \mathbb{R}$ existiert mit

$$\langle Tx, x \rangle \geq C \|x\|^2 \quad (x \in D(T)),$$

d. h. es gilt $W(T) \subseteq [C, \infty)$. Falls diese Abschätzung mit $C = 0$ gilt, heißt $T$ nichtnegativ, und man schreibt in diesem Fall $T \geq 0$. Falls diese Abschätzung sogar mit $C > 0$ gilt, heißt $T$ positiv oder koerziv, und man schreibt $T > 0$.

**Lemma 5.56.** *Seien $\mathscr{H}, \mathscr{K}$ zwei Hilberträume und $J \in L(\mathscr{K}, \mathscr{H})$ injektiv mit $\overline{\mathrm{im}(J)} = \mathscr{H}$. Dann ist $JJ^* \in L(\mathscr{H})$ injektiv, $\overline{\mathrm{im}(JJ^*)} = \mathscr{H}$, und $S := (JJ^*)^{-1} : \mathscr{H} \supseteq \mathrm{im}(JJ^*) \to \mathscr{H}$ ist selbstadjungiert.*

*Beweis.* Wegen $\ker J^* = (\mathrm{im}(J))^\perp = \{0\}$ ist auch $J^*$ injektiv. Damit ist der beschränkte und selbstadjungierte Operator $JJ^*$ ebenfalls injektiv. Wegen $\mathrm{im}(JJ^*)^\perp = \ker(JJ^*) = \{0\}$ ist $S$ dicht definiert. Offensichtlich ist $S$ symmetrisch.

Sei $y \in \mathscr{H}$. Dann gilt $(S \pm i)x = y$ genau dann, wenn $(1 \pm iJJ^*)x = JJ^*y$. Wegen $\pm i \in \rho(JJ^*)$ besitzt diese Gleichung eine eindeutige Lösung $x$, und $x = JJ^*(y \mp ix)$ zeigt $x \in \mathrm{im}(JJ^*) = D(S)$. Also ist $S \pm i$ surjektiv und damit ist $S$ selbstadjungiert.          □

**Satz 5.57 (Friedrichs-Erweiterung).** *Sei $T : \mathscr{H} \supseteq D(T) \to \mathscr{H}$ symmetrisch und halb-beschränkt. Dann existiert eine selbstadjungierte Fortsetzung von $T$, die Friedrichs-Erweiterung. Diese ist wieder halbbeschränkt mit der gleichen Konstanten $C$.*

*Beweis.* Wegen

$$\langle (T + \lambda)x, x \rangle = \langle Tx, x \rangle + \lambda \|x\|^2 \geq (C + \lambda)\|x\|^2 \quad (x \in D(T))$$

für $\lambda \in \mathbb{R}$ sei ohne Einschränkung $C = 1$. Setze

$$[x, y] := \langle Tx, y \rangle \quad (x, y \in D(T)).$$

Dann ist $\mathscr{K}_0 := (D(T), [\cdot, \cdot])$ ein Prähilbertraum (dabei folgt die positive Definitheit des Skalarprodukts aus $[x, x] \geq \|x\|^2$). Die zugehörige Norm ist definiert durch $\|x\| := [x, x]^{1/2}$. Sei $\mathscr{K}$ die Vervollständigung von $\mathscr{K}_0$ bzgl. $\|\cdot\|$.

Wegen $[x, x] \geq \|x\|^2$ ist die Identität id $\in L(\mathscr{K}_0, \mathscr{H})$ eine Kontraktion. Damit existiert eine stetige lineare Fortsetzung $J \in L(\mathscr{K}, \mathscr{H})$. Nach Definition von $J$ gilt

$$[x, y] = \langle Tx, y \rangle = \langle Tx, Jy \rangle \quad (x, y \in D(T))$$

und damit auch für $x \in D(T)$, $y \in \mathscr{K}$.

Der Operator $J$ ist injektiv: Sei $y \in \mathscr{K}$ mit $Jy = 0$. Dann ist $[x, y] = 0$ $(x \in D(T))$ und damit $[x, y] = 0$ $(x \in \mathscr{K})$, d.h. $y = 0$. Wegen im$(J) \supseteq D(T)$ ist $\overline{\text{im}(J)} = \mathscr{H}$, und nach Lemma 5.56 ist der Operator $S := (JJ^*)^{-1} : \mathscr{H} \supseteq \text{im}(JJ^*) \to \mathscr{H}$ selbstadjungiert.

Sei $x \in D(T)$. Dann gilt

$$[x, y] = \langle Tx, Jy \rangle = [J^*Tx, y] \quad (y \in \mathscr{K})$$

(nach Definition des adjungierten Operators $J^*$). Es folgt $x = J^*Tx$ und wegen $J|_{D(T)} = \text{id}_{D(T)}$ auch $x = Jx = JJ^*Tx$, d.h. $x \in \text{im}(JJ^*) = D(S)$. Da nach Definition von $S$ aber auch $x = JJ^*Sx$ gilt und $JJ^*$ injektiv ist, folgt $Tx = Sx$. Insgesamt erhalten wir $T \subseteq S$, d.h. $S$ ist eine selbstadjungierte Fortsetzung von $T$. $\qquad\square$

Nach Satz 5.37 ist jeder symmetrische Operator $T$ abschließbar. Da die Friedrichs-Erweiterung als selbstadjungierter Operator selbst abgeschlossen ist, ist sie eine (im Allgemeinen echt größere) Fortsetzung von $\overline{T}$. Während die Friedrichs-Erweiterung ein sehr nützliches Hilfsmittel ist, um selbstadjungierte Operatoren aus symmetrischen zu konstruieren, liefert der nächste Satz ein Beispiel, bei welchem die Selbstadjungiertheit bei Addition eines weiteren Operators erhalten bleibt. Es handelt sich um ein typisches Beispiel eines Störungssatzes.

**Satz 5.58 (Kriterium von Kato).** *Seien* $T : \mathscr{H} \supseteq D(T) \to \mathscr{H}$ *selbstadjungiert und* $S : \mathscr{H} \supseteq D(S) \to \mathscr{H}$ *symmetrisch mit* $D(S) \supseteq D(T)$. *Falls* $\delta \in [0, 1)$ *und* $c \geq 0$ *existieren mit*

$$\|Sx\| \leq \delta\|Tx\| + c\|x\| \quad (x \in D(T)), \tag{5.9}$$

*so ist* $T + S$ *mit* $D(T + S) = D(T)$ *selbstadjungiert.*

*Beweis.* Offensichtlich ist $T + S$ symmetrisch. Für $\lambda \in \mathbb{R} \setminus \{0\}$ ist $i\lambda \in \rho(T)$, und es gilt

$$\|(T - i\lambda)x\|^2 = \|Tx\|^2 + |\lambda|^2\|x\|^2 \quad (x \in D(T))$$

(Ausmultiplizieren des Skalarprodukts). Für $z \in \mathcal{H}$ und $x := (T - i\lambda)^{-1}z$ folgt

$$\|z\| \geq |\lambda|\,\|x\| = |\lambda|\,\|(T - i\lambda)^{-1}z\|,$$
$$\|z\| \geq \|Tx\| = \|T(T - i\lambda)^{-1}z\|.$$

Wir zeigen $\mathrm{im}(T + S - i\lambda) = \mathcal{H}$ für großes $|\lambda|$. Dazu betrachten wir die Gleichung

$$z + S(T - i\lambda)^{-1}z = y \tag{5.10}$$

mit $y \in \mathcal{H}$ beliebig. Nach Voraussetzung gilt

$$\|S(T - i\lambda)^{-1}z\| \leq \delta\|T(T - i\lambda)^{-1}z\| + c\|(T - i\lambda)^{-1}z\| \leq \left(\delta + \frac{c}{|\lambda|}\right)\|z\|.$$

Für $|\lambda| \geq \lambda_0$ mit hinreichend großem $\lambda_0 > 0$ ist also $\|S(T - i\lambda)^{-1}\| < 1$ und damit (5.10) eindeutig lösbar mit Lösung $z$. Setze $x := (T - i\lambda)^{-1}z$ und erhalte

$$(T + S - i\lambda)x = (T - i\lambda)x + Sx = z + S(T - i\lambda)^{-1}z = y.$$

Also ist $\mathrm{im}(T + S - i\lambda) = \mathcal{H}$ für $\lambda \in \mathbb{R}$ mit $|\lambda|$ hinreichend groß, und nach Satz 5.52 ist $T + S$ selbstadjungiert. $\qquad\square$

---

*Was haben wir gelernt?*

- Bei unbeschränkten Operatoren ist die Wahl des Definitionsbereichs entscheidend für viele Eigenschaften, z. B. Abgeschlossenheit und Selbstadjungiertheit.
- Das Spektrum eines Operators besteht nicht nur aus Eigenwerten (wie das bei Matrizen der Fall ist), sondern kann auch kontinuierliches Spektrum und Restspektrum enthalten. Falls der Operator $T$ beschränkt ist (d. h. es gilt $T \in L(\mathcal{H})$), so ist das Spektrum $\sigma(T)$ kompakt und nichtleer.
- Die Idee des adjungierten Operators ist die Identität

$$\langle Tx, y\rangle_{\mathcal{H}} = \langle x, T^*y\rangle_{\mathcal{H}} \quad (x, y \in \mathcal{H}).$$

In dieser Form stimmt das nur, falls $T \in L(\mathcal{H})$ gilt. Im Allgemeinen muss man auf die Definitionsbereiche achten. Insbesondere gibt es einen Unterschied zwischen symmetrischen und selbstadjungierten Operatoren.

- Bei selbstadjungierten Operatoren ist das Spektrum reell, und Eigenvektoren zu verschiedenen Eigenwerten sind orthogonal, das Restspektrum ist leer.
- Es gibt verschiedene Kriterien für (wesentliche) Selbstadjungiertheit.
- Die Friedrichs-Erweiterung liefert selbstadjungierte Fortsetzungen für halbbeschränkte Operatoren.

# Der Spektralsatz für selbstadjungierte Operatoren   6

*Worum geht's?* In Axiom [A3] wird die Wahrscheinlichkeit dafür, dass der Messwert einer beobachtbaren Größe $T$ in der Menge $A \in \mathscr{B}(\sigma(T))$ liegt, als $\|E(A)\psi\|^2$ definiert. Dabei ist $E \colon \mathscr{B}(\sigma(T)) \to L(\mathscr{H})$ das Spektralmaß des Operators $T$ – dieses und der zugehörige Spektralsatz sollen in diesem Kapitel untersucht werden. Zusätzlich liefert der Spektralsatz die Möglichkeit, Funktionen von Operatoren zu beschreiben, wie sie etwa in Axiom [A4] auftauchen: Dort ist der Zustand $\psi(t)$ des Systems zur Zeit $t \geq 0$ gegeben durch $\psi(t) := e^{-it/\hbar H}\psi(0)$.

Sei $A \in \mathbb{C}^{n \times n}$ eine hermitesche Matrix, d. h. für die Koeffizienten $a_{ij}$ gelte $a_{ji} = \overline{a_{ij}}$ $(i, j = 1, \ldots, n)$. Dann besagt einer der zentralen Sätze der linearen Algebra, dass die Matrix $A$ unitär diagonalisierbar ist, d. h. es existiert eine orthonormale Basis, bezüglich derer die Matrix Diagonalgestalt hat. Der Spektralsatz für selbstadjungierte Operatoren ist eine weitreichende Verallgemeinerung dieses Resultats. Hier wird ein selbstadjungierter Operator $T$ als Integral

$$T = \int_{\mathbb{R}} \lambda \, dE(\lambda)$$

dargestellt. Daher werden in diesem Kapitel zunächst die zugehörigen Spektralmaße $E$ und Integrale über Spektralmaße diskutiert, bevor der Spektralsatz in verschiedenen Varianten formuliert wird. Mit Hilfe des Spektralmaßes ist es möglich, Funktionen selbstadjungierter Operatoren in Form von $f(T) = \int_{\mathbb{R}} f(\lambda) \, dE(\lambda)$ zu definieren. Dabei wird für die Funktion $f$ nur die Messbarkeit vorausgesetzt, und man kann den Definitionsbereich von $f(T)$ über eine Integrierbarkeitsbedingung beschreiben.

Wir behandeln zunächst Spektralmaße und Integrale bezüglich Spektralmaßen sowie den Spektralsatz und den Funktionalkalkül, welcher es unter anderem erlaubt, zu selbstadjungierten Operatoren $T$ zugehörige unitäre Gruppen der Form $(e^{itT})_{t \in \mathbb{R}}$ zu konstruieren. Der Satz von Stone besagt, dass jede unitäre Gruppe auf diese Weise

© Springer-Verlag GmbH Deutschland, ein Teil von Springer Nature 2022
R. Denk, *Mathematische Grundlagen der Quantenmechanik*,
https://doi.org/10.1007/978-3-662-65554-2_6

beschrieben werden kann. Für Familien von Operatoren gilt der Spektralsatz, falls diese Operatoren kompatibel sind, d. h. paarweise kommutieren. Der Spektralsatz wird dabei sowohl für einen als auch für mehrere (kompatible) Operatoren in zwei Varianten formuliert: mit Hilfe des Spektralmaßes und in der Multiplikationsoperator-Form.

## 6.1   Spektralmaße

Im Folgenden sei $\mathcal{H}$ ein $\mathbb{C}$-Hilbertraum. Wir kommen noch einmal auf die Zerlegung von $\mathcal{H}$ in der Form $\mathcal{H} = M \oplus M^\perp$ für einen abgeschlossenen Untervektorraum $M \subseteq \mathcal{H}$ zurück, die im Projektionssatz (Satz 2.34) betrachtet wurde.

▶ **Definition 6.1.** Sei $M \subseteq \mathcal{H}$ ein abgeschlossener Unterraum. Dann heißt die Abbildung $P : \mathcal{H} \to \mathcal{H}$, $x \mapsto x_1$ mit $x = x_1 + x_2$, $x_1 \in M$, $x_2 \in M^\perp$, die orthogonale Projektion von $\mathcal{H}$ auf $M$.

Man beachte, dass nach dem Projektionssatz die Zerlegung $x = x_1 + x_2$ eindeutig und damit die Abbildung $P$ wohldefiniert ist.

**Lemma 6.2.**

a) *Seien $M \subseteq \mathcal{H}$ ein abgeschlossener Unterraum und $P$ die orthogonale Projektion von $\mathcal{H}$ auf $M$. Dann ist $P \in L(\mathcal{H})$ mit*

$$\|P\| = \begin{cases} 1, & \text{falls } M \neq \{0\}, \\ 0, & \text{falls } M = \{0\}. \end{cases}$$

*Es gilt* $\ker P = M^\perp$ *und* $\operatorname{im}(P) = M$.

b) *Ein Operator $P \in L(\mathcal{H})$ ist genau dann eine orthogonale Projektion, wenn $P^2 = P = P^*$ gilt. In diesem Fall ist $\operatorname{im}(P)$ abgeschlossen, und $P$ ist die orthogonale Projektion auf $\operatorname{im}(P)$.*

*Beweis.*

a) Offensichtlich ist $P$ linear. Nach dem Satz von Pythagoras (Satz 2.3 a)) gilt $\|Px\|^2 \leq \|Px\|^2 + \|x - Px\|^2 = \|x\|^2$ (man beachte $Px \perp x - Px$) für alle $x \in \mathcal{H}$ und damit $P \in L(\mathcal{H})$ mit $\|P\| \leq 1$. Falls $M = \{0\}$, so ist $P = 0$. Ansonsten gilt für $x \in M \setminus \{0\}$ die Gleichheit $Px = x$ und damit $\|P\| = 1$. Direkt nach Definition von $P$ folgt $\operatorname{im}(P) = M$ und $\ker P = M^\perp$.

b) (i) Sei $P$ die orthogonale Projektion auf $M$. Die Gleichheit $P^2 = P$ ist klar nach Definition von $P$. Seien $x, y \in \mathcal{H}$ mit $x = x_1 + x_2$, $y = y_1 + y_2$, wobei $x_1, y_1 \in M$ und $x_2, y_2 \in M^\perp$ gelte. Dann folgt

$$\langle Px, y \rangle = \langle x_1, y_1 + y_2 \rangle = \langle x_1, y_1 \rangle + \langle x_1, y_2 \rangle = \langle x_1, y_1 \rangle = \langle x, y_1 \rangle = \langle x, Py \rangle,$$

wobei $\langle x_1, y_2 \rangle = \langle x_2, y_1 \rangle = 0$ benutzt wurde. Somit folgt $P = P^*$.

(ii) Sei nun $P = P^* = P^2 \in L(\mathcal{H})$, und sei $(z_n)_{n \in \mathbb{N}} \subseteq M$ eine Folge in $M := \mathrm{im}(P)$ mit $z_n \to z$ $(n \to \infty)$. Zu $n \in \mathbb{N}$ existiert ein $w_n \in \mathcal{H}$ mit $z_n = Pw_n$, und es ist

$$Pz_n = P^2 w_n = Pw_n = z_n, \tag{6.1}$$

und damit

$$\|z_n - Pz\| = \|P(z_n - z)\| \le \|P\| \cdot \|z_n - z\| \to 0 \quad (n \to \infty),$$

d.h. $z = Pz \in \mathrm{im}(P) = M$ wegen der Eindeutigkeit des Grenzwertes. Somit ist $M$ abgeschlossen, und die orthogonale Projektion $\tilde{P}$ auf $M$ ist definiert. Nach Schritt (i) gilt $\tilde{P} = \tilde{P}^2 = \tilde{P}^*$. Wir zerlegen zwei beliebige Elemente $x, y \in \mathcal{H}$ wieder in der Form $x = x_1 + x_2$ und $y = y_1 + y_2$ mit $x_1, y_1 \in M$ und $x_2, y_2 \in M^\perp$. Dann folgt mit $\tilde{P} = \tilde{P}^*$, $P = P^*$ und (6.1)

$$\langle \tilde{P}x, y \rangle = \langle x, \tilde{P}y \rangle = \langle x, y_1 \rangle = \langle x, Py_1 \rangle = \langle Px, y_1 \rangle = \langle Px, y_1 + y_2 \rangle = \langle Px, y \rangle.$$

Dabei wurde in der vorletzten Gleichheit $y_2 \in \mathrm{im}(P)^\perp$ verwendet. Also gilt $\tilde{P} = P$, und $P$ ist eine orthogonale Projektion. $\qquad \square$

---

**Beispiel 6.3**

Sei $e \in \mathcal{H}$ mit $\|e\| = 1$. Dann ist $P : \mathcal{H} \to \mathcal{H}$, $x \mapsto \langle x, e \rangle e$ die orthogonale Projektion auf $\mathrm{span}\{e\} = \{\alpha e \mid \alpha \in \mathbb{C}\}$. Denn es gilt $\mathrm{im}(P) = \mathrm{span}\{e\}$ und $P^2 = P = P^*$ wegen

$$P^2 x = \langle \langle x, e \rangle e, e \rangle e = \langle x, e \rangle \|e\|^2 e = \langle x, e \rangle e = Px,$$
$$\langle Px, y \rangle = \langle \langle x, e \rangle e, y \rangle = \langle x, e \rangle \langle e, y \rangle = \langle x, \overline{\langle e, y \rangle} e \rangle = \langle x, \langle y, e \rangle e \rangle = \langle x, Py \rangle.$$

Sei nun $\{e_1, \dots, e_n\} \subseteq \mathcal{H}$ ein Orthonormalsystem, und sei $P_j := \langle \cdot, e_j \rangle e_j$ die orthogonale Projektion auf $\mathrm{span}\{e_j\}$ für $j = 1, \dots, n$. Für $j \ne k$ gilt

$$P_j P_k x = \langle \langle x, e_k \rangle e_k, e_j \rangle e_j = \langle x, e_k \rangle \langle e_k, e_j \rangle e_j = 0,$$

und für $P := \sum_{j=1}^n P_j$ folgt $P^2 = (P_1 + \dots + P_n)^2 = P_1^2 + \dots + P_n^2 = P_1 + \dots + P_n = P$ sowie $P^* = P$. Also ist $P$ die Orthogonalprojektion auf $\mathrm{im}(P) = \mathrm{span}\{e_1, \dots, e_n\}$. ◀

Die Menge der orthogonalen Projektionen besitzen eine partielle Ordnung, welche durch folgendes Lemma charakterisiert wird.

**Lemma 6.4.** *Seien $P_1$ und $P_2$ orthogonale Projektionen auf $M_1 := \operatorname{im}(P_1)$ bzw. $M_2 := \operatorname{im}(P_2)$.*

a) *$P_1 P_2$ ist genau dann eine orthogonale Projektion, falls $P_1 P_2 = P_2 P_1$ gilt. In diesem Fall ist $P_1 P_2$ die orthogonale Projektion auf den Unterraum $M_1 \cap M_2$.*

b) *Es sind äquivalent:*

   (i) *$M_1 \subseteq M_2$.*
   (ii) *Es gilt $\|P_1 x\| \leq \|P_2 x\|$ $(x \in \mathscr{H})$.*
   (iii) *Es gilt $P_1 \leq P_2$ im Sinne von $P_2 - P_1 \geq 0$ (siehe Definition 5.55), d. h. es gilt $\langle P_1 x, x \rangle \leq \langle P_2 x, x \rangle$ $(x \in \mathscr{H})$.*
   (iv) *Es gilt $P_1 P_2 = P_2 P_1 = P_1$.*

*Beweis.*

a) Falls $P_1 P_2 = P_2 P_1$, erhalten wir $(P_1 P_2)^2 = P_1 P_2 P_1 P_2 = P_1^2 P_2^2 = P_1 P_2$ und $(P_1 P_2)^* = (P_2 P_1)^* = P_1^* P_2^* = P_1 P_2$. Also ist $P_1 P_2$ eine orthogonale Projektion. Falls andererseits $P_1 P_2$ eine orthogonale Projektion ist, so gilt

$$P_1 P_2 = (P_1 P_2)^* = P_2^* P_1^* = P_2 P_1.$$

In diesem Fall gilt $\operatorname{im}(P_2 P_1) \subseteq \operatorname{im}(P_2) = M_2$ und $\operatorname{im}(P_2 P_1) = \operatorname{im}(P_1 P_2) \subseteq M_1$. Für $x \in M_1 \cap M_2$ ist $x = P_1 x = P_2 x$, d. h. $P_2 P_1 x = x$. Insgesamt erhalten wir $\operatorname{im}(P_2 P_1) = M_1 \cap M_2$.

b) (i)$\Rightarrow$(ii): Sei $x \in X$, und sei $M_1 \subseteq M_2$. Dann gilt $(1 - P_2)x \in M_2^\perp \subseteq M_1^\perp$ und damit $P_1 (1 - P_2)x = 0$, d. h. $P_1 P_2 x = P_1 x$. Wir erhalten $\|P_1 x\| = \|P_1 P_2 x\| \leq \|P_2 x\|$.

(ii)$\Rightarrow$(iii): Für alle $x \in \mathscr{H}$ gilt

$$\langle P_1 x, x \rangle = \langle P_1^2 x, x \rangle = \langle P_1 x, P_1 x \rangle = \|P_1 x\|^2 \leq \|P_2 x\|^2 = \langle P_2 x, x \rangle.$$

(iii)$\Rightarrow$(iv): Sei $x \in \mathscr{H}$. Dann folgt mit (iii) und $P_2(1 - P_2) = 0$

$$\|P_1(1 - P_2)x\|^2 = \langle P_1(1 - P_2)x, (1 - P_2)x \rangle \leq \langle P_2(1 - P_2)x, (1 - P_2)x \rangle = 0$$

und damit $P_1 x = P_1 P_2 x$. Folglich gilt $P_1 P_2 = P_1$ und damit auch $P_2 P_1 = P_2^* P_1^* = (P_1 P_2)^* = P_1^* = P_1$.

(iv)$\Rightarrow$(i): Nach a) ist $P_1 P_2$ die orthogonale Projektion auf $M_1 \cap M_2$, und aus $P_1 P_2 = P_1$ folgt $M_1 \cap M_2 = M_1$, d. h. $M_1 \subseteq M_2$.                                    $\square$

In der Situation von Teil b) des obigen Lemmas ist wegen $(P_1 - P_2)^2 = P_1^2 + P_2^2 - P_1 P_2 - P_2 P_1 = P_2 - P_1$ und $(P_2 - P_1)^* = P_2 - P_1$ auch die Differenz $P_2 - P_1$ eine orthogonale Projektion. Falls man eine Folge $(P_n)_{n\in\mathbb{N}}$ mit $P_n \leq P_{n+1}$ $(n \in \mathbb{N})$ hat, ist für alle $m > n$ auch $P_m - P_n$ eine orthogonale Projektion und hat Operatornorm 1 (falls $P_m \neq P_n$). Die Folge $(P_n)_{n\in\mathbb{N}}$ kann also nur dann in der Operatornorm konvergieren, falls sie schließlich konstant ist. Daher sind im Zusammenhang mit orthogonalen Projektionen andere Konvergenzbegriffe nützlicher.

▶ **Definition 6.5.** Seien $(T_n)_{n\in\mathbb{N}} \subseteq L(\mathcal{H})$ und $T \in L(\mathcal{H})$. Dann konvergiert $T_n$ stark (oder in der starken Operatortopologie) gegen $T$, falls

$$T_n x \to T x \quad (n \to \infty)$$

für alle $x \in \mathcal{H}$ gilt. In diesem Fall schreibt man $T_n \xrightarrow{s} T$ $(n \to \infty)$ oder $T = \text{s-}\lim_{n\to\infty} T_n$. Die Folge konvergiert in der schwachen Operatortopologie gegen $T$, falls

$$\langle T_n x, y \rangle \to \langle T x, y \rangle \quad (n \to \infty)$$

für alle $x, y \in \mathcal{H}$ gilt.

**Lemma 6.6.** *Sei $(P_n)_{n\in\mathbb{N}} \subseteq L(\mathcal{H})$ eine Folge orthogonaler Projektionen mit $P_m \leq P_n$ für $m \leq n$. Dann konvergiert $P_n$ stark gegen eine orthogonale Projektion $P \in L(\mathcal{H})$.*

*Beweis.* Für $x \in \mathcal{H}$ ist die Folge $(\|P_n x\|)_{n\in\mathbb{N}} \subseteq \mathbb{R}$ beschränkt durch $\|x\|$ und nach Lemma 6.4 b) monoton steigend, also konvergent. Sei $m \leq n$. Wir verwenden

$$\langle P_n x, P_m x \rangle = \langle P_m P_n x, x \rangle = \langle P_m x, x \rangle = \|P_m x\|^2$$

und erhalten

$$\begin{aligned}
\|P_n x - P_m x\|^2 &= \langle P_n x, P_n x \rangle - \langle P_n x, P_m x \rangle - \langle P_m x, P_n x \rangle + \langle P_m x, P_m x \rangle \\
&= \|P_n x\|^2 - \|P_m x\|^2 - \|P_m x\|^2 + \|P_m x\|^2 \\
&= \|P_n x\|^2 - \|P_m x\|^2 \to 0 \quad (n \geq m,\, m \to \infty).
\end{aligned}$$

Also ist $(P_n x)_{n\in\mathbb{N}} \subseteq \mathcal{H}$ eine Cauchyfolge, und wegen der Vollständigkeit von $\mathcal{H}$ existiert der Grenzwert $Px := \lim_{n\to\infty} P_n x \in \mathcal{H}$. Als Grenzwert linearer Abbildungen ist $x \mapsto Px$ selbst linear, und es gilt $\|Px\| = \|\lim_{n\to\infty} P_n x\| \leq \|x\|$. Also ist $P \in L(\mathcal{H})$. Wegen $\langle Px, y \rangle = \lim_{n\to\infty} \langle P_n x, y \rangle = \lim_{n\to\infty} \langle x, P_n y \rangle = \langle x, Py \rangle$ und

$$\langle P^2 x, y \rangle = \langle Px, Py \rangle = \lim_{n\to\infty} \langle P_n x, P_n y \rangle = \lim_{n\to\infty} \langle P_n^2 x, y \rangle = \lim_{n\to\infty} \langle P_n x, y \rangle = \langle Px, y \rangle$$

folgt $P^2 = P = P^*$, also ist $P$ eine orthogonale Projektion mit $P_n \xrightarrow{s} P$ $(n \to \infty)$.   □

*Bemerkung 6.7.* Der später formulierte Spektralsatz liefert eine besonders gute Darstellung selbstadjungierter Operatoren und verwendet ein Integral über Spektralmaße. Diese verallgemeinern den aus Kap. 3 bekannten Maßbegriff und besitzen als Werte orthogonale Projektionen. Zur Motivation für die Definition eines Spektralmaßes betrachten wir die endlich-dimensionale Situation. Sei $T = T^* \in L(\mathbb{C}^n) = \mathbb{C}^{n \times n}$ eine hermitesche Matrix. Dann existiert eine Orthonormalbasis $e_1, \ldots, e_n$ von Eigenvektoren von $T$ zu Eigenwerten $\lambda_j$. Sei $P_j = \langle \cdot, e_j \rangle e_j$ die orthogonale Projektion auf span$\{e_j\}$, siehe Beispiel 6.3. Für alle $x \in \mathbb{C}^n$ gelten wegen der Basiseigenschaft und wegen $T e_j = \lambda_j e_j$ die Darstellungen

$$x = \sum_{j=1}^{n} \langle x, e_j \rangle e_j = \sum_{j=1}^{n} P_j x,$$

$$T x = \sum_{j=1}^{n} \lambda_j \langle x, e_j \rangle e_j = \sum_{i=1}^{n} \lambda_j P_j x.$$

Man kann diese Darstellung noch nach gleichen Eigenwerten zusammenfassen: Seien $d \in \{1, \ldots, n\}$ und $\lambda \in \sigma(T)$ ein $d$-facher Eigenwert von $T$, etwa $\lambda = \lambda_{j_1} = \cdots = \lambda_{j_d}$. Dann ist $E(\{\lambda\}) := P_{j_1} + \cdots + P_{j_d}$ nach Beispiel 6.3 die Orthogonalprojektion auf span$\{e_{j_1}, \ldots, e_{j_d}\} = \ker(T - \lambda)$, d.h. auf den Eigenraum zum Eigenwert $\lambda$. Insgesamt erhält man für alle $x \in \mathscr{H}$

$$x = \sum_{\lambda \in \sigma(T)} E(\{\lambda\}) x,$$

$$T x = \sum_{\lambda \in \sigma(T)} \lambda E(\{\lambda\}) x.$$

Die obigen Darstellungen von $Tx$ erlauben es, Funktionen von $T$ zu definieren bzw. einfach zu berechnen. Für jede Funktion $f : \sigma(T) \to \mathbb{C}$ definiert man die Matrix $f(T)$ durch

$$f(T)x := \sum_{\lambda \in \sigma(T)} f(\lambda) E(\{\lambda\}) x \quad (x \in \mathbb{C}^n). \tag{6.2}$$

Falls $f(\lambda) = \lambda^N$, so ist diese Definition mit dem Matrizenprodukt kompatibel, d.h. es gilt

$$T^N x = \sum_{\lambda \in \sigma(T)} \lambda^N E(\{\lambda\}) x$$

für alle $x \in \mathbb{C}^n$. Auch die Definition von $\exp(T)x$ nach (6.2) ist mit der klassischen Definition über die Exponentialreihe kompatibel.

Die obigen Darstellungen und die Definition für $f(T)x$ sollen nun auf beliebige selbstadjungierte Operatoren $T : \mathscr{H} \supseteq D(T) \to \mathscr{H}$ übertragen werden. Anders als im Matrizen-

Fall, ist das Spektrum jetzt im Allgemeinen keine endliche Menge mehr und kann sogar überabzählbar sein, wie das in Beispiel 5.47 der Fall war. Daher muss die Summe durch ein Integral ersetzt werden, wobei es sich um Integrale bezüglich eines Spektralmaßes handelt, welches wir zunächst definieren.

Im Folgenden sei stets $(X, \mathcal{A})$ ein Messraum, d.h. $\mathcal{A}$ sei eine $\sigma$-Algebra über $X$ (siehe Definition 3.1).

▶ **Definition 6.8.** Eine Abbildung $E \colon \mathcal{A} \to L(\mathcal{H})$ heißt ein Spektralmaß oder ein projektorwertiges Maß, falls gilt:

(i) Für alle $A \in \mathcal{A}$ ist $E(A) \in L(\mathcal{H})$ eine orthogonale Projektion.
(ii) Sei $(A_n)_{n \in \mathbb{N}} \subseteq \mathcal{A}$ eine Familie paarweise disjunkter Mengen. Dann gilt

$$\Big[ E\Big( \bigcup_{n \in \mathbb{N}}^{\cdot} A_n \Big) \Big] x = \sum_{n \in \mathbb{N}} E(A_n) x \quad (x \in \mathcal{H}),$$

wobei die Reihe auf der rechten Seite in $\mathcal{H}$ konvergiert.
(iii) Es gilt $E(X) = \mathrm{id}_{\mathcal{H}}$.

Eine Menge $A \in \mathcal{A}$ heißt eine $E$-Nullmenge, falls $E(A) = 0$ (dabei ist die 0 auf der rechten Seite der Nulloperator in $\mathcal{H}$). Falls $X$ ein topologischer Raum ist und $\mathcal{A} = \mathcal{B}(X)$ die Borel-$\sigma$-Algebra, so besitzt ein Spektralmaß $E \colon \mathcal{B}(X) \to L(\mathcal{H})$ kompakten Träger, falls eine kompakte Menge $K \in \mathcal{B}(X)$ existiert mit $E(K) = \mathrm{id}_{\mathcal{H}}$.

**Lemma 6.9.** *Sei $E \colon \mathcal{A} \to L(\mathcal{H})$ ein Spektralmaß.*

a) *Es gilt $E(\emptyset) = 0$, und für alle $A, B \in \mathcal{A}$ mit $A \subseteq B$ ist $E(B \setminus A) = E(B) - E(A)$. Für alle $A, B \in \mathcal{A}$ gilt*

$$E(A \cup B) + E(A \cap B) = E(A) + E(B).$$

b) *Sei $(A_n)_{n \in \mathbb{N}} \subseteq \mathcal{A}$ eine Folge messbarer Mengen mit $A_n \subseteq A_{n+1}$ $(n \in \mathbb{N})$. Dann ist $E(\bigcup_{n \in \mathbb{N}} A_n) = \text{s-lim}_{n \to \infty} E(A_n)$. Analog gilt für jede Folge $(A_n)_{n \in \mathbb{N}} \subseteq \mathcal{A}$ mit $A_n \supseteq A_{n+1}$ $(n \in \mathbb{N})$ die Gleichheit $E(\bigcap_{n \in \mathbb{N}} A_n) = \text{s-lim}_{n \to \infty} E(A_n)$.*
c) *Für alle $A, B \in \mathcal{A}$ gilt $E(A \cap B) = E(A)E(B) = E(B)E(A)$. Falls $A \cap B = \emptyset$, so ist $\mathrm{im}(E(A)) \perp \mathrm{im}(E(B))$.*

*Beweis.*

a) Setzt man $A_n := \emptyset$ für alle $n \in \mathbb{N}$, so folgt aus der Konvergenz der Reihe in (ii) bereits $E(\emptyset)x = 0$. Insbesondere ist $E$ auch endlich additiv. Damit folgt für $A, B \in \mathscr{A}$ mit $A \subseteq B$

$$E(B) = E(A \,\dot\cup\, (B \setminus A)) = E(A) + E(B \setminus A).$$

Für alle $A, B \in \mathscr{A}$ erhalten wir

$$E(A) + E(B) = E(A) + E\big((B \setminus A) \,\dot\cup\, (A \cap B)\big) = E(A) + E(B \setminus A) + E(A \cap B)$$
$$= E\big(A \,\dot\cup\, (B \setminus A)\big) + E(A \cap B) = E(A \cup B) + E(A \cap B).$$

b) Sei $(A_n)_{n \in \mathbb{N}} \subseteq \mathscr{A}$ mit $A_n \subseteq A_{n+1}$ $(n \in \mathbb{N})$. Wir definieren $A := \bigcup_{n \in \mathbb{N}} A_n$, $A_0 := \emptyset$ und $A_n' := A_n \setminus A_{n-1}$ für $n \geq 1$. Dann sind $A_n'$ paarweise disjunkt und es gilt $A = \bigcup_{n \in \mathbb{N}} A_n'$. Wir erhalten für alle $x \in \mathscr{H}$ unter Verwendung von a)

$$E(A)x = E\Big( \bigcup_{n \in \mathbb{N}}^{\cdot} A_n' \Big)x = \lim_{N \to \infty} \sum_{n=1}^{N} E(A_n')x = \lim_{N \to \infty} \sum_{n=1}^{N} E(A_n \setminus A_{n-1})x$$
$$= \lim_{N \to \infty} \sum_{n=1}^{N} \big( E(A_n)x - E(A_{n-1})x \big) = \lim_{N \to \infty} E(A_N)x.$$

Sei nun $(A_n)_{n \in \mathbb{N}} \subseteq \mathscr{A}$ eine Folge messbarer Mengen mit $A_n \supseteq A_{n+1}$ $(n \in \mathbb{N})$. Wir definieren $\tilde{A}_n := A_1 \setminus A_n$ $(n \in \mathbb{N})$. Dann gilt $\tilde{A}_n \subseteq \tilde{A}_{n+1}$, und wir erhalten $E(\bigcup_{n \in \mathbb{N}} \tilde{A}_n) = \text{s-lim}_{n \to \infty} \tilde{A}_n$. Wegen

$$\bigcup_{n \in \mathbb{N}} \tilde{A}_n = \bigcup_{n \in \mathbb{N}} (A_1 \setminus A_n) = A_1 \setminus \bigcap_{n \in \mathbb{N}} A_n$$

und $\tilde{A}_n = A_1 \setminus A_n$ impliziert dies

$$E(A_1) - E\Big( \bigcap_{n \in \mathbb{N}} A_n \Big) = E\Big( A_1 \setminus \bigcap_{n \in \mathbb{N}} A_n \Big) = \text{s-}\lim_{n \to \infty} E(A_1 \setminus A_n) = E(A_1) - \text{s-}\lim_{n \to \infty} E(A_n)$$

und damit $E(\bigcap_{n \in \mathbb{N}} A_n) = \text{s-lim}_{n \to \infty} E(A_n)$.

c) Seien $A, B \in \mathscr{A}$ mit $A \cap B = \emptyset$. Dann gilt $E(A) + E(B) = E(A \,\dot\cup\, B)$, also ist $E(A) + E(B)$ wieder eine orthogonale Projektion, und aus $(E(A) + E(B))^2 = E(A) + E(B)$ folgt $E(A)E(B) = -E(B)E(A)$. Für $x \in \text{im}(E(A))$ erhalten wir

$$E(A)E(B)x = E(A)^2 E(B)x = -E(A)E(B)E(A)x = -E(A)E(B)x,$$

d. h. $E(A)E(B)x = 0$. Folglich gilt $x \in \ker(E(B))$ wegen

$$E(B)x = E(B)E(A)x = -E(A)E(B)x = 0.$$

Nach Lemma 6.2 a) gilt $\ker E(B) = (\operatorname{im}(E(B)))^{\perp}$, was $\operatorname{im}(E(A)) \perp \operatorname{im}(E(B))$ sowie $E(A)E(B) = E(B)E(A) = 0$ zeigt.

Falls $A, B \in \mathscr{A}$ beliebig sind, so berechnet man

$$
\begin{aligned}
E(A)E(B) &= E\big((A \cap B) \, \dot{\cup} \, (A \setminus B)\big)E\big((A \cap B) \, \dot{\cup} \, (B \setminus A)\big) \\
&= \big(E(A \cap B) + E(A \setminus B)\big)\big(E(A \cap B) + E(B \setminus A)\big) \\
&= E(A \cap B)E(A \cap B) + E(A \setminus B)E(A \cap B) \\
&\quad + E(A \cap B)E(B \setminus A) + E(A \setminus B)E(B \setminus A).
\end{aligned}
$$

Der erste dieser vier Summanden ist $E(A \cap B)$, während bei den drei anderen Summanden die beiden Mengen jeweils disjunkt sind und das Produkt somit jeweils den Wert 0 ergibt. Also folgt $E(A)E(B) = E(A \cap B) = E(B \cap A) = E(B)E(A)$. □

*Bemerkung 6.10.* Sei $E \colon \mathscr{A} \to L(\mathscr{H})$ ein Spektralmaß. Dann definiert

$$
E_x \colon \mathscr{A} \to [0, \infty), \quad A \mapsto \langle E(A)x, x \rangle = \|E(A)x\|^2
$$

ein endliches reellwertiges Maß (siehe Definition 3.4), denn es gilt $E_x(\emptyset) = \langle 0, x \rangle = 0$ nach Lemma 6.9 a), und die $\sigma$-Additivität folgt aus

$$
E_x\Big(\dot{\bigcup_{n \in \mathbb{N}}} A_n\Big) = \Big\langle \sum_{n \in \mathbb{N}} E(A_n)x, x \Big\rangle = \sum_{n \in \mathbb{N}} \langle E(A_n)x, x \rangle = \sum_{n \in \mathbb{N}} E_x(A_n)
$$

für jede disjunkte Folge $(A_n)_{n \in \mathbb{N}} \subseteq \mathscr{A}$. Es gilt $E_x(X) = \langle \operatorname{id}_X x, x \rangle = \|x\|^2$. Falls $\|x\| = 1$, so ist $E_x$ also ein Wahrscheinlichkeitsmaß. Wir schreiben Integrale bezüglich $E_x$ auch in der Form

$$
\int f(\lambda) \, d\|E(\lambda)x\|^2 := \int f(\lambda) \, d\langle E(\lambda)x, x \rangle := \int f(\lambda) \, dE_x(\lambda).
$$

Wir wollen im Folgenden für messbare Funktionen $f \colon X \to \mathbb{C}$ das Integral $\int f(\lambda) \, dE(\lambda)$ definieren. Man beachte, dass dies kein Integral im Sinn von Abschn. 3.2 ist, da das Maß Werte in $L(\mathscr{H})$ und nicht in $[0, \infty]$ annimmt. Dennoch folgt man dem Aufbau der Integrationstheorie aus diesem Abschnitt: Man definiert zunächst das Integral für Stufenfunktionen und geht dann in geeigneter Weise zum Grenzwert über (der in diesem Fall in der starken Operatortopologie genommen wird, vergleiche Definiton 6.5).

▶ **Definition 6.11.** Sei $E \colon \mathscr{A} \to L(\mathscr{H})$ ein Spektralmaß, und sei $f \colon X \to \mathbb{C}$ eine Stufenfunktion, d. h. es existiert eine Darstellung der Form $f = \sum_{j=1}^{k} c_j \mathbb{1}_{A_j}$ mit $c_j \in \mathbb{C}$ und $A_j \in \mathscr{A}$ disjunkt. Dann heißt

$$\int f(\lambda)\, dE(\lambda) := \int f\, dE := \sum_{j=1}^{k} c_j E(A_j) \in L(\mathcal{H})$$

das Integral von $f$ bezüglich $E$.

**Lemma 6.12.** *Sei* $E \colon \mathcal{A} \to L(\mathcal{H})$ *ein Spektralmaß.*

a) *Die Abbildung* $f \mapsto \int f\, dE$ *(vom Vektorraum der Stufenfunktionen nach* $L(\mathcal{H})$*)*
   *ist linear, und für jede Stufenfunktion* $f$ *gilt* $(\int f\, dE)^* = \int \overline{f}\, dE$.
b) *Sei* $f \colon X \to \mathbb{C}$ *eine Stufenfunktion. Dann gilt für alle* $x \in \mathcal{H}$

$$\left\| \left( \int f(\lambda)\, dE(\lambda) \right) x \right\|^2 = \int |f(\lambda)|^2\, d\langle E(\lambda)x, x \rangle \le \sup_{\lambda \in X} |f(\lambda)|^2\, \|x\|^2.$$

c) *Für alle Stufenfunktionen* $f, g \colon X \to \mathbb{C}$ *gilt* $(\int f\, dE)(\int g\, dE) = \int fg\, dE$.

*Beweis.*

a)  Dies folgt direkt aus der Definition des Integrals.
b)  Unter Verwendung des Satzes von Pythagoras erhalten wir

$$\left\| \left( \int f\, dE \right) x \right\|^2 = \left\| \sum_{j=1}^{n} c_j E(A_j) x \right\|^2 = \sum_{j=1}^{n} |c_j|^2\, \|E(A_j)x\|^2$$

$$= \int |f|^2\, dE_x \le \sup_{\lambda \in X} |f(\lambda)|^2 E_x(X) = \sup_{\lambda \in X} |f(\lambda)|^2\, \|x\|^2.$$

c)  Seien $f = \sum_{j=1}^{n} c_j \mathbb{1}_{A_j}$ und $g = \sum_{k=1}^{m} d_k \mathbb{1}_{B_k}$ Stufenfunktionen. Dann ist auch $fg = \sum_{j=1}^{n} \sum_{k=1}^{m} c_j d_k \mathbb{1}_{A_j \cap B_k}$ wieder eine Stufenfunktion, und mit Lemma 6.9 c) folgt

$$\left( \int f\, dE \right) \left( \int g\, dE \right) = \left( \sum_{i=1}^{n} c_j E(A_j) \right) \left( \sum_{j=1}^{m} d_k E(B_k) \right)$$

$$= \sum_{j,k} c_j d_k E(A_j) E(B_k) = \sum_{j,k} c_j d_k E(A_j \cap B_k) = \int fg\, dE. \qquad \square$$

Die Aussagen des letzten Lemmas erlauben es, das Integral auf eine größere Klasse von Funktionen auszuweiten. Im folgenden Satz betrachten wir wieder das (skalare) Maß $E_x \colon \mathcal{A} \to [0, \infty)$, $A \mapsto \|E(A)x\|^2$ (siehe Bemerkung 6.10).

**Satz 6.13.** *Seien* $E: \mathscr{A} \to L(\mathscr{H})$ *ein Spektralmaß,* $x \in \mathscr{H}$ *und* $f: X \to \mathbb{C}$ *eine Abbildung. Dann sind äquivalent:*

(i) *Es gilt* $f \in L^2(E_x)$, *d.h.* $f$ *ist messbar mit* $\int |f(\lambda)|^2 \, dE_x(\lambda) < \infty$.
(ii) *Es gibt eine Folge* $(f_n)_{n \in \mathbb{N}}$ *von Stufenfunktionen mit* $f_n \to f$ *punktweise und* $\int |f_n(\lambda) - f(\lambda)|^2 \, dE_x(\lambda) \to 0$ $(n \to \infty)$.

*Dabei kann die Folge in (ii) unabhängig von* $x \in \mathscr{H}$ *gewählt werden. Sind* $(f_n)_{n \in \mathbb{N}}$ *und* $(g_n)_{n \in \mathbb{N}}$ *Folgen wie in (ii), so sind die Folgen*

$$\left( \left[ \int f_n(\lambda) \, dE(\lambda) \right] x \right)_{n \in \mathbb{N}} \subseteq \mathscr{H} \quad \text{und} \quad \left( \left[ \int g_n(\lambda) \, dE(\lambda) \right] x \right)_{n \in \mathbb{N}} \subseteq \mathscr{H}$$

*konvergent mit gleichem Grenzwert.*

*Beweis.* (ii)$\Rightarrow$(i): Als punktweiser Limes messbarer Funktionen ist $f$ messbar. Da $E_x$ ein endliches Maß ist, ist jede Stufenfunktion integrierbar. Nach (ii) existiert ein $n_0 \in \mathbb{N}$ mit $\int |f_{n_0}(\lambda) - f(\lambda)|^2 \, dE_x(\lambda) \le 1$. Damit gilt

$$\int |f(\lambda)|^2 \, dE_x(\lambda) \le 2 \int |f_{n_0}(\lambda)|^2 \, dE_x(\lambda) + 2 < \infty.$$

Also gilt $f \in L^2(E_x)$.

(i)$\Rightarrow$(ii): Das ist die Aussage von Lemma 3.58. Dabei wählt man wie dort die Folge von Stufenfunktionen so, dass $|f_n(\lambda)| \le |f(\lambda)|$ für alle $n \in \mathbb{N}$ und $\lambda \in X$ gilt. Für jedes $\tilde{x} \in \mathscr{H}$ mit $f \in L^2(E_{\tilde{x}})$ folgt dann mit majorisierter Konvergenz $\int |f_n(\lambda) - f(\lambda)|^2 \, dE_{\tilde{x}}(\lambda) \to 0$ $(n \to \infty)$, d.h. man kann die approximierende Folge unabhängig von $x$ wählen.

Sei nun $f \in L^2(E_x)$, und seien $(f_n)_{n \in \mathbb{N}}$ und $(g_n)_{n \in \mathbb{N}}$ Folgen wie in (ii). Dann gilt nach Lemma 6.12 b)

$$\left\| \left( \int f_n(\lambda) \, dE(\lambda) - \int f_m(\lambda) \, dE(\lambda) \right) x \right\|^2 = \left\| \left( \int (f_n(\lambda) - f_m(\lambda)) \, dE(\lambda) \right) x \right\|^2$$

$$= \int |f_n(\lambda) - f_m(\lambda)|^2 \, dE_x(\lambda) \to 0 \ (n \to \infty),$$

da $(f_n)_{n \in \mathbb{N}} \subseteq L^2(E_x)$ nach (ii) konvergent ist. Genauso sieht man

$$\left\| \left( \int f_n(\lambda) \, dE(\lambda) - \int g_n(\lambda) \, dE(\lambda) \right) x \right\|^2 \to 0 \ (n \to \infty). \tag{6.3}$$

Also sind $(\int f_n(\lambda) \, dE(\lambda) x)_{n \in \mathbb{N}}$ und $(\int g_n(\lambda) \, dE(\lambda) x)_{n \in \mathbb{N}}$ beides Cauchyfolgen in $\mathscr{H}$ und damit konvergent. Wegen (6.3) besitzen beide Folgen denselben Grenzwert. $\square$

Die Bedingung aus Satz 6.13 erlaubt es, für $f \in L^2(E_x)$ das Integral $\int f \, \mathrm{d}E$ als Grenzwert der Integrale über eine approximierende Folge von Stufenfunktionen zu definieren. Dabei wird die Bedingung $f \in L^2(E_x)$ zur Bedingung an den Definitionsbereich dieses Integrals.

▶ **Definition 6.14.**   Seien $f \colon X \to \mathbb{C}$ messbar und $E \colon \mathscr{A} \to L(\mathscr{H})$ ein Spektralmaß. Dann definiert man den Operator $\int f \, \mathrm{d}E \colon \mathscr{H} \supseteq D(\int f \, \mathrm{d}E) \to \mathscr{H}$ durch

$$D\left(\int f \, \mathrm{d}E\right) := \left\{ x \in \mathscr{H} \;\Big|\; \int |f|^2 \, \mathrm{d}E_x < \infty \right\},$$

$$\left(\int f \, \mathrm{d}E\right) x := \lim_{n \to \infty} \left(\int f_n \, \mathrm{d}E\right) x \quad \text{für } x \in D\left(\int f \, \mathrm{d}E\right).$$

Dabei ist $(f_n)_{n \in \mathbb{N}}$ eine Folge wie in Satz 6.13. Wir setzen $\int f(\lambda) \, \mathrm{d}E(\lambda) := \int f \, \mathrm{d}E$.

Ein großer Vorteil des obigen Integralbegriffs liegt darin, dass man das Integral über jede messbare Funktion bilden kann, wobei der Definitionsbereich des Integrals $\int f \, \mathrm{d}E$ von $f$ abhängt. Die Wohldefiniertheit des Integrals ist wegen Lemma 6.12 gegeben. Wir wollen im Folgenden die Eigenschaften des Integrals genauer untersuchen.

**Lemma 6.15.** *Sei $E \colon \mathscr{A} \to L(\mathscr{H})$ ein Spektralmaß, und sei $f \colon X \to \mathbb{C}$ messbar.*

a) *Zu $N \geq 0$ sei $A_N := \{ \lambda \in X \mid |f(\lambda)| \leq N \}$. Dann gilt $\mathrm{im}(E(A_N)) \subseteq D(\int f \, \mathrm{d}E)$.*
b) *$D(\int f \, \mathrm{d}E)$ ist ein dichter Untervektorraum von $\mathscr{H}$, und es gilt*

$$\left\| \left( \int f(\lambda) \, \mathrm{d}E(\lambda) \right) x \right\|^2 = \int |f(\lambda)|^2 \, \mathrm{d}E_x \quad (x \in D(\textstyle\int f \, \mathrm{d}E)). \tag{6.4}$$

*Beweis.*

a) Wegen $D(\int f \, \mathrm{d}E) = D(\int |f| \, \mathrm{d}E)$ können wir ohne Einschränkung $f \geq 0$ annehmen. Nach Satz 3.30 existiert eine Folge $(f_n)_{n \in \mathbb{N}}$ von Stufenfunktionen mit $f_n \nearrow f$ $(n \to \infty)$. Dann gilt mit monotoner Konvergenz für jedes $x \in \mathscr{H}$

$$\int f_n(\lambda)^2 \mathbb{1}_{A_N}(\lambda) \, \mathrm{d}E_x(\lambda) \to \int f(\lambda)^2 \mathbb{1}_{A_N}(\lambda) \, \mathrm{d}E_x(\lambda) \leq N^2 \|x\|^2 \quad (n \to \infty).$$

Sei $x_N \in \mathrm{im}(E(A_N))$. Dann gilt $x_N = E(A_N) x_N$, und wegen $\int \mathbb{1}_{A_N} \, \mathrm{d}E x_N = E(A_N) x_N$ und Lemma 6.12 b) und c) folgt

$$\int f(\lambda)^2 \, \mathrm{d}E_{x_N}(\lambda) = \lim_{n\to\infty} \int f_n(\lambda)^2 \, \mathrm{d}E_{x_N}(\lambda) = \lim_{n\to\infty} \left\| \left[ \int f_n(\lambda) \, \mathrm{d}E(\lambda) \right] x_N \right\|^2$$

$$= \lim_{n\to\infty} \left\| \left[ \int f_n(\lambda) \, \mathrm{d}E(\lambda) \right] \left[ \int \mathbb{1}_{A_N}(\lambda) \, \mathrm{d}E(\lambda) \right] x_N \right\|^2$$

$$= \lim_{n\to\infty} \left\| \left[ \int f_n(\lambda) \mathbb{1}_{A_N}(\lambda) \, \mathrm{d}E(\lambda) \right] x_N \right\|^2$$

$$= \lim_{n\to\infty} \int f_n(\lambda)^2 \mathbb{1}_{A_N}(\lambda) \, \mathrm{d}E_{x_N}(\lambda) \leq N^2 \|x_N\|^2 < \infty.$$

Somit ist $x_N \in D(\int f \, \mathrm{d}E)$.

b) Offensichtlich gilt $E_{\alpha x} = |\alpha|^2 E_x$ für alle $\alpha \in \mathbb{C}$ und $x \in \mathscr{H}$. Ebenso gilt für alle $A \in \mathscr{A}$ und $x, y \in \mathscr{H}$

$$E_{x+y}(A) = \langle x + y, E(A)(x + y) \rangle$$

$$\leq E_x(A) + E_y(A) + 2|\langle E(A)x, E(A)y \rangle|$$

$$\leq E_x(A) + E_y(A) + 2\|E(A)x\| \, \|E(A)y\|$$

$$\leq E_x(A) + E_y(A) + \|E(A)x\|^2 + \|E(A)y\|^2$$

$$\leq 2E_x(A) + 2E_y(A).$$

Damit ist $D(\int f \, \mathrm{d}E)$ ein linearer Unterraum. Sei $x \in \mathscr{H}$. Wir definieren $x_N := E(A_N)x$ für $N \in \mathbb{N}$. Dann gilt $x_N \in D(\int f \, \mathrm{d}E)$ nach a), und wegen

$$x_N = E(A_N)x \to E\left( \bigcup_{N\in\mathbb{N}} A_N \right) x = E(X)x = x \quad (N \to \infty)$$

(vergleiche Definition 6.8) folgt $x_N \to x$ $(N \to \infty)$. Somit ist $D(\int f \, \mathrm{d}E)$ dicht in $\mathscr{H}$. Die Gleichheit (6.4) folgt aus der entsprechenden Eigenschaft für Stufenfunktionen (Lemma 6.12 b)) mit majorisierter Konvergenz. $\qquad\square$

*Bemerkung 6.16.* Der Operator $\int f \, \mathrm{d}E$ ist für alle messbaren Funktionen $f$ bereits durch die Familie $(E_x)_{x\in\mathscr{H}}$ der skalaren Maße $E_x : \mathscr{A} \to [0, \infty)$ eindeutig festgelegt. Um das zu sehen, verwenden wir die Polarisationsformel (Satz 2.3 c)), die wir im Komplexen kurz in der Form

$$\langle x, y \rangle = \frac{1}{4} \sum_{z^4=1} z\|x + zy\|^2 \quad (x, y \in \mathscr{H})$$

schreiben. Für Stufenfunktionen $f = \sum_{j=1}^{n} c_j \mathbb{1}_{A_j}$ erhält man

$$
\left\langle \left( \int f \, dE \right) x, y \right\rangle = \sum_{j=1}^{n} c_j \langle E(A_j)x, y \rangle = \sum_{j=1}^{n} c_j \langle E(A_j)x, E(A_j)y \rangle
$$

$$
= \frac{1}{4} \sum_{j=1}^{n} c_j \sum_{z^4=1} z \| E(A_j)x + zE(A_j)y \|^2
$$

$$
= \frac{1}{4} \sum_{z^4=1} z \sum_{j=1}^{n} c_j E_{x+zy}(A_j) = \frac{1}{4} \sum_{z^4=1} z \int f \, dE_{x+zy}. \tag{6.5}
$$

Damit ist der Operator $\int f \, dE \in L(\mathscr{H})$ für alle Stufenfunktionen $f$ durch die Maße $E_x$ mit $x \in \mathscr{H}$ schon eindeutig bestimmt. Nach Definition 6.14 gilt dies auch für alle messbaren Funktionen $f$, insbesondere ist auch $D(\int f \, dE)$ schon durch die skalaren Maße festgelegt.

**Satz 6.17.** *Sei $E: \mathscr{A} \to L(\mathscr{H})$ ein Spektralmaß, und sei $f: X \to \mathbb{C}$ messbar. Dann ist $\int f \, dE$ ein normaler Operator, und es gilt $(\int f \, dE)^* = \int \overline{f} \, dE$.*

*Beweis.* Sei wieder $A_N := \{\lambda \in X \mid |f(\lambda)| \leq N\}$, und sei $(f_n)_{n \in \mathbb{N}}$ eine Folge von Stufenfunktionen wie in Satz 6.13. Nach Lemma 6.15 a) gilt $E(A_N)y \in D(\int f \, dE)$ für alle $N \in \mathbb{N}$ und alle $y \in \mathscr{H}$. Sei nun $x \in D((\int f \, dE)^*)$ und $x^* := (\int f \, dE)^* x$. Dann erhalten wir für alle $y \in \mathscr{H}$ unter Verwendung von Lemma 6.12

$$
\langle E(A_N)x^*, y \rangle = \langle x^*, E(A_N)y \rangle = \left\langle x, \left( \int f \, dE \right) E(A_N)y \right\rangle
$$

$$
= \lim_{n \to \infty} \left\langle x, \left( \int f_n \, dE \right) E(A_N)y \right\rangle = \lim_{n \to \infty} \left\langle x, E(A_N) \left( \int f_n \, dE \right) y \right\rangle
$$

$$
= \lim_{n \to \infty} \left\langle \left( \int \overline{f}_n \, dE \right) E(A_N)x, y \right\rangle.
$$

Somit gilt

$$
E(A_N)x^* = \left( \int \overline{f} \, dE \right) E(A_N)x = \left( \int \overline{f} \mathbb{1}_{A_N} \, dE \right) x. \tag{6.6}
$$

Es gilt $E(A_N)x^* \to x^*$ $(N \to \infty)$, und mit monotoner Konvergenz erhält man

$$
\left\| \left( \int \overline{f} \mathbb{1}_{A_N} \, dE \right) x \right\|^2 = \int |f|^2 \mathbb{1}_{A_N} \, dE_x \to \int |f|^2 \, dE_x \quad (N \to \infty).
$$

Nach (6.6) folgt $\int |f|^2 \, dE_x \leq \|x^*\| < \infty$ und damit $x \in D(\int \overline{f} \, dE)$. Somit gilt

$$E(A_N)x^* = \left( \int \overline{f} \mathbb{1}_{A_N} \, \mathrm{d}E \right) x = \lim_{n \to \infty} \left( \int \overline{f}_n \mathbb{1}_{A_N} \, \mathrm{d}E \right) x$$

$$= \lim_{n \to \infty} E(A_N) \left( \int \overline{f}_n \, \mathrm{d}E \right) x = E(A_N) \left( \int \overline{f} \, \mathrm{d}E \right) x.$$

Für $N \to \infty$ erhält man $x^* = (\int \overline{f} \, \mathrm{d}E)x$, d.h. wir haben $(\int f \, \mathrm{d}E)^* \subseteq \int \overline{f} \, \mathrm{d}E$ gezeigt.

Für die umgekehrte Inklusion seien $x \in D(\int \overline{f} \, \mathrm{d}E)$ und $y \in D(\int f \, \mathrm{d}E)$. Dann gilt

$$\left\langle x, \left( \int f \, \mathrm{d}E \right) y \right\rangle = \lim_{n \to \infty} \left\langle x, \left( \int f_n \, \mathrm{d}E \right) y \right\rangle = \lim_{n \to \infty} \left\langle \left( \int \overline{f}_n \, \mathrm{d}E \right) x, y \right\rangle$$

$$= \left\langle \left( \int \overline{f} \, \mathrm{d}E \right) x, y \right\rangle,$$

und nach Definition des adjungierten Operators ist $x \in D((\int f \, \mathrm{d}E)^*)$. Insgesamt erhalten wir $(\int f \, \mathrm{d}E)^* = \int \overline{f} \, \mathrm{d}E$.

Wegen

$$\left\| \left( \int \overline{f} \, \mathrm{d}E \right) x \right\|^2 = \int |f|^2 \, \mathrm{d}E_x = \left\| \left( \int f \, \mathrm{d}E \right) x \right\|^2 \quad \left( x \in D \left( \int f \, \mathrm{d}E \right) \right)$$

folgt $D(\int f \, \mathrm{d}E) = D((\int f \, \mathrm{d}E)^*)$ sowie $\|(\int f \, \mathrm{d}E)x\| = \|(\int f \, \mathrm{d}E)^*x\|$ $(x \in D(\int f \, \mathrm{d}E))$. Also ist $\int f \, \mathrm{d}E$ ein normaler Operator. $\qquad \square$

Wie der obige Satz zeigt, ist $T := \int f \, \mathrm{d}E$ immer ein normaler Operator. Eigenschaften dieses Operators können am Spektralmaß $E$ in Verbindung mit der Funktion $f$ direkt abgelesen werden, wie das folgende Resultat zeigt. Dabei sagt man in Analogie zu skalaren Maßen (siehe Definition 3.4 c)), dass eine Aussage $M(\lambda)$ für $E$-fast alle $\lambda \in X$ gilt (oder $E$-fast überall), falls

$$E\big(\{\lambda \in X \mid M(\lambda) \text{ gilt nicht}\}\big) = 0.$$

**Satz 6.18.** *Sei $E \colon \mathscr{A} \to L(\mathscr{H})$ ein Spektralmaß, und seien $f, g \colon X \to \mathbb{C}$ messbare Funktionen.*

a) *Es ist $\int f \, \mathrm{d}E = \int g \, \mathrm{d}E$ (als Gleichheit linearer Operatoren) genau dann, wenn $f = g$ $E$-fast überall gilt.*

b) *Der Operator $\int f \, \mathrm{d}E$ st genau dann injektiv, wenn $f(\lambda) \neq 0$ für $E$-fast alle $\lambda \in X$ gilt.*

c) *Es gilt $\int f \, \mathrm{d}E \in L(\mathscr{H})$ genau dann, wenn $f$ $E$-fast überall beschränkt ist, d.h. wenn eine Konstante $c > 0$ existiert mit $|f(\lambda)| \leq c$ für $E$-fast alle $\lambda \in X$. In diesem Fall gilt*

$$\left\| \int f \, \mathrm{d}E \right\| = \|f\|_{L^\infty(E)} := \inf \left\{ c > 0 \,\big|\, |f| \le c \; E\text{-fast überall} \right\}.$$

d) *Der Operator $\int f \, \mathrm{d}E$ ist genau dann selbstadjungiert, falls $f(\lambda) \in \mathbb{R}$ für $E$-fast alle $\lambda \in X$ gilt.*

*Beweis.*

a) (i)  Seien $\int f \, \mathrm{d}E = \int g \, \mathrm{d}E$ und $A := \{\lambda \mid f(\lambda) \ne g(\lambda)\}$. Wir setzen

$$A_N := A \cap \left\{ \lambda \in X \,\big|\, |f(\lambda)| \le N, \; |g(\lambda)| \le N \right\}$$

für $N \in \mathbb{N}$ und zeigen $E(A_N) = 0$ ($N \in \mathbb{N}$). Sei dazu $x \in \mathrm{im}(E(A_N))$. Nach Lemma 6.15 a) folgt $x \in D(\int f \, \mathrm{d}E) = D(\int g \, \mathrm{d}E)$. Seien $f_n \to f$ und $g_n \to g$ Stufenfunktionen. Dann gilt

$$\left\| \left( \int f_n \, \mathrm{d}E \right) x - \left( \int g_n \, \mathrm{d}E \right) x \right\|^2 \longrightarrow \left\| \left( \int f \, \mathrm{d}E \right) x - \left( \int g \, \mathrm{d}E \right) x \right\|^2 = 0 \;(n \to \infty).$$

Andererseits ist die linke Seite wegen $E(A_N)x = x$ gegeben durch

$$\left\| \left( \int f_n \, \mathrm{d}E \right) x - \left( \int g_n \, \mathrm{d}E \right) x \right\|^2 = \left\| \left( \int \mathbb{1}_{A_N}(f_n - g_n) \, \mathrm{d}E \right) x \right\|^2$$

$$= \int \mathbb{1}_{A_N} |f_n - g_n|^2 \, \mathrm{d}E_x$$

$$\to \int \mathbb{1}_{A_N} |f - g|^2 \, \mathrm{d}E_x \quad (n \to \infty).$$

Somit gilt $\int_{A_N} |f - g|^2 \, \mathrm{d}E_x = 0$. Nach Satz 3.34 a) folgt

$$E_x\big(\{\lambda \in A_N \mid |f(\lambda) - g(\lambda)| > 0\}\big) = 0$$

und damit $\|x\|^2 = \|E(A_N)x\|^2 = E_x(A_N) = 0$. Somit gilt $E(A_N) = 0$. Für $N \to \infty$ erhält man $E(A) = \lim_{N \to \infty} E(A_N) = 0$.

(ii)  Sei nun $E(\{f \ne g\}) = 0$. Dann ist $E_x(\{f \ne g\}) = 0$ für alle $x \in \mathcal{H}$ und damit $D(\int f \, \mathrm{d}E) = D(\int g \, \mathrm{d}E)$. Aus $\int f \, \mathrm{d}E_x = \int g \, \mathrm{d}E_x$ ($x \in D(\int f \, \mathrm{d}E)$) folgt mit der Polarisationsformel (6.5) aus Bemerkung 6.16 bereits $\int f \, \mathrm{d}E = \int g \, \mathrm{d}E$.

b)  Seien $\int f \, \mathrm{d}E$ injektiv und $A := \{\lambda \in X \mid f(\lambda) = 0\}$. Für $x \in \mathrm{im}(E(A))$ erhalten wir (wieder mit Lemma 6.15) $x \in D(\int f \, \mathrm{d}E)$ sowie

$$\left\| \left( \int f \, \mathrm{d}E \right) x \right\|^2 = \int_A |f|^2 \, \mathrm{d}E_x = 0.$$

Da $\int f\,\mathrm{d}E$ injektiv ist, erhalten wir $x = 0$ und somit $E(A) = 0$.

Sei nun $f \neq 0$ $E$-fast überall. Für $x \in \ker(\int f\,\mathrm{d}E)$ gilt

$$0 = \left\| \left( \int f\,\mathrm{d}E \right) x \right\|^2 = \int |f|^2\,\mathrm{d}E_x.$$

Daher ist $E_x(\{|f| > 0\}) = 0$. Wegen $E(\{f = 0\}) = 0$ erhalten wir $E_x(X) = 0$ und somit $\|x\|^2 = \|E(X)x\|^2 = 0$, und $\int f\,\mathrm{d}E$ ist injektiv.

c) Sei $f \in L^\infty(E)$, und sei $c > 0$ mit $E(A_c) = 0$ für $A_c := \{\lambda \in X \mid |f(\lambda)| > c\}$. Dann gilt für alle $x \in \mathscr{H}$

$$\int |f(\lambda)|^2\,\mathrm{d}E_x(\lambda) = \int \mathbb{1}_{X \setminus A_c} |f(\lambda)|^2\,\mathrm{d}E_x(\lambda) \leq c^2 E_x(X \setminus A_c) \leq c^2 \|x\|^2 < \infty.$$

Also ist $D(\int f\,\mathrm{d}E) = \mathscr{H}$, und aus $\|(\int f\,\mathrm{d}E)x\|^2 = \int |f|^2\,\mathrm{d}E_x$ und der obigen Rechnung folgt $\|(\int f\,\mathrm{d}E)x\| \leq c\|x\|$ ($x \in \mathscr{H}$). Damit ist $\int f\,\mathrm{d}E$ ein beschränkter Operator, und für seine Operatornorm gilt

$$\left\| \int f\,\mathrm{d}E \right\| \leq \inf\{c > 0 \mid E(A_c) = 0\} = \|f\|_{L^\infty(E)}.$$

Falls $\|\int f\,\mathrm{d}E\| < \|f\|_{L^\infty(E)}$, so existiert ein $c > \|\int f\,\mathrm{d}E\|$ mit $E(A_c) \neq 0$. Für $x \in \mathrm{im}(E(A_c)) \setminus \{0\}$ folgt dann

$$\left\| \left( \int f\,\mathrm{d}E \right) x \right\|^2 = \int |f|^2\,\mathrm{d}E_x = \int \mathbb{1}_{A_c} |f|^2\,\mathrm{d}E_x \geq c^2 \|x\|^2,$$

im Widerspruch zu $\|\int f\,\mathrm{d}E\| < c$. Also erhalten wir $\|\int f\,\mathrm{d}E\| = \|f\|_{L^\infty(E)}$. Dieselbe Rechnung zeigt, dass $f$ $E$-fast überall beschränkt ist, falls $\int f\,\mathrm{d}E \in L(\mathscr{H})$.

d) Nach Satz 6.17 ist $(\int f\,\mathrm{d}E)^* = \int \overline{f}\,\mathrm{d}E$. Mit Teil a) sieht man, dass dies genau dann gleich $\int f\,\mathrm{d}E$ ist, wenn $f(\lambda) = \overline{f(\lambda)}$ für $E$-fast alle $\lambda \in X$ gilt, d.h. wenn $f$ $E$-fast überall reellwertig ist.  $\qquad\square$

In Lemma 6.12 c) hatten wir gesehen, dass die Abbildung $f \mapsto \int f\,\mathrm{d}E$ für Stufenfunktionen nicht nur additiv, sondern sogar multiplikativ ist. Dieselben Eigenschaften gelten auch für allgemeine messbare Funktionen $f$, wobei man jetzt allerdings auf die Definitionsbereiche achten muss. Wie bisher bedeutet im folgenden Satz $S \subseteq T$ für zwei lineare Operatoren, dass $D(S) \subseteq D(T)$ und $T|_{D(S)} = S$ gilt.

**Satz 6.19.** *Sei $E: \mathscr{A} \to L(\mathscr{H})$ ein Spektralmaß, und seien $A \in \mathscr{A}$ sowie $f, g: X \to \mathbb{C}$ messbar. Dann gilt $\int (cf) \, dE = c \int f \, dE$ für alle $c \in \mathbb{C}$ sowie*

$$E(A) \left( \int f \, dE \right) \subseteq \left( \int f \, dE \right) E(A),$$

$$\int f \, dE + \int g \, dE \subseteq \int (f + g) \, dE,$$

$$\left( \int f \, dE \right) \left( \int g \, dE \right) \subseteq \int (f \cdot g) \, dE.$$

*Beweis.* Die Gleichheit $\int (cf) \, dE = c \int f \, dE$ folgt direkt aus den Definitionen. Zur Abkürzung setzen wir $T_h := \int h \, dE$ für jede messbare Funktion $h: X \to \mathbb{C}$. Wir approximieren $f$ und $g$ wieder durch Stufenfunktionen $f_n \to f$ und $g_n \to g$ wie in Lemma 3.58, wobei $|f_n(\lambda)| \nearrow |f(\lambda)|$ und $|g_n(\lambda)| \nearrow |g(\lambda)|$ für $n \to \infty$ gilt.

Um die erste Inklusion zu zeigen, sei $x \in D(E(A)T_f) = D(T_f)$ und $y := E(A)x$. Dann erhält man mit monotoner Konvergenz und mit Lemma 6.12 c)

$$\int |f|^2 \, dE_y = \lim_{n \to \infty} \int |f_n|^2 \, dE_y = \lim_{n \to \infty} \|T_{f_n} y\|^2 = \lim_{n \to \infty} \|T_{f_n} E(A)x\|^2$$

$$= \lim_{n \to \infty} \|T_{f_n} T_{\mathbb{1}_A} x\|^2 = \lim_{n \to \infty} \|T_{f_n \mathbb{1}_A} x\|^2 = \lim_{n \to \infty} \int \mathbb{1}_A |f_n|^2 \, dE_x$$

$$= \int \mathbb{1}_A |f|^2 \, dE_x \leq \int |f|^2 \, dE_x = \|T_f x\|^2.$$

Also gilt $y \in D(T_f)$ und somit $x \in D(T_f E(A))$. Nach Definition des Integrals gilt außerdem, wieder unter Verwendung von Lemma 6.12 c),

$$T_f y = \lim_{n \to \infty} T_{f_n} y = \lim_{n \to \infty} T_{f_n} E(A)x = \lim_{n \to \infty} E(A)T_{f_n} x = E(A)T_f x.$$

Dies zeigt die erste Inklusion $E(A)T_f \subseteq T_f E(A)$.

Für die zweite Inklusion $T_f + T_g \subseteq T_{f+g}$ beachte man, dass für $x \in D(T_f + T_g) = D(T_f) \cap D(T_g)$ gilt $f, g \in L^2(E_x)$ und damit $f + g \in L^2(E_x)$, d.h. $x \in D(T_{f+g})$. Die Gleichheit der Operatoren für alle $x \in D(T_f + T_g)$ folgt dann wieder durch Approximation durch Stufenfunktionen.

Nach dem bisher Gezeigten gilt die dritte Inklusion bereits für $f = \mathbb{1}_A$ und wegen der Linearität für alle Stufenfunktionen, insbesondere ist $T_{f_n} T_g \subseteq T_{f_n g}$. Sei nun $x \in D(T_f T_g)$, d. h. es gilt $x \in D(T_g)$ und $T_g x \in D(T_f)$. Dann folgt wieder mit monotoner Konvergenz

$$\|T_f T_g x\|^2 = \lim_{n \to \infty} \|T_{f_n} T_g x\|^2 = \lim_{n \to \infty} \|T_{f_n g} x\|^2 = \lim_{n \to \infty} \int |f_n g|^2 \, dE_x = \int |fg|^2 \, dE_x.$$

Also gilt $x \in D(T_{fg})$. Mit majorisierter Konvergenz und der zweiten Inklusion erhalten wir die Abschätzung

$$\|(T_{fg} - T_{f_ng})x\|^2 = \|T_{fg-f_ng}x\|^2 = \int |f - f_n|^2 |g|^2 \, dE_x \to 0 \ (n \to \infty).$$

Folglich ist $T_{fg}x = \lim_{n\to\infty} T_{f_ng}x = \lim_{n\to\infty} T_{f_n}T_g x = T_f T_g x$, und wir erhalten die gewünschte Aussage $T_f T_g \subseteq T_{fg}$. $\qquad\square$

Man beachte, dass in den obigen Aussagen „$\subseteq$" nicht durch „$=$" ersetzt werden kann. Sei etwa $f : X \to \mathbb{C}$ eine messbare Funktion, welche nicht $E$-fast überall beschränkt ist. Dann gilt $D(\int f \, dE) \neq \mathscr{H}$ nach Satz 6.18 c). Setzt man $g := -f$, so ist $\int (f + g) \, dE = 0$ und

$$D\left(\int f \, dE + \int g \, dE\right) = D\left(\int f \, dE\right) \neq \mathscr{H} = D\left(\int (f + g) \, dE\right).$$

## 6.2 Spektralsatz und Funktionalkalkül

Im Folgenden sei wieder $\mathscr{H}$ ein $\mathbb{C}$-Hilbertraum. Im vorigen Abschnitt wurde gezeigt, dass bei einem gegebenen Spektralmaß $E : \mathscr{A} \to L(\mathscr{H})$ jeder messbaren Funktion $f : X \to \mathbb{C}$ ein normaler Operator $\int f \, dE$ zugeordnet werden kann. Der Spektralsatz, einer der wichtigsten Sätze der Operatortheorie, besagt, dass umgekehrt zu jedem normalen Operator $T$ ein Spektralmaß auf dem Spektrum $\sigma(T) \subset \mathbb{C}$ von $T$ existiert mit $T = \int \lambda \, dE(\lambda)$. Im folgenden Satz ist wieder $\mathscr{B}(\sigma(T))$ die Borel-$\sigma$-Algebra (siehe Definition 3.14) über $\sigma(T)$.

**Satz 6.20 (Spektralsatz).** *Sei $T : \mathscr{H} \supseteq D(T) \to \mathscr{H}$ ein normaler Operator. Dann existiert genau ein Spektralmaß $E : \mathscr{B}(\sigma(T)) \to L(\mathscr{H})$ mit*

$$T = \int_{\sigma(T)} \lambda \, dE(\lambda)$$

*als Gleichheit unbeschränkter Operatoren. Insbesondere gilt*

$$D(T) = \left\{x \in \mathscr{H} \, \middle| \, \int_{\sigma(T)} |\lambda|^2 \, dE_x(\lambda) < \infty\right\},$$

*wobei das Maß $E_x$ wieder durch $E_x : \mathscr{B}(\sigma(T)) \to [0, \infty)$, $A \mapsto \|E(A)x\|^2$ gegeben sei. Für jede messbare Funktion $f : \sigma(T) \to \mathbb{C}$ wird durch*

$$D(f(T)) := \left\{ x \in \mathscr{H} \,\middle|\, \int_{\sigma(T)} |f(\lambda)|^2 \, dE_x(\lambda) < \infty \right\},$$

$$f(T) := \int_{\sigma(T)} f(\lambda) \, dE(\lambda),$$

*ein normaler Operator $f(T) \colon \mathscr{H} \supseteq D(f(T)) \to \mathscr{H}$ definiert.*

*Bemerkung 6.21.* Falls der Operator $T$ selbstadjungiert ist, so gilt $\sigma(T) \subseteq \mathbb{R}$ nach Satz 5.39. In diesem Fall kann man das Spektralmaß $E \colon \mathscr{B}(\sigma(T)) \to L(\mathscr{H})$ durch $E(\mathbb{R} \setminus \sigma(T)) := 0$ auf die ganzen reellen Zahlen ausweiten und erhält dann ein Spektralmaß $E \colon \mathscr{B}(\mathbb{R}) \to L(\mathscr{H})$. In diesem Fall schreibt man den Spektralsatz häufig in der Form

$$T = \int_{-\infty}^{\infty} \lambda \, dE(\lambda).$$

Da $\mathbb{R} \setminus \sigma(T)$ eine $E$-Nullmenge ist, gilt für jede messbare Funktion $f \colon \mathbb{R} \to \mathbb{C}$ die Gleichheit

$$\int_{-\infty}^{\infty} f(\lambda) \, dE(\lambda) = \int_{\sigma(T)} f(\lambda) \, dE(\lambda).$$

Im Falle eines normalen Operators kann man das Spektralmaß $E \colon \mathscr{B}(\sigma(T)) \to L(\mathscr{H})$ analog fortsetzen zu einem projektorwertigen Maß $E \colon \mathscr{B}(\mathbb{C}) \to L(\mathscr{H})$, indem man $E(\mathbb{C} \setminus \sigma(T)) := 0$ setzt.

Der Beweis des Spektralsatzes ist relativ aufwändig und wird hier nicht ausgeführt, wir verweisen etwa auf [54, Theorem 13.33], oder [70, Theorem VII.3.2]. Ein Beweisansatz liegt in der Identität $E(A) = \int \mathbb{1}_A \, dE = \mathbb{1}_A(T)$ für $A \in \mathscr{B}(\sigma(T))$. Um diese Identität als Definition des Spektralmaßes nutzen zu können, muss die Funktion $\mathbb{1}_A(T)$ definiert werden. Dies kann (z. B. für beschränkte selbstadjungierte Operatoren) mit Hilfe eines sogenannten Funktionalkalküls geschehen, der ausgehend von den in natürlicher Weise definierten Operatoren $p(T)$ für Polynome $p$ den Operator $f(T)$ zunächst für stetige Funktionen $f$ und dann für messbare Funktionen $f$ betrachtet.

**Korollar 6.22.** *Sei $T \colon \mathscr{H} \supseteq D(T) \to \mathscr{H}$ ein normaler Operator mit zugehörigem Spektralmaß $E \colon \mathscr{B}(\sigma(T)) \to L(\mathscr{H})$. Dann gilt $E(\sigma(T)) = \mathrm{id}_{\mathscr{H}}$, insbesondere ist $\sigma(T) \neq \emptyset$, und für alle $A \in \mathscr{B}(\sigma(T))$ ist $E(A) = \mathbb{1}_A(T)$. Für jede messbare Funktion $f \colon \sigma(T) \to L(\mathscr{H})$ gilt*

$$\|f(T)x\|^2 = \int_{\sigma(T)} |f(\lambda)|^2 \, dE_x(\lambda) \quad (x \in D(f(T))).$$

*Beweis.* Dies folgt alles sofort aus den Eigenschaften eines Spektralmaßes und des Integrals über Spektralmaße. □

Die Aussagen des folgenden Korollars beschreiben die wesentlichen Eigenschaften der Abbildung $f \mapsto f(T)$, die auch als Funktionalkalkül für den Operator $T$ bezeichnet wird.

---

**Korollar 6.23 (Funktionalkalkül).** *Sei $T : \mathcal{H} \supseteq D(T) \to \mathcal{H}$ ein normaler Operator mit zugehörigem Spektralmaß $E$, und seien $f, g : \sigma(T) \to \mathbb{C}$ messbare Funktionen.*

a) *Es gilt $(cf)(T) = cf(T)$ für alle $c \in \mathbb{C}$ sowie $f(T) + g(T) \subseteq (f + g)(T)$ und $f(T)g(T) \subseteq (f \cdot g)(T)$.*

b) *Der Operator $f(T)$ ist normal, und es gilt $(f(T))^* = \overline{f}(T)$.*

c) *Es gilt $f(T) \in L(\mathcal{H})$ genau dann, wenn $f$ $E$-fast überall beschränkt ist, und in diesem Fall ist $\|f(T)\| = \|f\|_{L^{\infty}(E)}$.*

d) *Sei $(f_n)_{n \in \mathbb{N}}$ eine Folge $E$-fast überall beschränkter messbarer Funktionen $f_n : \sigma(T) \to \mathbb{C}$. Es gelte $f_n \to f$ $(n \to \infty)$ punktweise und $\|f_n\|_{L^{\infty}(E)} \leq C$ $(n \in \mathbb{N})$ mit einer Konstanten $C > 0$. Dann folgt $f_n(T)x \to f(T)x$ $(n \to \infty)$ für alle $x \in \mathcal{H}$.*

---

*Beweis.* Das ist nur eine Umformulierung von Satz 6.18 d) und 6.19, wobei d) mit majorisierter Konvergenz folgt. □

Der Funktionalkalkül ist auch kompatibel mit der Komposition von Funktionen, wie das folgende Ergebnis zeigt. Man beachte dabei, dass $f(g(T))$ als $f(S)$ für den normalen Operator $S := g(T)$ im Sinne von Satz 6.20 definiert ist, während der Operator $(f \circ g)(T)$ als $h(T)$ mit der skalaren Funktion $h := f \circ g$ definiert ist.

---

**Lemma 6.24.** *Sei $T : \mathcal{H} \supseteq D(T) \to \mathcal{H}$ ein normaler Operator, und seien die Funktionen $f : \mathbb{C} \to \mathbb{C}$ und $g : \sigma(T) \to \mathbb{C}$ messbar. Für die Komposition $f \circ g : \sigma(T) \to \mathbb{C}$ gilt dann $(f \circ g)(T) = f(g(T))$.*

---

*Beweis.* Seien $E : \mathcal{B}(\mathbb{C}) \to L(\mathcal{H})$ das Spektralmaß von $T$ und $g : \sigma(T) \to \mathbb{C}$ eine messbare Funktion. Dann definiert man das Bildmaß $E \circ g^{-1} : \mathcal{B}(\mathbb{C}) \to L(\mathcal{H})$ von $E$ bezüglich $g$ durch

$$F(A) := (E \circ g^{-1})(A) := E(g^{-1}(A)) \quad (A \in \mathcal{B}(\mathbb{C})).$$

Man rechnet sofort nach, dass das Bildmaß wieder ein Spektralmaß ist. Sei $A \in \mathcal{B}(\mathbb{C})$. Dann gilt nach dem Funktionalkalkül wegen $\mathbb{1}_A \circ g = \mathbb{1}_{g^{-1}(A)}$

$$(\mathbb{1}_A \circ g)(T) = \int_{\mathbb{C}} (\mathbb{1}_A \circ g)(\lambda)\,\mathrm{d}E(\lambda) = \int_{\mathbb{C}} \mathbb{1}_{g^{-1}(A)}(\lambda)\,\mathrm{d}E(\lambda) = (E \circ g^{-1})(A)$$

$$= \int_{\mathbb{C}} \mathbb{1}_A(\tilde{\lambda})\,\mathrm{d}F(\tilde{\lambda}).$$

Aufgrund der Linearität des Integrals folgt für alle Stufenfunktionen $f: \mathbb{C} \to \mathbb{C}$

$$(f \circ g)(T) = \int_{\mathbb{C}} (f \circ g)(\lambda)\,\mathrm{d}E(\lambda) = \int_{\mathbb{C}} f(\tilde{\lambda})\,\mathrm{d}F(\tilde{\lambda}).$$

Nach Definition des Integrals gilt dies sogar für alle messbare Funktionen $f: \mathbb{C} \to \mathbb{C}$. Setzt man insbesondere $f = \mathrm{id}_{\mathbb{C}}$, erhält man $g(T) = \int_{\mathbb{C}} \tilde{\lambda}\,\mathrm{d}F(\tilde{\lambda})$, d.h. $F$ ist das zum normalen Operator $g(T)$ gehörige Spektralmaß. Somit gilt

$$(f \circ g)(T) = \int_{\mathbb{C}} f(\tilde{\lambda})\,\mathrm{d}F(\tilde{\lambda}) = f(g(T))$$

für alle messbaren Funktionen $f: \mathbb{C} \to \mathbb{C}$.                                             □

Der folgende Satz zeigt, dass das Spektrum des Operators durch die Eigenschaften des Spektralmaßes bestimmt ist.

**Satz 6.25.** *Sei $T: \mathscr{H} \supseteq D(T) \to \mathscr{H}$ ein selbstadjungierter Operator mit zugehörigem Spektralmaß $E: \mathscr{B}(\mathbb{R}) \to L(\mathscr{H})$, und sei $\lambda_0 \in \mathbb{R}$.*

a) *Es gilt $\lambda_0 \in \rho(T)$ genau dann, falls ein $\varepsilon > 0$ existiert mit*

$$E((\lambda_0 - \varepsilon, \lambda_0 + \varepsilon)) = 0.$$

b) *Es gilt*

$$\mathrm{im}(E(\{\lambda_0\})) = \ker(T - \lambda_0).$$

*Damit ist $\lambda_0 \in \sigma_p(T)$ genau dann, wenn $E(\{\lambda_0\}) \neq 0$.*

c) *Es ist $\lambda_0 \in \sigma_c(T)$ genau dann, wenn $E(\{\lambda_0\}) = 0$ und $E((\lambda_0 - \varepsilon, \lambda_0 + \varepsilon)) \neq 0$ für alle $\varepsilon > 0$ gilt.*

*Beweis.*

a) Nach Konstruktion (siehe Bemerkung 6.21) gilt $E(\rho(T) \cap \mathbb{R}) = 0$. Falls $\lambda_0 \in \rho(T)$, existiert wegen der Offenheit von $\rho(T)$ (Satz 5.22) ein $\varepsilon > 0$ mit $U_\varepsilon := (\lambda_0 - \varepsilon, \lambda_0 + \varepsilon) \subseteq \rho(T)$, und es folgt $E(U_\varepsilon) = 0$.

Seien andererseits $\lambda_0 \in \mathbb{R}$ und $\varepsilon > 0$ mit $E(U_\varepsilon) = 0$. Definiere die messbaren Funktionen $f, g \colon \mathbb{R} \to \mathbb{R}$ durch $f(\lambda) := \frac{1}{\lambda - \lambda_0} \cdot \mathbb{1}_{\mathbb{R} \setminus U_\varepsilon}$ und $g(\lambda) := \lambda - \lambda_0$. Da $f$ beschränkt ist, folgt $f(T) \in L(\mathscr{H})$. Mit dem Funktionalkalkül (Korollar 6.23) erhalten wir $g(T) = T - \lambda_0$, wobei man $D(g(T)) = D(T) = D(T - \lambda_0)$ beachte, sowie

$$f(T)(T - \lambda_0) = f(T)g(T) \subseteq (f \cdot g)(T) = \mathbb{1}_{\mathbb{R} \setminus U_\varepsilon}(T)$$
$$= E(\mathbb{R} \setminus U_\varepsilon) = E(\mathbb{R}) = \mathrm{id}_{\mathscr{H}}.$$

Angenommen, es gilt $\lambda_0 \in \sigma(T)$. Nach Lemma 5.41 gilt $\sigma(T) = \sigma_{\mathrm{app}}(T)$, also existiert eine Folge $(x_n)_{n \in \mathbb{N}} \subseteq D(T)$ mit $\|x_n\| = 1$ und $\|(T - \lambda_0)x_n\| \to 0$ $(n \to \infty)$. Wegen $f(T) \in L(\mathscr{H})$ gilt $x_n \in D(f(T)(T - \lambda_0)) = D(T)$, und wir erhalten $f(T)(T - \lambda_0)x_n = x_n$ im Widerspruch zu

$$1 = \|f(T)(T - \lambda_0)x_n\| \leq \|f(T)\|\,\|(T - \lambda_0)x_n\| \to 0 \quad (n \to \infty).$$

Somit folgt $\lambda_0 \in \rho(T)$.

b) Falls $\lambda_0 \in \rho(T)$, so sind beide Seiten in b) gleich $\{0\}$, also können wir $\lambda_0 \in \sigma(T)$ annehmen. Sei $x \in \mathrm{im}(E(\{\lambda_0\}))$. Dann gilt $x = E(\{\lambda_0\})x = \mathbb{1}_{\{\lambda_0\}}(T)x$, und wir erhalten

$$Tx = T\mathbb{1}_{\{\lambda_0\}}(T)x = \int_{\sigma(T)} \lambda \mathbb{1}_{\{\lambda_0\}}(\lambda)\,\mathrm{d}E(\lambda)x = \int_{\{\lambda_0\}} \lambda\,\mathrm{d}E(\lambda)x$$
$$= \lambda_0 E(\{\lambda_0\})x = \lambda_0 x.$$

Also ist $x \in \ker(T - \lambda_0)$.

Sei andererseits $x \in \ker(T - \lambda_0)$. Dann gilt

$$0 = \|(T - \lambda_0)x\|^2 = \int_{-\infty}^{\infty} |\lambda - \lambda_0|^2\,\mathrm{d}E_x(\lambda),$$

und nach Satz 3.34 a) ist $E_x(\mathbb{R} \setminus \{\lambda_0\}) = 0$. Wir schreiben

$$x = E(\mathbb{R})x = E(\{\lambda_0\})x + E(\mathbb{R} \setminus \{\lambda_0\})x. \tag{6.7}$$

Wegen $\|E(\mathbb{R} \setminus \{\lambda_0\})x\|^2 = E_x(\{\mathbb{R} \setminus \{\lambda_0\}) = 0$ erhalten wir

$$x = E(\{\lambda_0\})x \in \mathrm{im}(E(\{\lambda_0\})).$$

c) folgt aus a) und b) wegen $\mathbb{R} = (\mathbb{R} \cap \rho(T)) \,\dot{\cup}\, \sigma_p(T) \,\dot{\cup}\, \sigma_c(T)$. $\qquad\square$

**Korollar 6.26.** *Sei $T \colon \mathcal{H} \supseteq D(T) \to \mathcal{H}$ selbstadjungiert mit Spektralmaß $E$, und seien $\lambda_0 \in \mathbb{R}$ und $x \in \mathcal{H}$. Dann sind äquivalent:*

(i) *$x$ ist ein Eigenvektor von $T$ zum Eigenwert $\lambda_0$.*
(ii) *$x \in \operatorname{im}(E(\{\lambda_0\}))$.*
(iii) *$E_x(\{\lambda_0\}) = \|x\|^2$.*

*In diesem Fall ist $x$ ein Eigenvektor von $f(T)$ für alle messbaren Funktionen $f \colon \mathbb{R} \to \mathbb{C}$, und es gilt $f(T)x = f(\lambda_0)x$.*

*Beweis.* Die Äquivalenz von (i) und (ii) wurde im Beweis von Satz 6.25 b) gezeigt. Für die Äquivalenz von (ii) und (iii) betrachtet man wieder die Zerlegung (6.7). Da diese nach Lemma 6.9 c) orthogonal ist, gilt

$$\|x\|^2 = \|E(\mathbb{R})x\|^2 = \|E(\{\lambda_0\})x\|^2 + \|E(\mathbb{R} \setminus \{\lambda_0\})x\|^2 = E_x(\{\lambda_0\}) + E_x(\mathbb{R} \setminus \{\lambda_0\}),$$

und der zweite Summand verschwindet genau dann, wenn $x \in \operatorname{im}(E(\{\lambda_0\}))$ gilt. Falls $x$ ein Eigenvektor von $T$ zum Eigenwert $\lambda_0$ ist, so folgt für jede messbare Funktion $f \colon \mathbb{R} \to \mathbb{C}$

$$\int_{\mathbb{R}} |f(\lambda)|^2 \, dE_x(\lambda) = \int_{\{\lambda_0\}} |f(\lambda)|^2 \, dE_x(\lambda) = |f(\lambda_0)|^2 E_x(\{\lambda_0\}) = |f(\lambda_0)|^2 \|x\|^2.$$

Also ist $x \in D(f(T))$, und wegen $x = E(\{\lambda_0\})x = \mathbb{1}_{\{\lambda_0\}}(T)x$ erhält man mit dem Funktionalkalkül

$$f(T)x = f(T)\mathbb{1}_{\{\lambda_0\}}(T)x = (f \cdot \mathbb{1}_{\{\lambda_0\}})(T)x = \int_{\mathbb{R}} (f \cdot \mathbb{1}_{\{\lambda_0\}})(\lambda) \, dE(\lambda)x$$

$$= \int_{\{\lambda_0\}} f(\lambda) \, dE(\lambda)x = f(\lambda_0) E(\{\lambda_0\})x = f(\lambda_0)x. \qquad \square$$

**Korollar 6.27.** *Sei $\mathcal{H}$ ein separabler Hilbertraum, und sei $T \colon \mathcal{H} \supseteq D(T) \to \mathcal{H}$ ein selbstadjungierter Operator. Dann ist $\sigma_p(T)$ abzählbar, d. h. $T$ besitzt abzählbar viele verschiedene Eigenwerte.*

*Beweis.* Angenommen, $\sigma_p(T) = \{\lambda_i \mid i \in I\}$ ist überabzählbar. Da $\operatorname{im}(E(\{\lambda_i\})) = \ker(T - \lambda_i) \neq \{0\}$ nach Satz 6.25 und Korollar 6.26 gilt, können wir $x_i \in \ker(T - \lambda_i)$ mit $\|x_i\| = 1$ wählen. Nach Lemma 6.9 c) gilt $\operatorname{im}(E(\{\lambda_i\})) \perp \operatorname{im}(E(\{\lambda_j\}))$ für $i \neq j$. Daher ist $\{x_i \mid i \in I\}$ ein überabzählbares Orthonormalsystem im Widerspruch zur Separabilität von $\mathcal{H}$. $\qquad \square$

Nach Korollar 6.26 sind Eigenvektoren von $T$ zum Eigenwert $\lambda$ zugleich auch Eigenvektoren von $f(T)$ zum Eigenwert $f(\lambda)$. Der folgende Satz zeigt, dass sich – zumindest wenn $f$ ein Polynom ist – das gesamte Spektrum von $f(T)$ in dieser Form berechnen lässt. Für beliebige messbare Funktionen $f$ gilt diese Aussage im Allgemeinen nicht (siehe [18, Sect. IV.3]).

---

**Lemma 6.28 (Spektralabbildungssatz).** *Seien $T \colon \mathscr{H} \supseteq D(T) \to \mathscr{H}$ ein selbstadjungierter Operator und $f$ ein komplexes Polynom, d. h. es gelte $f(\lambda) = \sum_{k=0}^{n} a_k \lambda^k$ mit $a_k \in \mathbb{C}$. Dann folgt*

$$\sigma(f(T)) = f(\sigma(T)) := \{ f(\mu) \mid \mu \in \sigma(T) \}.$$

*Die analoge Aussage gilt, falls man $\sigma$ durch $\sigma_p$ ersetzt.*

---

*Beweis.* O. E. sei $f$ normiert, d. h. es gelte $a_n = 1$. Der Operator $f(T)$ ist normal nach Satz 6.20 und damit abgeschlossen nach Bemerkung 5.35 c), und es gilt $D(f(T)) = D(T^n)$. Somit gilt $\sigma(f(T)) = \{ \lambda \in \mathbb{C} \mid f(T) - \lambda \text{ nicht bijektiv} \}$.

Sei $\lambda \in \mathbb{C}$. Wir faktorisieren das Polynom $f(\cdot) - \lambda$ in der Form $f(z) - \lambda = \prod_{j=1}^{n}(z - \mu_j)$ mit $\mu_j \in \mathbb{C}$. Dann gilt $f(\mu_j) = \lambda$ $(j = 1, \ldots, n)$ und

$$f(T) - \lambda = (T - \mu_1) \cdot \ldots \cdot (T - \mu_n). \tag{6.8}$$

Falls $\lambda \in \rho(f(T))$, ist $f(T) - \lambda \colon D(T^n) \to \mathscr{H}$ bijektiv, und nach (6.8) ist $T - \mu_1$ surjektiv und $T - \mu_n$ injektiv. Da alle Faktoren vertauschen, sind alle $T - \mu_j$ bijektiv, d. h. $\mu_j \in \rho(T)$ $(j = 1, \ldots, n)$.

Falls andererseits $\mu_j \in \rho(T)$ für alle $j = 1, \ldots, n$ gilt, so ist $T - \mu_j \colon D(T) \to \mathscr{H}$ bijektiv, und somit ist auch der Operator $T - \mu_j \colon D(T^j) \to D(T^{j-1})$ bijektiv für alle $j = 1, \ldots, n$ (denn dieser Operator ist injektiv als Einschränkung eines injektiven Operators und surjektiv, da zu $y \in D(T^{j-1})$ das Element $x := (T - \mu_j)^{-1} y$ in $D(T^j)$ liegt und $(T - \mu_j)x = y$ erfüllt). Nach (6.8) ist auch $f(T) - \lambda$ bijektiv, d. h. es gilt $\lambda \in \rho(f(T))$.

Insgesamt folgt, dass $\lambda \in \sigma(f(T))$ genau dann gilt, wenn ein $j \in \{1, \ldots, n\}$ existiert mit $\mu_j \in \sigma(T)$, d. h. wenn $\lambda \in \{ f(\mu) \mid \mu \in \sigma(T) \}$ gilt.

Falls $\mu_j \in \sigma_p(T)$ für ein $j \in \{1, \ldots, n\}$ gilt, folgt $\lambda = f(\mu_j) \in \sigma_p(f(T))$ nach Korollar 6.26. Falls andererseits alle $T - \mu_j$ injektiv sind, ist die Komposition $f(T) - \lambda$ ebenfalls injektiv. Also gilt auch $\sigma_p(f(T)) = f(\sigma_p(T))$. $\qquad\square$

Eine einfache Formulierung des Spektralsatzes ist möglich, falls der Operator ein rein diskretes Spektrum besitzt. Wir geben zunächst die Definition an.

▶ **Definition 6.29.** Ein selbstadjungierter Operator $T \colon \mathscr{H} \supseteq D(T) \to \mathscr{H}$ besitzt ein rein diskretes Spektrum, falls $\sigma(T) = \sigma_p(T)$ gilt, die Menge $\sigma_p(T)$ aller Eigenwerte von $T$

keinen (endlichen) Häufungspunkt besitzt und jeder Eigenwert endliche Vielfachheit besitzt, d. h. es gilt $\dim(\ker(T - \lambda)) < \infty$ für alle $\lambda \in \sigma_p(T)$.

*Bemerkung 6.30.*

a) Falls $T : \mathcal{H} \supseteq D(T) \to \mathcal{H}$ ein selbstadjungierter Operator mit rein diskretem Spektrum ist, so existiert eine Orthonormalbasis $\{e_n \mid n \in \mathbb{N}\}$ von $\mathcal{H}$ aus Eigenfunktionen von $T$. Falls $T e_n = \lambda_n e_n$ gilt, so folgt

$$x = \sum_{n=1}^{\infty} \langle x, e_n \rangle e_n \quad (x \in \mathcal{H}),$$

$$T x = \sum_{n=1}^{\infty} \lambda_n \langle x, e_n \rangle e_n \quad (x \in D(T)).$$

(6.9)

Dies folgt aus dem Spektralsatz, da das Integral in diesem Fall gegeben ist durch

$$T x = \int_{\sigma(T)} \lambda \, dE(\lambda) x = \int_{\sigma_p(T)} \lambda \, dE(\lambda) x = \sum_{\lambda \in \sigma_p(T)} \lambda E(\{\lambda\}) x.$$

Nach Satz 6.25 b) ist $E(\{\lambda\})$ die orthogonale Projektion auf $\ker(T - \lambda)$. Wählt man eine Orthonormalbasis $\{e^{(1)}, \ldots, e^{(N)}\}$ von $\ker(T - \lambda)$, so lässt sich die orthogonale Projektion auf $\ker(T - \lambda)$ schreiben als

$$E(\{\lambda\}) x = \sum_{j=1}^{N} \langle x, e^{(j)} \rangle e^{(j)}.$$

Insgesamt erhält man eine abzählbare Menge $\{e_n \mid n \in \mathbb{N}\}$ von Eigenfunktionen zu (nicht notwendig verschiedenen) Eigenwerten $\lambda_n$, und die Gleichheiten (6.9) folgen aus $x = E(\sigma(T)) x = \int_{\sigma(T)} 1 \, dE(\lambda) x$ für $x \in \mathcal{H}$ bzw. $T x = \int_{\sigma(T)} \lambda \, dE(\lambda) x$ für $x \in D(T)$. Allgemein erhält man für jede Funktion $f : \sigma(T) \to \mathbb{C}$ die Gleichheit

$$f(T) x = \sum_{n=1}^{\infty} f(\lambda_n) \langle x, e_n \rangle e_n \quad (x \in D(f(T))).$$

Man beachte hier, dass jede Funktion $f : \sigma(T) \to \mathbb{C}$ messbar ist, da $\sigma(T) = \sigma_p(T)$ eine abzählbare Menge ohne Häufungspunkt ist. Die Integrale aus dem Spektralsatz werden also in diesem Fall zu unendlichen Reihen.

b) Sei nun $T : \mathcal{H} \supseteq D(T) \to \mathcal{H}$ ein selbstadjungierter Operator, und sei $\{e_n \mid n \in \mathbb{N}\}$ eine Orthonormalbasis, bestehend aus Eigenvektoren von $T$. Weiter seien $\lambda_n$ die zugehörigen (nicht notwendig verschiedenen) Eigenwerte, d. h. $T e_n = \lambda_n e_n$. Aufgrund der Eigenschaften einer Orthonormalbasis (Satz 2.45) gilt

$$E(\{\lambda_n \mid n \in \mathbb{N}\})x = \sum_{n=1}^{\infty} \langle x, e_n \rangle e_n = x \quad (x \in \mathscr{H}),$$

und wegen $x = E(\mathbb{R})x = E(\{\lambda_n \mid n \in \mathbb{N}\})x + E(U)x$ folgt $E(U) = 0$ für die Menge $U := \mathbb{R} \setminus \{\lambda_n \mid n \in \mathbb{N}\}$. Falls die Eigenwerte $\lambda_n$ keinen Häufungspunkt besitzen, ist $U$ offen, und zu jedem $\lambda \in U$ existiert ein $\varepsilon > 0$ mit $(\lambda - \varepsilon, \lambda + \varepsilon) \subseteq U$. Nach Satz 6.25 a) folgt $\lambda \in \rho(T)$. Wir erhalten $\sigma(T) = \sigma_p(T) = \{\lambda_n \mid n \in \mathbb{N}\}$. Insbesondere besitzt $T$ ein rein diskretes Spektrum, falls zusätzlich alle Eigenwerte endliche Vielfachheit haben.

*Bemerkung 6.31.* Der Spektralsatz wird häufig auch mit Hilfe von Spektralscharen formuliert. Dabei heißt eine Familie $\{F_\lambda\}_{\lambda \in \mathbb{R}} \subseteq L(\mathscr{H})$ eine Spektralschar, falls gilt:

(i) $F_\lambda$ ist eine orthogonale Projektion für alle $\lambda \in \mathbb{R}$.
(ii) $F_\mu F_\lambda = F_\lambda F_\mu = F_\mu$ für alle $\mu \le \lambda$.
(iii) $F_\mu x \to F_\lambda x$ $(\mu \searrow \lambda)$ für alle $x \in \mathscr{H}$ (Rechtsstetigkeit).
(iv) $F_\lambda x \to 0$ $(\lambda \to -\infty)$ für alle $x \in \mathscr{H}$.
(v) $F_\lambda x \to x$ $(\lambda \to +\infty)$ für alle $x \in \mathscr{H}$.

Seien $T: \mathscr{H} \supseteq D(T) \to \mathscr{H}$ selbstadjungiert und $E$ das zugehörige Spektralmaß. Dann wird durch

$$F_\lambda := E((-\infty, \lambda]) \quad (\lambda \in \mathbb{R})$$

eine Spektralschar definiert. Definiert man das Integral über Spektralscharen geeignet (etwa im Sinne eines verallgemeinerten Riemann–Stieltjes-Integrals), so gilt

$$T = \int_{\mathbb{R}} \lambda \, dE(\lambda) = \int_{-\infty}^{\infty} \lambda \, dF_\lambda.$$

Spektralscharen kann man in gewisser Weise als projektorwertiges Analogon der Verteilungsfunktion einer Zufallsvariablen in der Wahrscheinlichkeitstheorie verstehen.

In Satz 6.20 wurde der Spektralsatz mit Hilfe von Spektralmaßen formuliert. Ein Grund dafür ist auch die direkte Interpretation der Spektralmaße im Rahmen der Quantenmechanik. Eine alternative Formulierung des Spektralsatzes verwendet Multiplikationsoperatoren. Genauer besagt der Spektralsatz in Multiplikationsoperator-Form, dass alle selbstadjungierten Operatoren unitär äquivalent zu gewissen Multiplikationsoperatoren sind. Dabei ist im Maßraum $(X, \mathscr{A}, \mu)$ der zur messbaren Funktionen $m: X \to \mathbb{R}$ gehörige Multiplikationsoperator $M_m: L^2(\mu) \supseteq D(M_m) \to L^2(\mu)$ gegeben durch

$$D(M_m) := \{u \in L^2(\mu) \mid mu \in L^2(\mu)\}, \quad M_m u := mu \quad (u \in D(M_m))$$

(siehe Definition 5.48). Nach Satz 5.49 sind alle derartigen Operatoren $M_m$ selbstadjungiert. Wir formulieren den Satz wieder in der allgemeineren Version für normale Operatoren.

**Satz 6.32 (Spektralsatz in Multiplikationsoperator-Form).** *Sei* $T: \mathcal{H} \supseteq D(T) \to \mathcal{H}$ *ein normaler Operator. Dann existieren ein Maßraum* $(X, \mathcal{A}, \mu)$*, eine messbare Funktion* $m: X \to \mathbb{C}$ *und eine unitäre Abbildung* $U: \mathcal{H} \to L^2(\mu)$ *mit folgenden Eigenschaften:*

(i) *Es gilt* $x \in D(T)$ *genau dann, wenn* $u := Ux \in D(M_m)$ *gilt, wobei* $M_m$ *der Multiplikationsoperator mit* $m$ *im Raum* $L^2(\mu)$ *sei.*

(ii) *Es gilt*

$$UTU^{-1}u = mu \quad (u \in D(M_{f \circ m})).$$

*Somit ist* $T$ *unitär äquivalent zum Multiplikationsoperator* $M_m$*, d. h. es gilt* $UTU^{-1} = M_m$*. Falls* $\mathcal{H}$ *separabel ist, lässt sich das Maß* $\mu$ $\sigma$*-endlich wählen. Falls* $T$ *selbstadjungiert ist, ist die Funktion* $m$ *reellwertig. Für alle messbaren Funktionen* $f: \mathbb{C} \to \mathbb{C}$ *gilt* $D(M_{f \circ m}) = U(D(f(T)))$ *und*

$$Uf(T)U^{-1}u = M_{f \circ m}u = (f \circ m) \cdot u \quad (u \in D(M_{f \circ m})),$$

*wobei* $f(T)$ *in Satz 6.20 definiert ist.*

Man beachte, dass auch in dieser Formulierung des Spektralsatzes ein Messraum $(X, \mathcal{A})$ auftaucht, der aber keine Verbindung zu dem Messraum besitzt, auf welchem das Spektralmaß definiert ist. Auf den Beweis dieses Satzes wird hier verzichtet (siehe etwa [70, Satz VII.3.1]). Man verwendet üblicherweise sogenannte zyklische Vektoren und beweist den Satz zunächst für beschränkte Operatoren. Wie der obige Satz zeigt, liefert auch die Multiplikationsoperator-Form des Spektralsatzes den Funktionalkalkül für den Operator $T$. In der Situation von Satz 6.32 lässt sich das zu $T$ gehörige Spektralmaß über

$$E(A) = \mathbb{1}_A(T) = U^{-1}M_{\mathbb{1}_A \circ m}U = U^{-1}M_{\mathbb{1}_{m^{-1}(A)}}U \quad (A \in \mathcal{B}(\mathbb{C}))$$

gewinnen. Dabei wurde wieder (wie im Beweis von Lemma 6.24) die elementare Identität $\mathbb{1}_A \circ m = \mathbb{1}_{m^{-1}(A)}$ verwendet. Für die zugehörige Spektralschar $(F_\lambda)_{\lambda \in \mathbb{R}}$ (siehe Bemerkung 6.31) erhält man damit

$$F_\lambda = U^{-1}M_{\mathbb{1}_{m^{-1}((-\infty,\lambda])}}U \quad (\lambda \in \mathbb{R}).$$

## 6.3  Der Spektralsatz für kommutierende Operatoren

Bisher wurde der Spektralsatz für einen einzelnen Operator formuliert, was in der Quantenmechanik einer einzelnen Observablen entspricht. In diesem Abschnitt betrachten wir mehrere Operatoren gleichzeitig. Es stellt sich heraus, dass die entscheidende Bedingung das Kommutieren der Operatoren ist. Dabei ist das Vertauschen zweier Operatoren $S$ und

$T$ üblicherweise nicht durch die Bedingung $ST = TS$ definiert, da die hierbei implizite Bedingung der Gleichheit der Definitionsbereiche schwer kontrollierbar ist. Im Folgenden sei $\mathscr{H}$ ein separabler $\mathbb{C}$-Hilbertraum.

▶ **Definition 6.33.**

a) Zwei beschränkte Operatoren $S, T \in L(\mathscr{H})$ kommutieren, falls $[S, T] := ST - TS = 0$ gilt. Dabei heißt $[S, T]$ der Kommutator von $S$ und $T$.

b) Seien $S: \mathscr{H} \supseteq D(S) \rightarrow \mathscr{H}$ und $T: \mathscr{H} \supseteq D(T) \rightarrow \mathscr{H}$ zwei selbstadjungierte Operatoren mit den zugehörigen Spektralmaßen $E_S: \mathscr{B}(\sigma(S)) \rightarrow L(\mathscr{H})$ und $E_T: \mathscr{B}(\sigma(T)) \rightarrow L(\mathscr{H})$. Dann kommutieren $S$ und $T$, falls für alle $A \in \mathscr{B}(\sigma(S))$ und $B \in \mathscr{B}(\sigma(T))$ gilt:

$$[E_S(A), E_T(B)] = 0.$$

Zwei kommutierende Operatoren $S$ und $T$ heißen auch kompatibel, gleichzeitig beobachtbar oder gleichzeitig messbar. Eine Menge von selbstadjungierten Operatoren heißt kompatibel, falls je zwei Operatoren aus dieser Menge kompatibel sind.

Die obige Definition ist zu mehreren Bedingungen äquivalent. Um dies zu zeigen, beweisen wir zunächst eine Darstellung des Spektralmaßes, welche von unabhängigem Interesse ist. Dabei wird das Spektralmaß wieder auf $\mathscr{B}(\mathbb{R})$ fortgesetzt (siehe Bemerkung 6.21).

**Satz 6.34 (Formel von Stone).** *Sei $T: \mathscr{H} \supseteq D(T) \rightarrow \mathscr{H}$ ein selbstadjungierter Operator mit Spektralmaß $E: \mathscr{B}(\mathbb{R}) \rightarrow L(\mathscr{H})$. Dann gilt für alle $x, y \in \mathscr{H}$ und alle $a, b \in \mathbb{R}$ mit $a < b$:*

$$\lim_{\varepsilon \searrow 0} \frac{1}{2\pi i} \int_a^b \langle [(T - \lambda - i\varepsilon)^{-1} - (T - \lambda + i\varepsilon)^{-1}]x, y \rangle \, \mathrm{d}\lambda$$
$$= \langle [E((a, b)) + \tfrac{1}{2}E(\{a\}) + \tfrac{1}{2}E(\{b\})]x, y \rangle.$$

*Beweis.* Für $\varepsilon > 0$ definiere

$$f_\varepsilon(t) := \frac{1}{2\pi i} \int_a^b \left( \frac{1}{t - \lambda - i\varepsilon} - \frac{1}{t - \lambda + i\varepsilon} \right) \mathrm{d}\lambda \quad (t \in \mathbb{R}).$$

Dann ist $\sup_{\varepsilon > 0} \| f_\varepsilon \|_{L^\infty(\mathbb{R})} < \infty$, und für $\varepsilon \searrow 0$ erhält man die punktweise Konvergenz

$$f_\varepsilon(t) \rightarrow f(t) := \mathbb{1}_{(a,b)}(t) + \tfrac{1}{2}\mathbb{1}_{\{a\}}(t) + \tfrac{1}{2}\mathbb{1}_{\{b\}}(t)$$

$$= \begin{cases} 0, & \text{falls } t \notin [a, b], \\ \tfrac{1}{2}, & \text{falls } t = a \text{ oder } t = b, \\ 1, & \text{falls } t \in (a, b). \end{cases}$$

Dies sieht man durch folgende elementare Rechnung: Es gilt

$$f_\varepsilon(t) = \frac{1}{2\pi i} \int_{a-t}^{b-t} \left( \frac{1}{-\lambda - i\varepsilon} - \frac{1}{-\lambda + i\varepsilon} \right) d\lambda = \frac{1}{\pi} \int_{a-t}^{b-t} \frac{\varepsilon}{\lambda^2 + \varepsilon^2} d\lambda$$

$$= \frac{1}{\pi} \arctan\left( \frac{\lambda}{\varepsilon} \right) \Big|_{\lambda=a-t}^{b-t} = \frac{1}{\pi} \left( \arctan\left( \frac{b-t}{\varepsilon} \right) - \arctan\left( \frac{a-t}{\varepsilon} \right) \right)$$

und

$$\arctan\left( \frac{b-t}{\varepsilon} \right) \to \begin{cases} 0, & \text{falls } t = b, \\ \frac{\pi}{2}, & \text{falls } t < b, \quad (\varepsilon \searrow 0). \\ -\frac{\pi}{2}, & \text{falls } t > b \end{cases}$$

Sei $g_{\lambda,\varepsilon}(t) := \frac{1}{t-\lambda-i\varepsilon} - \frac{1}{t-\lambda+i\varepsilon}$. Dann gilt nach dem Spektralsatz bzw. Funktionalkalkül

$$g_{\lambda,\varepsilon}(T) = (T - \lambda - i\varepsilon)^{-1} - (T - \lambda + i\varepsilon)^{-1} \in L(\mathcal{H}).$$

Approximiert man das Integral durch Stufenfunktionen, so sieht man, dass

$$\langle f_\varepsilon(T)x, y \rangle = \frac{1}{2\pi i} \int_a^b \langle g_{\lambda,\varepsilon}(T)x, y \rangle \, d\lambda$$

für alle $x, y \in \mathcal{H}$ gilt. Mit dem Funktionalkalkül (Korollar 6.23 d)) erhält man daher für $\varepsilon \searrow 0$

$$\frac{1}{2\pi i} \int_a^b \langle [(T - \lambda - i\varepsilon)^{-1} - (T - \lambda + i\varepsilon)^{-1}]x, y \rangle \, d\lambda$$

$$= \frac{1}{2\pi i} \int_a^b \langle g_{\lambda,\varepsilon}(T)x, y \rangle \, d\lambda = \langle f_\varepsilon(T)x, y \rangle$$

$$\to \langle f(T)x, y \rangle = \langle [\mathbb{1}_{(a,b)}(T) + \tfrac{1}{2}\mathbb{1}_{\{a\}}(T) + \tfrac{1}{2}\mathbb{1}_{\{b\}}(T)]x, y \rangle$$

$$= \langle [E((a,b)) + \tfrac{1}{2}E(\{a\}) + \tfrac{1}{2}E(\{b\})]x, y \rangle. \qquad \square$$

**Lemma 6.35.** *Seien $T : \mathcal{H} \supseteq D(T) \to \mathcal{H}$ ein abgeschlossener Operator und $V \in L(\mathcal{H})$ mit $[V, (T-\lambda_0)^{-1}] = 0$ für ein $\lambda_0 \in \rho(T)$. Dann gilt schon $[V, (T-\lambda)^{-1}] = 0$ für alle $\lambda \in \rho(T)$.*

*Beweis.* Sei $(T-\lambda_0)^{-1}Vx = V(T-\lambda_0)^{-1}x \ (x \in \mathcal{H})$. Dann folgt mit $y := (T-\lambda_0)^{-1}x \in D(T)$:

$$V(T - \lambda_0)y = (T - \lambda_0)Vy \quad (y \in D(T))$$

und damit auch

$$V(T - \lambda)y = (T - \lambda)Vy \quad (y \in D(T))$$

für beliebiges $\lambda \in \rho(T)$. Setzt man nun wieder $x := (T - \lambda)y$, so folgt $Vx = (T - \lambda)V(T - \lambda)^{-1}x$ und damit $(T - \lambda)^{-1}Vx = V(T - \lambda)^{-1}x$ für alle $x \in \text{im}(T - \lambda) = \mathcal{H}$, d.h. $[V, (T - \lambda)^{-1}] = 0$.  $\square$

---

**Satz 6.36 (Kriterien für Kompatibilität).** *Seien* $S \colon \mathcal{H} \supseteq D(S) \to \mathcal{H}$ *und* $T \colon \mathcal{H} \supseteq D(T) \to \mathcal{H}$ *selbstadjungierte Operatoren. Dann sind äquivalent:*

   (i)  *S und T kommutieren.*
  (ii)  *Für alle* $\lambda_0 \in \rho(S)$ *und* $\mu_0 \in \rho(T)$ *gilt* $[(S - \lambda_0)^{-1}, (T - \mu_0)^{-1}] = 0$.
 (iii)  *Es existiert ein* $\lambda_0 \in \rho(S)$ *und ein* $\mu_0 \in \rho(T)$ *mit* $[(S - \lambda_0)^{-1}, (T - \mu_0)^{-1}] = 0$.
  (iv)  *Für alle* $s, t \in \mathbb{R}$ *gilt* $[e^{isS}, e^{itT}] = 0$.

---

*Beweis.* (i)$\Rightarrow$(ii), (iii), (iv). Seien $E_S \colon \mathscr{B}(\mathbb{R}) \to L(\mathcal{H})$ bzw. $E_T \colon \mathscr{B}(\mathbb{R}) \to L(\mathcal{H})$ die Spektralmaße von $S$ bzw. $T$, jeweils fortgesetzt auf $\mathscr{B}(\mathbb{R})$, und seien $f \colon \sigma(S) \to \mathbb{C}$ und $g \colon \sigma(T) \to \mathbb{C}$ beschränkte messbare Funktionen. Dann existieren nach Satz 3.30 b) Folgen $f_n \colon \sigma(S) \to \mathbb{C}$ und $g_k \colon \sigma(T) \to \mathbb{C}$ von Stufenfunktionen mit $f_n \to f$ $(n \to \infty)$ und $g_k \to g$ $(k \to \infty)$ (gleichmäßige Konvergenz). Nach Definition des Integrals für Stufenfunktionen (Definition 6.11) folgt aus (i)

$$f_n(S)g_k(T) = \left( \int f_n \, dE_S \right) \left( \int g_k \, dE_T \right) = \left( \int g_k \, dE_T \right) \left( \int f_n \, dE_S \right) = g_k(T)f_n(S)$$

für alle $n, k \in \mathbb{N}$. Wir nehmen $n \to \infty$ und erhalten mit Korollar 6.23 d) $f(S)g_k(T)x = g_k(T)f(S)x$ für alle $k \in \mathbb{N}$ und $x \in \mathcal{H}$. Nun folgt für $k \to \infty$ wieder mit Korollar 6.23 d) die Gleichheit $f(S)g(T)x = g(T)f(S)x$ $(x \in \mathcal{H})$ und damit $[f(S), g(T)] = 0$. Wir wenden dies an auf die Funktionen $f(\lambda) := (\lambda - \lambda_0)^{-1}$ und $g(\mu) := (\mu - \mu_0)^{-1}$ und erhalten (ii) und (iii). Die Wahl $f(\lambda) := e^{is\lambda}$ und $g(\mu) := e^{it\mu}$ liefert (iv).

(iii)$\Rightarrow$(ii). Wir wählen in Lemma 6.35 zunächst $V := (T - \mu_0)^{-1}$ und erhalten $[(S - \lambda)^{-1}, (T - \mu_0)^{-1}] = 0$ für alle $\lambda \in \rho(S)$. Eine weitere Anwendung von Lemma 6.35 mit $V := (S - \lambda)^{-1}$ liefert $[(S - \lambda)^{-1}, (T - \mu)^{-1}] = 0$ für alle $\lambda \in \rho(S)$ und $\mu \in \rho(T)$.

(ii)$\Rightarrow$(i). Seien zunächst $a, b \in \mathbb{R} \setminus \sigma_p(S)$ mit $a < b$. Wir definieren $f_\varepsilon$ wie im Beweis von Satz 6.34 und erhalten für alle $x, y \in \mathcal{H}$ und $\mu \in \rho(T)$ unter Verwendung von (ii)

$$\langle f_\varepsilon(S)(T - \mu)^{-1}x, y \rangle$$
$$= \frac{1}{2\pi i} \int_a^b \langle [(S - \lambda - i\varepsilon)^{-1} - (S - \lambda + i\varepsilon)^{-1}](T - \mu)^{-1}x, y \rangle \, d\lambda$$

$$= \frac{1}{2\pi i} \int_a^b \langle (T-\mu)^{-1} \big[ (S-\lambda-i\varepsilon)^{-1} - (S-\lambda+i\varepsilon)^{-1} \big] x, y \rangle \, d\lambda$$

$$= \langle (T-\mu)^{-1} f_\varepsilon(S) x, y \rangle.$$

Wegen $a, b \notin \sigma_p(S)$ gilt $E_S(\{a\}) = E_S(\{b\}) = 0$, und für $\varepsilon \searrow 0$ erhält man mit der Formel von Stone (Satz 6.34)

$$[E_S((a,b)), (T-\mu)^{-1}] = 0 \quad (\mu \in \rho(T)). \tag{6.10}$$

Falls $a \in \sigma_p(S)$, so wählen wir eine Folge $(a_n)_{n \in \mathbb{N}} \subset \mathbb{R} \setminus \sigma_p(S)$ mit $a_n \searrow a$ $(n \to \infty)$. Dies ist möglich, da $\sigma_p(S)$ nach Korollar 6.27 abzählbar ist. Aufgrund der $\sigma$-Additivität von $E_S$ erhalten wir

$$[E_S((a,b)), (T-\mu)^{-1}] x = \lim_{n \to \infty} [E_S((a_n, b)), (T-\mu)^{-1}] x = 0$$

für alle $x \in \mathscr{H}$. Analog argumentiert man im Fall $b \in \sigma_p(S)$, so dass (6.10) für alle $a, b \in \mathbb{R}$ mit $a < b$ gilt. Also sind die Abbildungen

$$\mathscr{B}(\mathbb{R}) \to \mathbb{C}, \quad A \mapsto \langle E_S(A)(T-\mu)^{-1} x, y \rangle,$$
$$\mathscr{B}(\mathbb{R}) \to \mathbb{C}, \quad A \mapsto \langle (T-\mu)^{-1} E_S(A) x, y \rangle$$

zwei komplexwertige Maße (siehe Bemerkung 3.19) auf $\mathscr{B}(\mathbb{R})$, welche auf allen Intervallen der Form $(a, b)$ übereinstimmen. Mit Hilfe eines Eindeutigkeitssatzes (siehe z. B. [4], Satz 5.4) kann man zeigen, dass diese Maße dann bereits auf der erzeugten $\sigma$-Algebra $\mathscr{B}(\mathbb{R})$ übereinstimmen. Wir erhalten also

$$[E_S(A), (T-\mu)^{-1}] = 0 \quad (A \in \mathscr{B}(\mathbb{R}), \ \mu \in \rho(T)).$$

Mit denselben Argumenten und der Anwendung der Formel von Stone auf den Operator $T$ folgt daraus

$$[E_S(A), E_T(B)] = 0 \quad (A, B \in \mathscr{B}(\mathbb{R})).$$

(iv)$\Rightarrow$(i). Für $f \in \mathscr{S}(\mathbb{R})$ und $\varphi, \psi \in \mathscr{H}$ gilt mit dem Satz von Fubini (Satz 3.43)

$$\int_{\mathbb{R}} f(s) \langle e^{-isS} \varphi, \psi \rangle \, ds = \int_{\mathbb{R}} \int_{\mathbb{R}} f(s) e^{-is\lambda} \, d\langle E(\lambda)\varphi, \psi \rangle \, ds$$

$$= \int_{\mathbb{R}} \left( \int_{\mathbb{R}} f(s) e^{-is\lambda} \, ds \right) d\langle E(\lambda)\varphi, \psi \rangle$$

$$= \sqrt{2\pi} \int_{\mathbb{R}} \hat{f}(\lambda) \, d\langle E(\lambda)\varphi, \psi \rangle = \sqrt{2\pi} \langle \hat{f}(S)\varphi, \psi \rangle,$$

wobei $\hat{f}(\lambda) := (\mathscr{F}f)(\lambda)$ die Fourier-Transformierte (Definition 4.29) bezeichne. Damit gilt für $f, g \in \mathscr{S}(\mathbb{R})$ (wieder mit Fubini)

$$\langle \hat{f}(S)\hat{g}(T)\varphi, \psi \rangle = \frac{1}{\sqrt{2\pi}} \int_{\mathbb{R}} f(s)\langle e^{-isS}\hat{g}(T)\varphi, \psi \rangle \, ds$$

$$= \frac{1}{\sqrt{2\pi}} \int_{\mathbb{R}} f(s)\langle \hat{g}(T)\varphi, e^{isS}\psi \rangle \, ds$$

$$= \frac{1}{2\pi} \int_{\mathbb{R}} f(s) \left[ \int_{\mathbb{R}} g(t)\langle e^{-itT}\varphi, e^{isS}\psi \rangle \, dt \right] ds$$

$$= \frac{1}{2\pi} \int_{\mathbb{R}} \int_{\mathbb{R}} f(s)g(t)\langle \varphi, e^{itT}e^{isS}\psi \rangle \, dt \, ds$$

$$= \frac{1}{2\pi} \int_{\mathbb{R}} \int_{\mathbb{R}} f(s)g(t)\langle \varphi, e^{isS}e^{itT}\psi \rangle \, dt \, ds = \langle \hat{g}(T)\hat{f}(S)\varphi, \psi \rangle.$$

Also folgt $[\hat{f}(S), \hat{g}(T)] = 0$ für alle $f, g \in \mathscr{S}(\mathbb{R})$. Da die Fourier-Transformation $\mathscr{F} \colon \mathscr{S}(\mathbb{R}) \to \mathscr{S}(\mathbb{R})$ nach Satz 4.36 bijektiv ist, kann man jede Funktion $f \in \mathscr{S}(\mathbb{R})$ in der Form $f = \hat{f_1}$ mit $f_1 \in \mathscr{S}(\mathbb{R})$ schreiben, analog kann man $g = \hat{g_1}$ schreiben. Wendet man die obige Aussage auf $f_1, g_1$ an, erhält man $[f(S), g(T)] = 0$ für alle $f, g \in \mathscr{S}(\mathbb{R})$.

Zu jedem Intervall $(a, b) \subseteq \mathbb{R}$ existiert eine Folge $(f_n)_{n \in \mathbb{N}} \subseteq \mathscr{S}(\mathbb{R})$ mit $f_n \to \mathbb{1}_{(a,b)}$ punktweise und $\sup_{n \in \mathbb{N}} \|f_n\|_\infty < \infty$. Analog wähle $(g_n)_{n \in \mathbb{N}} \subseteq \mathscr{S}(\mathbb{R})$ mit $g_n \to \mathbb{1}_{(c,d)}$. Damit gilt

$$[E((a, b)), F((c, d))]\psi = \lim_{n \to \infty} [f_n(S), g_n(T)]\psi = 0 \quad (\psi \in \mathscr{H}).$$

Da die Intervalle die Borel-$\sigma$-Algebra erzeugen, folgt $[E(A), F(B)] = 0$ für alle $A, B \in \mathscr{B}(\mathbb{R})$, d.h. $S$ und $T$ sind kompatibel. $\qquad\square$

Im Folgenden betrachten wir Familien kompatibler Operatoren, wobei wir uns auf endliche Familien $\{T_1, \dots, T_N\}$ beschränken. Nach Definition 6.33 heißt eine solche Familie kompatibel, falls je zwei Operatoren $T_i$ und $T_j$ kompatibel sind. Auch für solche Familien gibt es einen Spektralsatz und ein zugehöriges Spektralmaß. Die folgenden Aussagen gelten analog auch für unendliche Familien.

**Definition und Satz 6.37 (Spektralsatz für mehrere Operatoren).** Sei $\mathscr{T} = \{T_1, \dots, T_N\}$ eine Familie kompatibler selbstadjungierter Operatoren $T_j \colon \mathscr{H} \supseteq D(T_j) \to \mathscr{H}$, und seien $E_j \colon \mathscr{B}(\mathbb{R}) \to L(\mathscr{H})$ $(j = 1, \dots, N)$ die zugehörigen Spektralmaße.

a) Es existiert genau ein Spektralmaß $E \colon \mathscr{B}(\mathbb{R}^N) \to L(\mathscr{H})$ mit der Eigenschaft

$$E(A_1 \times \dots \times A_N) = E_1(A_1) \dots E_N(A_N) \in L(\mathscr{H}) \tag{6.11}$$

für $A = A_1 \times \dots A_N$ mit $A_j \in \mathscr{B}(\mathbb{R})$. Dieses Maß heißt das Produktmaß der Spektralmaße $E_1, \dots, E_N$, man schreibt $E_1 \otimes \dots \otimes E_N := E$.

b) Es gilt

$$T_j = \int_{\mathbb{R}^N} \lambda_j \, dE(\lambda_1, \ldots, \lambda_N) \quad (j = 1, \ldots, N).$$

Der Beweis dieses Satzes wird hier nicht ausgeführt (siehe dazu [56, Theorem 5.23]), es ist aber leicht zu zeigen, dass durch (6.11) bereits ein Spektralmaß auf $\mathscr{B}(\mathbb{R}^N)$ eindeutig festgelegt wird. Man beachte, dass die Reihenfolge im Produkt $\prod_{j=1}^{N} E_j(A_j)$ beliebig gewählt werden kann, da die Operatoren kompatibel sind.

Eine der wichtigen Folgerungen aus dem Spektralsatz für einzelne Operatoren war die Existenz eines Funktionalkalküls (Satz 6.23), der es erlaubt, Funktionen von normalen Operatoren zu definieren. Auch hier existiert wieder ein Funktionalkalkül, wobei jetzt Funktionen von mehreren Variablen betrachtet werden. Dies geschieht in folgender Definition:

▶ **Definition 6.38.** Sei $\mathscr{T} = \{T_1, \ldots, T_N\}$ eine Familie kompatibler selbstadjungierter Operatoren $T_j \colon \mathscr{H} \supseteq D(T_j) \to \mathscr{H}$, sei $E \colon \mathscr{B}(\mathbb{R}^N) \to L(\mathscr{H})$ das zur Familie $\mathscr{T}$ gehörige Spektralmaß nach Satz 6.37. Zu $x \in \mathscr{H}$ definiert man das skalare Maß $E_x \colon \mathscr{B}(\mathbb{R}^N) \to [0, \infty)$ durch $E_x(A) := \|E(A)x\|^2$ ($A \in \mathscr{B}(\mathbb{R}^N)$). Sei $f \colon \mathbb{R}^N \to \mathbb{C}$ messbar. Dann definiert man den Operator $f(T_1, \ldots, T_N)$ durch

$$D(f(T_1, \ldots, T_N)) := \left\{ x \in \mathscr{H} \ \bigg| \ \int_{\mathbb{R}^N} |f(\lambda_1, \ldots, \lambda_N)|^2 \, dE_x(\lambda_1, \ldots, \lambda_N) < \infty \right\}$$

und

$$f(T_1, \ldots, T_N)x := \left( \int_{\mathbb{R}^N} f(\lambda_1, \ldots, \lambda_N) \, dE(\lambda_1, \ldots, \lambda_N) \right) x$$

für $x \in D(f(T_1, \ldots, T_N))$.

Wie im Fall eines einzelnen Operators sieht man, dass $f(T_1, \ldots, T_N)$ ein normaler Operator ist. Aus dem Funktionalkalkül erhält man das zur Familie gehörige Spektralmaß durch

$$E(A) = \mathbb{1}_A(T_1, \ldots, T_N) \quad (A \in \mathscr{B}(\mathbb{R}^N)),$$

und insbesondere sind die Spektralmaße der einzelnen Operatoren gegeben durch

$$E_j(A_j) = E(\mathbb{R} \times \ldots \times A_j \times \ldots \times \mathbb{R}) = \mathbb{1}_{\mathbb{R} \times \ldots \times A_j \times \ldots \times \mathbb{R}}(T_1, \ldots, T_N). \tag{6.12}$$

Das Produktmaß erlaubt eine einfache Darstellung der Operatoren $T_1, \ldots, T_N$ als Funktionen eines einzelnen Operators $T$, wie der folgende Satz zeigt.

**Satz 6.39.** *Sei $\mathcal{T} = \{T_1, \ldots, T_N\}$ eine Familie kompatibler selbstadjungierter Operatoren $T_j \colon \mathcal{H} \supseteq D(T_j) \to \mathcal{H}$. Dann existieren ein beschränkter selbstadjungierter Operator $T \in L(\mathcal{H})$ und messbare Funktionen $f_j \colon \sigma(T) \to \mathbb{R}$ mit $T_j = f_j(T)$ $(j = 1, \ldots, N)$.*

*Beweis.*

(i) Seien zunächst alle $T_j$ beschränkt, d.h. $T_j = T_j^* \in L(\mathcal{H})$. Für $M := \max_{j=1,\ldots,N} \|T_j\|_{L(\mathcal{H})}$ gilt $\sigma(T_j) \subseteq [-M, M]$. Wir verwenden nun, dass es eine messbare bijektive Abbildung $h \colon [-M, M]^N \to [0, 1]$ gibt, für welche auch die Umkehrabbildung $h^{-1}$ messbar ist. Dies folgt aus dem Satz von Kuratowski, einem abstrakten Ergebnis über messbare Bijektionen, siehe z. B. [57, Theorem 3.3.13]. Definiert man $T := h(T_1, \ldots, T_N)$ (siehe Definition 6.38), so ist $T$ selbstadjungiert und beschränkt mit $\|T\|_{L(\mathcal{H})} \le \|h\|_\infty = 1$ und $\sigma(T) \subseteq [0, 1]$. Für $f_j := \pi_j \circ h^{-1}$, wobei $\pi_j \colon (\lambda_1, \ldots, \lambda_N) \mapsto \lambda_j$ die Projektion auf die $j$-te Komponente sei, folgt

$$f_j(T) = f_j(h(T_1, \ldots, T_N)) = (\pi_j \circ h^{-1} \circ h)(T_1, \ldots, T_N) = \pi_j(T_1, \ldots, T_N) = T_j.$$

(ii) Seien nun $T_j \in L(\mathcal{H})$ normale Operatoren, d.h. es gelte $T_j T_j^* = T_j^* T_j$ (siehe Bemerkung 5.35 d)). Dann definiert man $S_j^{(1)} := \frac{1}{2}(T_j + T_j^*)$ und $S_j^{(2)} := \frac{1}{2i}(T_j - T_j^*)$ für $j = 1, \ldots, N$. Man sieht sofort, dass die Operatoren $S_j^{(1)}, S_j^{(2)}$ selbstadjungiert sind und die Familie $\{S_1^{(1)}, S_1^{(2)}, \ldots, S_N^{(1)}, S_N^{(2)}\}$ kompatibel ist. Nach Teil (i) des Beweises existieren ein selbstadjungierter Operator $T \in L(\mathcal{H})$ und messbare Funktionen $f_j^{(k)} \colon \sigma(T) \to \mathbb{R}$ mit $S_j^{(k)} = f_j^{(k)}(T)$ für $j = 1, \ldots, N$ und $k = 1, 2$. Setzt man $f_j := f_j^{(1)} + i f_j^{(2)}$, so erhält man

$$f_j(T) = f_j^{(1)}(T) + i f_j^{(2)}(T) = S_j^{(1)} + i S_j^{(2)} = T_j \quad (j = 1, \ldots, N).$$

(iii) Seien nun $T_1, \ldots, T_N$ wie im Satz angegeben. Wir wählen $\lambda_0 \in \mathbb{C} \setminus \mathbb{R}$ und betrachten die Resolventen $R_j := (T_j - \lambda_0)^{-1}$ $(j = 1, \ldots, N)$. Dann ist $R_j \in L(\mathcal{H})$ ein normaler Operator, und die Familie $\{R_1, \ldots, R_N\}$ ist kompatibel nach Satz 6.36. Wir können also (ii) anwenden und erhalten einen selbstadjungierten Operator $T \in L(\mathcal{H})$ sowie messbare Funktionen $\tilde{f}_j \colon \sigma(T) \to \mathbb{C}$ mit $R_j = \tilde{f}_j(T)$ $(j = 1, \ldots, N)$. Für $g \colon \mathbb{R} \to \mathbb{C}, \lambda \mapsto \frac{1}{\lambda - \lambda_0}$ gilt $R_j = (T_j - \lambda_0)^{-1} = g(T_j)$. Also folgt für $f \colon \mathbb{C} \setminus \{0\} \to \mathbb{C}, z \mapsto \frac{1}{z} + \lambda_0$

$$f(R_j) = f(g(T_j)) = (f \circ g)(T_j) = \mathrm{id}_{\mathbb{R}}(T_j) = T_j.$$

Wir setzen nun $f_j := f \circ \tilde{f}_j$ für $j = 1, \ldots, N$ und erhalten

$$f_j(T) = f(\tilde{f}_j(T)) = f(R_j) = T_j \quad (j = 1, \ldots, N),$$

was zu zeigen war.    $\square$

Der Spektralsatz in Multiplikationsoperator-Form (Satz 6.32) verallgemeinert sich direkt auf kompatible Operatorfamilien. Dabei kann der Maßraum für alle Operatoren identisch gewählt werden, wie der folgende Satz zeigt.

**Satz 6.40.** *Sei $\mathcal{T} = \{T_1, \ldots, T_N\}$ eine Familie kompatibler selbstadjungierter Operatoren $T_j \colon \mathcal{H} \supseteq D(T_j) \to \mathcal{H}$. Dann existieren ein Maßraum $(X, \mathcal{A}, \mu)$, messbare Funktionen $m_j \colon X \to \mathbb{R}$, $j = 1, \ldots, N$, und eine unitäre Abbildung $U \colon \mathcal{H} \to L^2(\mu)$ mit*

$$U T_j U^{-1} u = m_j u \quad (u \in D(M_{m_j})).$$

*Beweis.* Nach Satz 6.39 existieren ein Operator $T = T^* \in L(\mathcal{H})$ und messbare Funktionen $f_j \colon \sigma(T) \to \mathbb{R}$ mit $T_j = f_j(T)$ für $j = 1, \ldots, N$. Nach dem Spektralsatz in Multiplikationsoperator-Form für einen Operator (Satz 6.32) existiert ein Maßraum $(X, \mathcal{A}, \mu)$, eine messbare Funktion $m \colon X \to \mathbb{R}$ und eine unitäre Abbildung $U \colon \mathcal{H} \to L^2(\mu)$ mit $UTU^{-1} = M_m$. Wir setzen nun $m_j := f_j \circ m$ $(j = 1, \ldots, N)$ und erhalten $U T_j U^{-1} = U f_j(T) U^{-1} = M_{f_j \circ m} = M_{m_j}$ nach Satz 6.32.    $\square$

Kompatible Familien von Operatoren mit rein diskretem Spektrum (siehe Definition 6.29) haben eine besonders schöne Eigenschaft, wie das folgende Resultat zeigt.

**Satz 6.41.** *Sei $\mathcal{T} = \{T_1, \ldots, T_N\}$ eine Familie selbstadjungierter Operatoren $T_j \colon \mathcal{H} \supseteq D(T_j) \to \mathcal{H}$, wobei alle Operatoren $T_j$ rein diskretes Spektrum besitzen. Dann ist die Familie $\mathcal{T}$ genau dann kompatibel, wenn es eine Orthonormalbasis $\{e_n \mid n \in \mathbb{N}\}$ von $\mathcal{H}$ gibt, die aus gemeinsamen Eigenvektoren besteht (d.h. es gilt $T_j e_n = \lambda_n^j e_n$ für alle $j = 1, \ldots, N$ und $n \in \mathbb{N}$ mit $\lambda_n^j \in \mathbb{R}$).*

*Beweis.*

(i) Sei zunächst die Familie $\mathcal{T}$ kompatibel. Da $T_j$ ein rein diskretes Spektrum besitzt, gilt $\sigma(T_j) = \sigma_p(T_j) = \{\lambda_1^j, \lambda_2^j, \ldots\}$ für $j = 1, \ldots, N$. Sei $E_j \colon \mathcal{B}(\mathbb{R}) \to L(\mathcal{H})$ das Spektralmaß zu $T_j$, und sei $E \colon \mathcal{B}(\mathbb{R}^N) \to L(\mathcal{H})$ das zugehörige Produktmaß nach Satz 6.37. Für $j \in \{1, \ldots, N\}$ und $n \in \mathbb{N}$ ist $E_j(\{\lambda_n^j\})$ die Orthogonalprojektion auf $\ker(T_j - \lambda_n^j)$. Zu $\ell := (\ell_1, \ldots, \ell_N) \in \mathbb{N}^N$ definieren wir $\lambda_\ell := (\lambda_{\ell_1}^1, \ldots, \lambda_{\ell_N}^N) \in \mathbb{R}^N$.

Es folgt

$$E(\{\lambda_\ell\}) = E\left((\{\lambda_{\ell_1}^1\} \times \mathbb{R} \times \ldots \times \mathbb{R})\right.$$

$$\cap\, (\mathbb{R} \times \{\lambda_{\ell_2}^2\} \times \mathbb{R} \times \ldots \times \mathbb{R}) \cap \ldots$$

$$\left. \cap \ldots \cap (\mathbb{R} \times \ldots \times \mathbb{R} \times \{\lambda_{\ell_N}^N\})\right)$$

$$= E_1(\{\lambda_{\ell_1}^1\}) \ldots E_N(\{\lambda_{\ell_N}^N\}),$$

wobei (6.12) und Lemma 6.9 c) verwendet wurden. Nach Lemma 6.4 a) ist

$$E_1(\{\lambda_{\ell_1}^1\}) \ldots E_N(\{\lambda_{\ell_N}^N\})$$

die orthogonale Projektion auf den Unterraum

$$\operatorname{im}(E(\{\lambda_\ell\})) = \ker(T_1 - \lambda_{\ell_1}^1) \cap \ldots \cap \ker(T_N - \lambda_{\ell_N}^N).$$

Nach Definition 6.29 ist $r_\ell := \dim(\operatorname{im}(E(\{\lambda_\ell\}))) \le \dim(\ker(T_1 - \lambda_{\ell_1}^1)) < \infty$, und alle Elemente in $\operatorname{im}(E(\{\lambda_\ell\}))$ sind gemeinsame Eigenvektoren von $T_1, \ldots, T_N$.

Es gilt

$$\sum_{\ell \in \mathbb{N}^N} E(\{\lambda_\ell\}) = E\left(\bigcup_{\ell \in \mathbb{N}^N} \{\lambda_\ell\}\right)$$

$$= E\left(\sigma(T_1) \times \ldots \times \sigma(T_N)\right) \tag{6.13}$$

$$= E(\sigma(T_1)) \ldots E(\sigma(T_N)) = \operatorname{id}_{\mathscr{H}}.$$

Als abgeschlossener Unterraum von $\mathscr{H}$ ist $\operatorname{im}(E(\{\lambda_\ell\}))$ wieder ein Hilbertraum. Für alle $\ell \in \mathbb{N}^N$ mit $E(\{\lambda_\ell\}) \ne 0$ wählen wir eine Orthonormalbasis $\{e_\ell^1, \ldots, e_\ell^{r_\ell}\}$ von $\operatorname{im}(E(\{\lambda_\ell\}))$. Da die Räume $\operatorname{im}(E(\{\lambda_\ell\}))$ und $\operatorname{im}(E(\{\lambda_{\ell'}\}))$ für $\ell \ne \ell'$ nach Lemma 6.9 c) orthogonal zueinander sind, ist die Menge

$$B := \{e_\ell^j \mid \ell \in \mathbb{N},\, j = 1, \ldots, r_\ell\}$$

ein Orthonormalsystem in $\mathscr{H}$. Dabei haben wir $r_\ell := 0$ gesetzt, falls $E(\{\lambda_\ell\}) = 0$ gilt. Für jedes $x \in \mathscr{H}$ gilt nach (6.13)

$$x = \sum_{\ell \in \mathbb{N}^N} E(\{\lambda_\ell\})x,$$

und somit folgt aus $x \perp B$ bereits $x = 0$. Nach Satz 2.45 ist $B$ eine Orthonormalbasis von $\mathscr{H}$, bestehend aus gemeinsamen Eigenvektoren von $T_1, \ldots, T_N$.

(ii) Umgekehrt sei nun $\{e_n \mid n \in \mathbb{N}\}$ eine Orthonormalbasis von $\mathscr{H}$ mit $T_j e_n = \lambda_n^j e_n$ für alle $j = 1, \dots, N$ und $n \in \mathbb{N}$. Wir fixieren $\lambda \in \mathbb{C} \setminus \mathbb{R}$. Dann gilt nach Korollar 6.26

$$(T_j - \lambda)^{-1} e_n = (\lambda_n^j - \lambda)^{-1} e_n =: \mu_n^j e_n,$$

d. h. auch die Resolventen $R_j := (T_j - \lambda)^{-1}$ besitzen ein gemeinsames System von Eigenvektoren. Sei $x \in \mathscr{H}$. Dann gilt $x = \sum_{n \in \mathbb{N}} c_n e_n$ mit $c_n := \langle x, e_n \rangle$, $n \in \mathbb{N}$, und

$$R_i R_j x = \sum_{n \in \mathbb{N}} c_n R_i R_j e_n = \sum_{n \in \mathbb{N}} c_n \mu_n^i \mu_n^j e_n = \sum_{n \in \mathbb{N}} c_n R_j R_i e_n = R_j R_i x$$

für alle $i, j = 1, \dots, N$. Also gilt $[(T_i - \lambda)^{-1}, (T_j - \lambda)^{-1}] = 0$, und nach Satz 6.36 ist $\{T_1, \dots, T_N\}$ eine kompatible Familie. $\square$

## 6.4   Unitäre Gruppen und der Satz von Stone

Im Folgenden sei wieder $\mathscr{H}$ ein separabler $\mathbb{C}$-Hilbertraum. Wir wollen nun die zeitliche Entwicklung eines Systems betrachten. Genauer suchen wir die Lösung der abstrakten Differentialgleichung (auch abstraktes Cauchyproblem genannt)

$$-i \,\frac{d}{dt}\, y(t) = T y(t) \quad (t \in \mathbb{R}),$$
$$y(0) = x, \tag{6.14}$$

wobei $T : \mathscr{H} \supseteq D(T) \to \mathscr{H}$ ein selbstadjungierter Operator ist und der Anfangswert $x \in D(T)$ gegeben ist. Wir suchen also eine Funktion $y : \mathbb{R} \to \mathscr{H}$, $t \mapsto y(t)$, welche differenzierbar ist und die Bedingung $y(t) \in D(T)$ für alle $t \in \mathbb{R}$ erfüllt, und für welche (6.14) gilt. Im skalaren Fall $\mathscr{H} = \mathbb{C}$, wobei dann $T \in \mathbb{R}$ eine skalare Zahl ist, erfüllt $y(t) := U(t)x := e^{itT} x$ diese Eigenschaften. Der Spektralsatz und der zugehörige Funktionalkalkül werden es uns erlauben, dies auch für den allgemeinen Fall zu definieren. Wir beginnen mit dem Begriff einer unitären Gruppe.

▶ **Definition 6.42.** Eine Abbildung $U : \mathbb{R} \to L(\mathscr{H})$ heißt eine stark stetige unitäre Gruppe, falls gilt:

(i) $U(t)$ ist unitär für alle $t \in \mathbb{R}$, und es gilt $U(t + t') = U(t)U(t')$ $(t, t' \in \mathbb{R})$ (Gruppeneigenschaft).

(ii) Die Abbildung $t \mapsto U(t)x$, $\mathbb{R} \to \mathscr{H}$, ist stetig für jedes $x \in \mathscr{H}$, d. h. die Familie $(U(t))_{t \in \mathbb{R}}$ ist stark stetig.

**Satz 6.43.** *Sei* $T : \mathcal{H} \supseteq D(T) \to \mathcal{H}$ *ein selbstadjungierter Operator. Definiere* $U(t) := e^{itT}$ $(t \in \mathbb{R})$ *durch den Funktionalkalkül. Dann gilt:*

a) $(U(t))_{t \in \mathbb{R}}$ *ist eine stark stetige unitäre Gruppe.*
b) *Es gilt*

$$D(T) = \left\{ x \in \mathcal{H} \;\middle|\; U'(0)x := \lim_{h \to 0} \frac{1}{h}(U(h)x - x) \text{ existiert in } \mathcal{H} \right\}, \quad (6.15)$$

*und für alle* $x \in D(T)$ *gilt* $U'(0)x = iTx$.
c) *Für alle* $x \in D(T)$ *und* $t \in \mathbb{R}$ *gilt*

$$\frac{1}{h}(U(t+h) - U(t))x \xrightarrow{h \to 0} U(t)iTx = iTU(t)x.$$

*Insbesondere ist* $U(t)x \in D(T)$ *für alle* $t \in \mathbb{R}$, *und die Funktion* $y : \mathbb{R} \to \mathcal{H}$, $t \mapsto$ $U(t)x$ *ist stetig differenzierbar und eine Lösung des Cauchyproblems* (6.14).

*Beweis.* Sei $E : \mathcal{B}(\sigma(T)) \to L(\mathcal{H})$ das zu $T$ gehörige Spektralmaß, und sei für $x \in \mathcal{H}$ das Maß $E_x : B(\sigma(T)) \to [0, \infty)$ definiert durch $E_x(A) := \|E(A)x\|^2$ (siehe Satz 6.20).

a) Nach dem Funktionalkalkül (Korollar 6.23) gilt $U(t) = e^{itT} \in L(\mathcal{H})$ sowie $U(t+s) = U(t)U(s)$ für alle $s, t \in \mathbb{R}$. Wegen $U(-t) = e^{-itT} = (U(t))^*$ und $U(t)U(-t) = U(0) = \mathrm{id}_{\mathcal{H}}$ ist $U(t)$ unitär.
Für alle $x \in \mathcal{H}$ gilt mit majorisierter Konvergenz

$$\|(U(t) - \mathrm{id}_{\mathcal{H}})x\|^2 = \int_{\sigma(T)} |e^{it\lambda} - 1|^2 \, dE_x(\lambda) \to 0 \quad (t \to 0).$$

Damit folgt

$$\|U(t+h)x - U(t)x\| \le \|U(t)\| \cdot \|(U(h) - \mathrm{id}_{\mathcal{H}})x\| \to 0 \quad (h \to 0),$$

also ist $t \mapsto U(t)$ stark stetig.
b) Sei $x \in D(T)$. Dann ist

$$\left\| \frac{1}{h}(U(h)x - x) - iTx \right\|^2 = \int_{\sigma(T)} \left| \frac{1}{h}(e^{ih\lambda} - 1) - i\lambda \right|^2 dE_x(\lambda).$$

Es gilt $|\frac{1}{h}(e^{ih\lambda} - 1)| = |i\int_0^\lambda e^{ihs}\,ds| \le |\lambda|$ für alle $\lambda \in \sigma(T) \subseteq \mathbb{R}$. Damit erhält man

$$\int_{\sigma(T)} \left|\frac{1}{h}\left(e^{ih\lambda} - 1\right) - i\lambda\right|^2 dE_x(\lambda) \le \int_{\sigma(T)} 4\lambda^2\,dE_x(\lambda) < \infty,$$

wobei die letzte Ungleichung nach Satz 6.20 aus $x \in D(T)$ folgt. Wegen $\frac{1}{h}(e^{ih\lambda} - 1) - i\lambda \to 0$ $(h \to 0)$ folgt mit majorisierter Konvergenz

$$\left\|\frac{1}{h}(U(h) - \mathrm{id}_{\mathscr{H}})x - iTx\right\|^2 = \int_{\sigma(T)} \left|\frac{1}{h}\left(e^{ih\lambda} - 1\right) - i\lambda\right|^2 dE_x(\lambda) \to 0 \quad (h \to 0).$$

Dies zeigt die Inklusion „$\subseteq$" in (6.15) sowie $U'(0)x = iTx$ für alle $x \in D(T)$.
Für die andere Inklusion definieren wir den Operator $S$ durch

$$D(S) := \left\{x \in \mathscr{H} \;\middle|\; U'(0)x = \lim_{h\to 0} \frac{U(h)x - x}{h} \text{ existiert}\right\},$$

$$Sx := -iU'(0)x \quad (x \in D(S)).$$

Dann ist $S$ linear, und wegen $D(S) \supseteq D(T)$ ist $D(S)$ dicht in $\mathscr{H}$. Für $x, y \in D(S)$ gilt

$$\langle Sx, y\rangle = \left\langle -i\lim_{h\to 0}\frac{U(h) - \mathrm{id}_{\mathscr{H}}}{h}x, y\right\rangle = \lim_{h\to 0}\left\langle -i\frac{U(h) - \mathrm{id}_{\mathscr{H}}}{h}x, y\right\rangle$$

$$= \left\langle x, i\lim_{h\to 0}\frac{U(-h) - \mathrm{id}_{\mathscr{H}}}{h}y\right\rangle = \left\langle x, -i\lim_{h\to 0}\frac{U(h) - \mathrm{id}_{\mathscr{H}}}{h}y\right\rangle = \langle x, Sy\rangle.$$

Also ist $S$ symmetrisch, d. h. es gilt $S \subseteq S^*$. Andererseits ist $S \supseteq T$ und damit $S^* \subseteq T^* = T \subseteq S$. Wir erhalten $S = T$, was die Gleichheit in (6.15) zeigt.

c)  Sei $x \in D(A)$. Dann gilt

$$\frac{1}{h}(U(t+h)x - U(t)x) = U(t)\frac{1}{h}(U(h) - \mathrm{id}_{\mathscr{H}})x \to U(t)iTx \quad (h \to 0).$$

Nach b) folgt $U(t)x \in D(T)$ sowie $iTU(t)x = U(t)iTx$. Insbesondere folgt für die Funktion $y$ die Differenzierbarkeit sowie $y'(t) = iTy(t)$ und wegen $y'(t) = U(t)iTx$ auch die Stetigkeit der Ableitung. Wegen $y(0) = U(0)x = x$ ist $y$ eine Lösung von (6.14). $\qquad\square$

Nach dem letzten Satz definiert $e^{itT}$ für jeden selbstadjungierten Operator eine stark stetige unitäre Gruppe. Der Satz von Stone besagt, dass sogar alle stark stetigen unitären Gruppen diese Form haben.

**Satz 6.44 (von Stone).** *Sei $U : \mathbb{R} \to L(\mathcal{H})$ eine stark stetige unitäre Gruppe. Dann existiert ein selbstadjungierter Operator $T : \mathcal{H} \supseteq D(T) \to \mathcal{H}$ mit $U(t) = e^{itT}$. Der Operator T heißt der infinitesimale Erzeuger von U. Es gilt*

$$D(T) = \left\{ x \in \mathcal{H} \;\middle|\; U'(0)x = \lim_{t \to 0} \frac{1}{t}(U(t)x - x) \in \mathcal{H} \text{ existiert} \right\}$$

und

$$Tx = -i\, U'(0)x \quad (x \in D(T)).$$

*Beweis.*

(i) Seien $f \in \mathscr{D}(\mathbb{R})$ und $x \in \mathcal{H}$. Dann ist für jedes $y \in \mathcal{H}$ die Funktion

$$g_y : \mathbb{R} \to \mathbb{C}, \quad t \mapsto f(t)\langle U(t)x, y \rangle \tag{6.16}$$

stetig mit kompaktem Träger. Wegen $\|g_y(t)\| \leq |f(t)|\,\|x\|\,\|y\|$ ist $g_y$ integrierbar bezüglich des Lebesgue-Maßes, und die Abbildung

$$L_{x,f} : \mathcal{H} \to \mathbb{C}, \quad y \mapsto \int_{\mathbb{R}} g_y(t)\,\mathrm{d}t = \int_{\mathbb{R}} f(t)\langle U(t)x, y \rangle\,\mathrm{d}t$$

ist wohldefiniert. Die Abbildung $L_{x,f}$ ist konjugiert linear und wegen

$$|L_{x,f}(y)| \leq \int_{\mathbb{R}} |f(t)|\,\mathrm{d}t\,\|x\|\,\|y\| \quad (y \in \mathcal{H})$$

auch stetig. Nach dem Satz von Riesz (Satz 2.37) existiert genau ein $v_{x,f} \in \mathcal{H}$ mit

$$\langle v_{x,f}, y \rangle = L_{x,f}(y) \quad (y \in \mathcal{H}).$$

Sei $D := \mathrm{span}\{v_{x,f} \mid x \in \mathcal{H},\ f \in \mathscr{D}(\mathbb{R})\}$.

(ii) Es gilt $\overline{D} = \mathcal{H}$. Dazu wählen wir $\varphi \in \mathscr{D}(\mathbb{R})$ mit $\varphi \geq 0$, $\mathrm{supp}\,\varphi \in [-1, 1]$ und $\int \varphi(t)\,\mathrm{d}t = 1$. Für $\varepsilon > 0$ sei $\varphi_\varepsilon(t) := \frac{1}{\varepsilon}\varphi(\frac{t}{\varepsilon})$. Dann ist $\mathrm{supp}\,\varphi_\varepsilon \subseteq [-\varepsilon, \varepsilon]$ und $\int \varphi_\varepsilon(t)\,\mathrm{d}t = 1$.

Für alle $x, y \in \mathcal{H}$ gilt

$$|\langle v_{x,\varphi_\varepsilon} - x, y \rangle| \leq \int_{\mathbb{R}} \varphi_\varepsilon(t) |\langle (U(t)x - x), y \rangle|\,\mathrm{d}t$$

$$\leq \sup_{|t| \leq \varepsilon} \|U(t)x - x\|\,\|y\| \int_{\mathbb{R}} \varphi_\varepsilon(t)\,\mathrm{d}t = \sup_{|t| \leq \varepsilon} \|U(t)x - x\|\,\|y\|$$

und damit wieder nach dem Satz von Riesz

$$\|v_{x,\varphi_\varepsilon} - x\| = \sup_{\|y\| \le 1} |\langle v_{x,\varphi_\varepsilon} - x, y\rangle| \le \sup_{|t| \le \varepsilon} \|U(t)x - x\| \to 0 \quad (\varepsilon \to 0),$$

wobei die starke Stetigkeit von $U$ verwendet wurde. Also ist $D$ dicht in $\mathscr{H}$.

(iii) Definition des Operators $S$: Seien $x \in \mathscr{H}$ und $f \in \mathscr{D}(\mathbb{R})$. Wir zeigen zunächst, dass für alle $s \in \mathbb{R}$ und $y \in \mathscr{H}$

$$\langle U(s)v_{x,f}, y\rangle = \int_{\mathbb{R}} f(t)\langle U(s)U(t)x, y\rangle \, dt \tag{6.17}$$

gilt. Da die Funktion $g_y$ (siehe (6.16)) stetig mit kompaktem Träger ist, kann sie gleichmäßig durch eine Folge von Stufenfunktionen $(g_y^{(k)})_{k \in \mathbb{N}}$ der Form

$$g_y^{(k)}(t) = \sum_{j=-kN+1}^{kN} \mathbb{1}_{(t_{j-1},t_j]}(t)g(t_j) \quad (t \in \mathbb{R}, \ k \in \mathbb{N})$$

approximiert werden. Dabei seien $N > 0$ so gewählt, dass $\operatorname{supp} g_y \subseteq [-N, N]$, und $t_j := \frac{j}{k}$ $(j = -kN, \ldots, kN)$. Wir definieren $v_{x,f}^{(k)} := \sum_{j=-kN+1}^{kN}(t_j - t_{j-1})f(t_j)U(t_j)x$ und erhalten für alle $y \in \mathscr{H}$

$$\langle v_{x,f}^{(k)}, y\rangle = \left\langle \sum_{j=-kN+1}^{kN}(t_j - t_{j-1})f(t_j)U(t_j)x, y\right\rangle$$

$$= \sum_{j=-kN+1}^{kN}(t_j - t_{j-1})f(t_j)\langle U(t_j)x, y\rangle = \int_{\mathbb{R}} g_y^{(k)}(t) \, dt$$

Mit majorisierter Konvergenz (Satz 3.39) sieht man $\int_{\mathbb{R}} g_y^{(k)}(t) \, dt \to \int_{\mathbb{R}} g_y(t) \, dt$ $(k \to \infty)$ für alle $y \in \mathscr{H}$, und damit erhalten wir $v_{x,f}^{(k)} \to v_{x,f}$ $(k \to \infty)$. Ebenfalls mit majorisierter Konvergenz folgt

$$\langle U(s)v_{x,f}^{(k)}, y\rangle = \sum_{j=-kN+1}^{kN}(t_j - t_{j-1})f(t_j)\langle U(s)U(t_j)x, y\rangle$$

$$\to \int_{\mathbb{R}} f(t)\langle U(s)U(t)x, y\rangle \, dt \quad (k \to \infty).$$

Wegen $U(s)v_{x,f}^{(k)} \to U(s)v_{x,f}$ $(k \to \infty)$ impliziert dies (6.17).

Aus (6.17) und $U(s)U(t) = U(t+s)$ folgt

$$\langle U(s)v_{x,f}, y\rangle = \int_{\mathbb{R}} f(t)\langle U(t+s)x, y\rangle \, dt = \int_{\mathbb{R}} f(t-s)\langle U(t)x, y\rangle \, dt,$$

wobei die Substitution $t \to t - s$ verwendet wurde. Somit ist

$$\left| \left\langle \frac{1}{s} \left( U(s)v_{x,f} - v_{x,f} \right) - v_{x,-f'}, y \right\rangle \right| = \left| \int_{\mathbb{R}} \left( \frac{f(t - s) - f(t)}{s} + f'(t) \right) \langle U(t)x, y \rangle \, dt \right|$$

$$\leq \|x\| \, \|y\| \int_{\mathbb{R}} \left| \frac{f(t - s) - f(t)}{s} + f'(t) \right| \, dt.$$

Wieder mit dem Satz von Riesz folgt daraus

$$\left\| \frac{1}{s} \left( U(s)v_{x,f} - v_{x,f} \right) - v_{x,-f'} \right\| \leq \|x\| \int_{\mathbb{R}} \left| \frac{f(t - s) - f(t)}{s} + f'(t) \right| \, dt. \quad (6.18)$$

Nach dem Mittelwertsatz gilt $|\frac{1}{s}(f(t - s) - f(t))| \leq \sup_{\tau \in \mathbb{R}} |f'(\tau)|$, und majorisierte Konvergenz zeigt, dass das Integral in (6.18) für $s \to 0$ gegen 0 konvergiert. Wir erhalten $\lim_{s \to 0} \frac{1}{s}(U(s)v_{x,f} - v_{x,f}) = v_{x,-f'}$. Definiere nun den linearen Operator $S$ durch $D(S) := D$ und

$$Sv_{x,f} := \lim_{s \to 0} \frac{1}{is} \left( U(s)v_{x,f} - v_{x,f} \right) = \frac{1}{i} \, v_{x,-f'} \quad (v_{x,f} \in D).$$

(iv) Eigenschaften von $S$: Nach Konstruktion von $S$ gilt $\overline{D(S)} = \mathcal{H}$, $U(t)D(S) \subseteq D(S)$ $(t \in \mathbb{R})$, $S(D(S)) \subseteq D(S)$ und $U(t)Sx = SU(t)x$ für $t \in \mathbb{R}$, $x \in D(S)$. $S$ ist symmetrisch: Seien $x, y \in D(S)$. Da $U(s)^* = U(-s)$, gilt

$$\langle x, Sy \rangle = \lim_{s \to 0} \left\langle x, \frac{1}{is}(U(s)y - y) \right\rangle = \lim_{s \to 0} \left\langle -\frac{1}{is}(U(-s)x - x), y \right\rangle$$

$$= \lim_{s \to 0} \left\langle \frac{1}{is}(U(s)x - x), y \right\rangle = \langle Sx, y \rangle.$$

$S$ ist wesentlich selbstadjungiert: Sei $y \in \ker(S^* - i)$. Dann gilt für $x \in D(S)$

$$\frac{d}{dt} \langle U(t)x, y \rangle = \lim_{s \to 0} \frac{1}{s} \big( \langle U(t + s)x, y \rangle - \langle U(t)x, y \rangle \big)$$

$$= \lim_{s \to 0} \left\langle \frac{U(s) - \mathrm{id}_{\mathcal{H}}}{s} U(t)x, y \right\rangle = \langle i S U(t)x, y \rangle$$

$$= \langle i U(t)x, S^* y \rangle = \langle i U(t)x, iy \rangle = \langle U(t)x, y \rangle.$$

Bei der vorletzten Gleichheit wurde verwendet, dass $y \in \ker(S^* - i)$. Damit erfüllt die Funktion $f(t) := \langle U(t)x, y \rangle$ die Differentialgleichung $f' = f$, und es folgt $f(t) = f(0)e^t$. Wegen

$$|f(t)| \leq \|U(t)x\| \cdot \|y\| = \|x\| \cdot \|y\|$$

ist $f$ beschränkt und damit $f = 0$.

Also haben wir $\langle x, U(t)^* y \rangle = \langle U(t)x, y \rangle = 0$ für alle $x \in D(S)$. Da $D(S)$ dicht ist und $U(t)$ unitär ist, folgt $\|y\| = \|U(t)^* y\| = 0$. Wir haben gezeigt, dass $\ker(S^* - i) = \{0\}$. Genauso sieht man $\ker(S^* + i) = \{0\}$, und nach Lemma 5.54 ist $S$ wesentlich selbstadjungiert.

(v) (Definition von $T$) Sei $T := \bar{S}$. Dann ist $T$ nach (iv) selbstadjungiert. Setze $V := e^{itT}$. Zu zeigen ist noch $U(t) = V(t)$ $(t \in \mathbb{R})$.

Falls $x \in D(S) \subseteq D(T)$, so gilt $V'(t)x = iTV(t)x$ nach Satz 6.43 b) und $U'(t)x = iSU(t)x = iTU(t)x$ nach (iv). Für $w(t) := U(t)x - V(t)x$ erhalten wir

$$w'(t) = iSU(t)x - iTV(t)x = iTw(t)$$

und damit

$$\frac{d}{dt}\|w(t)\|^2 = \langle w'(t), w(t) \rangle + \langle w(t), w'(t) \rangle = i\left[\langle Tw(t), w(t) \rangle - \langle w(t), Tw(t) \rangle\right] = 0.$$

Hierbei wurde verwendet, dass $T = \bar{S}$ nach Satz 5.37 a) wieder symmetrisch ist. Wegen $w(0) = (U(0) - V(0))x = 0$ folgt daraus $w = 0$, d.h. $U(t)x = V(t)x$ für alle $x \in D(S)$ und $t \in \mathbb{R}$. Da $D(S)$ dicht in $\mathscr{H}$ ist, folgt $U(t) = V(t)$ für alle $t \in \mathbb{R}$. $\quad\square$

*Bemerkung 6.45.* In Teil (i) des obigen Beweises wurde $v_{x,f}$ mit Hilfe der Integrale $L_{x,f}(y)$ und des Satzes von Riesz definiert. Man könnte auch direkt das $\mathscr{H}$-wertige Integral

$$v_{x,f} := \int_{\mathbb{R}} f(t)U(t)x \, dt$$

betrachten. Es handelt sich dabei um ein Integral über die $\mathscr{H}$-wertige Funktion $t \mapsto f(t)U(t)x$. Allgemeiner erlaubt es die Theorie der Bochner-Integrale, Integrale über banachraumwertige Funktionen zu definieren. Da wir hier auf eine ausführliche Diskussion des Bochner-Integrals verzichten wollen, wurde der Umweg über die skalarwertige Funktion $t \mapsto f(t)\langle U(t)x, y \rangle$ gewählt.

---

*Was haben wir gelernt?*
- Spektralmaße sind projektorwertige Maße, und das zugehörige Integral wird analog zur skalaren Integrationstheorie nach Lebesgue konstruiert.
- Der Spektralsatz besagt, dass jeder normale und insbesondere jeder selbstadjungierte Operator als Integral bezüglich eines Spektralmaßes geschrieben werden kann.

- Mit dem Spektralsatz lässt sich ein Funktionalkalkül für selbstadjungierte Operatoren definieren, umgekehrt lässt sich das Spektralmaß $E$ eines Operators $T$ durch die Identität $E(A) = \mathbb{1}_A(T)$ rekonstruieren. In diesem Sinn sind Spektralsatz und Funktionalkalkül zwei Seiten einer Medaille.

- Falls eine Familie von selbstadjungierten Operatoren kompatibel ist, d. h. in einem geeigneten Sinn kommutieren, so existiert ein gemeinsames Spektralmaß und eine entsprechende Version von Spektralsatz und Funktionalkalkül. Falls alle Operatoren rein diskretes Spektrum besitzen, so existiert eine Orthonormalbasis, welche aus gemeinsamen Eigenvektoren besteht.

- Falls $T$ selbstadjungiert ist, so wird durch $t \mapsto e^{itT}$ eine stark stetige unitäre Gruppe definiert, und der Satz von Stone besagt, dass jede solche Gruppe diese Form hat.

# Kompakte Operatoren und Spurklasseoperatoren 7

*Worum geht's?* Nach Axiom [A5] ist ein gemischter Zustand eines quantenmechanischen Systems gegeben durch eine Dichtematrix $\rho$, d.h. einen selbstadjungierten, nichtnegativen Spurklasseoperator mit Spur 1. Daher wollen wir in diesem Kapitel kompakte Operatoren und speziell Spurklasse- und Hilbert–Schmidt-Operatoren studieren.

Man kann sich einen gemischten Zustand vorstellen als eine abzählbare Familie von reinen Zuständen $(\psi_k)_{k\in\mathbb{N}}$, von denen jeder mit einer gewissen Wahrscheinlichkeit $\lambda_k$ vorliegt, wobei $\lambda_k \in [0, 1]$ und $\sum_{k\in\mathbb{N}} \lambda_k = 1$ gelte. In der üblichen Formulierung wird ein solcher gemischter Zustand in Form eines selbstadjungierten nichtnegativen Spurklasseoperators beschrieben, wobei $(\lambda_k)_{k\in\mathbb{N}}$ die Eigenwerte des Operators sind. Spurklasseoperatoren und die ähnlich definierte Klasse der Hilbert–Schmidt-Operatoren sind Spezialfälle von kompakten Operatoren. Es zeigt sich, dass jeder kompakte Operator als Grenzwert einer Folgen von Operatoren endlichen Ranges geschrieben werden kann, was auch eine schöne kanonische Darstellung kompakter Operatoren erlaubt, die sogenannte Schmidt-Darstellung. Die Theorie von Riesz besagt, dass $\mathrm{id}_{\mathscr{H}} - K$ für jeden kompakten Operator $K$ ein Fredholm-Operator mit Index 0 ist, was es uns erlaubt, Aussagen über das Spektrum kompakter Operatoren zu treffen. So besteht das Spektrum kompakter Operatoren bis auf die Null nur aus Eigenwerten endlicher Vielfachheit.

Wir definieren zunächst kompakte Operatoren und zeigen, dass für einen kompakten Operator auch der adjungierte Operator kompakt ist (Satz von Schauder), diskutieren dann die Theorie von Riesz über kompakte Operatoren und den Zusammenhang zu Fredholm-Operatoren. Die Menge der kompakten Operatoren enthält als Unterraum die Menge der Spurklasseoperatoren und der Hilbert–Schmidt-Operatoren. Der zugehörige Begriff der Spur eines Operators $T \in \mathscr{S}_1(\mathscr{H})$ verallgemeinert den

© Springer-Verlag GmbH Deutschland, ein Teil von Springer Nature 2022
R. Denk, *Mathematische Grundlagen der Quantenmechanik*,
https://doi.org/10.1007/978-3-662-65554-2_7

Spurbegriff für Matrizen und kann einerseits als Summe aller Eigenwerte (im Sinne einer absolut konvergenten Reihe), andererseits in der Form $\sum_{k \in \mathbb{N}} \langle T e_k, e_k \rangle$ für jede Orthonormalbasis $\{e_k \mid k \in \mathbb{N}\}$ geschrieben werden.

## 7.1 Eigenschaften kompakter Operatoren

Kompakte Operatoren bilden einen wichtigen Unterraum des Raums aller beschränkten linearen Operatoren. Wir betrachten kompakte Operatoren in Hilberträumen.

Im Folgenden seien $\mathscr{G}$ und $\mathscr{H}$ komplexe $\mathbb{C}$-Hilberträume mit zugehörigem Skalarprodukt $\langle \cdot, \cdot \rangle_{\mathscr{G}}$ bzw. $\langle \cdot, \cdot \rangle_{\mathscr{H}}$.

▶ **Definition 7.1.** Eine lineare Abbildung $T : \mathscr{G} \to \mathscr{H}$ heißt kompakt, falls der Abschluss des Bildes $T(\{x \in \mathscr{G} \mid \|x\| \leq 1\})$ der abgeschlossenen Einheitskugel kompakt ist. Wir schreiben $K(\mathscr{G}, \mathscr{H})$ für die Menge aller linearen kompakten Abbildungen von $\mathscr{G}$ nach $\mathscr{H}$ sowie $K(\mathscr{H}) := K(\mathscr{H}, \mathscr{H})$.

*Bemerkung 7.2.*

a) Da kompakte Mengen beschränkt sind, ist jeder lineare kompakte Operator insbesondere stetig, d.h. es gilt $K(\mathscr{G}, \mathscr{H}) \subseteq L(\mathscr{G}, \mathscr{H})$. Wegen der Linearität ist ein Operator $T \in L(\mathscr{G}, \mathscr{H})$ genau dann kompakt, wenn der Abschluss des Bildes jeder beschränkten Menge kompakt ist.

b) Ein Operator $T \in L(\mathscr{G}, \mathscr{H})$ ist genau dann kompakt, wenn für jede beschränkte Folge $(x_n)_{n \in \mathbb{N}} \subseteq \mathscr{G}$ die Folge $(T x_n)_{n \in \mathbb{N}} \subseteq \mathscr{H}$ eine in $\mathscr{H}$ konvergente Teilfolge besitzt. Dies folgt aus der Äquivalenz von kompakt und folgenkompakt für Teilmengen von Hilberträumen, siehe Bemerkung 2.29.

**Satz 7.3.**

a) *Der Raum $K(\mathscr{G}, \mathscr{H})$ ist ein (bezüglich der Normtopologie) abgeschlossener Unterraum von $L(\mathscr{G}, \mathscr{H})$.*

b) *Seien $\mathscr{G}_1$ und $\mathscr{H}_1$ zwei weitere $\mathbb{C}$-Hilberträume. Falls $S_1 \in L(\mathscr{G}_1, \mathscr{G})$, $T \in K(\mathscr{G}, \mathscr{H})$ und $S_2 \in L(\mathscr{H}, \mathscr{H}_1)$, so ist $S_2 T S_1 \in K(\mathscr{G}_1, \mathscr{H}_1)$.*

*Beweis.*

a) Sei $(x_n)_{n \in \mathbb{N}} \subseteq \mathscr{G}$ eine Folge mit $\|x_n\| \leq C$, und seien $T_1, T_2 \in K(\mathscr{G}, \mathscr{H})$ und $\alpha_1, \alpha_2 \in \mathbb{C}$. Dann existiert eine Teilfolge $(x_{k,1})_{k \in \mathbb{N}} := (x_{n_k})_{k \in \mathbb{N}}$ von $(x_n)_{n \in \mathbb{N}}$ so, dass die Folge

$(T_1 x_{n_k})_{k\in\mathbb{N}} \subseteq \mathcal{H}$ in $\mathcal{H}$ konvergiert. Da auch $T_2$ kompakt ist, existiert von der Folge $(x_{k,1})_{k\in\mathbb{N}}$ eine weitere Teilfolge $(x_{k,2})_{k\in\mathbb{N}}$ so, dass auch $(T_2 x_{k,2})_{k\in\mathbb{N}}$ in $\mathcal{H}$ konvergiert. Für diese Teilfolge konvergiert damit auch $((\alpha_1 T_1 + \alpha_2 T_2)x_{k,2})_{k\in\mathbb{N}} \subseteq \mathcal{H}$, d.h. auch der Operator $\alpha_1 T_1 + \alpha_2 T_2$ ist kompakt. Somit ist $K(\mathcal{G}, \mathcal{H})$ ein Untervektorraum von $L(\mathcal{G}, \mathcal{H})$.

Sei nun $(T_\ell)_{\ell\in\mathbb{N}} \subseteq K(\mathcal{G}, \mathcal{H})$ eine Folge kompakter Operatoren und $T \in L(\mathcal{G}, \mathcal{H})$ mit $\|T_\ell - T\| \to 0$ $(\ell \to \infty)$. Wie oben wählen wir iterativ Teilfolgen $(x_{k,j})_{k\in\mathbb{N}}$ von $(x_n)_{n\in\mathbb{N}}$ so, dass $(T_\ell x_{k,j})_{k\in\mathbb{N}} \subseteq \mathcal{H}$ für alle $\ell = 1, \ldots, j$ konvergiert. Die Diagonalfolge $(x'_j)_{j\in\mathbb{N}}$ mit $x'_j := x_{j,j}$ ist dann ebenfalls eine Teilfolge der ursprünglichen Folge $(x_n)_{n\in\mathbb{N}}$, und die Folge $(T_\ell x'_j)_{j\in\mathbb{N}}$ konvergiert für alle $\ell \in \mathbb{N}$, da $(x'_j)_{j\in\mathbb{N}}$ bis auf endlich viele Glieder eine Teilfolge von $(x_{k,\ell})_{k\in\mathbb{N}}$ ist.

Zu $\varepsilon > 0$ wählen wir $\delta := \frac{\varepsilon}{2C+1}$. Wegen $\|T_\ell - T\| \to 0$ existiert ein $\ell \in \mathbb{N}$ mit $\|T_\ell - T\| < \delta$. Da $(T_\ell x'_j)_{j\in\mathbb{N}}$ konvergiert, existiert ein $n_0 \in \mathbb{N}$ so, dass $\|T_\ell x'_j - T_\ell x'_k\| < \delta$ für alle $j, k \geq n_0$ gilt. Damit folgt

$$\|T x'_j - T x'_k\| \leq \|T x'_j - T_\ell x'_j\| + \|T_\ell x'_j - T_\ell x'_k\| + \|T_\ell x'_k - T x'_k\| < 2C\delta + \delta = \varepsilon$$

für $j, k \geq n_0$, d.h. $(T x'_j)_{j\in\mathbb{N}}$ ist eine Cauchyfolge in $\mathcal{H}$ und damit konvergent. Somit ist auch der Operator $T$ kompakt, was die Abgeschlossenheit von $K(\mathcal{G}, \mathcal{H})$ zeigt.

b) Sei $(x_n)_{n\in\mathbb{N}} \subseteq \mathcal{G}_1$ eine beschränkte Folge. Da $S_1$ stetig ist, ist auch $(S_1 x_n)_{n\in\mathbb{N}} \subseteq \mathcal{G}$ beschränkt. Wegen der Kompaktheit von $T$ besitzt $(T S_1 x_n)_{n\in\mathbb{N}} \subseteq \mathcal{H}$ eine konvergente Teilfolge, welche durch $S_2$ auf eine konvergente Teilfolge in $\mathcal{H}_1$ abgebildet wird. Also ist $S_2 T S_1$ kompakt. $\qquad\square$

Die Aussage in Teil a) dieses Satzes gilt nicht mehr, wenn man die Konvergenz in der Norm durch starke Konvergenz (Definition 6.5) ersetzt: Falls $T_\ell \xrightarrow{s} T$ $(\ell \to \infty)$ mit $T_\ell \in K(\mathcal{G}, \mathcal{H})$, so ist nicht notwendig $T \in K(\mathcal{G}, \mathcal{H})$. Teil b) von Satz 7.3 besagt, dass ein Produkt linearer stetiger Operatoren bereits dann kompakt ist, wenn ein Faktor kompakt ist. Man spricht hier auch von der Idealeigenschaft der Menge der kompakten Operatoren.

---

**Satz 7.4 (Satz von Schauder).** *Sei $T \in L(\mathcal{G}, \mathcal{H})$. Dann ist $T$ genau dann kompakt, wenn der adjungierte Operator $T^* \in L(\mathcal{H}, \mathcal{G})$ kompakt ist.*

---

*Beweis.*

a) Sei $T \in K(\mathcal{G}, \mathcal{H})$, und sei $(y_n)_{n\in\mathbb{N}} \subseteq \mathcal{H}$ eine Folge mit $\|y_n\|_{\mathcal{H}} \leq C$ $(n \in \mathbb{N})$. Nach Satz 7.3 b) gilt $T T^* \in K(\mathcal{H})$, also existiert eine Teilfolge $(y_{n_k})_{k\in\mathbb{N}}$ so, dass $(T T^* y_{n_k})_{k\in\mathbb{N}} \subseteq \mathcal{H}$ konvergent ist. Wegen

$$\|T^*(y_{n_k} - y_{n_\ell})\|_{\mathcal{G}}^2 = \langle T^*(y_{n_k} - y_{n_\ell}), T^*(y_{n_k} - y_{n_\ell})\rangle_{\mathcal{G}}$$

$$= \langle TT^*(y_{n_k} - y_{n_\ell}), y_{n_k} - y_{n_\ell}\rangle_{\mathcal{H}} \leq 2C\|TT^*(y_{n_k} - y_{n_\ell})\|_{\mathcal{H}}$$

ist $(T^*y_{n_k})_{k\in\mathbb{N}} \subseteq \mathcal{G}$ eine Cauchyfolge und damit konvergent. Also ist auch $T^*$ kompakt.

b) Falls $T^*$ kompakt ist, folgt aus a) die Kompaktheit von $T^{**} = T$.     □

▶ **Definition 7.5.** Ein stetiger linearer Operator $T \in L(\mathcal{G}, \mathcal{H})$ heißt ein Operator endlichen Ranges oder auch ein endlich-dimensionaler Operator (englisch „finite rank operator"), falls $\dim \mathrm{im}(T) < \infty$. Man definiert in diesem Fall den Rang von $T$ als rank $T := \dim \mathrm{im}(T)$. Die Menge aller Operatoren endlichen Ranges wird mit $F(\mathcal{G}, \mathcal{H})$ bezeichnet. Wieder setzen wir $F(\mathcal{H}) := F(\mathcal{H}, \mathcal{H})$.

---

**Lemma 7.6.**

a) *Jeder Operator endlichen Ranges ist kompakt, d.h. es gilt $F(\mathcal{G}, \mathcal{H}) \subseteq K(\mathcal{G}, \mathcal{H})$.*
   *Falls $\dim \mathcal{G} < \infty$ oder $\dim \mathcal{H} < \infty$, so ist $F(\mathcal{G}, \mathcal{H}) = K(\mathcal{G}, \mathcal{H}) = L(\mathcal{G}, \mathcal{H})$.*

b) *Die Identität $\mathrm{id}_{\mathcal{H}} : \mathcal{H} \to \mathcal{H}$ ist genau dann kompakt, wenn $\dim \mathcal{H} < \infty$.*

---

*Beweis.*

a) Falls $T \in F(\mathcal{G}, \mathcal{H})$, so ist der Abschluss von $T(\overline{B(0, 1)})$ als beschränkte und abgeschlossene Teilmenge des endlich-dimensionalen Raums $\mathrm{im}(T)$ kompakt. Also gilt $F(\mathcal{G}, \mathcal{H}) \subseteq K(\mathcal{G}, \mathcal{H})$. Falls $\dim \mathcal{G} < \infty$ oder $\dim \mathcal{H} < \infty$, gilt $T \in F(\mathcal{G}, \mathcal{H})$ für jeden stetigen linearen Operator $T$.

b) Falls $\dim \mathcal{H} < \infty$, so ist $\mathrm{id}_{\mathcal{H}}$ nach a) kompakt. Falls $\dim \mathcal{H} = \infty$, so existiert ein abzählbar unendliches Orthonormalsystem $\{e_n \mid n \in \mathbb{N}\}$ von $\mathcal{H}$. Wegen $\|e_n - e_m\| = \sqrt{2}$ für alle $n \neq m$ besitzt dieses keine konvergente Teilfolge, d.h. $\mathrm{id}_{\mathcal{H}}$ ist nicht kompakt.     □

---

**Lemma 7.7.** *Sei $T \in F(\mathcal{G}, \mathcal{H})$ mit rank $T = n \in \mathbb{N}$. Dann existieren Elemente $x_1, \ldots, x_n \in \mathcal{G}$ und $y_1, \ldots, y_n \in \mathcal{H}$ so, dass*

$$T = \sum_{j=1}^{n} x_j \otimes y_j,$$

*wobei für $j = 1, \ldots, n$ der lineare Operator (Tensorprodukt) $x_j \otimes y_j \in L(\mathcal{G}, \mathcal{H})$ definiert ist durch*

$$(x_j \otimes y_j)(x) := \langle x, x_j \rangle_{\mathscr{G}} y_j \quad (x \in \mathscr{G}).$$

Es gilt $T^* \in F(\mathscr{H}, \mathscr{G})$ mit rank $T^* = $ rank $T$ sowie

$$T^* = \sum_{j=1}^{n} y_j \otimes x_j.$$

*Beweis.* Wir wählen eine Orthonormalbasis $\{y_1, \ldots, y_n\}$ von $\operatorname{im}(T)$ und setzen $x_j := T^* y_j$, $j = 1, \ldots, n$. Dann gilt für alle $x \in \mathscr{G}$

$$Tx = \sum_{j=1}^{n} \langle Tx, y_j \rangle_{\mathscr{H}} y_j = \sum_{j=1}^{n} \langle x, T^* y_j \rangle_{\mathscr{G}} y_j = \sum_{j=1}^{n} (x_j \otimes y_j)(x).$$

Für den adjungierten Operator erhalten wir für alle $y \in \mathscr{H}$

$$\langle Tx, y \rangle_{\mathscr{H}} = \sum_{j=1}^{n} \langle x, x_j \rangle_{\mathscr{G}} \langle y_j, y \rangle_{\mathscr{H}} = \Big\langle x, \sum_{j=1}^{n} \overline{\langle y_j, y \rangle}_{\mathscr{H}} x_j \Big\rangle_{\mathscr{G}} = \Big\langle x, \sum_{j=1}^{n} \langle y, y_j \rangle_{\mathscr{H}} x_j \Big\rangle_{\mathscr{G}}$$

und damit $T^* y = \sum_{j=1}^{n} (y_j \otimes x_j)(y)$. Man sieht rank $T^* = \dim \operatorname{span}\{x_1, \ldots, x_n\} \le n =$ rank $T$. Wegen rank $T = $ rank $T^{**} \le $ rank $T^*$ folgt sogar rank $T^* = $ rank $T$. $\qquad\square$

**Satz 7.8.** *Der Raum $K(\mathscr{G}, \mathscr{H})$ aller kompakten linearen Operatoren ist der Abschluss von $F(\mathscr{G}, \mathscr{H})$ bezüglich der Operatornorm.*

*Beweis.* Nach Lemma 7.6 und Satz 7.3 a) gilt $F(\mathscr{G}, \mathscr{H}) \subseteq K(\mathscr{G}, \mathscr{H})$ und damit $\overline{F(\mathscr{G}, \mathscr{H})} \subseteq K(\mathscr{G}, \mathscr{H})$.

Sei nun $T \in K(\mathscr{G}, \mathscr{H})$, und sei $\varepsilon > 0$. Dann ist die Menge $A := \overline{T(B(0,1))} \subseteq \mathscr{H}$ kompakt, also besitzt die offene Überdeckung $A \subseteq \bigcup_{y \in A} B(y, \varepsilon)$ eine endliche Teilüberdeckung $A \subseteq \bigcup_{j=1}^{n} B(y_j, \varepsilon)$. Insbesondere gilt $\min_{j=1,\ldots,n} \|Tx - y_j\|_{\mathscr{H}} < \varepsilon$ für jedes $x \in \mathscr{G}$ mit $\|x\|_{\mathscr{G}} \le 1$.

Sei $\mathscr{H}_0 := \operatorname{span}\{y_1, \ldots, y_n\}$ und $P \in L(\mathscr{H})$ die orthogonale Projektion auf den endlich-dimensionalen und damit abgeschlossenen Unterraum $\mathscr{H}_0$. Dann gilt $PT \in F(\mathscr{G}, \mathscr{H})$ sowie nach dem Projektionssatz (Satz 2.34)

$$\|Tx - PTx\|_{\mathscr{H}} = \min_{y \in \mathscr{H}_0} \|Tx - y\|_{\mathscr{H}} \le \min_{j=1,\ldots,n} \|Tx - y_j\|_{\mathscr{H}} < \varepsilon$$

für alle $x \in \mathcal{G}$ mit $\|x\|_{\mathcal{G}} \leq 1$. Also ist $\|T - PT\| < \varepsilon$. Da $\varepsilon > 0$ beliebig war, folgt $T \in \overline{F(\mathcal{G}, \mathcal{H})}$. ☐

▶ **Definition 7.9.** Ein Operator $T \in L(\mathcal{G}, \mathcal{H})$ heißt Fredholm-Operator, falls $\operatorname{im}(T)$ abgeschlossen ist und $\dim \ker(T) < \infty$ und $\dim \operatorname{im}(T)^{\perp} < \infty$ gelten. In diesem Fall heißt $\operatorname{ind} T := \dim \ker(T) - \dim \operatorname{im}(T)^{\perp}$ der Index von $T$.

---

**Beispiel 7.10**

a) Falls $T \in L(\mathcal{G}, \mathcal{H})$ bijektiv ist, so ist $T$ ein Fredholm-Operator mit Index 0. Insbesondere ist $\operatorname{id}_{\mathcal{H}} \in L(\mathcal{H})$ ein Fredholm-Operator mit Index 0.

b) Sei $T \in L(\mathcal{H})$ ein Fredholm-Operator, und sei $S \in L(\mathcal{H})$ bijektiv. Dann ist $\operatorname{im}(TS) = \operatorname{im}(T)$ abgeschlossen sowie $\ker(TS) = \{S^{-1}x \mid x \in \ker T\}$. Somit ist auch $TS$ ein Fredholm-Operator und $\operatorname{ind}(TS) = \dim \ker(TS) - \dim(\operatorname{im}(TS))^{\perp} = \dim \ker T - \dim \operatorname{im}(T)^{\perp} = \operatorname{ind} T$.

c) Sei $\mathcal{H} = \mathbb{C}^n$ für ein $n \in \mathbb{N}$ und $T \in L(\mathbb{C}^n)$. Dann ist $T$ offensichtlich ein Fredholm-Operator. Wie aus der linearen Algebra bekannt ist, gilt $n = \dim \ker T + \operatorname{rank} T$. Wegen $\dim \operatorname{im}(T)^{\perp} = n - \operatorname{rank} T$ folgt $\operatorname{ind} T = 0$. ◀

---

**Satz 7.11 (Satz von Riesz über kompakte Operatoren).** *Sei* $T \in K(\mathcal{H})$. *Dann ist* $\operatorname{id}_{\mathcal{H}} - T$ *ein Fredholm-Operator mit Index 0.*

---

*Beweis.*

a) Sei zunächst $T \in F(\mathcal{H})$. Nach Lemma 7.7 existieren $n \in \mathbb{N}$ und $x_1, \ldots, x_n, y_1, \ldots, y_n \in \mathcal{H}$ so, dass $T = \sum_{j=1}^{n} x_j \otimes y_j$. Für $\mathcal{H}_0 := \operatorname{span}\{x_1, \ldots, x_n, y_1, \ldots, y_n\}$ gilt dann $T(\mathcal{H}_0) \subseteq \mathcal{H}_0$ und $T = 0$ auf $\mathcal{H}_0^{\perp}$. Für $F := \operatorname{id}_{\mathcal{H}} - T$ erhalten wir $F(\mathcal{H}_0) \subseteq \mathcal{H}_0$ und damit $F|_{\mathcal{H}_0^{\perp}} = \operatorname{id}_{\mathcal{H}_0^{\perp}}$.

Wir definieren $F_0 := F|_{\mathcal{H}_0} \in L(\mathcal{H}_0)$. Da $\mathcal{H}_0$ endlich-dimensional ist, ist $F_0$ nach Beispiel 7.10 c) ein Fredholm-Operator mit Index 0. Wegen $\ker F = \ker F_0$, $\operatorname{im}(F) = \operatorname{im}(F_0) \oplus \mathcal{H}_0^{\perp}$ sowie $\operatorname{im}(F)^{\perp} = \operatorname{im}(F_0)^{\perp}$ gilt dies auch für $F$.

b) Sei nun $T \in K(\mathcal{H})$ beliebig. Nach Satz 7.8 existiert ein $T_0 \in F(\mathcal{H})$ mit $\|T - T_0\| \leq \frac{1}{2}$. Dann ist $S := \operatorname{id}_{\mathcal{H}} - (T - T_0)$ invertierbar (Neumannsche Reihe, siehe Lemma 5.21), und

$$\operatorname{id}_{\mathcal{H}} - T = \operatorname{id}_{\mathcal{H}} - T_0 - (T - T_0) = S - T_0 = (\operatorname{id}_{\mathcal{H}} - T_0 S^{-1}) S.$$

Wegen $\operatorname{im}(T_0 S^{-1}) = \operatorname{im}(T_0)$ ist $T_0 S^{-1} \in F(\mathcal{H})$, und nach Teil a) ist $\operatorname{id}_{\mathcal{H}} - T_0 S^{-1}$ ein Fredholm-Operator mit Index 0. Nach Beispiel 7.10 b) ist damit auch $\operatorname{id}_{\mathcal{H}} - T$ ein Fredholm-Operator mit Index 0. ☐

Der Satz von Riesz erlaubt es uns, Aussagen über das Spektrum kompakter Operatoren zu treffen. Für den Beweis des entsprechenden Satzes verwenden wir folgende Bemerkung.

**Bemerkung 7.12.** Sei $T \in L(\mathscr{H})$, und seien $\lambda_1, \ldots, \lambda_n$ verschiedene Eigenwerte von $T$. Sei $v_j$ ein Eigenvektor von $T$ zum Eigenwert $\lambda_j$, $j = 1, \ldots, n$. Dann ist $\{v_1, \ldots, v_n\}$ linear unabhängig. Denn ansonsten existiert ein $n_0 \leq n - 1$ so, dass die Vektoren $\{v_1, \ldots, v_{n_0}\}$ linear unabhängig sind, aber $v_{n_0+1} \in \mathrm{span}\{v_1, \ldots, v_{n_0}\}$ gilt. Somit existieren $\alpha_1, \ldots, \alpha_{n_0} \in \mathbb{C}$ mit

$$v_{n_0+1} = \sum_{k=1}^{n_0} \alpha_k v_k.$$

Damit folgt

$$0 = (T - \lambda_{n_0+1})v_{n_0+1} = \sum_{k=1}^{n_0} \alpha_k(\lambda_k - \lambda_{n_0+1})v_k.$$

Aus der linearen Unabhängigkeit von $\{v_1, \ldots, v_{n_0}\}$ und $\lambda_k \neq \lambda_{n_0+1}$ $(k = 1, \ldots, n_0)$ folgt nun $\alpha_k = 0$ für alle $k = 1, \ldots, n_0$ und damit $v_{n_0+1} = 0$, Widerspruch.

---

**Satz 7.13.** *Sei $T \in K(\mathscr{H})$ ein kompakter Operator.*

a) *Falls $\lambda \in \sigma(T) \setminus \{0\}$, so ist $\lambda$ ein Eigenwert von $T$, und es gilt $\dim \ker(T - \lambda) < \infty$. Falls $\dim \mathscr{H} = \infty$, so gilt $0 \in \sigma(T)$.*

b) *Für jedes $\varepsilon > 0$ ist die Menge $\{\lambda \in \sigma(T) \mid |\lambda| \geq \varepsilon\}$ endlich. Somit ist $\sigma(T)$ abzählbar mit $0$ als einzigem möglichen Häufungspunkt.*

---

*Beweis.*

a) Für jedes $\lambda \neq 0$ ist $(T - \lambda) = \lambda(\frac{1}{\lambda} T - \mathrm{id}_{\mathscr{H}})$ nach dem Satz von Riesz (Satz 7.11) ein Fredholm-Operator mit Index 0, insbesondere ist $\dim \ker(T - \lambda) < \infty$. Falls $\dim \ker(T - \lambda) = 0$, so ist $\dim(\mathrm{im}(T - \lambda)^{\perp}) = 0$, und da $\mathrm{im}(T - \lambda)$ abgeschlossen ist, ist $T - \lambda$ bereits bijektiv und somit $\lambda \in \rho(T)$. Falls andererseits $\dim \ker(T - \lambda) > 0$, gilt $\lambda \in \sigma_p(T)$. Sei nun $0 \in \rho(T)$. Dann ist $\mathrm{id}_{\mathscr{H}} = T T^{-1}$ ein kompakter Operator, und nach Lemma 7.6 b) folgt $\dim \mathscr{H} < \infty$.

b) Sei $\varepsilon > 0$, und seien $\{\lambda_n \mid n \in \mathbb{N}\}$ Eigenwerte von $T$ mit $\lambda_n \neq \lambda_m$ $(n \neq m)$ und $|\lambda_n| \geq \varepsilon$. Sei $x_n$ ein Eigenvektor von $T$ zum Eigenwert $\lambda_n$, und sei $\mathscr{H}_n := \mathrm{span}\{x_1, \ldots, x_n\}$. Nach Bemerkung 7.12 ist $\{x_1, \ldots, x_n\}$ linear unabhängig, d.h. $\dim \mathscr{H}_n = n$. Wir wählen $y_n \in \mathscr{H}_n \cap \mathscr{H}_{n-1}^{\perp}$ mit $\|y_n\| = 1$.
Wegen $y_n \in \mathscr{H}_n$ existieren $\alpha_1, \ldots, \alpha_n \in \mathbb{C}$ mit $y_n = \sum_{k=1}^{n} \alpha_k x_k$. Es folgt

$$(T - \lambda_n)y_n = \sum_{k=1}^{n} \alpha_k(\lambda_k - \lambda_n)x_k \in \mathscr{H}_{n-1}.$$

Nach dem Satz von Pythagoras erhalten wir für $n > m$ wegen $T(\mathcal{H}_m) \subseteq \mathcal{H}_m \subseteq \mathcal{H}_{n-1}$

$$\|Ty_n - Ty_m\|^2 = \|\lambda_n y_n + ((T - \lambda_n)y_n - Ty_m)\|^2 = \|\lambda_n y_n\|^2 + \|(T - \lambda_n)y_n - Ty_m\|^2$$
$$\geq |\lambda_n|^2 \geq \varepsilon^2.$$

Also besitzt die Folge $(Ty_n)_{n\in\mathbb{N}}$ keine konvergente Teilfolge, im Widerspruch zur Kompaktheit von $T$.                                                                                                  □

Für selbstadjungierte kompakte Operatoren in separablen Hilberträumen lässt sich der Spektralsatz sehr einfach formulieren.

**Satz 7.14.** *Seien $\mathcal{H}$ separabel und $T \in K(\mathcal{H})$ ein kompakter selbstadjungierter Operator. Dann existieren ein $N \in \mathbb{N}\cup\{\infty\}$ und eine Orthonormalbasis $\{e_n \mid n < N\}$ von $\mathcal{H}$, bestehend aus Eigenvektoren $e_n$ (wobei die zugehörigen Eigenwerte $(\lambda_n)_{n<N}$ nicht notwendig verschieden sind). Für alle $x \in \mathcal{H}$ gelten die Darstellungen*

$$x = \sum_{n<N} \langle x, e_n\rangle e_n = \sum_{n<N} (e_n \otimes e_n)(x),$$

$$Tx = \sum_{n<N} \lambda_n \langle x, e_n\rangle e_n = \sum_{n<N} \lambda_n (e_n \otimes e_n)(x).$$

*Es gilt $\|T\| = \max_{n<N} |\lambda_n|$, und $T$ ist genau dann injektiv, falls $\lambda_n \neq 0$ $(n \in \mathbb{N})$. Falls $\dim \mathcal{H} = \infty$, so gilt $N = \infty$ sowie $\lambda_n \to 0$ $(n \to \infty)$ und $\sigma(T) = \{\lambda_n \mid n \in \mathbb{N}\} \cup \{0\}$.*

*Beweis.* Nach Satz 7.13 existieren ein $M \in \mathbb{N}\cup\{\infty\}$ und Eigenwerte $\mu_k \in \mathbb{R} \setminus \{0\}, k < M$, von $T$ so, dass $\sigma(T) \setminus \{0\} = \{\mu_k \mid k < M\}$ gilt. Nach dem Spektralsatz gilt somit

$$T = 0 \cdot E(\{0\}) + \sum_{k<M} \mu_k E(\{\mu_k\}),$$

wobei $E \colon \mathcal{B}(\mathbb{R}) \to L(\mathcal{H})$ das zu $T$ gehörige Spektralmaß sei (vergleiche dazu auch Bemerkung 6.30). Wir wählen für jeden (endlich-dimensionalen) Eigenraum $\mathrm{im}(E(\{\mu_k\})) = \ker(T - \mu_k)$ (Satz 6.25) eine Orthonormalbasis, ebenso für den (eventuell unendlich-dimensionalen) Raum $\mathrm{im}(E(\{0\})) = \ker T$. Da Eigenvektoren zu verschiedenen Eigenwerten senkrecht aufeinander stehen, bildet die Vereinigung all dieser Orthonormalbasen ein Orthonormalsystem $S$ von $\mathcal{H}$, welches wegen der Separabilität von $\mathcal{H}$ abzählbar ist. Sei $S = \{e_n \mid n < N\}$. Dann ist jedes $e_n$ ein Eigenvektor zu einem Eigenwert $\lambda_n$, wobei $\lambda_n = \mu_k$ für ein $k < M$ oder $\lambda_n = 0$ gilt. Wie in Bemerkung 6.30 folgt

$$x = \sum_{n<N} \langle x, e_n \rangle e_n, \quad Tx = \sum_{n<N} \lambda_n \langle x, e_n \rangle e_n \quad (x \in \mathcal{H}).$$

Aus der ersten Gleichheit folgt mit Satz 2.45, dass $S$ eine Orthonormalbasis von $\mathcal{H}$ ist. Wegen $T = \int_{\sigma(T)} \lambda \, dE(\lambda)$ erhalten wir mit dem Funktionalkalkül (Satz 6.23 c))

$$\|T\| = \| \operatorname{id}_{\sigma(T)} \|_{L^\infty(\sigma(T))} = \max\{|\lambda| \mid \lambda \in \sigma(T)\} = \max_{n<N} |\lambda_n|.$$

Der Operator $T$ ist genau dann injektiv, wenn $E(\{0\}) = 0$, d.h. wenn alle Eigenwerte $\lambda_n$ von Null verschieden sind. Im Fall $\dim \mathcal{H} = \infty$ gilt $N = \infty$ sowie $0 \in \sigma(T)$ nach Satz 7.13, und da für alle $\varepsilon > 0$ die Menge $\{n \in \mathbb{N} \mid |\lambda_n| \geq \varepsilon\}$ endlich ist, folgt $\lambda_n \to 0$ $(n \to \infty)$. $\square$

*Bemerkung 7.15.*

a) Sei $\mathcal{H}$ separabel. Ein selbstadjungierter kompakter Operator $T \in K(\mathcal{H})$ ist genau dann nichtnegativ (siehe Definition 5.55), falls $\lambda_n \geq 0$ für alle Eigenwerte $\lambda_n$ von $T$ gilt. Denn falls $T \geq 0$, so folgt sofort $\lambda_n = \langle Te_n, e_n \rangle \geq 0$, und falls $\lambda_n \geq 0$ für alle $n \in \mathbb{N}$ gilt, so erhält man aus der Darstellung von Satz 7.14

$$\langle Tx, x \rangle = \sum_{n,m<N} \lambda_n \langle x, e_n \rangle \langle e_m, x \rangle \langle e_n, e_m \rangle = \sum_{n<N} \lambda_n |\langle x, e_n \rangle|^2 \geq 0$$

für alle $x \in \mathcal{H}$.

b) Typischerweise nummeriert man die Eigenwerte eines selbstadjungierten kompakten Operators $T$ so, dass $|\lambda_1| \geq |\lambda_2| \geq \ldots$ gilt. Dann ist $\|T\| = |\lambda_1|$, und falls $T \geq 0$, so bildet $(\lambda_n)_{n \in \mathbb{N}}$ eine monoton fallende Folge, welche (für $\dim \mathcal{H} = \infty$) gegen 0 konvergiert.

## 7.2 Spurklasseoperatoren und Hilbert–Schmidt-Operatoren

Im Folgenden seien $\mathcal{G}$ und $\mathcal{H}$ separable $\mathbb{C}$-Hilberträume, wobei wir $\mathcal{G} \neq \{0\}$ und $\mathcal{H} \neq \{0\}$ annehmen.

▶ **Definition 7.16.** Sei $T \in K(\mathcal{G}, \mathcal{H})$ ein kompakter linearer Operator, und seien $(\lambda_n(T^*T))_{n<N}$ mit $N \in \mathbb{N} \cup \{\infty\}$ die von Null verschiedenen Eigenwerte des (nichtnegativen) Operators $T^*T \in K(\mathcal{G})$ mit $\lambda_1(T^*T) \geq \lambda_2(T^*T) \geq \ldots$, entsprechend ihrer Vielfachheit gezählt. Dann heißen die Zahlen

$$s_n(T) := \sqrt{\lambda_n(T^*T)} \quad (n < N)$$

die Singulärwerte von $T$. Der Operator $T$ heißt Spurklasseoperator, falls

$$\|T\|_1 := \sum_{n<N} s_n(T) = \|(s_n(T))_{n<N}\|_{\ell^1} < \infty,$$

und $T$ heißt Hilbert–Schmidt-Operator, falls

$$\|T\|_2 := \Big( \sum_{n<N} (s_n(T))^2 \Big)^{1/2} = \|(s_n(T))_{n<N}\|_{\ell^2} < \infty.$$

Die Menge aller Spurklasseoperatoren wird mit $\mathscr{S}_1(\mathscr{G}, \mathscr{H})$ bezeichnet, die Menge aller Hilbert–Schmidt-Operatoren mit $\mathscr{S}_2(\mathscr{G}, \mathscr{H})$. Wieder setzt man $\mathscr{S}_p(\mathscr{H}) := \mathscr{S}_p(\mathscr{H}, \mathscr{H})$ für $p \in \{1, 2\}$.

*Bemerkung 7.17.*

a) Man beachte in obiger Definition, dass der Operator $T^*T$ selbstadjungiert und wegen $\langle T^*Tx, x\rangle_{\mathscr{G}} = \langle Tx, Tx\rangle_{\mathscr{H}} = \|Tx\|_{\mathscr{H}}^2 \geq 0$ nichtnegativ ist. Nach Bemerkung 7.15 a) sind alle Eigenwerte von $T^*T$ nichtnegativ, und da $\lambda_n(T^*T)$ nach Definition von Null verschieden ist, folgt $\lambda_n(T^*T) > 0$.

b) Wegen $\|T\|^2 = \sup_{\|x\|=1} \|Tx\|^2 = \sup_{\|x\|=1} \langle T^*Tx, x\rangle$ folgt $\|T\| = s_1(T)$ nach Lemma 5.46 und damit

$$\|T\|_p \geq \|T\| \quad (T \in \mathscr{S}_p(\mathscr{G}, \mathscr{H}))$$

für $p = 1, 2$.

c) Wegen $\ell^1 \subseteq \ell^2$ folgt direkt aus der Definition $\mathscr{S}_1(\mathscr{G}, \mathscr{H}) \subseteq \mathscr{S}_2(\mathscr{G}, \mathscr{H})$.

d) Sei $T \in K(\mathscr{H})$ selbstadjungiert. Dann sind die Eigenwerte von $T^*T = T^2$ gegeben durch $\lambda_n(T^2) = (\lambda_n(T))^2$, wobei $(\lambda_n)_{n<N}$ die Eigenwerte von $T$ sind. Somit folgt in diesem Fall $s_n(T) = |\lambda_n(T)|$.

e) Die obige Definition lässt sich auf alle $p \in [1, \infty)$ verallgemeinern. Man definiert dazu die Norm

$$\|T\|_p := \|(s_n(T))_{n<N}\|_{\ell^p} := \Big( \sum_{n<N} (s_n(T))^p \Big)^{1/p},$$

und die Klasse $\mathscr{S}_p(\mathscr{G}, \mathscr{H})$ besteht aus allen kompakten Operatoren $T$ mit $\|T\|_p < \infty$ und wird auch als Schattenklasse bezeichnet. Wir werden hier aber nur $p = 1$ und $p = 2$ betrachten.

Jede der in Definition 7.16 definierten Klassen von Operatoren bildet einen Unterraum von $K(\mathscr{G}, \mathscr{H})$ und einen Banachraum, wie das folgende Resultat zeigt. Wir verzichten hier auf einen Beweis (siehe [23], Theorem VI.4.1 und Theorem VIII.2.3).

**Satz 7.18.** *Sei* $p \in \{1, 2\}$.

a) *Die Menge* $\mathscr{S}_p(\mathscr{G}, \mathscr{H})$ *ist ein Untervektorraum von* $K(\mathscr{G}, \mathscr{H})$ *und damit von* $L(\mathscr{G}, \mathscr{H})$. *Durch* $\|\cdot\|_p$ *wird eine Norm auf* $\mathscr{S}_p(\mathscr{G}, \mathscr{H})$ *definiert, und der Raum* $(\mathscr{S}_p(\mathscr{G}, \mathscr{H}), \|\cdot\|_p)$ *ist ein Banachraum.*

b) *Die Menge* $F(\mathscr{G}, \mathscr{H})$ *liegt dicht in* $\mathscr{S}_p(\mathscr{G}, \mathscr{H})$ *bezüglich der* $\|\cdot\|_p$-*Norm.*

c) *Seien* $\mathscr{G}_1$ *und* $\mathscr{H}_1$ *zwei weitere* $\mathbb{C}$-*Hilberträume, und seien* $S_1 \in L(\mathscr{G}_1, \mathscr{G})$ *und* $S_2 \in L(\mathscr{H}, \mathscr{H}_1)$. *Falls* $T \in \mathscr{S}_p(\mathscr{G}, \mathscr{H})$, *so ist* $S_2 T S_1 \in \mathscr{S}_p(\mathscr{G}_1, \mathscr{H}_1)$.

Der folgende Satz liefert eine kanonische Darstellung kompakter Operatoren mit Hilfe der Singulärwerte, welche auch als Schmidt-Darstellung bezeichnet wird.

**Satz 7.19.**

a) *Sei* $T \in K(\mathscr{G}, \mathscr{H})$ *ein kompakter Operator. Dann existieren* $N \in \mathbb{N} \cup \{\infty\}$ *und Orthonormalsysteme* $(e_n)_{n<N}$ *in* $\mathscr{G}$ *und* $(f_n)_{n<N}$ *in* $\mathscr{H}$ *so, dass*

$$T = \sum_{n<N} s_n(T)(e_n \otimes f_n) = \sum_{n<N} s_n(T)\langle \cdot, e_n \rangle_{\mathscr{G}} f_n. \tag{7.1}$$

*Im Fall* $N = \infty$ *gilt dabei* $s_n(T) \to 0$ $(n \to \infty)$, *und die Reihe in* (7.1) *konvergiert in der Operatornorm.*

b) *Sei* $N \in \mathbb{N}_0 \cup \{\infty\}$, *und sei* $(\alpha_n)_{n<N}$ *eine Folge positiver reeller Zahlen mit* $\alpha_n \to 0$ $(n \to \infty)$, *falls* $N = \infty$. *Seien weiter* $(e_n)_{n<N} \subseteq \mathscr{G}$ *und* $(f_n)_{n<N} \subseteq \mathscr{H}$ *Orthonormalsysteme. Dann ist* $T := \sum_{n<N} \alpha_n (e_n \otimes f_n)$ *ein kompakter Operator, und es gilt* $s_n(T) = \alpha_n$ $(n < N)$.

*Beweis.*

a) Nach Satz 7.14 existiert ein Orthonormalsystem $(e_n)_{n<N}$ in $\mathscr{G}$ mit $T^*T = \sum_{n<N} s_n(T)^2 (e_n \otimes e_n)$. Setzt man $f_n := \frac{1}{s_n(T)} T e_n$, so gilt

$$\langle f_n, f_m \rangle_{\mathscr{H}} = \frac{1}{s_n(T)s_m(T)} \langle T e_n, T e_m \rangle_{\mathscr{H}} = \frac{1}{s_n(T)s_m(T)} \langle T^*T e_n, e_m \rangle_{\mathscr{G}}$$

$$= \frac{(s_n(T))^2}{s_n(T)s_m(T)} \langle e_n, e_m \rangle_{\mathscr{G}} = \delta_{nm},$$

d.h. $(f_n)_{n<N}$ ist ein Orthonormalsystem in $\mathscr{H}$. Nach Satz 7.14 lässt sich jedes $x \in \mathscr{G}$ in der Form

$$x = x_0 + \sum_{n<N} \langle x, e_n \rangle_{\mathscr{G}} e_n$$

mit $x_0 \in \ker(T^*T)$ schreiben. Wegen $\langle T^*Tx, x\rangle_{\mathcal{G}} = \|Tx\|^2_{\mathcal{H}}$ folgt $\ker(T^*T) = \ker T$. Wendet man auf die obige Darstellung den Operator $T$ an, erhält man

$$Tx = \sum_{n<N} \langle x, e_n\rangle_{\mathcal{G}} T e_n = \sum_{n<N} s_n(T)\langle x, e_n\rangle_{\mathcal{G}} f_n \quad (x \in \mathcal{G}).$$

Dies zeigt die gewünschte Darstellung von $T$. Falls $N = \infty$, so gilt $s_n(T) \to 0 \ (n \to \infty)$ nach Satz 7.14, und wegen

$$\left\|\left(T - \sum_{n<k} s_n(T)(e_n \otimes f_n)\right)x\right\|^2 = \left\|\sum_{n=k}^{\infty} s_n(T)\langle e_n, x\rangle f_n\right\|^2 = \sum_{n=k}^{\infty} s_n(T)^2|\langle e_n, x\rangle|^2$$

$$\leq \max_{n\geq k} s_n(T)^2\|x\|^2 = s_k(T)^2\|x\|^2$$

für alle $x \in \mathcal{G}$ und $k \in \mathbb{N}$ konvergiert die Reihe in (7.1) in der Operatornorm.

b) Falls $N < \infty$, so ist $T$ ein Operator endlichen Ranges und damit kompakt. Falls $N = \infty$, so zeigt dieselbe Rechnung wie im Beweis von a), dass die Reihe wegen $\alpha_n \to 0 \ (n \to \infty)$ in der Operatornorm konvergiert. Wegen Satz 7.8 ist $T$ kompakt. Nach Lemma 7.7 gilt $(e_n \otimes f_n)^* = f_n \otimes e_n$ und damit $T^* = \sum_{n<N} \alpha_n(f_n \otimes e_n)$. Also erhält man für alle $x \in \mathcal{G}$

$$T^*Tx = \sum_{m,n<N} \alpha_n\alpha_m\langle x, e_n\rangle_{\mathcal{G}}\langle f_n, f_m\rangle_{\mathcal{H}} e_n = \sum_{n<N} \alpha_n^2(e_n \otimes e_n)(x),$$

woraus $s_n(T) = \alpha_n \ (n < N)$ folgt. $\qquad\square$

Man beachte, dass die Schmidt-Darstellung eines kompakten Operators $T$ nicht eindeutig ist, denn einerseits können für Eigenräume mit Vielfachheit größer als 1 verschiedene Orthonormalbasen gewählt werden (siehe die Konstruktion im Beweis von Satz 7.14), andererseits können $e_n$ und $f_n$ durch $\mu_n e_n$ und $\mu_n f_n$ mit $\mu_n \in \mathbb{C}$, $|\mu_n| = 1$ ersetzt werden, ohne den Operator zu ändern, wie man mit

$$\big((\mu_n e_n) \otimes (\mu_n f_n)\big)(x) = \langle x, \mu_n e_n\rangle\mu_n f_n = |\mu_n|^2\langle x, e_n\rangle f_n = (e_n \otimes f_n)(x) \quad (x \in \mathcal{H})$$

sieht.

**Korollar 7.20.** *Sei $T \in K(\mathcal{G}, \mathcal{H})$ ein kompakter Operator. Dann haben $T$ und $T^* \in K(\mathcal{H}, \mathcal{G})$ dieselben Singulärwerte. Für $p = 1, 2$ ist insbesondere $T \in \mathscr{S}_p(\mathcal{G}, \mathcal{H})$ genau dann, wenn $T^* \in \mathscr{S}_p(\mathcal{H}, \mathcal{G})$.*

*Beweis.* Sei $T = \sum_{n<N} s_n(T)(e_n \otimes f_n)$ eine Schmidt-Darstellung von $T$. Wie im obigen Beweis gezeigt, gilt dann $T^* = \sum_{n<N} s_n(T)(f_n \otimes e_n)$, und nach Satz 7.19 b) folgt $s_n(T^*) = s_n(T)$ für alle $n < N$. $\qquad\square$

*Bemerkung 7.21.* Sei $T \in K(\mathscr{G}, \mathscr{H})$ ein kompakter Operator in der Schmidt-Darstellung $T = \sum_{n<N} s_n(T)(e_n \otimes f_n)$. Dann kann man $(e_n)_{n<N}$ zu einer Orthonormalbasis von $\mathscr{G}$ ergänzen, indem man eine Orthonormalbasis von $\ker T = \ker(T^*T)$ hinzufügt. Setzt man für $e_n \in \ker T$ formal $s_n(T) := 0$ und $f_n \in \mathscr{H}$ beliebig, so erhält man eine Darstellung $T = \sum_{n<M} s_n(T)(e_n \otimes f_n)$, wobei $M \in \mathbb{N} \cup \{\infty\}$ und $(e_n)_{n<M}$ eine Orthonormalbasis von $\mathscr{G}$ ist. Auch eine solche Darstellung heißt Schmidt-Darstellung von $T$. Häufig wird man auch die zusätzlichen Vektoren $f_n$ so wählen, dass $(f_n)_{n<M}$ eine Orthonormalbasis von $\mathscr{H}$ ist (falls $\mathscr{G}$ und $\mathscr{H}$ dieselbe Dimension besitzen).

---

**Satz 7.22.** *Sei $N \in \mathbb{N} \cup \{\infty\}$, und seien $(\alpha_n)_{n<N} \subseteq \mathbb{C}$, $(x_n)_{n<N} \subseteq \mathscr{H}$ und $(y_n)_{n<N} \subseteq \mathscr{H}$ Folgen mit $\sum_{n<N} |\alpha_n| \|x_n\| \|y_n\| < \infty$. Ferner sei $T \in L(\mathscr{H})$ gegeben durch $T = \sum_{n<N} \alpha_n(x_n \otimes y_n)$.*

a) *Dann ist $T$ ein Spurklasseoperator mit $\|T\|_1 \leq \sum_{n<N} |\alpha_n| \|x_n\| \|y_n\|$.*
b) *Für jede Orthonormalbasis $(e_k)_{k<M}$ von $\mathscr{H}$ gilt*

$$\sum_{n<N} \alpha_n \langle y_n, x_n \rangle = \sum_{k<M} \langle T e_k, e_k \rangle. \tag{7.2}$$

*Dabei konvergieren die Reihen für $N = \infty$ bzw. $M = \infty$ absolut.*

---

*Beweis.*

a) Wie im Beweis von Satz 7.19 a) sieht man, dass die Reihe in der Operatornorm konvergiert. Damit ist $T$ als Limes von Operatoren endlichen Ranges kompakt. Sei $T = \sum_{k<M} s_k(T)(e_k \otimes f_k)$ eine Schmidt-Darstellung mit Orthonormalbasen $(e_k)_{k<M}$ und $(f_k)_{k<M}$ von $\mathscr{H}$ (vergleiche Bemerkung 7.21). Nach Konstruktion der Schmidt-Darstellung gilt $T e_k = s_k(T) f_k$ und damit

$$\sum_{k<M} s_k(T) = \sum_{k<M} \langle s_k(T) f_k, f_k \rangle = \sum_{k<M} \langle T e_k, f_k \rangle = \sum_{k<M} \sum_{n<N} \alpha_n \langle e_k, x_n \rangle \langle y_n, f_k \rangle$$

$$\leq \sum_{k<M} \sum_{n<N} |\alpha_n| |\langle e_k, x_n \rangle| |\langle y_n, f_k \rangle|$$

$$\leq \sum_{n<N} |\alpha_n| \Big( \sum_{k<M} |\langle e_k, x_n \rangle|^2 \Big)^{1/2} \Big( \sum_{k<M} |\langle y_n, f_k \rangle|^2 \Big)^{1/2}$$

$$= \sum_{n<N} |\alpha_n| \|x_n\| \|y_n\| < \infty.$$

b) Wegen $|\alpha_n \langle y_n, x_n \rangle| \leq |\alpha_n| \|x_n\| \|y_n\|$ konvergiert die Reihe auf der linken Seite von (7.2) absolut. Wir schreiben $x_n = \sum_{k<M} \langle x_n, e_k \rangle e_k$ und erhalten

$$\sum_{n<N} \alpha_n \langle y_n, x_n \rangle = \sum_{n<N} \sum_{k<M} \alpha_n \langle e_k, x_n \rangle \langle y_n, e_k \rangle$$

$$= \sum_{k<M} \Big\langle \sum_{n<N} \alpha_n \langle e_k, x_n \rangle y_n, e_k \Big\rangle = \sum_{k<M} \langle T e_k, e_k \rangle.$$

Dabei darf man die Summationsreihenfolge wegen

$$\sum_{n<N} \sum_{k<M} |\alpha_n \langle e_k, x_n \rangle \langle y_n, e_k \rangle| \le \sum_{n<N} |\alpha_n| \|x_n\| \|y_n\| < \infty$$

(siehe a)) vertauschen. Die Gleichheit (7.2) gilt für jede Permutation der $(e_k)_{k<M}$, also konvergiert die Reihe auf der rechten Seite von (7.2) unbedingt und damit absolut.  □

Der obige Satz erlaubt es, die Spur eines Spurklasseoperators zu definieren.

▶ **Definition 7.23.** Sei $T \in \mathscr{S}_1(\mathscr{H})$ ein Spurklasseoperator. Dann definiert man die Spur von $T$ durch

$$\operatorname{tr} T := \sum_{k<M} \langle T e_k, e_k \rangle,$$

wobei $(e_k)_{k<M}$ eine beliebige Orthonormalbasis von $\mathscr{H}$ ist.

*Bemerkung 7.24.* Nach Satz 7.22 ist die Reihe auf der rechten Seite absolut konvergent und unabhängig von der Wahl der Orthonormalbasis, somit ist $\operatorname{tr} T$ wohldefiniert. Insbesondere gilt für die Schmidt-Darstellung $T = \sum_{n<N} s_n(T)(e_n \otimes f_n)$ nach Satz 7.22 die Gleichheit

$$\operatorname{tr} T = \sum_{n<N} s_n(T) \langle e_n, f_n \rangle.$$

**Satz 7.25.**

a) *Die Abbildung* $\operatorname{tr} \colon \mathscr{S}_1(\mathscr{H}) \to \mathbb{C}$, $T \mapsto \operatorname{tr} T$ *ist ein stetiges lineares Funktional mit* $\|\operatorname{tr}\|_{(\mathscr{S}_1(\mathscr{H}))'} = 1$.
b) *Für* $T \in \mathscr{S}_1(\mathscr{H})$ *und* $S \in L(\mathscr{H})$ *gilt* $\operatorname{tr}(ST) = \operatorname{tr}(TS)$.

*Beweis.*
a)  Sei $T = \sum_{n<N} s_n(T)(e_n \otimes f_n)$ eine Schmidt-Darstellung von $T$. Dann gilt nach Bemerkung 7.24

$$|\operatorname{tr} T| \le \sum_{n<N} s_n(T) |\langle e_n, f_n \rangle| \le \sum_{n<N} s_n(T) \|e_n\| \|f_n\| = \sum_{n<N} s_n(T) = \|T\|_1.$$

Also ist tr ein stetiges lineares Funktional mit Norm nicht größer als 1. Wegen $\mathrm{tr}(e_1 \otimes e_1) = \langle e_1, e_1 \rangle = 1 = \|e_1 \otimes e_1\|_1$ folgt $\| \, \mathrm{tr} \, \|_{(\mathscr{S}_1(\mathscr{H}))'} = 1$.

b) Für $T = \sum_{n<N} s_n(T)(e_n \otimes f_n)$ folgt

$$ST = \sum_{n<N} s_n(T)\langle e_n, \cdot \rangle Sf_n = \sum_{n<N} s_n(T)(e_n \otimes Sf_n),$$

$$TS = \sum_{n<N} s_n(T)\langle e_n, S \cdot \rangle f_n = \sum_{n<N} s_n(T)(S^*e_n \otimes f_n).$$

Nach Satz 7.22 folgt

$$\mathrm{tr}(ST) = \sum_{n<N} s_n(T)\langle e_n, Sf_n \rangle = \sum_{n<N} s_n(T)\langle S^*e_n, f_n \rangle = \mathrm{tr}(TS). \qquad \square$$

Für selbstadjungierte Spurklasseoperatoren lassen sich die Norm $\| \cdot \|_1$ und die Spur besonders einfach darstellen, wie das folgende Resultat zeigt.

---

**Lemma 7.26.** *Sei* $T \in \mathscr{S}_1(\mathscr{H})$ *ein selbstadjungierter Spurklasseoperator mit den (inklusive Vielfachheiten gezählten) Eigenwerten* $(\lambda_n)_{n<N}$. *Dann gilt*

$$\|T\|_1 = \sum_{n<N} |\lambda_n| \quad \text{und} \quad \mathrm{tr}\, T = \sum_{n<N} \lambda_n.$$

---

*Beweis.* Nach Bemerkung 7.24 gilt $s_n(T) = |\lambda_n|$, woraus die erste Gleichheit folgt. Nach Satz 7.14 existiert eine Orthonormalbasis $(e_n)_{n<N}$ von $\mathscr{H}$, bestehend aus Eigenvektoren von $T$, mit $T = \sum_{n<N} \lambda_n(e_n \otimes e_n)$. Somit gilt nach Satz 7.22 die Gleichheit $\mathrm{tr}\, T = \sum_{n<N} \lambda_n$. $\qquad \square$

*Bemerkung 7.27.*

a) Die obigen Resultate verallgemeinern die bekannten Resultate über die Spur einer Matrix. Sei $T = (a_{ij})_{i,j=1,\dots,n} \in \mathbb{C}^{n \times n}$, und sei $\{e_1, \dots, e_n\}$ die kanonische Basis des $\mathbb{C}^n$. Dann ist $\mathrm{tr}\, T$ definiert als $\mathrm{tr}\, T := \sum_{i=1}^{n} a_{ii} = \sum_{i=1}^{n} \langle Te_i, e_i \rangle$, die Spur ist aber auch gleich der Summe der Eigenwerte.

b) Die Aussagen von Lemma 7.26 konnten für selbstadjungierte Operatoren einfach bewiesen werden. Einer der zentralen Sätze aus der Theorie der Spurklasseoperatoren (siehe [23], Theorem VII.6.1, oder [49], Theorem 4.7.15) besagt, dass dieselbe Aussage auch gilt, falls $T$ ein beliebiger (nicht notwendig selbstadjungierter oder normaler) Spurklasseoperator ist.

Wir betrachten nun die zweite wichtige Klasse kompakter Operatoren, die Hilbert–Schmidt-Operatoren, welche nach Bemerkung 7.17 c) die Spurklasseoperatoren enthält. Für die einfachere Darstellung nehmen wir jetzt an, dass $\mathcal{H}$ unendlich-dimensional ist. Im endlich-dimensionale Fall gelten die analogen Aussagen, wobei dann die Orthonormalbasis nur endlich viele Elemente enthält.

**Satz 7.28.** *Sei $T \in K(\mathcal{H})$ ein kompakter Operator. Dann ist $T$ genau dann ein Hilbert–Schmidt-Operator, falls eine Orthonormalbasis $(a_n)_{n\in\mathbb{N}}$ von $\mathcal{H}$ existiert mit $\sum_{n\in\mathbb{N}} \|Ta_n\|^2 < \infty$. In diesem Fall gilt für alle Orthonormalbasen $(b_n)_{n\in\mathbb{N}}$*

$$\|T\|_2 = \left( \sum_{n\in\mathbb{N}} \|Tb_n\|^2 \right)^{1/2}.$$

*Beweis.* Sei $T = \sum_{n\in\mathbb{N}} s_n(T)(e_n \otimes f_n)$ die Schmidt-Darstellung, wobei $(e_n)_{n\in\mathbb{N}}$ eine Orthonormalbasis von $\mathcal{H}$ sei (hierbei ist $s_n(T) = 0$ möglich, vergleiche Bemerkung 7.21). Dann gilt für jede Orthonormalbasis $(b_k)_{k\in\mathbb{N}}$ von $\mathcal{H}$

$$\sum_{k\in\mathbb{N}} \|Tb_k\|^2 = \sum_{k\in\mathbb{N}} \left\| \sum_{n\in\mathbb{N}} s_n(T)\langle e_n, b_k \rangle f_n \right\|^2 = \sum_{k\in\mathbb{N}} \sum_{n\in\mathbb{N}} s_n(T)^2 |\langle e_n, b_k \rangle|^2$$

$$= \sum_{n\in\mathbb{N}} s_n(T)^2 \sum_{k\in\mathbb{N}} |\langle e_n, b_k \rangle|^2 = \sum_{n\in\mathbb{N}} s_n(T)^2 \|e_n\|^2 = \sum_{n\in\mathbb{N}} s_n(T)^2.$$

Hierbei darf die Summationsreihenfolge vertauscht werden, da alle Summanden nichtnegativ sind. Falls eine Orthonormalbasis $(b_k)_{k\in\mathbb{N}}$ existiert, für welche die Summe auf der linken Seite endlich ist, so folgt aus dieser Rechnung $T \in \mathscr{S}_2(\mathcal{H})$, und die Summe ist für alle Orthonormalbasen endlich und besitzt den Wert $\|T\|_2^2$. $\square$

**Satz 7.29.**

a) *Für $S, T \in \mathscr{S}_2(\mathcal{H})$ gilt $ST \in \mathscr{S}_1(\mathcal{H})$ mit $\|ST\|_1 \leq \|S\|_2 \|T\|_2$.*

b) *Die Abbildung*

$$\langle \cdot, \cdot \rangle_2 : S_2(\mathcal{H}) \times S_2(\mathcal{H}),\ (S, T) \mapsto \mathrm{tr}(T^*S)$$

*ist ein Skalarprodukt auf $\mathscr{S}_2(\mathcal{H})$, welches die Norm $\|\cdot\|_2$ induziert. Der Raum $(\mathscr{S}_2(\mathcal{H}), \langle \cdot, \cdot \rangle_2)$ ist ein Hilbertraum. Für jede Orthonormalbasis $(b_n)_{n\in\mathbb{N}}$ von $\mathcal{H}$ gilt*

$$\langle S, T \rangle_2 = \sum_{n\in\mathbb{N}} \langle Sb_n, Tb_n \rangle \quad (S, T \in \mathscr{S}_2(\mathcal{H})).$$

*Beweis.*

a) Sei $(b_n)_{n\in\mathbb{N}}$ eine Orthonormalbasis von $\mathcal{H}$. Dann gilt für alle $x \in \mathcal{H}$ die Darstellung $Tx = \sum_{n\in\mathbb{N}}\langle Tx, b_n\rangle b_n$ und damit

$$STx = \sum_{n\in\mathbb{N}}\langle Tx, b_n\rangle Sb_n = \sum_{n\in\mathbb{N}}(T^*b_n \otimes Sb_n)(x).$$

Nach Satz 7.22 a) gilt

$$\sum_{n\in\mathbb{N}} s_n(ST) \le \sum_{n\in\mathbb{N}} \|T^*b_n\|\,\|Sb_n\| \le \Big(\sum_{n\in\mathbb{N}}\|T^*b_n\|^2\Big)^{1/2}\Big(\sum_{n\in\mathbb{N}}\|Sb_n\|^2\Big)^{1/2}$$

$$= \|T^*\|_2\|S\|_2 = \|T\|_2\|S\|_2.$$

Dies zeigt a).

b) Offensichtlich ist die Abbildung $(S, T) \mapsto \operatorname{tr}(T^*S)$ linear im ersten Argument und konjugiert linear im zweiten Argument. Aus

$$\langle S, S\rangle_2 = \operatorname{tr}(S^*S) = \sum_{n\in\mathbb{N}}\langle S^*Sb_n, b_n\rangle = \sum_{n\in\mathbb{N}}\|Sb_n\|^2 = \|S\|_2^2$$

sieht man, dass $\langle\cdot, \cdot\rangle_2$ die Norm $\|\cdot\|_2$ induziert, was auch die Definitheit zeigt. Somit ist $\langle\cdot, \cdot\rangle_2$ ein Skalarprodukt, und nach Satz 7.18 ist $\mathscr{S}_2(\mathcal{H})$ vollständig und damit ein Hilbertraum. Für $S, T \in \mathscr{S}_2(\mathcal{H})$ gilt

$$\langle S, T\rangle_2 = \sum_{n\in\mathbb{N}}\langle T^*Sb_n, b_n\rangle = \sum_{n\in\mathbb{N}}\langle Sb_n, Tb_n\rangle. \qquad \square$$

**Bemerkung 7.30.** Sei $S \in \mathscr{S}_1(\mathcal{H})$ ein Spurklasseoperator. Dann ist die Abbildung

$$\varphi_S\colon L(\mathcal{H}) \to \mathbb{C}, \; T \mapsto \operatorname{tr}(ST)$$

wohldefiniert und linear, und wie im Beweis von Satz 7.25 a) sieht man $|\operatorname{tr}(ST)| \le \|S\|_1\|T\|$. Somit ist $\varphi_S \in (L(\mathcal{H}))'$ mit $\|\varphi_S\|_{L(\mathcal{H})'} \le \|S\|_1$. Spurklasseoperatoren können also als stetige lineare Funktionale auf $L(\mathcal{H})$ aufgefasst werden.

---

*Was haben wir gelernt?*

- Die Menge der kompakten Operatoren $K(\mathcal{G}, \mathcal{H})$ bildet einen bezüglich Operatornorm abgeschlossenen linearen Unterraum von $L(\mathcal{G}, \mathcal{H})$, in welchem die Operatoren endlichen Ranges dicht liegen. Nach dem Satz von Schauder ist $T$ genau dann kompakt, falls $T^*$ kompakt ist.

- Falls $T$ ein kompakter Operator ist, so ist nach dem Satz von Riesz der Operator $1 - T$ ein Fredholm-Operator mit Index 0. Damit sieht man, dass jedes $\lambda \in \sigma(T) \setminus \{0\}$ ein Eigenwert endlicher Vielfachheit ist.

- Falls $T$ ein kompakter selbstadjungierter Operator in einem unendlich-dimensionalen separablen Hilbertraum $\mathcal{H}$ ist, so existiert eine Darstellung der Form

$$T = \sum_{k \in \mathbb{N}} \lambda_k e_k \otimes e_k,$$

wobei $(\lambda_k)_{k \in \mathbb{N}}$ die Eigenwerte von $T$ sind und $\{e_k \mid k \in \mathbb{N}\}$ eine Orthonormalbasis von $\mathcal{H}$ ist.

- Spurklasse- und Hilbert–Schmidt-Operatoren werden mit Hilfe der Singulärwerte definiert. Falls $T$ ein selbstadungierter Spurklasseoperator ist, so ist die Spur $\operatorname{tr} T := \sum_{k \in \mathbb{N}} \langle T e_k, e_k \rangle$ gleich der Reihe über alle Eigenwerte von $T$.

# Fazit: Die Postulate der Quantenmechanik  8

*Worum geht's?* Wir können jetzt die Axiome der Quantenmechanik mit anderen Augen sehen, da wir die mathematischen Definitionen und die wichtigsten Sätze der darin erwähnten Objekte kennen. Wir gehen speziell auf die Orts- und Impulsobservable ein und zeigen in einer einfachen Rechnung, dass nicht beide gleichzeitig mit beliebiger Genauigkeit bestimmt werden können – das ist die berühmte Unschärferelation nach Heisenberg. Die zeitliche Entwicklung eines Systems wird durch die zum Hamilton-Operator gehörige unitäre Gruppe beschrieben. Eine besondere Rolle spielen bei Messungen die stationären Zustände eines Systems, mathematisch sind dies die Eigenfunktionen des Hamilton-Operators.

Wir wiederholen in diesem Kapitel zunächst die Axiome der Quantenmechanik und die Beispiele Orts- und Impulsvariable und gehen dann auf die Unschärferelation und die kanonischen Vertauschungsrelationen nach Heisenberg und Weyl ein. Die zeitliche Entwicklung reiner Zustände wird sowohl im Schrödinger-Bild als auch im Heisenberg-Bild beschrieben. Nach einer kurzen Diskussion des Messprozesses wird noch die zeitliche Entwicklung gemischter Zustände besprochen.

## 8.1    Axiomatik und direkte Folgerungen

Nachdem wir in den letzten Kapiteln die funktionalanalytischen und operatortheoretischen Begriffe kennengelernt haben, können wir nun die Axiome nochmal wiederholen und die entsprechenden Referenzen einfügen.

© Springer-Verlag GmbH Deutschland, ein Teil von Springer Nature 2022
R. Denk, *Mathematische Grundlagen der Quantenmechanik*,
https://doi.org/10.1007/978-3-662-65554-2_8

**Axiome der Quantenmechanik:**

[A1]  Die Gesamtheit der reinen Zustände eines quantenmechanischen Systems ist gegeben durch die Menge der eindimensionalen Unterräume eines separablen (Definition 2.48) $\mathbb{C}$-Hilbertraums $\mathcal{H}$ (Definition 2.1 und 2.7) (oder durch normierte Vektoren von $\mathcal{H}$).

[A2]  Jede beobachtbare Größe (Observable) eines quantenmechanischen Systems ist beschrieben durch einen selbstadjungierten Operator (Definition 5.34 und 5.3) in $\mathcal{H}$.

[A3]  Sei $\psi \in \mathcal{H}$, $\|\psi\| = 1$, ein reiner Zustand und $T : \mathcal{H} \supseteq D(T) \to \mathcal{H}$ eine Observable. Dann ist die Wahrscheinlichkeit (Definition 3.4) dafür, dass der Messwert der beobachtbaren Größe $T$ in der Menge $A \in \mathcal{B}(\sigma(T))$ liegt, gegeben durch $\|E(A)\psi\|^2$, wobei $E : \mathcal{B}(\sigma(T)) \to L(\mathcal{H})$ das Spektralmaß (Definition 6.8) des Operators $T$ ist – siehe Spektralsatz (Satz 6.20).

[A4]  Die zeitliche Entwicklung eines quantenmechanischen Systems ist gegeben durch einen selbstadjungierten Operator $H$, den Hamilton-Operator des Systems. Befindet sich das System zur Zeit $t = 0$ im Zustand $\psi_0 \in \mathcal{H}$, $\|\psi_0\| = 1$, so ist es zum Zeitpunkt $t > 0$ im Zustand $\psi(t) := e^{-it/\hbar H}\psi_0$ – siehe Definition 6.42 einer unitären Gruppe, Funktionalkalkül (Korollar 6.23) und Satz von Stone (Satz 6.44).

[A5]  Ein gemischter Zustand eines quantenmechanischen Systems ist gegeben durch eine Dichtematrix $\rho$, d.h. einen selbstadjungierten, nichtnegativen Spurklasseoperator (Definition 7.16) mit Spur 1. Falls $T : \mathcal{H} \supseteq D(T) \to \mathcal{H}$ eine Observable ist und das System sich im gemischten Zustand $\rho$ befindet, so ist die Wahrscheinlichkeit dafür, dass der Messwert der beobachtbaren Größe $T$ in der Menge $A \in \mathcal{B}(\sigma(T))$ liegt, gegeben durch $\mathrm{tr}(\rho E(A))$ – siehe Definition 7.23 der Spur und Bemerkung 7.30 für die Spur als Funktional.

Die stochastische Interpretation in den Axiomen [A3] und [A5] wird auch Kopenhagener Interpretation der Quantenmechanik genannt. Ein reiner Zustand $\psi$ wird auch als Wellenfunktion bezeichnet.

Wir werden im Folgenden statt $x$, $y$ die Buchstaben $\psi$, $\varphi$, ... für die Elemente im Definitionsbereich einer Observablen $T$ verwenden. Man beachte dabei, dass ein Vektor $\psi \in D(T)$ nur dann ein reiner Zustand ist, falls $\|\psi\| = 1$ gilt.

Wir wiederholen noch einmal die Definition von Orts- und Impulsobservable, welche Beispiele für [A2] darstellen. In beiden Fällen wird in [A1] $\mathcal{H} = L^2(\mathbb{R})$ gewählt.

▶ **Definition 8.1.**

a)  Die eindimensionale Ortsobservable (Ortsoperator) $Q : L^2(\mathbb{R}) \supseteq D(Q) \to L^2(\mathbb{R})$ ist definiert durch

$$D(Q) := \{\psi \in L^2(\mathbb{R}) \mid (x \mapsto x \cdot \psi(x)) \in L^2(\mathbb{R})\},$$
$$(Q\psi)(x) := x\psi(x) \quad (\psi \in D(Q)).$$

b) Die eindimensionale Impulsobservable    $P\colon L^2(\mathbb{R}) \supseteq D(P) \to L^2(\mathbb{R})$ ist definiert
durch

$$D(P) := H^1(\mathbb{R}),$$
$$P\psi := -i\hbar\,\psi' \quad (\psi \in D(P)).$$

Dabei ist $L^2(\mathbb{R})$ ein Spezialfall von Definition 3.53 mit dem Lebesgue-Maß (Satz 3.15),
und der Raum $H^1(\mathbb{R})$ ist der Sobolevraum aus Definition 4.15. Die Ableitung in der Definition der Impulsobservablen kann für $H^1$-Funktionen nicht klassisch verstanden werden
(diese würde nicht immer existieren), sondern im Distributionssinn (Definition 4.12) oder
als schwache Ableitung (Bemerkung 4.16 b)).

Der folgende Satz zeigt, dass $Q$ und $P$ tatsächlich Observable sind.

**Satz 8.2.** *Die Operatoren $Q$ und $P$ aus Definition 8.1 sind selbstadjungiert.*

*Beweis.* Der Operator $Q$ ist der Multiplikationsoperator mit der reellwertigen Funktion
$m\colon \mathbb{R} \to \mathbb{R}$, $x \mapsto x$ (also mit der Identität) im Sinne von Definition 5.48 und daher nach
Satz 5.49 selbstadjungiert.

Für die Selbstadjungiertheit von $P$ betrachten wir die eindimensionale Fouriertransformation $\mathscr{F}\colon \mathscr{S}'(\mathbb{R}) \to \mathscr{S}'(\mathbb{R})$, siehe Definitionen 4.29 und 4.33. Diese ist bijektiv nach
Korollar 4.37, und es gilt

$$\mathscr{F}(\psi') = i\xi\,\mathscr{F}(\psi) \tag{8.1}$$

als Gleichheit in $\mathscr{S}'(\mathbb{R})$ (Satz 4.33), wobei $\xi\mathscr{F}(\psi)$ die Multiplikation im Sinne von
Lemma 4.29 bezeichnet. Insbesondere ist die linke Seite von (8.1) genau dann eine reguläre
Distribution und in $L^2(\mathbb{R})$, wenn dies für die rechte Seite gilt. Aufgrund der Definitionen ist also $\psi \in D(P)$ genau dann, wenn $\mathscr{F}(\psi) \in D(Q)$ ist, und in diesem Fall gilt
$\mathscr{F}(P\psi) = \hbar Q(\mathscr{F}\psi)$. Somit gilt $P = \hbar\mathscr{F} Q\mathscr{F}^{-1}$ als Gleichheit unbeschränkter Operatoren mit Gleichheit der Definitionsbereiche.

Der Operator $P$ ist dicht definiert wegen $\mathscr{D}(\mathbb{R}) \subseteq D(P)$ und symmetrisch wegen

$$\langle P\psi, \varphi \rangle = \hbar\langle \mathscr{F} Q\mathscr{F}^{-1}\psi, \varphi \rangle = \hbar\langle Q\mathscr{F}^{-1}\psi, \mathscr{F}^{-1}\varphi \rangle = \hbar\langle \mathscr{F}^{-1}\psi, Q\mathscr{F}^{-1}\varphi \rangle$$
$$= \hbar\langle \psi, \mathscr{F} Q\mathscr{F}^{-1}\varphi \rangle = \langle \psi, P\varphi \rangle$$

für alle $\psi, \varphi \in D(P)$. Schließlich ist $P \pm i = \hbar\mathscr{F}^{-1}(Q \pm i)\mathscr{F}$ surjektiv, da $Q \pm i$ surjektiv
ist und $\mathscr{F}$ und $\mathscr{F}^{-1}$ nach dem Satz von Plancherel (Satz 4.39) Isomorphismen von $L^2(\mathbb{R})$
sind. Nach Satz 5.52 ist $P$ selbstadjungiert. □

**Satz 8.3.** *Für die Ortsobservable $Q$ und die Impulsobservable $P$ gilt*

$$\sigma(Q) = \sigma_c(Q) = \mathbb{R}, \quad \sigma(P) = \sigma_c(P) = \mathbb{R}.$$

*Beweis.*

(i) Wir betrachten zunächst $Q$. Nach Lemma 5.51 gilt $\sigma(Q) = \text{ess im}(\text{id}_\mathbb{R}) = \mathbb{R}$. Angenommen, $\lambda \in \mathbb{R}$ ist ein Eigenwert von $Q$. Dann existiert ein $\psi \in D(Q) \setminus \{0\}$ mit $Qf = \lambda\psi$, d. h. $(x - \lambda)\psi(x) = 0$ fast überall. Es folgt $\psi(x) = 0$ fast überall, d.h. $\psi = 0$ in $L^2(\mathbb{R})$, Widerspruch. Somit ist $\sigma_p(Q) = \emptyset$, und wir erhalten $\sigma(Q) = \sigma_c(Q) = \mathbb{R}$.

(ii) Aus $P = \hbar \mathscr{F} Q \mathscr{F}^{-1}$ und der Bijektivität von $\mathscr{F} \colon L^2(\mathbb{R}) \to L^2(\mathbb{R})$ folgt

$$\rho(P) = \{\lambda \in \mathbb{C} \mid P - \lambda \colon D(P) \to L^2(\mathbb{R}) \text{ bijektiv}\} = \{\hbar\lambda \mid \lambda \in \rho(Q)\}$$

und damit $\sigma(P) = \sigma(Q) = \mathbb{R}$. Falls $\psi$ ein Eigenvektor zu $Q$ zum Eigenwert $\lambda$ ist, so ist $\mathscr{F}\psi$ ein Eigenvektor zu $P$ zum Eigenwert $\hbar\lambda$. Somit folgt aus (i) $\sigma(P) = \sigma_c(Q) = \mathbb{R}$. □

*Bemerkung 8.4.*

a) Sei $T$ eine Observable im quantenmechanischen System $\mathscr{H}$ mit Spektralmaß $E$, und sei $\psi \in D(T)$ ein reiner Zustand. Dann ist nach Axiom [A3] für jede Menge $A \in \mathscr{B}(\sigma(T))$ die Wahrscheinlichkeit dafür, dass der gemessene Wert in $A$ liegt, gegeben durch

$$\langle E(A)\psi, \psi \rangle = \| E(A)\psi \|^2 = E_\psi(A).$$

Nach Bemerkung 6.10 gilt $E_\psi(A) \leq E_\psi(\sigma(T)) = \|\psi\|^2 = 1$, d. h. $E_\psi$ ist tatsächlich ein Wahrscheinlichkeitsmaß.

b) Nach Korollar 6.26 gilt $E_\psi(\{\lambda\}) = 1$ genau dann, wenn $\lambda$ ein Eigenwert von $T$ ist und $\psi$ ein zugehöriger Eigenvektor.

**Lemma 8.5.** *Das zur Ortsobservable $Q$ gehörige Spektralmaß ist gegeben durch*

$$E(A)\psi = \mathbb{1}_A \psi \quad (A \in \mathscr{B}(\mathbb{R}), \ \psi \in L^2(\mathbb{R})),$$

*wobei $\mathbb{1}_A$ die charakteristische Funktion von $A$ ist. Damit gilt*

$$\| E(A)\psi \|^2 = \int_A |\psi(x)|^2 \, dx,$$

*d.h. $|\psi(\cdot)|^2$ ist die Wahrscheinlichkeitsdichte für den Aufenthaltsort.*

*Beweis.* Wir definieren $E(A)\psi := \mathbb{1}_A \psi$ für $A \in \mathscr{B}(\mathbb{R})$ und $\psi \in L^2(\mathbb{R})$. Man rechnet leicht direkt nach, dass $E : \mathscr{B}(\mathbb{R}) \to L(L^2(\mathbb{R}))$ ein Spektralmaß ist. Setze $\widetilde{Q} := \int_{\mathbb{R}} \lambda \, dE(\lambda)$. Dann ist $\widetilde{Q}$ ein selbstadjungierter Operator. Sei

$$\psi \in D(\widetilde{Q}) = \left\{ \psi \in L^2(\mathbb{R}) \; \middle| \; \int_{\mathbb{R}} |\lambda|^2 \, d\|E(\lambda)\psi\|^2_{L^2(\mathbb{R})} < \infty \right\}.$$

Wir wählen eine Folge $(f_n)_{n \in \mathbb{N}}$ von Stufenfunktionen auf $\mathbb{R}$, welche monoton und punktweise gegen die Funktion $x \mapsto x^2$ konvergiert, $f_n = \sum_{k=1}^{K_n} c_{k,n} \mathbb{1}_{A_{k,n}}$. Dann gilt jeweils nach der Definition des Integrals

$$\int_{\mathbb{R}} x^2 |\psi(x)|^2 \, dx = \lim_{n \to \infty} \int_{\mathbb{R}} f_n(x) |\psi(x)|^2 \, dx = \lim_{n \to \infty} \sum_{k=1}^{K_n} c_{k,n} \int_{\mathbb{R}} |\psi(x)|^2 \mathbb{1}_{A_{k,n}}(x) \, dx$$

$$= \lim_{n \to \infty} \sum_{k=1}^{K_n} c_{k,n} \|E(A_{k,n})\psi\|^2_{L^2(\mathbb{R})} = \lim_{n \to \infty} \int_{\mathbb{R}} f_n(\lambda) \, d\|E(\lambda)\psi\|^2_{L^2(\mathbb{R})}$$

$$= \int_{\mathbb{R}} \lambda^2 \, d\|E(\lambda)\psi\|^2_{L^2(\mathbb{R})}.$$

Damit gilt $\psi \in D(\widetilde{Q})$ genau dann, wenn $\psi \in D(Q)$. Analog zeigt man für $\psi \in D(\widetilde{Q})$ und $\varphi \in L^2(\mathbb{R})$ die Gleichheit

$$\int_{\mathbb{R}} x \psi(x) \overline{\varphi(x)} \, dx = \int_{\mathbb{R}} \lambda \, d\langle E(\lambda)\psi, \varphi \rangle.$$

Damit gilt $\langle Q\psi, \varphi \rangle = \langle \widetilde{Q}\psi, \varphi \rangle$ ($\varphi \in L^2(\mathbb{R})$) und daher $Q\psi = \widetilde{Q}\psi$. Insgesamt folgt $\widetilde{Q} = Q$, d.h. $E$ ist das Spektralmaß zu $Q$. Insbesondere gilt $\|E(A)\psi\| = \|\mathbb{1}_A \psi\|^2 = \int_A |\psi(x)|^2 \, dx$. $\qquad\square$

▶ **Definition 8.6.** Seien $T : \mathscr{H} \supseteq D(T) \to \mathscr{H}$ eine Observable mit Spektralmaß $E$ und $\psi \in D(T)$ ein reiner Zustand. Dann heißt

$$\langle T \rangle_\psi := \langle \psi, T\psi \rangle = \int_{\mathbb{R}} \lambda \, dE_\psi(\lambda) = \int_{\mathbb{R}} \lambda d\langle E(\lambda)\psi, \psi \rangle$$

der Erwartungswert von $T$ im Zustand $\psi$. Für $\psi \in D(T^2) \subseteq D(T)$ ist die Varianz von $T$ im Zustand $\psi$ definiert als

$$\mathrm{var}_\psi T := \left\langle \psi, (T - \langle T \rangle_\psi \, \mathrm{id}_{\mathscr{H}})^2 \psi \right\rangle = \int_{\mathbb{R}} (\lambda - \langle T \rangle_\psi)^2 \, dE_\psi(\lambda).$$

Die Größe $(\Delta T)_\psi := \sqrt{\mathrm{var}_\psi T}$ heißt die Standardabweichung oder Unschärfe von $T$ im Zustand $\psi$.

Auf der rechten Seite dieser Definitionen stehen die in der Stochastik üblichen Definitionen von Erwartungswert und Varianz unter der Wahrscheinlichkeitsverteilung $E_\psi$.

**Lemma 8.7.** *In der Situation von Definition 8.6 gilt* $(\Delta T)_\psi = 0$ *genau dann, wenn* $\psi$ *ein Eigenvektor von* $T$ *zum Eigenwert* $\lambda_0 := \langle T \rangle_\psi$ *ist.*

*Beweis.* Es gilt

$$(\Delta T)_\psi^2 = \mathrm{var}_\psi T = \int_{\mathbb{R}} (\lambda - \lambda_0)^2 \, \mathrm{d}E_\psi(\lambda).$$

Damit gilt $(\Delta T)_\psi = 0$ genau dann, wenn $\lambda = \lambda_0$ für $E_\psi$-fast alle $\lambda \in \mathbb{R}$ gilt. Dies ist äquivalent zur Bedingung $E_\psi(\{\lambda_0\}) = 1$, was nach Bemerkung 8.4 b) bedeutet, dass $\psi$ ein Eigenvektor von $T$ zum Eigenwert $\lambda_0$ ist.                    □

**Satz 8.8 (Heisenbergsche Unschärferelation).** *Seien* $S$, $T$ *Observable und sei* $\psi \in D(S^2) \cap D(ST) \cap D(TS) \cap D(T^2)$. *Dann gilt*

$$(\Delta S)_\psi (\Delta T)_\psi \geq \frac{1}{2} \langle C \rangle_\psi \quad \text{mit } C := -i(ST - TS).$$

*Beweis.* Sei $a := \langle S \rangle_\psi$, $b := \langle T \rangle_\psi$, $S_0 := S - a$ und $T_0 := T - b$. Dann ist

$$S_0 T_0 - T_0 S_0 = ST - TS = iC$$

und

$$\| S_0 \psi \| = \langle \psi, S_0^2 \psi \rangle^{1/2} = (\Delta S)_\psi.$$

Analog gilt $\| T_0 \psi \| = (\Delta T)_\psi$. Wir haben

$$2i \, \mathrm{Im} \langle S_0 \psi, T_0 \psi \rangle = \langle S_0 \psi, T_0 \psi \rangle - \langle T_0 \psi, S_0 \psi \rangle = \langle \psi, (S_0 T_0 - T_0 S_0) \psi \rangle = -i \langle \psi, C \psi \rangle.$$

Daraus folgt mit der Cauchy–Schwarz-Ungleichung

$$(\Delta S)_\psi (\Delta T)_\psi = \| S_0 \psi \| \cdot \| T_0 \psi \| \geq \left| \langle S_0 \psi, T_0 \psi \rangle \right|$$

$$\geq \left| \mathrm{Im} \langle S_0 \psi, T_0 \psi \rangle \right| = \frac{1}{2} \left| \langle \psi, C \psi \rangle \right| = \frac{1}{2} \langle C \rangle_\psi.$$                    □

**Satz 8.9 (Kanonische Vertauschungsrelation nach Heisenberg).** *Für die Ortsobservable Q und die Impulsobservable P gilt*

$$QP - PQ \subseteq i\hbar \; \mathrm{id}_{L^2(\mathbb{R})}.$$

*Beweis.* Für $\psi \in \mathscr{D}(\mathbb{R})$ gilt

$$[(QP - PQ)\psi](x) = -i\hbar x \psi'(x) + i\hbar\psi(x) + i\hbar x \psi'(x) = i\hbar\psi(x).$$

Damit gilt

$$(QP - PQ)|_{\mathscr{D}(\mathbb{R})} = i\hbar \; \mathrm{id}_{\mathscr{D}(\mathbb{R})}.$$

Sei $T := \frac{1}{i\hbar}(QP - PQ)$. Dann ist $T$ symmetrisch, d. h. es gilt $T \subseteq T^*$, und $\mathrm{id}_{\mathscr{D}(\mathbb{R})} = T|_{\mathscr{D}(\mathbb{R})} \subseteq T \subseteq T^*$. Damit erhalten wir (siehe Bemerkung 5.27 c) und Satz 5.28 b))

$$T \subseteq \overline{T} = T^{**} \subseteq \left(\mathrm{id}_{\mathscr{D}(\mathbb{R})}\right)^* = \left(\overline{\mathrm{id}_{\mathscr{D}(\mathbb{R})}}\right)^* = (\mathrm{id}_{L^2(\mathbb{R})})^* = \mathrm{id}_{L^2(\mathbb{R})}. \qquad \square$$

**Korollar 8.10 (Heisenbergsche Unschärferelation für Ort und Impuls).** *Für die Orts- und Impulsobservable gilt die Unschärferelation*

$$(\Delta Q)_\psi (\Delta P)_\psi \geq \frac{\hbar}{2}$$

*für alle $\psi \in D(Q^2) \cap D(QP) \cap D(QP) \cap D(P^2)$ mit $\|\psi\| = 1$.*

*Beweis.* Das ist gerade Satz 8.8 für die Operatoren $Q$ und $P$, wobei in diesem Fall für $C := -i(QP - PQ)$ nach Satz 8.9 für alle $\psi$ wie im Korollar gilt: $\langle C \rangle_\psi = \langle \psi, C\psi \rangle = \langle \psi, \hbar\psi \rangle = \hbar$. $\qquad \square$

**Beispiel 8.11**

a) Für eine alternative Darstellung der kanonischen Vertauschungsrelationen betrachten wir die zum Ortsoperator $Q$ zugeordnete unitäre stark stetige Gruppe $(e^{itQ})_{t \in \mathbb{R}} \subseteq L(L^2(\mathbb{R}))$. Diese ist gegeben durch

$$(e^{itQ}\psi)(x) = e^{itx}\psi(x) \quad (\psi \in L^2(\mathbb{R})).$$

Denn $Q$ ist der Multiplikationsoperator (siehe Definition 5.48) mit der Funktion $m(x) := x$ in $L^2(\mathbb{R})$, und nach Satz 6.32 ist $e^{itQ}$ der Multiplikationsoperator mit der Funktion $x \mapsto e^{itm(x)} = e^{itx}$.

b) Die zum Impulsoperator $P$ zugeordnete unitäre stark stetige Gruppe $(e^{itP})_{t \in \mathbb{R}} \subseteq$ $L(L^2(\mathbb{R}))$ ist gegeben durch

$$(e^{itP}\psi)(x) = \psi(x + \hbar t) \quad (\psi \in L^2(\mathbb{R}),\ x, t \in \mathbb{R}).$$

Um dies zu zeigen, rechnet man zunächst direkt nach, dass durch $U(t)\psi := \psi(\cdot + \hbar t)$ eine stark stetige unitäre Gruppe $(U(t))_{t \in \mathbb{R}}$ definiert wird. Sei $\widetilde{P}$ der Erzeuger dieser Gruppe. Für $\psi \in \mathscr{D}(\mathbb{R})$ gilt

$$(\widetilde{P}\psi)(x) = -i(U'(0)\psi)(x) = -i \lim_{t \to 0} \frac{\psi(x + \hbar t) - \psi(x)}{t} = -i\hbar\psi'(x) = (P\psi)(x)$$

für alle $x \in \mathbb{R}$. Nach Satz 8.2 und Satz 6.44 sind $P$ und $\widetilde{P}$ selbstadjungiert und damit insbesondere abgeschlossen. Da $\mathscr{D}(\mathbb{R})$ dicht in $H^1(\mathbb{R})$ liegt (Satz 4.24) und die Norm in $H^1(\mathbb{R})$ äquivalent zur Graphennorm $\|\cdot\|_P$ (siehe Lemma 5.6) ist, stimmen beide Operatoren auf $H^1(\mathbb{R})$ überein. Damit erhalten wir $P \subseteq \widetilde{P}$, was wegen der Selbstadjungiertheit beider Operatoren bereits $P = \widetilde{P}$ impliziert. Denn es gilt $P + i \subseteq$ $\widetilde{P} + i$, aber beide Operatoren sind bijektiv. Also kann $\widetilde{P} + i$ keine echte Fortsetzung von $P + i$ sein.                                                                                  ◄

**Satz 8.12 (Kanonische Vertauschungsrelation nach Weyl).** *Für den Orts- und Impulsoperator gilt*

$$e^{itQ}e^{-is/\hbar P} = e^{ist}e^{-is/\hbar P}e^{itQ} \quad (t, s \in \mathbb{R}).$$

*Beweis.* Für glatte Funktionen $\psi \in \mathscr{D}(\mathbb{R})$ gilt nach Beispiel 8.11 für alle $t, s \in \mathbb{R}$

$$(e^{itQ}e^{-is/\hbar P}\psi)(x) = e^{itx}\psi(x - s)$$

und

$$(e^{-is/\hbar P}e^{itQ}\psi)(x) = e^{it(x-s)}\psi(x - s).$$

Da $\mathscr{D}(\mathbb{R})$ dicht in $L^2(\mathbb{R})$ ist, folgt die im Satz angegebene Gleichheit in $L(L^2(\mathbb{R}))$.                 □

## 8.2   Zeitliche Entwicklung und stationäre Zustände

Wir betrachten jetzt die zeitliche Entwicklung eines quantenmechanischen Systems, welche nach Axiom [A4] durch die unitäre Gruppe $e^{-it/\hbar H}$ gegeben ist.

*Bemerkung 8.13.* Der unitäre Operator $e^{-it/\hbar H}$ ist durch den Spektralsatz bzw. den Funktionalkalkäl definiert. Nach Satz 6.43 ist für $\psi_0 \in D(H)$ die Funktion $\psi(t)$ eine Lösung des Anfangswertproblems

$$i\hbar\psi'(t) = H\psi(t) \quad (t > 0),$$
$$\psi(0) = \psi_0 \tag{8.2}$$

(Schrödingergleichung). Die Schrödingergleichung ist für $\psi_0 \in D(H)$ äquivalent zur Gleichung $\psi(t) = e^{-it/\hbar H}\psi_0$. Die Definition über die unitäre Gruppe ist allgemeiner, da hier alle $\psi_0 \in \mathcal{H}$ zugelassen sind.

In Axiom [A4] und der zugehörigen Schrödinger-Gleichung (8.2) ändert sich der Zustand $\psi$ des Systems, während die zu messende Observable $T$ nicht von der Zeit abhängt. Man spricht hier vom Schrödinger-Bild der Zeitabhängigkeit. Beim Heisenberg-Bild werden die Rollen getauscht, wie die folgende Definition zeigt.

▶ **Definition 8.14.** Die zeitliche Entwicklung eines quantenmechanischen Systems wird im Heisenberg-Bild beschrieben durch einen zeitunabhängigen Zustandsvektor $\psi \in \mathcal{H}$, $\|\psi\| = 1$, und eine zeitabhängige Observable $T(t)$, welche gegeben ist durch

$$T(t) = e^{it/\hbar H}T(0)e^{-it/\hbar H} \quad (t > 0)$$

mit kanonischem Definitionsbereich $D(T(t)) = \{\psi \in \mathcal{H} \mid e^{-it/\hbar H}\psi \in D(T(0))\}$.

---

**Lemma 8.15.**

a) *Sei $T = T(0)$ eine Observable, $\psi = \psi(0)$ ein reiner Zustand, und sei $(\psi(t))_{t\geq 0}$ die zeitliche Entwicklung von $\psi$ im Schrödinger-Bild und $(T(t))_{t\geq 0}$ die zeitliche Entwicklung von $T$ im Heisenberg-Bild. Dann erhält man in beiden Fällen dieselben Erwartungswerte, d.h. für alle $\psi$ mit $\psi \in D(T(t))$ $(t \geq 0)$ gilt*

$$\langle T \rangle_{\psi(t)} = \langle T(t) \rangle_\psi \quad (t \geq 0).$$

b) *Sei $(T(t))_{t\geq 0}$ die zeitliche Entwicklung der Observablen $T = T(0)$ nach dem Heisenberg-Bild. Dann gilt die Heisenbergsche Bewegungsgleichung*

$$\frac{d}{dt}T(t)\psi = -\frac{i}{\hbar}[T(t), H]\psi \quad (t > 0),$$

*falls $\psi \in D(T(t)H) \cap D(HT(t))$ für alle $t \geq 0$.*

*Beweis.*

a)  Das folgt sofort aus

$$\langle T \rangle_{\psi(t)} = \langle T\psi(t), \psi(t) \rangle = \langle Te^{-it/\hbar H}\psi, e^{-it/\hbar H}\psi \rangle = \langle e^{it/\hbar H}Te^{-it/\hbar H}\psi \rangle$$
$$= \langle T(t)\psi, \psi \rangle.$$

b)  Für alle $\psi \in D(H)$ gilt nach Satz 6.43 und nach dem Funktionalkalkül (Korollar 6.23)

$$\frac{d}{dt}e^{-it/\hbar H}\psi = -\frac{i}{\hbar}He^{-it/\hbar H}\psi = -\frac{i}{\hbar}e^{-it/\hbar H}H\psi.$$

Falls $\psi \in D(HT(t))$, so gilt

$$T(t)\psi \in D(H) = D(He^{-it/\hbar H})$$

(wobei die zweite Gleichheit aus der Beschreibung der Definitionsbereiche im Spektral-satz 6.20 folgt) und damit auch $Te^{-it/\hbar H}\psi = e^{-it/\hbar H}T(t)\psi \in D(H)$. Somit erhalten wir für $\psi \in D(T(t)H) \cap D(HT(t))$ mit der Produktregel die Gleichheit

$$\frac{d}{dt}T(t)\psi = \frac{d}{dt}\left(e^{it/\hbar H}Te^{-it/\hbar H}\psi\right) = \frac{i}{\hbar}\left(He^{it/\hbar H}Te^{-it/\hbar H} - e^{it/\hbar H}Te^{-it/\hbar H}H\right)\psi$$

$$= -\frac{i}{\hbar}[T(t), H]\psi. \qquad \square$$

▶ **Definition 8.16.** In einem quantenmechanischen System mit Hamilton-Operator $H$ heißt ein Zustand $\psi$ stationär, falls er sich im Lauf der Zeit nicht ändert, d.h. falls für $\psi(t) := e^{-it/\hbar H}\psi$ gilt: Es existiert eine reelle Funktion $\rho: [0, \infty) \to \mathbb{R}$ mit $\psi(t) = e^{i\rho(t)}\psi$.

Für den Beweis des nachfolgenden Satzes benötigen wir eine Aussage über die Lösung der Funktionalgleichung $\beta(s + t) = \beta(s)\beta(t)$, die auch die Cauchysche Exponential-Funktionalgleichung genannt wird.

**Lemma 8.17.** *Sei $\beta: [0, \infty) \to \mathbb{C}$ eine stetige Funktion mit $\beta \neq 0$ und*

$$\beta(s + t) = \beta(s)\beta(t) \quad (s, t \geq 0). \tag{8.3}$$

*Dann existiert ein $a \in \mathbb{C}$ mit $\beta(t) = e^{at}$ $(t \geq 0)$.*

*Beweis.* Aus (8.3) mit $s = t = 0$ folgt $\beta(0) \in \{0, 1\}$. Falls $\beta(0) = 0$, erhält man mit (8.3) $\beta(t) = 0$ $(t \geq 0)$ im Widerspruch zu $\beta \neq 0$, also gilt $\beta(0) = 1$. Wir definieren

$B(t) := \int_0^t \beta(s)\,ds$ $(t \geq 0)$. Nach dem Hauptsatz der Differential- und Integralrechnung ist $B \in C^1([0,\infty))$ mit $B' = \beta$. Falls $B(t) = 0$ $(t \geq 0)$, so ist $\beta(t) = B'(t) = 0$ für alle $t \geq 0$ im Widerspruch zu $\beta \neq 0$. Somit können wir ein $t_0 > 0$ mit $B(t_0) \neq 0$ wählen. Unter Verwendung von (8.3) erhalten wir für alle $t \geq 0$

$$\frac{1}{B(t_0)}\big(B(t+t_0) - B(t)\big) = \frac{1}{B(t_0)}\int_t^{t+t_0} \beta(s)\,ds = \frac{1}{B(t_0)}\int_0^{t_0} \beta(s+t)\,ds$$

$$= \frac{\beta(t)}{B(t_0)}\int_0^{t_0} \beta(s)\,ds = \beta(t).$$

Da die linke Seite dieser Gleichung stetig differenzierbar ist, gilt $\beta \in C^1([0,\infty))$, und für die Ableitung gilt

$$\beta'(t) = \frac{1}{B(t_0)}\big(\beta(t+t_0) - \beta(t)\big) = \frac{\beta(t_0) - 1}{B(t_0)}\beta(t),$$

wobei wieder (8.3) verwendet wurde. Also erhalten wir $\beta'(t) = a\beta(t)$ $(t \geq 0)$ mit $a := \frac{\beta(t_0)-1}{B(t_0)}$. Somit ist $\beta \in C^1([0,\infty))$ die eindeutige Lösung dieser Differentialgleichung mit Anfangswert $\beta(0) = 1$, und wir erhalten $\beta(t) = e^{at}$ $(t \geq 0)$. $\qquad\square$

**Satz 8.18.** *Ein Zustand $\psi \in \mathscr{H}$, $\|\psi\| = 1$, ist genau dann stationär, falls $\psi$ ein Eigenvektor des Hamilton-Operators $H$ ist.*

*Beweis.*

(i) Sei $H\psi = \lambda_0\psi$, $\lambda_0 \in \mathbb{R}$, und sei $E \colon \mathscr{B}(\mathbb{R}) \to L(\mathscr{H})$ das Spektralmaß von $H$. Nach Korollar 6.26 gilt $E(\{\lambda_0\})\psi = \psi$. Somit folgt unter Verwendung von Korollar 6.23 a) für alle $t \geq 0$

$$e^{-it/\hbar H}\psi = \int_{\sigma(H)} e^{-it/\hbar\lambda}\,dE(\lambda)\psi = \int_{\sigma(H)} e^{-it/\hbar\lambda}\,dE(\lambda)E(\{\lambda_0\})\psi$$

$$= \left(\int_{\sigma(H)} e^{-it/\hbar\lambda}\,dE(\lambda)\right)\left(\int_{\sigma(H)} \mathbb{1}_{\{\lambda_0\}}(\lambda)\,dE(\lambda)\right)\psi$$

$$= \int_{\sigma(H)} e^{-it/\hbar\lambda}\mathbb{1}_{\{\lambda_0\}}\,dE(\lambda)\psi = \int_{\{\lambda_0\}} e^{-it/\hbar\lambda}\,dE(\lambda)\psi$$

$$= e^{-it/\hbar\lambda_0}E(\{\lambda_0\})\psi = e^{-it/\hbar\lambda_0}\psi.$$

Also ist $\psi$ ein stationärer Zustand.

(ii) Sei nun $\psi$ ein stationärer Zustand, d.h. es gilt $\psi(t) = \beta(t)\psi$ mit $\beta(t) \in \mathbb{C}$ und $|\beta(t)| = 1$ für alle $t \geq 0$. Für $s, t \geq 0$ gilt

$$\beta(s+t)\psi = \psi(s+t) = e^{-i(s+t)/\hbar H}\psi = e^{-is/\hbar H}(e^{-it/\hbar H}\psi)$$
$$= e^{-is/\hbar H}(\beta(s)\psi) = \beta(t)\beta(s)\psi.$$

Somit erhalten wir $\beta(s+t) = \beta(s)\beta(t)$. Für alle $t \geq 0$ und $s \in \mathbb{R}$ mit $t + s \geq 0$ gilt

$$|\beta(t+s) - \beta(t)|^2 = |\beta(t+s) - \beta(t)|^2 \|\psi\|^2 = \|(e^{-i(t+s)/\hbar H} - e^{-it/\hbar H})\psi\|^2$$
$$= \int_{\sigma(H)} |e^{-i(t+s)/\hbar\lambda} - e^{it/\hbar\lambda}|^2 \, dE_\psi(\lambda)$$
$$= \int_{\sigma(H)} |e^{-is/\hbar\lambda} - 1|^2 \, dE_\psi(\lambda) \to 0 \quad (s \to 0)$$

nach dem Satz über majorisierte Konvergenz. Also ist $\beta$ stetig. Die Funktion $\beta\colon [0,\infty) \to \mathbb{C}$ ist damit eine stetige Lösung der Funktionalgleichung $\beta(s+t) = \beta(s)\beta(t)$, und nach Lemma 8.17 existiert ein $a \in \mathbb{C}$ mit $\beta(t) = e^{at}$. Wegen $|\beta(t)| = 1$ ist $a$ rein imaginär, d.h. es gilt $a = -i/\hbar\lambda_0$ mit einem $\lambda_0 \in \mathbb{R}$. Wir erhalten $\psi(t) = e^{-it/\hbar\lambda_0}\psi$.

Wir zeigen, dass $\psi$ ein Eigenvektor von $H$ zum Eigenwert $\lambda_0$ ist. Für alle $t \geq 0$ gilt

$$0 = \|\psi(t) - e^{-it/\hbar\lambda_0}\psi\|^2 = \|e^{-it/\hbar H}\psi - e^{-it/\hbar\lambda_0}\psi\|^2$$
$$= \int_\mathbb{R} |e^{-it/\hbar\lambda} - e^{-it/\hbar\lambda_0}|^2 \, dE_\psi(\lambda).$$

Nach Satz 3.34 a) erhalten wir für alle $t \geq 0$

$$E_\psi\left(\left\{\lambda \in \mathbb{R} \mid e^{-it/\hbar\lambda} \neq e^{-it/\hbar\lambda_0}\right\}\right) = 0. \tag{8.4}$$

Wir wählen $t := \frac{\hbar\pi}{N}$ mit $N \in \mathbb{N}$. Für alle $\lambda \in (\lambda_0, \lambda_0 + 2N)$ gilt $\frac{t}{\hbar}(\lambda - \lambda_0) = \frac{\pi}{N}(\lambda - \lambda_0) \in (0, 2\pi)$ und damit $e^{-it/\hbar\lambda} \neq e^{-it/\hbar\lambda_0}$. Wegen (8.4) folgt daraus $E_\psi((\lambda_0, \lambda_0 + 2N)) = 0$ für alle $N \in \mathbb{N}$ und damit $E_\psi((\lambda_0, \infty)) = \lim_{N\to\infty} E_\psi((\lambda_0, \lambda_0 + 2N)) = 0$ (siehe Satz 3.9 a)). Analog zeigt man $E_\psi((-\infty, \lambda_0)) = 0$. Insgesamt folgt $E_\psi(\mathbb{R} \setminus \{\lambda_0\}) = 0$ und damit $E_\psi(\{\lambda_0\}) = E_\psi(\mathbb{R}) = \|\psi\|^2$. Nach Korollar 6.26 ist $\psi$ ein Eigenvektor von $H$ zum Eigenwert $\lambda_0$. $\square$

*Bemerkung 8.19.* Wie der letzte Satz zeigt, sind die stationären Zustände eines quantenmechanischen Systems durch die Eigenwerte gegeben und liegen insbesondere im Definitionsbereich des Hamilton-Operators. Da der Hamilton-Operator in Analogie zur Hamilton-Funktion der klassischen Mechanik üblicherweise die Energie des Systems beschreibt, werden häufig folgende Interpretationsregeln verwendet:

- Ein zeitlich unveränderliches quantenmechanisches System befindet sich stets in einem stationären Zustand, welcher durch einen Eigenvektor des zugehörigen Hamilton-

Operators gegeben ist. Der entsprechende Eigenwert ist die Energie des Systems. Der Normalzustand ist der stationäre Zustand kleinster Energie.

- Geht ein quantenmechanisches System, das sich in einem stationären Zustand mit der Energie $E_1$ befindet, in einen stationären Zustand mit niedrigerer Energie $E_2$ über, so wird die Energiedifferenz $E_1 - E_2$ frei. Falls dies in Form einer elektromagnetischen Strahlung geschieht, hat diese die Frequenz $\nu = \frac{1}{h}(E_1 - E_2)$.

*Bemerkung 8.20.* Die bisher beschriebene stochastische Interpretation der Quantenmechanik lässt sich nicht einfach mit der Messung einer Observablen in Verbindung bringen. Sei etwa $T$ eine Observable mit rein diskretem Spektrum und nur zwei verschiedenen Eigenwerten $\lambda_0$ und $\lambda_1$, und seien $\psi_0$ und $\psi_1$ zugehörige Eigenvektoren. Falls sich das System zur Zeit $t = 0$ im Zustand $\psi_0$ befindet, handelt es sich um einen stationären Zustand, und die Wahrscheinlichkeit, zur Zeit $t > 0$ den Wert $\lambda_0$ zu messen, ist gleich 1. Die analoge Aussage gilt für den Anfangszustand $\psi_1$ und die Messung von $\lambda_1$.

Es befinde sich aber nun das System zur Zeit $t = 0$ im reinen Zustand $\psi(0) := \frac{1}{\sqrt{2}}(\psi_0 + \psi_1)$, der auch eine kohärente Überlagerung der Eigenvektoren $\psi_0$ und $\psi_1$ genannt wird. Man beachte für die Normierung $\|\psi\|^2 = \frac{1}{2}(\|\psi_0\|^2 + \|\psi_1\|^2) = 1$. Nach Axiom [A4] und der Linearität des unitären Operators $e^{-it/\hbar H}$ erhält man zur Zeit $t > 0$ den Zustand

$$\psi(t) = e^{-it/\hbar H}\psi(0) = \frac{1}{\sqrt{2}}(e^{-it/\hbar \lambda_0}\psi_0 + e^{-it/\hbar \lambda_1}\psi_1).$$

Die Wahrscheinlichkeit, zur Zeit $t$ den Wert $\lambda_0$ zu messen, ist gegeben durch

$$\|E(\{\lambda_0\})\psi(t)\|^2 = \frac{1}{2}\|E(\{\lambda_0\})(\psi_0 + \psi_1)\|^2 = \frac{1}{2}\|E(\{\lambda_0\})\psi_0\|^2 = \frac{1}{2},$$

wobei die Orthogonalität von $\psi_0$ und $\psi_1$ und damit $E(\{\lambda_0\})\psi_1 = 0$ sowie Korollar 6.26 verwendet wurden. Dasselbe Ergebnis erhält man für die Messung von $\lambda_1$, so dass jeder Wert mit Wahrscheinlichkeit $\frac{1}{2}$ gemessen wird.

Bei einer Messung wird jedoch auch beim Anfangszustand $\psi(0)$ nur einer der beiden Werte gemessen, sagen wir etwa $\lambda_0$. Man kann daher davon ausgehen, dass sich das System nach der Messung im Zustand $\psi_0$ befindet, und da dieser stationär ist, auch bleiben wird. Der Messprozess selbst hat also den Zustand des Systems geändert, das System befindet sich nach der Messung in einem reduzierten Zustand.

Die obigen Überlegungen führen zu folgender Interpretation des Messprozesses, welche ebenfalls Teil der klassischen Kopenhagener Deutung ist:

- Sei $T$ eine Observable mit einfachem Eigenwert $\lambda$, und sei $\psi$ ein zugehöriger Eigenvektor. Falls bei einer Messung von $T$ der Wert $\lambda$ gemessen wird, befindet sich das System nach der Messung im Zustand $\psi$.

Man spricht hier auch vom Kollaps der Wellenfunktion. In der Situation von Bemerkung 8.20 befand sich das System vor der Messung im Zustand $\psi(t)$, nach der Messung (mit Ergebnis $\lambda_0$) jedoch im Zustand $\psi_0$. Es handelt sich um eine unstetige und nichtdeterministische Änderung des Zustands durch den Messvorgang. Varianten des obigen Prinzips lassen sich leicht auch für den Fall eines nicht rein diskreten Spektrums formulieren: Falls sich der Messwert in der Menge $A \in \mathcal{B}(\sigma(T))$ befindet, so kollabiert der Zustand $\psi$ vor der Messung zum Zustand $\frac{E(A)\psi}{\|E(A)\psi\|}$ nach der Messung.

*Bemerkung 8.21 (Schrödingers Katze).* In sehr anschaulicher Weise wurde die oben beschriebene Problematik des Messvorgangs durch Schrödinger in einem Gedankenexperiment beschrieben, welches unter dem Namen Schrödingers Katze berühmt wurde. Dabei wird die obige Situation mit Hilfe des radioaktiven Zerfalls eines Teilchens und eines daran angeschlossenen makroskopischen Apparats gedanklich realisiert, wobei der Apparat mit Hilfe eines Geigerzählers und Giftgas eine Katze in einem Kasten tötet, falls ein Zerfall stattfindet (Messung von $\lambda_0$), nicht aber, falls kein Zerfall erfolgt (Messung von $\lambda_1$). Bevor die Messung durchgeführt wird, befindet sich das System im kohärenten Zustand $\frac{1}{\sqrt{2}}(e^{-it/\hbar\lambda_0}\psi_0 + e^{-it/\hbar\lambda_1}\psi_1)$, anschaulich ist die Katze sowohl tot als auch lebendig. Durch den Messvorgang kollabiert die Wellenfunktion auf eine der beiden Möglichkeiten $\psi_0$ oder $\psi_1$, d.h. der Zustand der Katze wird erst durch die Messung determiniert.

*Bemerkung 8.22.* Die obige Kollaps-Deutung ist Teil der Kopenhagener Interpretation, hat aber unter anderem den Nachteil, dass der Messprozess selbst nicht Teil der Quantenmechanik ist. In gewisser Weise besteht das Messproblem der Quantenmechanik darin, dass folgende drei Regeln, welche alle von der Theorie nahegelegt werden, nicht miteinander vereinbar sind:

(i)   Ein (reiner) Zustand eines quantenmechanischen Systems ist vollständig durch die Wellenfunktion $\psi$ beschrieben.

(ii)  Die zeitliche Entwicklung des Systems ist vollständig durch die Schrödinger-Gleichung (bzw. die zugehörige unitäre Gruppe) beschrieben.

(iii) Die Messung des Werts einer Observablen liefert ein eindeutiges Ergebnis.

Falls der Zustand des Systems eine kohärente Überlagerung von Eigenvektoren ist, können nicht alle Regeln zugleich gelten. In der Kollaps-Interpretation wird auf Regel (ii) verzichtet, da der Messprozess in die zeitliche Entwicklung eingreift. Alternativ kann man auf Regel (i) verzichten, wie dies in der Bohmschen Mechanik geschieht. Dort wird der deterministische Ort des Teilchens als zusätzlicher (sogenannter verborgener) Parameter eingeführt. Die Viele-Welten-Theorie verzichtet auf Regel (iii) durch Betrachtung paralleler Welten, in denen je eine der beiden Möglichkeiten realisiert wird. Es gibt auch Varianten, in welchen die deterministische Schrödinger-Gleichung durch eine stochastische und nichtlineare Gleichung ersetzt wird, welche die Möglichkeit des Kollapses bereits in sich beinhaltet

(Dekohärenzeffekte). Für eine weiterführende Diskussion sei hier etwa auf das Buch [16], Kapitel 2, verwiesen.

Wir gehen nun noch kurz auf gemischte Zustände ein. Nach Axiom [A5] ist ein gemischter Zustand gegeben durch eine Dichtematrix, d.h. einen selbstadjungierten nichtnegativen Spurklasseoperator $\rho$ mit tr $\rho = 1$.

*Bemerkung 8.23.* Sei $\psi \in \mathcal{H}$, $\|\psi\| = 1$, ein reiner Zustand. Dann ist der Operator

$$\rho_\psi := \psi \otimes \psi \in L(\mathcal{H}), \quad \varphi \mapsto (\psi \otimes \psi)(\varphi) = \langle \varphi, \psi \rangle \psi$$

eine Dichtematrix. Denn es gilt $\rho_\psi = \psi \otimes \psi \in F(\mathcal{H}) \subseteq \mathscr{S}_1(\mathcal{H})$ (siehe Satz 7.18), $\rho_\psi$ ist selbstadjungiert nach Lemma 7.7, und der einzige von Null verschiedene Eigenwert von $\psi \otimes \psi$ ist 1 mit einfacher Vielfachheit. Somit gilt nach Lemma 7.26 $\mathrm{tr}(\rho_\psi) = 1$, d.h. $\rho_\psi$ ist eine Dichtematrix. Mit dieser Identifizierung sind reine Zustände ebenfalls durch Dichtematrizen darstellbar. Nach Satz 7.14 ist jede Dichtematrix von der Form

$$\rho = \sum_{n \in \mathbb{N}} \lambda_n (e_n \otimes e_n),$$

wobei $\lambda_n \geq 0$ mit $\sum_{n \in \mathbb{N}} \lambda_n = 1$ und $\{e_n \mid n \in \mathbb{N}\}$ eine Orthonormalbasis von $\mathcal{H}$ ist. Die Dichtematrix $\rho$ stellt genau dann einen reinen Zustand dar, falls $\lambda_n = 0$ für alle bis auf ein $n$ gilt.

*Bemerkung 8.24.* Seien $\psi_1$, $\psi_2$ zwei verschiedene reine Zustände. Dann ist es wichtig, zwischen dem reinen Zustand $\psi := c_1 \psi_1 + c_2 \psi_2$ und der Dichtematrix $\rho := c_1'(\psi_1 \otimes \psi_1) + c_2'(\psi_2 \otimes \psi_2)$ zu unterscheiden. Bei der Definition von $\psi$ müssen $c_1, c_2$ so gewählt werden, dass $\|\psi\| = 1$ gilt. Falls etwa $\psi_1$ und $\psi_2$ zueinander orthogonal sind, muss $c_1^2 + c_2^2 = 1$ gelten. Für die Koeffizienten $c_1', c_2'$ muss hingegen $c_j' \geq 0$ und $c_1' + c_2' = 1$ erfüllt sein. Man beachte außerdem, dass bei Definition von $\psi$ die Phasen eine Rolle spielen: Der reine Zustand $c_1 e^{i\alpha_1} \psi_1 + c_2 e^{i\alpha_2} \psi_2$ ist im Allgemeinen verschieden vom reinen Zustand $c_1 \psi_1 + c_2 \psi_2$ (falls $\alpha_1 \neq \alpha_2$). Daher spricht man von einer kohärenten Überlagerung von $\psi_1$ und $\psi_2$. Dagegen ändert sich die Definition von $\rho$ nicht, wenn man $\psi_j$ durch $e^{i\alpha_j} \psi_j$ ersetzt, denn es gilt

$$\left(e^{i\alpha_j} \psi_j \otimes e^{i\alpha_j} \psi_j\right)\varphi = \langle \varphi, e^{i\alpha_j} \psi_j \rangle e^{i\alpha_j} \psi_j = \langle \varphi, \psi_j \rangle \psi_j = (\psi_j \otimes \psi_j)\varphi.$$

Man spricht daher von einer inkohärenten Überlagerung. Auch in der Interpretation sind die beiden Arten der Überlagerung zu unterscheiden: Beim reinen Zustand $\psi$ befindet sich das System in diesem einen festen Zustand, während die Dichtematrix $\rho$ intuitiv eher als Überlagerung der beiden Zustände $\psi_1$ und $\psi_2$ aufgefasst werden kann (oder auch als Wahrscheinlichkeitsverteilung auf den beiden reinen Zuständen).

Die zeitliche Entwicklung eines gemischten Zustands wird durch folgende Variante von Axiom [A4] gegeben.

[**A4′**]  Sei $H$ der Hamilton-Operator eines quantenmechanischen Systems. Befindet sich das System zur Zeit $t = 0$ im gemischten Zustand $\rho_0 \in \mathscr{S}_1(\mathscr{H})$, so befindet es sich zum Zeitpunkt $t > 0$ im Zustand

$$\rho(t) = e^{-it/\hbar H} \rho_0 e^{it/\hbar H}.$$

*Bemerkung 8.25.*  Sei $\rho_0 = \sum_{n \in \mathbb{N}} \lambda_n \psi_n \otimes \psi_n$ mit $\psi_n \in \mathscr{H}$, $\|\psi_n\| = 1$. Dann gilt für $\varphi \in \mathscr{H}$

$$\rho(t)\varphi = e^{-it/\hbar H} \rho_0 e^{it/\hbar H} \varphi = \sum_{n \in \mathbb{N}} e^{-it/\hbar H} \lambda_n \langle e^{it/\hbar H} \varphi, \psi_n \rangle \psi_n$$

$$= \sum_{n \in \mathbb{N}} \lambda_n \langle \varphi, e^{-it/\hbar H} \psi_n \rangle e^{-it/\hbar H} \psi_n = \sum_{n \in \mathbb{N}} \lambda_n (\psi_n(t) \otimes \psi_n(t)) \varphi,$$

wobei $\psi_n(t) = e^{-it/\hbar H} \psi_n$ gerade die durch Axiom [A4] gegebene zeitliche Entwicklung des reinen Zustands $\psi_n$ ist. Insbesondere gilt für die zu reinen Zuständen gehörige Dichtematrix $\rho_0 := \rho_{\psi_0} = \psi_0 \otimes \psi_0$ die Gleichheit $\rho(t) = \rho_{\psi(t)}$, d.h. Axiom [A4′] ist konsistent zu Axiom [A4].

Das folgende Lemma zeigt eine Variante der Schrödinger-Gleichung für gemischte Zustände. Man beachte dabei, dass es sich trotz einer formalen Ähnlichkeit (bis auf ein geändertes Vorzeichen) zum Heisenberg-Bild nicht um die Evolution einer Observablen, sondern um die Evolution eines Zustands, d.h. um das Schrödinger-Bild für gemischte Zustände handelt.

**Lemma 8.26.**  *Sei* $\rho_0 \in \mathscr{S}_1(\mathscr{H})$ *eine Dichtematrix, und sei* $\rho(t)$ *die durch* [A4′] *gegebene zeitliche Entwicklung von* $\rho_0$*. Dann gilt für alle* $\varphi \in \mathscr{H}$ *mit* $\varphi \in D([\rho(t), H])$ $= D(H) \cap D(H\rho(t))$ $(t \geq 0)$ *die Gleichung*

$$\frac{d}{dt} \rho(t)\varphi = \frac{i}{\hbar} [\rho(t), H] \varphi \quad (t > 0).$$

*Beweis.*  Wie im Beweis von Lemma 8.15 sieht man, dass $\rho_0 e^{it/\hbar H} \varphi \in D(H)$ für alle $t \geq 0$ gilt. Man darf daher die Produktregel anwenden und erhält

$$\frac{d}{dt}\rho(t)\varphi = -\frac{i}{\hbar}He^{-it/\hbar H}\rho_0 e^{it/\hbar H}\varphi + \frac{i}{\hbar}e^{-it/\hbar H}\rho_0 He^{it/\hbar H}\varphi$$

$$= \frac{i}{\hbar}(-H\rho(t)\varphi + \rho(t)H\varphi) = \frac{i}{\hbar}[\rho(t), H]\varphi,$$

wobei für die zweite Gleichheit noch $He^{it/\hbar H}\varphi = e^{it/\hbar H}H\varphi$ für $\varphi \in D(H)$ verwendet wurde. $\qquad\square$

---

*Was haben wir gelernt?*

- Das zur Ortsobservable gehörige Spektralmaß kann explizit angegeben werden und führt zur Interpretation von reinen Zuständen als Wahrscheinlichkeitsdichten.
- Die kanonische Vertauschungsrelation nach Heisenberg führt zu einem einfachen Beweis der Heisenbergschen Unschärferelation für Orts- und Impulsobservable.
- Die zeitliche Entwicklung eines quantenmechanischen Systems kann sowohl im Schrödinger- als auch im Heisenberg-Bild jeweils durch unitäre Gruppen beschrieben werden.
- Stationäre Zustände sind Eigenvektoren des Hamilton-Operators. Bei Messungen findet nach der Kopenhagener Interpretation ein Kollaps der Wellenfunktion zu einem Eigenvektor (allgemein: zu einem reduzierten Zustand) statt.
- Reine Zustände sind Spezialfälle von Dichtematrizen. Die zeitliche Entwicklung gemischter Zustände kann (wie bei reinen Zuständen) durch die Wirkung der zum Hamilton-Operator gehörigen unitären Gruppe beschrieben werden oder durch eine Variante der Schrödinger-Gleichung.

# Erste Beispiele quantenmechanischer Systeme 9

*Worum geht's?* Nachdem wir in den vorigen Kapiteln die Axiomatik der Quantenmechanik und die zugrunde liegenden mathematischen Begriffe und Theorien kennen gelernt haben, sollen nun als erste Anwendung einfache quantenmechanische Systeme untersucht werden. Dabei geht es vor allem um die Eigenschaften des Hamilton-Operators, insbesondere die Struktur des Spektrums und zugehörige Eigenfunktionen (falls das Punktspektrum nicht leer ist). Wir betrachten dabei das freie Teilchen und den harmonischen Oszillator, der in Kap. 1 (Beispiel 1.20) im Rahmen der Quantisierungsregel bereits erwähnt wurde.

Wir starten mit der Analyse des freien Teilchens im $\mathbb{R}^n$ und des Spektrums des zugehörigen Hamilton-Operators, welcher ein Vielfaches des Laplace-Operators ist. Es zeigt sich, dass das Punktspektrum leer ist, d. h. das Spektrum besteht nur aus dem kontinuierlichen Spektrum. Die zeitliche Entwicklung eines reinen Zustands kann explizit in Form einer Faltung angegeben werden. Der harmonische Oszillator hingegen besitzt ein rein diskretes Spektrum, und mit Hilfe der Hermite-Polynome kann man eine zugehörige Orthonormalbasis aus Eigenvektoren finden.

## 9.1 Das freie Teilchen

Wir betrachten im Folgenden Teilchen in $\mathbb{R}^n$ mit $n \in \mathbb{N}$, wobei die physikalisch relevanten Dimensionen $n \in \{1, 2, 3\}$ sind.

▶ **Definition 9.1.** Ein Teilchen der Masse $m$, das sich frei in $\mathbb{R}^n$ bewegt, wird formal beschrieben durch den Hamilton-Operator $H_0 \colon L^2(\mathbb{R}^n) \supseteq D(H_0) \to L^2(\mathbb{R}^n)$ mit $D(H_0) := \mathscr{D}(\mathbb{R}^n) = C_c^\infty(\mathbb{R}^n)$ und

© Springer-Verlag GmbH Deutschland, ein Teil von Springer Nature 2022
R. Denk, *Mathematische Grundlagen der Quantenmechanik*,
https://doi.org/10.1007/978-3-662-65554-2_9

$$H_0 \psi := -\frac{\hbar^2}{2m} \Delta \psi \quad (\psi \in \mathscr{D}(\mathbb{R}^n)). \tag{9.1}$$

Dabei ist $\Delta = \sum_{j=1}^{n} \frac{\partial^2}{\partial x_j^2}$ der Laplace-Operator.

Die Ableitung in (9.1) ist für $\psi \in \mathscr{D}(\mathbb{R}^n)$ klassisch definiert. Mit Hilfe der distributionellen Ableitung (Definition 4.12) kann man dies insbesondere auf $\psi \in H^2(\mathbb{R}^n)$ fortsetzen, wobei $H^2(\mathbb{R}^n)$ der Sobolevraum der Ordnung 2 ist, siehe Definition 4.15 und Satz 4.40. Wir beginnen mit einer Aussage über den Laplace-Operator.

**Lemma 9.2.** *Es gilt* $H^2(\mathbb{R}^n) = \{u \in L^2(\mathbb{R}^n) \mid \Delta u \in L^2(\mathbb{R}^n)\}$, *und es existieren Konstanten* $C_1, C_2 > 0$ *so, dass*

$$C_1 \|u\|^2_{H^2(\mathbb{R}^n)} \leq \|u\|^2_{L^2(\mathbb{R}^n)} + \|\Delta u\|^2_{L^2(\mathbb{R}^n)} \leq C_2 \|u\|^2_{H^2(\mathbb{R}^n)} \tag{9.2}$$

*für alle* $u \in H^2(\mathbb{R}^n)$ *gilt.*

*Beweis.* Falls $u \in H^2(\mathbb{R}^n)$, so sind nach Definition des Sobolevraums $H^2(\mathbb{R}^n)$ alle distributionellen Ableitungen bis zur Ordnung 2 reguläre Distributionen und in $L^2(\mathbb{R}^n)$, damit ist auch $\Delta u = \sum_{j=1}^{n} \partial_j^2 u \in L^2(\mathbb{R}^n)$.

Sei andererseits nun $u \in L^2(\mathbb{R}^n)$ mit $\Delta u \in L^2(\mathbb{R}^n)$. Wir betrachten die Fourier-Transformation $\mathscr{F} \colon L^2(\mathbb{R}^n) \to L^2(\mathbb{R}^n)$. Nach Satz 4.33 erhält man $(\mathscr{F}\Delta u)(\xi) = -|\xi|^2 (\mathscr{F}u)(\xi)$ als Gleichheit in $\mathscr{S}'(\mathbb{R}^n)$ und damit in $L^2(\mathbb{R}^n)$. Somit gilt für $w := (1 - \Delta)u \in L^2(\mathbb{R}^n)$

$$(\mathscr{F}w)(\xi) = (1 + |\xi|^2)(\mathscr{F}u)(\xi)$$

für fast alle $\xi \in \mathbb{R}^n$. Sei $\alpha \in \mathbb{N}_0^n$ ein Multiindex mit $|\alpha| \leq 2$. Dann gilt nach dem Satz von Plancherel (Satz 4.39)

$$\|\partial^\alpha u\|_{L^2(\mathbb{R}^n)} = \|\mathscr{F}(\partial^\alpha u)\|_{L^2(\mathbb{R}^n)} = \|\xi \mapsto i^{|\alpha|}\xi^\alpha (\mathscr{F}u)(\xi)\|_{L^2(\mathbb{R}^n)}$$

$$= \left( \int_{\mathbb{R}^n} \left| \frac{\xi^\alpha}{1 + |\xi|^2} (1 + |\xi|^2)(\mathscr{F}u)(\xi) \right|^2 d\xi \right)^{1/2}$$

$$\leq \sup_{\xi \in \mathbb{R}^n} \left| \frac{\xi^\alpha}{1 + |\xi|^2} \right| \|\mathscr{F}w\|_{L^2(\mathbb{R}^n)} \leq \|w\|_{L^2(\mathbb{R}^n)} < \infty.$$

Dabei wurde

$$|\xi^\alpha| \leq |\xi|^{|\alpha|} \leq 1 + |\xi|^2 \quad (\xi \in \mathbb{R}^n)$$

verwendet. Wir erhalten also $\partial^\alpha u \in L^2(\mathbb{R}^n)$ für alle $|\alpha| \leq 2$ und damit $u \in H^2(\mathbb{R}^n)$. Man beachte, dass die obige Rechnung sogar

$$\|u\|_{H^2(\mathbb{R}^n)}^2 \le C\|w\|_{L^2(\mathbb{R}^n)}^2 = C\|(1-\Delta)u\|_{L^2(\mathbb{R}^n)}^2 \le C\big(\|u\|_{L^2(\mathbb{R}^n)}^2 + \|\Delta u\|_{L^2(\mathbb{R}^n)}^2\big)$$

mit einer Konstanten $C > 0$ gezeigt hat, was (9.2) beweist. □

**Satz 9.3.**

a) *Definiere den Operator $H$ in $L^2(\mathbb{R})$ durch $D(H) := H^2(\mathbb{R})$ und*

$$H\psi := -\frac{\hbar^2}{2m}\Delta\psi \quad (\psi \in D(H)),$$

*wobei die Ableitung im distributionellem Sinn zu verstehen ist. Dann ist $H$ selbst-adjungiert mit $\sigma(H) = \sigma_c(H) = [0,\infty)$ und $\sigma_p(H) = \emptyset$.*

b) *Der Operator $H_0$ aus Definition 9.1 ist wesentlich selbstadjungiert, und es gilt $\overline{H_0} = H$.*

Der Operator $H$ aus diesem Satz heißt der Hamilton-Operator des freien $n$-dimensionalen Teilchens.

*Beweis.*

a) Der Beweis verwendet wieder die Fourier-Transformation in $L^2(\mathbb{R}^n)$. Wir definieren den Multiplikationsoperator $T : L^2(\mathbb{R}^n) \supseteq D(T) \to L^2(\mathbb{R}^n)$ durch $D(T) := \{f \in L^2(\mathbb{R}^n) \mid \xi \mapsto |\xi|^2 f(\xi) \in L^2(\mathbb{R}^n)\}$ und

$$(Tf)(\xi) := \frac{\hbar^2}{2m}|\xi|^2 f(\xi) \quad (f \in D(T)).$$

Nach Lemma 9.2 und dem Satz von Plancherel gilt

$$D(H) = \{u \in L^2(\mathbb{R}^n) \mid \Delta u \in L^2(\mathbb{R}^n)\} = \{u \in L^2(\mathbb{R}^n) \mid \mathscr{F}u \in D(T)\},$$

und wegen Satz 4.33 erhalten wir $H = \mathscr{F}T\mathscr{F}^{-1}$ als Gleichheit unbeschränkter Operatoren. Wie im Beweis von Satz 8.2 folgt, dass $H$ selbstadjungiert ist, sowie

$$\sigma(H) = \sigma(T) = \text{ess im}\left(\xi \mapsto \frac{\hbar^2}{2m}|\xi|^2\right) = [0,\infty).$$

Falls $\lambda \in \sigma(T)$ ein Eigenwert von $T$ mit Eigenvektor $\psi$ ist, so folgt wie im Beweis von Satz 8.3 die Gleichheit $(\lambda + \frac{\hbar^2}{2m}|\xi|^2)\psi(\xi) = 0$ für fast alle $\xi \in \mathbb{R}^n$ und damit $\psi = 0$ fast überall, Widerspruch. Also ist $\sigma_p(T) = \emptyset$ und damit auch $\sigma_p(H) = \emptyset$.

b) Sei $\|u\|_H := (\|u\|_{L^2(\mathbb{R}^n)}^2 + \|Hu\|_{L^2(\mathbb{R}^n)}^2)^{1/2}$ die Graphennorm von $H$. Nach Lemma 9.2 ist $\|\cdot\|_H$ äquivalent zur Norm $\|\cdot\|_{H^2(\mathbb{R}^n)}$. Da $\mathscr{D}(\mathbb{R}^n)$ dicht in $H^2(\mathbb{R})$ liegt (bzgl. der $\|\cdot\|_{H^2}$-Norm), ist $H = \overline{H|_{\mathscr{D}(\mathbb{R})}} = \overline{H_0}$. Damit ist $H_0$ insbesondere wesentlich selbstadjungiert. □

*Bemerkung 9.4.* Die Form des Hamilton-Operators ergibt sich aus der Quantisierungsregel (Bemerkung 1.19). Für $j = 1, \ldots, n$ definiert man die Impulsobservable $P_j$ durch $D(P_j) := \{\psi \in L^2(\mathbb{R}^n) \mid \partial_{x_j} \psi \in L^2(\mathbb{R}^n)\}$ und $P_j \psi := -i\hbar \partial_{x_j} \psi$. Dann sind die Observablen $\{P_1, \ldots, P_n\}$ kompatibel. Der Hamilton-Operator ist nun formal definiert durch

$$H\psi := \frac{1}{2m}(P_1^2 + \ldots + P_n^2)\psi = -\frac{\hbar^2}{2m}\Delta\psi.$$

Das folgende Resultat beschreibt die zeitliche Entwicklung der Wellenfunktion des freien Teilchens.

---

**Lemma 9.5.** *Ein quantenmechanisches System, welches das freie n-dimensionale Teilchen beschreibt, befinde sich zur Zeit $t = 0$ im reinen Zustand $\psi_0 \in L^2(\mathbb{R}^n)$, $\|\psi_0\|_{L^2(\mathbb{R}^n)} = 1$. Dann befindet sich das System zur Zeit $t > 0$ im Zustand $\psi_t \in L^2(\mathbb{R}^n)$, der im Fourierbild durch*

$$(\mathscr{F}\psi_t)(\xi) = \exp\left(-\frac{i\hbar t|\xi|^2}{2m}\right)(\mathscr{F}\psi_0)(\xi) \quad (\xi \in \mathbb{R}^n) \tag{9.3}$$

*gegeben ist. Für $\psi_0 \in L^2(\mathbb{R}^n) \cap L^1(\mathbb{R}^n)$ gilt*

$$\psi_t(x) = (2\pi)^{-n} \int_{\mathbb{R}^n} \int_{\mathbb{R}^n} e^{i(x-y)\cdot\xi} \exp\left(-\frac{i\hbar t|\xi|^2}{2m}\right)\psi_0(y)\,\mathrm{d}y\,\mathrm{d}\xi \tag{9.4}$$

*für fast alle $x \in \mathbb{R}^n$.*

---

*Beweis.* Wie wir im Beweis von Satz 9.3 gesehen haben, gilt $H = \mathscr{F}T\mathscr{F}^{-1}$ mit dem Multiplikationsoperator $T$, gegeben durch $Tf(\xi) = \frac{\hbar^2}{2m}|\xi|^2 f(\xi)$. Nach Satz 6.32 ist die zu $T$ gehörige unitäre Gruppe $e^{-i/\hbar T}$ gegeben durch den Multiplikationsoperator mit der Funktion

$$g(\xi) = \exp\left(-\frac{i\hbar t|\xi|^2}{2m}\right), \tag{9.5}$$

woraus (9.3) folgt. Falls zusätzlich $\psi_0 \in L^1(\mathbb{R}^n)$ gilt, folgt (9.4) durch Ausschreiben der Integrale in der Formel $\psi_t = \mathscr{F}^{-1}(g\mathscr{F}\psi_0)$. □

Man beachte, dass die Reihenfolge der Integration in (9.4) nicht vertauscht werden kann, da die Funktion $g$ in (9.5) wegen $|g(\xi)| = 1$ ($\xi \in \mathbb{R}^n$) nicht Lebesgue-integrierbar ist. Dennoch kann man die Fouriertransformierte von $g$ als Element von $\mathscr{S}'(\mathbb{R}^n)$ berechnen und damit $\psi_t$ als Faltung schreiben. Als Vorbereitung zeigen wir zunächst folgende Aussage.

**Lemma 9.6.** *Sei* $\alpha \in \mathbb{C}$ *mit* $\operatorname{Re}\alpha > 0$.

a) *Es gilt*

$$\int_{\mathbb{R}^n} e^{-\alpha|\xi|^2} \, \mathrm{d}\xi = \left(\frac{\pi}{\alpha}\right)^{n/2} = \sqrt{\left(\frac{\pi}{\alpha}\right)^n},$$

*wobei als komplexe Wurzel der Hauptzweig gewählt wird, d. h. die Wurzel mit positivem Realteil.*

b) *Für alle* $y \in \mathbb{R}^n$ *gilt*

$$\int_{\mathbb{R}^n} e^{iy\cdot\xi} e^{-\alpha|\xi|^2} \, \mathrm{d}\xi = \left(\frac{\pi}{\alpha}\right)^{n/2} e^{-|y|^2/(4\alpha)}.$$

*Beweis.*

a) Wir verwenden Polarkoordinaten (siehe Beispiel 3.46) und erhalten

$$\left(\int_{\mathbb{R}} e^{-\alpha\xi_1^2} \, \mathrm{d}\xi_1\right)^2 = \int_{\mathbb{R}^2} e^{-\alpha(\xi_1^2 + \xi_2^2)} \, \mathrm{d}\xi_1 \, \mathrm{d}\xi_2 = \int_0^{2\pi} \int_0^\infty r e^{-\alpha r^2} \, \mathrm{d}r \, \mathrm{d}\varphi$$

$$= \pi \int_0^\infty e^{-\alpha s} \, \mathrm{d}s = \frac{\pi}{\alpha}.$$

Somit folgt $\int_{\mathbb{R}} e^{-\alpha\xi_1^2} \, \mathrm{d}\xi_1 = \pm\sqrt{\frac{\pi}{\alpha}}$. Da beide Seiten dieser Gleichung holomorphe Funktionen von $\alpha \in \mathbb{C}$ mit $\operatorname{Re}\alpha > 0$ sind und für $\alpha \in (0, \infty)$ wegen $\int_{\mathbb{R}} e^{-\alpha\xi_1^2} \, \mathrm{d}\xi_1 > 0$ das „+"-Zeichen gilt, erhalten wir für alle $\alpha \in \mathbb{C}$ mit $\operatorname{Re}\alpha > 0$ das positive Vorzeichen, d. h. man muss den Hauptzweig der Wurzel wählen. Für den mehrdimensionalen Fall ergibt sich

$$\int_{\mathbb{R}^n} e^{-\alpha|\xi|^2} \, \mathrm{d}\xi = \int_{\mathbb{R}^n} \prod_{j=1}^n e^{-\alpha\xi_j^2} \, \mathrm{d}\xi = \prod_{j=1}^n \left(\int_{\mathbb{R}} e^{-\alpha\xi_j^2} \, \mathrm{d}\xi_j\right) = \left(\frac{\pi}{\alpha}\right)^{n/2}.$$

b) Wir betrachten zunächst $n = 1$ und verwenden für den Exponenten quadratische Ergänzung. Für $y, \xi \in \mathbb{R}$ erhält man

$$iy\xi - \alpha\xi^2 = -\alpha\left(\xi - \frac{iy}{2\alpha}\right)^2 - \frac{y^2}{4\alpha}.$$

Setzt man diese in das Integral ein, führt dies zur Substitution $\xi \mapsto \xi - c$ für $c := \frac{iy}{2\alpha}$. Da $c$ nicht reell ist, muss man diese Substitution genauer betrachten. Zunächst gilt mit der reellen Substitution $\eta := \xi - \operatorname{Re}c$

$$\int_{\mathbb{R}} e^{-\alpha(\xi - c)^2} \, \mathrm{d}\xi = \int_{\mathbb{R}} e^{-\alpha(\eta - i\operatorname{Im}c)^2} \, \mathrm{d}\eta.$$

Für den Imaginärteil muss man den Integrationsweg verschieben: Setzt man $\zeta := \eta - i\,\mathrm{Im}\,c$, so erhält man für $R > 0$

$$\int_{-R}^{R} e^{-\alpha(\eta - i\,\mathrm{Im}\,c)^2}\,\mathrm{d}\eta = \int_{-R - i\,\mathrm{Im}\,c}^{R - i\,\mathrm{Im}\,c} e^{-\alpha\zeta^2}\,\mathrm{d}\zeta.$$

Zur Berechnung dieses Integrals verwenden wir den Cauchy-Integralsatz aus der Funktionentheorie (siehe etwa [11], Satz 6.4): Die Funktion $\mathbb{C} \to \mathbb{C}$, $z \mapsto e^{-\alpha z^2}$ ist holomorph, also ist das Integral über geschlossene Wege $\Gamma$ gleich Null. Wählt man für $\Gamma$ das Rechteck mit den Ecken $R$, $R - i\,\mathrm{Im}\,c$, $-R - i\,\mathrm{Im}\,c$, $-R$, so erhält man für $R \to \infty$

$$\int_{-\infty - i\,\mathrm{Im}\,c}^{\infty - i\,\mathrm{Im}\,c} e^{-\alpha z^2}\,\mathrm{d}z = \int_{-\infty}^{\infty} e^{-\alpha z^2}\,\mathrm{d}z.$$

Dabei ist der Limes $R \to \infty$ zulässig, da $|e^{-\alpha z^2}| = e^{-\,\mathrm{Re}(\alpha z^2)} \le e^{-(\mathrm{Re}\,\alpha)(\mathrm{Re}\,z)^2/2}$ für $z \in \Gamma$ mit $|z| \ge R_0$ für hinreichend großes $R_0$ gilt. Daher ist die Funktion $z \mapsto e^{-\alpha z^2}$ auf der Geraden $(-\infty - i\,\mathrm{Im}\,c, \infty - i\,\mathrm{Im}\,c)$ integrierbar, und die Integrale über die senkrechten Seiten des Rechtecks konvergieren für $R \to \infty$ gegen Null. Insgesamt erhält man

$$\int_{\mathbb{R}} e^{iy\xi} e^{-\alpha\xi^2}\,\mathrm{d}\xi = \int_{\mathbb{R}} \exp\left[-\alpha\left(\xi - \frac{iy}{2\alpha}\right)^2 - \frac{y^2}{4\alpha}\right]\mathrm{d}\xi$$

$$= \exp\left(-\frac{y^2}{4\alpha}\right)\int_{\mathbb{R}} \exp\left[-\alpha\left(\xi - \frac{iy}{2\alpha}\right)^2\right]\mathrm{d}\xi$$

$$= \exp\left(-\frac{y^2}{4\alpha}\right)\int_{-\infty - i\,\mathrm{Im}\,c}^{\infty - i\,\mathrm{Im}\,c} e^{-\alpha\zeta^2}\,\mathrm{d}\zeta$$

$$= \exp\left(-\frac{y^2}{4\alpha}\right)\int_{-\infty}^{\infty} e^{-\alpha z^2}\,\mathrm{d}z = \exp\left(-\frac{y^2}{4\alpha}\right)\left(\frac{\pi}{\alpha}\right)^{1/2},$$

wobei für den letzten Schritt Teil a) verwendet wurde. Dies zeigt die Behauptung b) für $n = 1$, für allgemeines $n$ erhält man die Aussage durch

$$\int_{\mathbb{R}^n} e^{iy\cdot\xi} e^{-\alpha|\xi|^2}\,\mathrm{d}\xi = \prod_{j=1}^{n} \int_{\mathbb{R}} e^{iy_j\xi_j} e^{-\alpha\xi_j^2}\,\mathrm{d}\xi_j = \left(\frac{\pi}{\alpha}\right)^{n/2}\prod_{j=1}^{n} e^{-y_j^2/(4\alpha)}. \qquad \square$$

**Satz 9.7.** *Ein quantenmechanisches System, welches das freie n-dimensionale Teilchen beschreibt, befinde sich zur Zeit $t = 0$ im reinen Zustand $\psi_0 \in L^2(\mathbb{R}^n) \cap L^1(\mathbb{R}^n)$, $\|\psi_0\|_{L^2(\mathbb{R}^n)} = 1$. Dann gilt für den Zustand $\psi_t$ zur Zeit $t > 0$*

$$\psi_t(x) = \int_{\mathbb{R}^n} K_t(y)\psi_0(x - y)\,\mathrm{d}y \tag{9.6}$$

*mit dem Faltungskern*

$$K_t(y) = \left(\frac{m}{2\pi i\,\hbar t}\right)^{n/2} \exp\left(i\,\frac{m|y|^2}{2\,\hbar t}\right).$$

*Beweis.* Sei zunächst $\psi_0 \in \mathscr{S}(\mathbb{R}^n)$. Dann ist nach Lemma 9.5 der Zustand zur Zeit $t > 0$ gegeben durch $\psi_t = \mathscr{F}^{-1}(g\mathscr{F}\psi_0)$, wobei $g(\xi) := \exp(-\alpha|\xi|^2)$ mit $\alpha := \frac{i\hbar t}{2m}$ (vergleiche (9.5)). Die Funktion $g$ ist beschränkt und kann daher als eine reguläre Distribution $[g] \in \mathscr{S}'(\mathbb{R}^n)$ aufgefasst werden, siehe Beispiel 4.27 b). Nach Satz 4.46 b) folgt $\psi_t = (2\pi)^{-n/2}(\mathscr{F}^{-1}[g]) * \psi_0$ als Gleichheit in $\mathscr{S}'(\mathbb{R}^n)$ (hierbei handelt es sich um die Faltung einer Distribution mit einer Schwartz-Funktion, siehe Definition 4.45).

Um $\mathscr{F}^{-1}[g] \in \mathscr{S}'(\mathbb{R}^n)$ zu bestimmen, approximieren wir $g$ durch

$$g_k(\xi) := \exp(-\alpha_k|\xi|^2) \quad \text{mit } \alpha_k := -\left(\frac{i\hbar t}{2m} + \frac{1}{k}\right)$$

für $k \in \mathbb{N}$. Wegen $g_k(\xi) \to g(\xi)$ $(k \to \infty)$ und $|g_k(\xi)| \leq 1$ für alle $\xi \in \mathbb{R}^n$ folgt mit majorisierter Konvergenz

$$(\mathscr{F}^{-1}[g])(\varphi) = [g](\mathscr{F}^{-1}\varphi) = \lim_{k\to\infty} [g_k](\mathscr{F}^{-1}\varphi) = \lim_{k\to\infty} (\mathscr{F}^{-1}[g_k])(\varphi).$$

Die Anwendung von Lemma 9.6 b) auf $g_k$ ergibt $\mathscr{F}^{-1}[g_k] = [\tilde{g}_k]$ mit

$$\tilde{g}_k(y) = (2\pi)^{-n/2}\left(\frac{\pi}{\alpha_k}\right)^{n/2} e^{-|y|^2/(4\alpha_k)}.$$

Also erhalten wir

$$\begin{aligned}
\psi_t(x) &= (2\pi)^{-n/2}\big((\mathscr{F}^{-1}[g]) * \psi_0\big)(x) \\
&= (2\pi)^{-n/2}\big((\mathscr{F}^{-1}[g])(\psi_0(x - \cdot))\big)(x) \\
&= (2\pi)^{-n/2} \lim_{k\to\infty} \big((\mathscr{F}^{-1}[g_k])(\psi_0(x - \cdot))\big)(x) \\
&= (2\pi)^{-n/2} \lim_{k\to\infty} [\tilde{g}_k](\psi_0(x - \cdot)) \\
&= (2\pi)^{-n/2}[\lim_{k\to\infty} \tilde{g}_k](\psi_0(x - \cdot)) \\
&= (2\pi)^{-n}\left(\frac{\pi}{\alpha}\right)^{n/2} [e^{-|\cdot|^2/(4\alpha)}](\psi_0(x - \cdot)) \\
&= [K_t](\psi_0(x - \cdot)) = (K_t * \psi_0)(x).
\end{aligned}$$

Dies zeigt die Behauptung für $\psi_0 \in \mathscr{S}(\mathbb{R}^n)$. Falls $\psi_0 \in L^2(\mathbb{R}^n) \cap L^1(\mathbb{R}^n)$, verwenden wir (9.4) und approximieren $\psi_0$ durch Schwartz-Funktionen (die Dichtheit folgt hierbei aus Satz 4.24). Wir können dann sowohl in (9.4) als auch in (9.6) den Grenzwert mit majorisierter Konvergenz unter das Integral ziehen und erhalten die Gleichheit der beiden Integrale für alle $\psi_0 \in L^2(\mathbb{R}^n) \cap L^1(\mathbb{R}^n)$. $\qquad\qquad\qquad\qquad\qquad\qquad\qquad\qquad$ $\square$

*Bemerkung 9.8.*

a) *Der Faltungskern $K_t$ in Satz 9.7 heißt auch Fundamentallösung der Schrödingergleichung für das freie Teilchen.*

b) *Der wesentliche Beweisschritt in diesem Satz war die Berechnung der Integrale in Lemma 9.6 für $\operatorname{Re}\alpha > 0$, die wir auf $g_k$ anwenden konnten. Die analoge Aussage für $\operatorname{Re}\alpha = 0$, also die Anwendung auf $g$, ist nicht korrekt, da das Integral nicht existiert. Die Theorie der Fouriertransformation im Raum der temperierten Distributionen ist aber auch auf $g$ anwendbar, und wir haben oben gezeigt, dass $\mathscr{F}^{-1}g$ eine reguläre Distribution ist, und dass die zugehörige Funktion als Grenzwert für $k \to \infty$ berechnet werden kann. In diesem Sinn lässt sich Lemma 9.6 auch auf $\operatorname{Re}\alpha = 0$ übertragen. Hier zeigt sich die Stärke der Theorie der (temperierten) Distributionen und der entsprechenden Verallgemeinerungen von Fouriertransformation und Faltung.*

## 9.2   Der harmonische Oszillator

Formal ist der Hamilton-Operator des eindimensionalen harmonischen Oszillators gegeben durch

$$(H\psi)(x) = -\frac{\hbar^2}{2m}\psi''(x) + \frac{k}{2}x^2\psi(x).$$

Dieser Ausdruck ergibt sich durch die Quantisierungsregel 1.19 aus der Hamilton-Funktion für den harmonischen Oszillator der klassischen Mechanik, siehe Beispiel 1.20, und ist etwa für Testfunktionen $\psi \in \mathscr{D}(\mathbb{R})$ wohldefiniert. Da wir aber im Folgenden auch die Fouriertransformation anwenden wollen, betrachten wir als Klasse der Testfunktionen den Schwartz-Raum $\mathscr{S}(\mathbb{R})$. Zur Berechnung des Spektrums von $H$ ist das folgende Ergebnis nützlich. Wir verzichten dabei auf physikalische Konstanten, die später berücksichtigt werden.

**Lemma 9.9.** *Definiere die Operatoren $P_0$ und $Q_0$ mit Definitionsbereich $D(P_0) := D(Q_0) := \mathscr{S}(\mathbb{R}) \subseteq L^2(\mathbb{R})$ durch $(P_0\psi)(x) := -i\psi'(x)$ und $(Q_0\psi)(x) := x\psi(x)$ für $\psi \in \mathscr{S}(\mathbb{R}^n)$.*

a) *Es gilt $[P_0, Q_0] := P_0 Q_0 - Q_0 P_0 = -i\,\mathrm{id}_{\mathscr{S}(\mathbb{R})}$.*

b) *Definiere den Operator $T_0$ durch*

$$D(T_0) := \mathscr{S}(\mathbb{R}), \quad T_0 := \frac{1}{2}(P_0^2 + Q_0^2).$$

*Dann ist $T_0$ symmetrisch und nichtnegativ, und es gilt*

$$\langle T_0\psi, \psi \rangle > 0 \quad (\psi \in D(T_0) \setminus \{0\}).$$

c) *Definiere jeweils mit Definitionsbereich $\mathscr{S}(\mathbb{R})$ die folgenden Operatoren:*

$$a := \frac{1}{\sqrt{2}}(Q_0 + i P_0) \quad \text{(Vernichtungsoperator)},$$

$$a^* := \frac{1}{\sqrt{2}}(Q_0 - i P_0) \quad \text{(Erzeugungsoperator)},$$

$$N := a^*a \quad \text{(Teilchenzahloperator, Besetzungszahloperator)}.$$

*Dann gilt $[a, a^*] = \mathrm{id}_{\mathscr{S}(\mathbb{R})}$, $T_0 = N + \frac{1}{2}$, $Na = a(N-1)$ und $Na^* = a^*(N+1)$ (jeweils Gleichheit auf $\mathscr{S}(\mathbb{R})$).*

**Beweis.**

a) Beachte $\mathrm{im}(Q_0)$, $\mathrm{im}(P_0) \subseteq \mathscr{S}(\mathbb{R})$, d. h. alle im Lemma auftretenden Operatoren besitzen $\mathscr{S}(\mathbb{R}^n)$ als Definitionsbereich. Die Gleichheit für den Kommutator $[P_0, Q_0]$ folgt sofort durch direktes Nachrechnen.

b) Es gilt $(T_0\psi)(x) = -\frac{1}{2}\psi''(x) + \frac{1}{2}x^2\psi(x)$ für $\psi \in \mathscr{S}(\mathbb{R})$. Mit partieller Integration folgt

$$\langle T_0\psi, \varphi \rangle = \frac{1}{2}\langle -\psi'', \varphi \rangle + \frac{1}{2}\langle x^2\psi, \varphi \rangle = \frac{1}{2}\langle \psi', \varphi' \rangle + \frac{1}{2}\langle x\psi, x\varphi \rangle = \langle \psi, T_0\varphi \rangle$$

für $\psi, \varphi \in \mathscr{S}(\mathbb{R})$. Hierbei müssen keine Randterme berücksichtigt werden, da für jede Schwartzfunktion $\psi$ gilt: $\psi(x) \to 0$ ($|x| \to \infty$). Somit ist $T_0$ symmetrisch. Wegen $\langle T_0\psi, \psi \rangle = \|\psi'\|_2^2 + \|x\psi\|_2^2 \geq 0$ ist $T_0$ nichtnegativ. Falls $\langle T_0\psi, \psi \rangle = 0$, so ist $\|\psi'\|_2 = 0$ und damit $\psi$ eine konstante Funktion (beachte $\psi \in C^\infty(\mathbb{R})$). Mit $\|x\psi\|_2 = 0$ folgt $\psi = 0$.

c) Direktes Nachrechnen zeigt

$$a^*a = \frac{1}{2}(Q_0^2 + P_0^2 - 1),$$

$$aa^* = \frac{1}{2}(Q_0^2 + P_0^2 + 1)$$

und damit $T_0 = \frac{1}{2}(a^*a + aa^*) = a^*a + \frac{1}{2} = N + \frac{1}{2}$. Genauso folgen

$$Na = a^*a^2 = (aa^* - 1)a = aa^*a - a = a(N - 1)$$

und $Na^* = a^*(N + 1)$ als Gleichheit auf $\mathscr{S}(\mathbb{R})$. $\qquad\qquad\qquad\square$

Die Namen der Operatoren $a$, $a^*$ und $N$ veranschaulichen die Relationen $Na = a(N - 1)$ und $Na^* = a^*(N+1)$. In nachfolgendem Lemma wird ein Folge $(\psi_n)_{n \in \mathbb{N}}$ mit $N\psi_n = n\psi_n$ angegeben, d.h. jede natürliche Zahl $n \in \mathbb{N}$ ist ein Eigenwert des Teilchenzahl-Operators.

Im Folgenden schreiben wir kurz $\| \cdot \| := \| \cdot \|_2 := \| \cdot \|_{L^2(\mathbb{R})}$.

**Lemma 9.10.**
a) *Sei $\psi_0(x) := c_0 e^{-x^2/2}$ $(x \in \mathbb{R})$ mit $c_0 := \pi^{-1/4}$. Dann gilt $\psi_0 \in \mathscr{S}(\mathbb{R})$, $\|\psi_0\|_2 = 1$ und $a\psi_0 = 0$.*
b) *Für $n \in \mathbb{N}_0$ definiere $\psi_n := \frac{1}{\sqrt{n!}}(a^*)^n \psi_0$. Dann gilt $\psi_n \in \mathscr{S}(\mathbb{R})$, $\|\psi_n\|_2 = 1$ und $N\psi_n = n\psi_n$ $(n \in \mathbb{N}_0)$ (und damit $T_0\psi_n = (n + \frac{1}{2})\psi_n$). Es gilt*

$$\psi_n(x) = c_n\left(x - \frac{d}{dx}\right)^n e^{-x^2/2} \quad (n \in \mathbb{N}_0) \quad mit \ c_n := (2^n n! \sqrt{\pi})^{-1/2}.$$

*Beweis.*
a) Die gewöhnliche Differentialgleichung $a\psi_0 = 0$, d.h. $\psi_0'(x) + x\psi_0(x) = 0$, hat die Lösung $\psi_0(x) = ce^{-x^2/2}$ mit $c \in \mathbb{C}$. Es gilt

$$\|\psi_0\|^2 = |c|^2 \int_{\mathbb{R}} e^{-x^2}\, dx = |c|^2 \sqrt{\pi}$$

(siehe Beispiel 3.46) und damit $\|\psi_0\| = 1$ für $c = c_0 := \pi^{-1/4}$.
b) Für $\psi_1 := a^*\psi_0$ gilt nach Lemma 9.9 c) und wegen $N\psi_0 = 0$ nach a)

$$N\psi_1 = Na^*\psi_0 = a^*(N + 1)\psi_0 = a^*\psi_0 = \psi_1$$

und

$$\|\psi_1\|^2 = \|a^*\psi_0\|^2 = \langle aa^*\psi_0, \psi_0 \rangle = \langle (1 + a^*a)\psi_0, \psi_0 \rangle$$
$$= \langle (1 + N)\psi_0, \psi_0 \rangle = \|\psi_0\|^2 = 1.$$

Analog folgen für $\psi_n := \frac{1}{\sqrt{n!}}(a^*)^n \psi_0$ die Gleichheiten $N\psi_n = n\psi_n$ und $\|\psi_n\| = 1$. Die explizite Darstellung von $\psi_n$ erhält man aus $a^*\psi = \frac{1}{\sqrt{2}}(x - \frac{d}{dx})\psi(x)$. $\qquad\square$

**Satz 9.11 (Hermite-Polynome).** *Definiere*

$$h_n(x) := e^{x^2/2}\left(x - \frac{d}{dx}\right)^n e^{-x^2/2} \ (n \in \mathbb{N}_0)$$

*(d. h. für die Funktionen $\psi_n$ aus Lemma 9.10 gilt $\psi_n(x) = c_n h_n(x) e^{-x^2/2}$). Dann ist $h_n$ ein Polynom vom Grad n und heißt Hermite-Polynom vom Grad n.*

a) *Es gilt $h_{n+1}(x) = 2x h_n(x) - h_n'(x)$ $(n \in \mathbb{N}_0)$.*
b) *Es gilt $h_n(x) = (-1)^n e^{x^2}(\frac{d}{dx})^n e^{-x^2}$.*
c) *Das System $\{\psi_n \mid n \in \mathbb{N}_0\}$ ist ein vollständiges Orthonormalsystem in $L^2(\mathbb{R})$.*

*Beweis.*

a) Nach Definition ist $h_0(x) = 1$. Weiter folgt

$$h_{n+1}(x)e^{-x^2/2} = (x - \tfrac{d}{dx})^{n+1}e^{-x^2/2} = (x - \tfrac{d}{dx})[h_n(x)e^{-x^2/2}]$$
$$= (xh_n(x) - h_n'(x) + xh_n(x))e^{-x^2/2} = (2xh_n(x) - h_n'(x))e^{-x^2/2}.$$

b) Wir verwenden vollständige Induktion über $n$, wobei der Induktionsanfang $n = 0$ trivial ist. Für den Induktionsschritt $n - 1 \to n$ schreiben wir

$$(-1)^n e^{x^2}(\tfrac{d}{dx})^n e^{-x^2} = (-1)^n e^{x^2}\tfrac{d}{dx}\left[e^{-x^2}e^{x^2}(\tfrac{d}{dx})^{n-1}e^{-x^2}\right]$$
$$= (-1)^n e^{x^2}\tfrac{d}{dx}\left[e^{-x^2}(-1)^{n-1}h_{n-1}(x)\right]$$
$$= e^{x^2}\tfrac{d}{dx}\left[-e^{-x^2}e^{x^2/2}(x - \tfrac{d}{dx})^{n-1}e^{-x^2/2}\right]$$
$$= e^{x^2}\left[e^{-x^2/2}(x - \tfrac{d}{dx})(x - \tfrac{d}{dx})^{n-1}e^{-x^2/2}\right]$$
$$= e^{x^2/2}(x - \tfrac{d}{dx})^n e^{-x^2/2} = h_n(x),$$

wobei für das zweite Gleichheitszeichen die Induktionsvoraussetzung benutzt wurde.

c) Sei $\rho(x) := e^{-x^2}$ $(x \in \mathbb{R})$. Nach b) gilt dann $h_n(x) = (-1)^n e^{x^2}\rho^{(n)}(x)$. Es folgt für $n > k$ mit partieller Integration

$$\langle \psi_n, \psi_k \rangle = c_n c_k \int_{\mathbb{R}} h_n(x)h_k(x)e^{-x^2}\,dx = (-1)^n c_n c_k \int_{\mathbb{R}} \rho^{(n)}(x)h_k(x)\,dx$$
$$= c_n c_k \int_{\mathbb{R}} \rho(x)h_k^{(n)}(x)\,dx = 0,$$

da $h_k$ ein Polynom vom Grad $k < n$ ist. Nach Lemma 9.10 gilt $\|\psi_n\|_2 = 1$, d. h. $\{\psi_n \mid n \in \mathbb{N}_0\}$ ist ein Orthonormalsystem in $L^2(\mathbb{R})$.

Um die Vollständigkeit zu zeigen, sei $f \in L^2(\mathbb{R})$ mit $\langle f, \psi_n \rangle = 0$ $(n \in \mathbb{N}_0)$. Zu zeigen ist $f = 0$. Dazu sei $g(x) := e^{-x^2/2} f(x)$ $(x \in \mathbb{R})$. Es gilt

$$\int_{\mathbb{R}} g(x) h_n(x) \, dx = \int_{\mathbb{R}} f(x) h_n(x) e^{-x^2/2} \, dx = \frac{1}{c_n} \int_{\mathbb{R}} f(x) \psi_n(x) \, dx = 0 \quad (n \in \mathbb{N}_0).$$

Da sich jedes Polynom als Linearkombination der $h_n$ schreiben lässt, folgt $\langle g, p \rangle = 0$ für alle Polynome $p$. Speziell gilt $\langle g, s_n(\cdot, \xi) \rangle = 0$ für

$$s_n(x, \xi) := \sum_{k=0}^{n} \frac{(-ix\xi)^k}{k!} \quad (x \in \mathbb{R})$$

mit einem festen Parameter $\xi \in \mathbb{R}$. Wegen

$$|g(x) s_n(x, \xi)| \leq \sum_{k=0}^{n} \frac{|x\xi|^k}{k!} |g(x)| \leq e^{|x\xi|} e^{-x^2/4} |f(x)| e^{-x^2/4} \leq C |f(x)| e^{-x^2/4}$$

und $s_n(x, \xi) \to e^{-ix\xi}$ $(n \to \infty)$ folgt mit majorisierter Konvergenz

$$(\mathscr{F} g)(\xi) = (2\pi)^{-1/2} \int_{\mathbb{R}} g(x) e^{-ix\xi} \, dx = 0 \quad (\xi \in \mathbb{R}).$$

Also ist $\mathscr{F} g = 0$, und da $\mathscr{F} : L^2(\mathbb{R}) \to L^2(\mathbb{R})$ injektiv ist, folgt $g = 0$ und damit $f = 0$ in $L^2(\mathbb{R})$. Damit ist $\{\psi_n \mid n \in \mathbb{N}_0\}$ ein vollständiges Orthonormalsystem. $\square$

**Satz 9.12.** *Der Hamilton-Operator $H : L^2(\mathbb{R}) \supseteq D(H) \to L^2(\mathbb{R})$ des harmonischen Oszillators sei definiert als die Friedrichserweiterung des Operators $H_0 : L^2(\mathbb{R}) \supseteq D(H_0) \to L^2(\mathbb{R})$, gegeben durch $D(H_0) = \mathscr{S}(\mathbb{R})$ und*

$$(H_0 \psi)(x) := -\frac{\hbar^2}{2m} \psi''(x) + \frac{k}{2} x^2 \psi(x) \quad (\psi \in \mathscr{S}(\mathbb{R})).$$

*Dann gilt $\sigma_c(H) = \emptyset$ und $\sigma_p(H) = \{\tilde{\lambda}_n \mid n \in \mathbb{N}_0\}$ mit $\tilde{\lambda}_n := \hbar \sqrt{\frac{k}{m}}(n + \frac{1}{2})$ $(n \in \mathbb{N}_0)$. Jeder Eigenwert ist einfach, die zugehörigen Eigenfunktionen sind gegeben durch*

$$\tilde{\psi}_n(x) = d_n h_n(cx) e^{-c^2 x^2/2} \quad (n \in \mathbb{N}_0) \quad \text{mit } c := \left( \frac{km}{\hbar^2} \right)^{1/4}. \tag{9.7}$$

*Dabei ist $d_n \in \mathbb{R}$ so gewählt, dass $\|\tilde{\psi}_n\|_{L^2(\mathbb{R})} = 1$, und $h_n$ sind die Hermite-Polynome aus Satz 9.11.*

*Beweis.* Für $n \in \mathbb{N}_0$ sei $\psi_n$ wie in Lemma 9.10 definiert, und sei $\tilde{\psi}_n(x) := d_n \psi_n(cx)$ für alle $x \in \mathbb{R}$, wobei $c$ wie in (9.7) gewählt wird und $d_n > 0$. Dann gilt $\tilde{\psi}_n \in \mathscr{S}(\mathbb{R}) \subseteq D(H)$, und mit Lemma 9.10 b) erhalten wir

$$
\begin{aligned}
(H\tilde{\psi}_n)(x) &= \frac{d_n}{2}\left(-\frac{\hbar^2}{m}c^2\psi_n''(cx) + \frac{k}{c^2}(cx)^2\psi_n(cx)\right) \\
&= \frac{d_n}{2}\hbar\sqrt{\frac{k}{m}}\left(-\psi_n''(cx) + (cx)^2\tilde{\psi}_n(cx)\right) = d_n\hbar\sqrt{\frac{k}{m}}(T_0\psi_n)(cx) \\
&= d_n\hbar\sqrt{\frac{k}{m}}\left(n + \frac{1}{2}\right)\psi_n(cx) = \hbar\sqrt{\frac{k}{m}}\left(n + \frac{1}{2}\right)\tilde{\psi}_n(x).
\end{aligned}
$$

Also ist $\tilde{\psi}_n$ eine Eigenfunktion von $H$ zum Eigenwert $\tilde{\lambda}_n := \hbar\sqrt{\frac{k}{m}}(n + \frac{1}{2})$. Wählt man $d_n$ so, dass $\|\tilde{\psi}_n\|_{L^2} = 1$, so ist $\{\tilde{\psi}_n \mid n \in \mathbb{N}_0\}$ ein Orthonormalsystem in $L^2(\mathbb{R})$. Sei $\tilde{\psi} \in L^2(\mathbb{R})$ mit $\langle \tilde{\psi}, \tilde{\psi}_n \rangle_{L^2(\mathbb{R})} = 0$ für alle $n \in \mathbb{N}_0$. Für $\psi(x) := \tilde{\psi}(\frac{x}{c})$ gilt dann $\langle \psi, \psi_n \rangle_{L^2(\mathbb{R})} = 0$ $(n \in \mathbb{N}_0)$, wie man sofort mit der Substitution $x \mapsto cx$ sieht. Nach Satz 9.11 ist $\{\psi_n \mid n \in \mathbb{N}_0\}$ ein vollständiges Orthonormalsystem von $L^2(\mathbb{R})$, und nach Satz 2.45 folgt $\psi = 0$ fast überall und damit $\tilde{\psi} = 0$ fast überall. Wieder nach Satz 2.45 erhalten wir, dass auch $\{\tilde{\psi}_n \mid n \in \mathbb{N}_0\}$ ein vollständiges Orthonormalsystem ist. Nach Satz 2.45 (iii) gilt

$$
x = \sum_{n \in \mathbb{N}_0} \langle x, \psi_n \rangle \psi_n = \int_{\{\lambda_n \mid n \in \mathbb{N}_0\}} 1 \, dE(\lambda)x = E(\{\lambda_n \mid n \in \mathbb{N}_0\})x
$$

für alle $x \in L^2(\mathbb{R})$. Also ist $\text{im}(E(\{\lambda_n \mid n \in \mathbb{N}_0\})) = L^2(\mathbb{R})$, und es folgt $\sigma(H) = \sigma_p(H) = \{\lambda_n \mid n \in \mathbb{N}_0\}$ und somit $\sigma_c(H) = \emptyset$. $\qquad\square$

---

*Was haben wir gelernt?*

- Der Hamilton-Operator des freien Teilchens ist bis auf physikalische Konstanten gleich dem Laplace-Operator, sein Spektrum besteht aus allen nichtnegativen reellen Zahlen und ist ein rein kontinuierliches Spektrum.
- Die zeitliche Entwicklung eines reinen Zustands kann beim freien Teilchen als Faltung mit der Fundamentallösung angegeben werden. Um die entsprechenden Berechnungen der Fouriertransformation mathematisch korrekt durchzuführen, verwendet man (reguläre) temperierte Distributionen.
- Der Hamilton-Operator des harmonischen Oszillators besitzt ein rein diskretes Spektrum, die Eigenwerte und Eigenfunktionen können mit Hilfe von Vernichtungs- und Erzeugungsoperatoren relativ einfach bestimmt werden.
- In der explizite Darstellung der Eigenfunktionen des harmonischen Oszillators treten die Hermite-Polynome auf.

# 10 Quantenmechanische Beschreibung des Wasserstoffatoms

*Worum geht's?* Das Wasserstoffatom ist durch die Anwesenheit eines einzigen Elektrons in der Atomhülle charakterisiert. Dies führt in der quantenmechanischen Beschreibung zu einem Coulomb-Potential im Hamilton-Operator der Form $\frac{e^2}{|x|}$. Da dieses radialsymmetrisch ist, bietet sich ein Ansatz an, der die Eigenfunktionen in Kugelkoordinaten schreibt. Tatsächlich erhält man damit eine Verbindung zu Drehimpulsoperatoren und Kugelflächenfunktionen, welche es erlaubt, das Punktspektrum und die zugehörigen Eigenfunktionen explizit zu bestimmen. In diesem Standardmodell ohne Spin besitzt der Grundzustand des Wasserstoffatoms einfache Vielfachheit, was jedoch einigen Experimenten (anomaler Zeeman-Effekt) widerspricht. Man erweitert daher das Modell um einen zusätzlichen Freiheitsgrad, den Spin des Elektrons, und erhält Vielfachheit 2 für den Grundzustand, der sich damit (etwa bei Anwesenheit eines äußeren Magnetfelds) in zwei einfache Eigenwerte aufspalten kann. Somit können der normale und der anomale Zeeman-Effekt erklärt werden.

Zunächst beschreiben wir das kontinuierliche Spektrum des Hamilton-Operators für das Wasserstoffatom ohne Spin, wobei wir den Satz über Kato-Störungen verwenden. Für die anschließende Untersuchung des Punktspektrums ist das Konzept von Drehimpulsoperatoren hilfreich, welches es schließlich erlaubt, die Eigenwerte und zugehörige Eigenfunktionen explizit anzugeben. Danach wird das Wasserstoffatom mit Spin bei Anwesenheit eines äußeren Magnetfelds betrachtet, die dabei auftretende Aufspaltung der Eigenwerte kann unter anderem den anomalen Zeeman-Effekt erklären. Schließlich geben wir noch einen kurzen Ausblick auf ein relativistisches Modell des Wasserstoffatoms und diskutieren den dabei auftretenden Dirac-Operator.

© Springer-Verlag GmbH Deutschland, ein Teil von Springer Nature 2022

R. Denk, *Mathematische Grundlagen der Quantenmechanik*,
https://doi.org/10.1007/978-3-662-65554-2_10

## 10.1    Das Wasserstoffatom ohne Spin

Der Hamilton-Operator des Wasserstoffatoms (ohne Spin) ist formal gegeben durch

$$(H\psi)(x) := -\frac{\hbar^2}{2m_e}(\Delta\psi)(x) - \frac{e^2}{|x|}\psi(x).$$

Dabei sind $e \approx 4,80321 \cdot 10^{-10}$ statC die Ladung und $m_e \approx 9,10938 \cdot 10^{-28}$ g die Masse des Elektrons (genauer sollte man hier die Masse durch die reduzierte Masse ersetzen), wobei wieder das Gauß-System (siehe Bemerkung 1.15) verwendet wird. Das Potential $\frac{e^2}{|x|}$ wird auch als Coulomb-Potential bezeichnet. Wir werden diesen Operator als Störung des Hamilton-Operators des freien dreidimensionalen Teilchens auffassen, wobei der Störungssatz von Kato (Satz 5.58) zur Anwendung kommt. Um zu zeigen, dass die Voraussetzungen von Satz 5.58 erfüllt sind, verwenden wir folgendes Lemma, welches ein nützliches Resultat über Sobolevräume enthält.

---

**Lemma 10.1 (Dritte Poincaré-Ungleichung).**

a) *Für $\psi \in H^1(\mathbb{R}^3)$ ist $(x \mapsto \frac{\psi(x)}{|x|}) \in L^2(\mathbb{R}^3)$, und es gilt*

$$\left\|\left(x \mapsto \frac{\psi(x)}{|x|}\right)\right\|_{L^2(\mathbb{R}^3)} \le 2\|\nabla\psi\|_{L^2(\mathbb{R}^3;\mathbb{C}^3)}. \tag{10.1}$$

*Dabei ist*

$$\|\nabla\psi\|_{L^2(\mathbb{R}^3;\mathbb{C}^3)} := \left(\sum_{j=1}^3 \|\partial_{x_j}\psi\|_{L^2(\mathbb{R}^3)}^2\right)^{1/2}.$$

b) *Zu $\varepsilon > 0$ existiert $C_\varepsilon > 0$ mit*

$$\left\|\left(x \mapsto \frac{\psi(x)}{|x|}\right)\right\|_{L^2(\mathbb{R}^3)}^2 \le \varepsilon\|\psi\|_{H^2(\mathbb{R}^3)}^2 + C_\varepsilon\|\psi\|_{L^2(\mathbb{R}^3)}^2 \quad (\psi \in H^2(\mathbb{R}^3)).$$

---

*Beweis.*

a) (i)  Sei zunächst $\psi \in \mathscr{D}(\mathbb{R}^3)$. Wir verwenden die Identität

$$\int_{\mathbb{R}^3} f(x)\,\mathrm{d}x = \int_0^\infty \int_{|x|=r} f(x)\,\mathrm{d}S(x)\,\mathrm{d}r = \int_0^\infty (Mf)(r)r^2\,\mathrm{d}r \quad (f \in L^1(\mathbb{R}^3)),$$

wobei

$$(Mf)(r) := \int_{|y|=1} f(ry)\,\mathrm{d}S(y)$$

gesetzt wurde (sphärisches Mittel von $f$). Angewendet auf die Funktion $x \mapsto \frac{|\psi(x)|^2}{|x|^2}$ erhält man

$$\int_{\mathbb{R}^3} \frac{|\psi(x)|^2}{|x|^2} \, dx = \int_0^\infty [M(|\psi|^2)](r) \, dr.$$

Sei zunächst $\psi$ reellwertig. Dann schätzen wir für festes $y$ mit $|y| = 1$ die Funktion $g(r) := \psi(ry)$ folgendermaßen ab (man beachte, dass $g(r) = 0$ ($r \geq r_0$) für ein $r_0 > 0$ gilt, da $\psi \in \mathscr{D}(\mathbb{R}^3)$):

$$\int_0^\infty g(r)^2 \, dr = -\int_0^\infty \int_r^\infty \frac{d}{ds}[g(s)]^2 \, ds \, dr = -2\int_0^\infty \int_r^\infty g(s)g'(s) \, ds \, dr$$

$$= -2\int_0^\infty \int_0^s g(s)g'(s) \, dr \, ds = -2\int_0^\infty g(s)sg'(s) \, ds$$

$$\leq 2\left(\int_0^\infty g(s)^2 \, ds\right)^{1/2} \left(\int_0^\infty s^2 g'(s)^2 \, ds\right)^{1/2}.$$

Damit erhalten wir

$$\int_0^\infty g(r)^2 \, dr \leq 4\int_0^\infty s^2 g'(s)^2 \, ds.$$

Andererseits ist

$$|g'(s)| = |\langle \nabla\psi(sy), y\rangle| \leq |\nabla\psi(sy)| \, |y| = |\nabla\psi(sy)|.$$

Eingesetzt erhalten wir

$$\int_{\mathbb{R}^3} \frac{|\psi(x)|^2}{|x|^2} \, dx = \int_0^\infty \int_{|y|=1} \psi(ry)^2 \, dS(y) \, dr = \int_{|y|=1} \int_0^\infty \psi(ry)^2 \, dr \, dS(y)$$

$$\leq 4\int_{|y|=1} \int_0^\infty s^2 |\nabla\psi(sy)|^2 \, ds \, dS(y)$$

$$= 4\int_0^\infty s^2 \int_{|y|=1} |\nabla\psi(sy)|^2 \, dS(y) \, ds$$

$$= 4\sum_{j=1}^3 \int_0^\infty s^2 \int_{|y|=1} [(\partial_j\psi)(sy)]^2 \, dS(y) \, ds$$

$$= 4\sum_{j=1}^3 \int_0^\infty s^2 [M((\partial_j\psi)^2)](s) \, ds$$

$$= 4\sum_{j=1}^3 \int_{\mathbb{R}^3} [(\partial_j\psi)(x)]^2 \, dx = 4\|\nabla\psi\|^2_{L^2(\mathbb{R}^3;\mathbb{C}^3)}.$$

Falls $\psi$ komplexwertig ist, wendet man dies auf Real- und Imaginärteil an und erhält dieselbe Abschätzung.

(ii) Sei nun $\psi \in H^1(\mathbb{R}^3)$ beliebig. Nach Satz 4.24 ist $\mathscr{D}(\mathbb{R}^3)$ dicht in $H^1(\mathbb{R}^3)$, und somit existiert eine Folge $(\psi_n)_{n \in \mathbb{N}} \subset \mathscr{D}(\mathbb{R}^3)$ mit $\|\psi_n - \psi\|_{H^1(\mathbb{R}^3)} \to 0$ $(n \to \infty)$. Wir setzen $\varphi_n(x) := \frac{\psi_n(x)}{x}$ $(x \in \mathbb{R}^3 \setminus \{0\})$. Die Anwendung von (10.1) auf $\psi_n$ zeigt, dass $(\varphi_n)_{n \in \mathbb{N}} \subset L^2(\mathbb{R}^3)$ eine Cauchyfolge ist, und wegen der Vollständigkeit von $L^2(\mathbb{R}^3)$ existiert ein $\varphi \in L^2(\mathbb{R}^3)$ mit $\varphi_n \to \varphi$ $(n \to \infty)$ in $L^2(\mathbb{R}^3)$. Nach Korollar 3.56 gilt nach Übergang zu einer Teilfolge $\frac{\psi_n(x)}{x} = \varphi_n(x) \to \varphi(x)$ $(n \to \infty)$ und damit $\psi_n(x) \to \psi(x)$ $(n \to \infty)$ für fast alle $x \in \mathbb{R}^3$. Also gilt $\frac{\psi(x)}{x} = \varphi(x)$ für fast alle $x$, und wir erhalten $x \mapsto \frac{\psi(x)}{x} \in L^2(\mathbb{R}^3)$ sowie Abschätzung (10.1) für $\psi$.

b) Dies folgt sofort aus a) und der Interpolationsungleichung für Soboleväume (Lemma 4.42), nach welcher zu jedem $\varepsilon > 0$ ein $C_\varepsilon > 0$ existiert mit

$$\|\psi\|_{H^1(\mathbb{R}^3)} \leq \varepsilon \|\psi\|_{H^2(\mathbb{R}^3)} + C_\varepsilon \|\psi\|_{L^2(\mathbb{R}^3)} \quad (u \in H^2(\mathbb{R}^3)). \qquad \square$$

**Definition und Satz 10.2.** Das Wasserstoffatom wird durch den Operator

$$(H_0 \psi)(x) := -\frac{\hbar^2}{2m_e}(\Delta \psi)(x) - \frac{e^2}{r}\psi(x) \quad (\psi \in D(H_0))$$

mit $D(H_0) := \mathscr{D}(\mathbb{R}^3)$ beschrieben. Dabei ist $r := |x|$, $m_e$ die (reduzierte) Masse des Elektrons und $e$ die Ladung des Elektrons. Der Operator $H_0$ ist wesentlich selbstadjungiert. Der Hamilton-Operator des Wasserstoffatoms (ohne Spin) wird definiert durch $H := \overline{H_0}$. Es gilt $D(H) = H^2(\mathbb{R}^3)$.

*Beweis.* Definiere den Operator $S \colon L^2(\mathbb{R}^3) \supseteq D(S) \to L^2(\mathbb{R}^3)$ durch $D(S) := H^2(\mathbb{R}^3)$ und $S\psi := -\frac{e^2}{r}\psi$ $(\psi \in D(S))$. Dann ist $S$ offensichtlich symmetrisch, und nach Lemma 10.1 existiert zu jedem $\varepsilon > 0$ eine Konstante $C_\varepsilon > 0$ mit

$$\|S\psi\|_{L^2(\mathbb{R}^3)} \leq \varepsilon \|\psi\|_{H^2(\mathbb{R}^3)} + C_\varepsilon \|\psi\|_{L^2(\mathbb{R}^3)} \quad (\psi \in H^2(\mathbb{R}^3)).$$

Nach Satz 9.3 ist $H^2(\mathbb{R}^3)$ der Definitionsbereich des Hamiltonoperators $T$ des freien Teilchens, $T\psi = -\frac{\hbar^2}{2m_e}\Delta\psi$ $(\psi \in H^2(\mathbb{R}^3))$. Da $\|\psi\|_{H^2(\mathbb{R}^3)} \approx \|T\psi\|_{L^2(\mathbb{R}^3)} + \|\psi\|_{L^2(\mathbb{R}^3)}$ (Lemma 9.2), ist $S$ eine Kato-Störung von $T$. Also ist $T + S$ mit Definitionsbereich $D(T + S) = D(T) = H^2(\mathbb{R}^3)$ nach Satz 5.58 selbstadjungiert.

Für die Graphennorm von $T + S$ gilt

$$\|\psi\|_{T+S} \approx \|(T + S)\psi\|_{L^2} + \|\psi\|_{L^2} \approx \big(\|T\psi\|_{L^2} + \|\psi\|_{L^2}\big) \approx \|\psi\|_{H^2(\mathbb{R}^3)}.$$

Da $\mathscr{D}(\mathbb{R}^3) \subseteq H^2(\mathbb{R}^3)$ dicht liegt, folgt $D(\overline{H_0}) = H^2(\mathbb{R}^3)$, d.h. es gilt $H = \overline{H_0} = T + S$, insbesondere ist $H_0$ wesentlich selbstadjungiert. $\qquad\square$

**Satz 10.3.** *Für den Hamilton-Operator $H$ des Wasserstoffatoms gilt $\sigma_{\mathrm{ess}}(H) = [0, \infty)$.*

*Beweis.* Wie im Beweis von Satz 10.2 sei wieder $T$ der Hamilton-Operator des freien Teilchens. Nach Satz 9.3 gilt $\sigma_{\mathrm{ess}}(T) = \sigma_c(T) = [0, \infty)$. Zu zeigen ist also $\sigma_{\mathrm{ess}}(T) = \sigma_{\mathrm{ess}}(H)$.

Sei $\lambda \in \sigma_{\mathrm{ess}}(T)$ und $(\psi_n)_{n\in\mathbb{N}}$ eine Weylsche Folge (siehe Definition 5.43) für $\lambda$ bzgl. $T$ mit $\psi_n \rightharpoonup 0$ in $L^2(\mathbb{R}^3)$. Für $R > 0$ sei $B_R := \{x \in \mathbb{R}^3 \mid |x| < R\}$. Dann gilt

$$\|\psi_n\|_{H^2(B_R)} \leq \|\psi_n\|_{H^2(\mathbb{R}^3)} \leq C_1\big(\|T\psi_n\|_{L^2(\mathbb{R}^3)} + \|\psi_n\|_{L^2(\mathbb{R}^3)}\big)$$
$$\leq C_1\big(\|(T - \lambda)\psi_n\|_{L^2(\mathbb{R}^3)} + |\lambda|\,\|\psi_n\|_{L^2(\mathbb{R}^3)} + \|\psi_n\|_{L^2(\mathbb{R}^3)}\big) \leq C_2,$$

wobei $\|\psi_n\|_{L^2(\mathbb{R}^3)} = 1$ und $\|(T - \lambda)\psi_n\|_{L^2(\mathbb{R}^3)} \to 0$ verwendet wurde. Damit ist $(\psi_n)_n \subseteq H^2(B_R)$ beschränkt. Nach dem Satz von Rellich–Kondrachov (Satz 4.20) ist die Einbettung $H^2(B_R) \subseteq L^2(B_R)$ kompakt (hier benötigt man die Beschränktheit von $B_R$). Also existiert eine Teilfolge von $(\psi_n)_{n\in\mathbb{N}}$ (ohne Einschränkung wieder mit $(\psi_n)_{n\in\mathbb{N}}$ bezeichnet) mit $\psi_n \to \psi \in L^2(B_R)$.

Wegen $\psi_n \rightharpoonup 0$ in $L^2(\mathbb{R}^3)$ und damit

$$\|\psi\|_{L^2(B_R)}^2 = \lim_{n\to\infty} \langle \psi_n, \psi \rangle_{L^2(B_R)} = 0$$

folgt $\psi_n \to 0$ $(n \to \infty)$ in $L^2(B_R)$.

Nach der Interpolationsungleichung für Sobolevräume (Lemma 4.42) existiert zu jedem $\delta > 0$ ein $C_\delta > 0$ mit

$$\|\psi_n\|_{H^1(B_R)} \leq \delta \|\psi_n\|_{H^2(B_R)} + C_\delta \|\psi_n\|_{L^2(B_R)} \leq \delta C_2 + C_\delta \|\psi_n\|_{L^2(B_R)}.$$

Zu $\varepsilon > 0$ wählt man zunächst $\delta := \frac{\varepsilon}{2C_2}$ und dann $n$ so groß, dass $C_\delta \|\psi_n\|_{L^2(B_R)} < \frac{\varepsilon}{2}$ und erhält $\|\psi_n\|_{H^1(B_R)} < \varepsilon$. Insgesamt folgt also $\psi_n \to 0$ in $H^1(B_R)$.

Sei $\rho_R \in C^\infty(\mathbb{R}^3)$ mit $\rho_R(x) = 0$ für $|x| \leq \frac{R}{2}$, $\rho_R(x) = 1$ für $|x| \geq R$, $0 \leq \rho_R \leq 1$. Dann ist $\psi_n \rho_R \in H^2(\mathbb{R}^3) = D(T)$, und mit der Produktregel folgt

$$\|T(\psi_n\rho_R) - \lambda\psi_n\rho_R\|_{L^2(\mathbb{R}^3)}$$
$$\leq \|\rho_R(T - \lambda)\psi_n\|_{L^2(\mathbb{R}^3)} + 2\left\|\sum_{k=1}^{3} \frac{\hbar^2}{2m_e} \partial_k\psi_n\partial_k\rho_R\right\|_{L^2(\mathbb{R}^3)} + \|\psi_n T\rho_R\|_{L^2(\mathbb{R}^3)}$$
$$\leq \|(T - \lambda)\psi_n\|_{L^2(\mathbb{R}^3)} + C\|\psi_n\|_{H^1(B_R)} \to 0 \quad (n \to \infty).$$

Somit gilt für jedes $R > 0$

$$\|\psi_n\|_{L^2(B_R)} \to 0 \quad \text{und} \quad \|T(\psi_n\rho_R) - \lambda\psi_n\rho_R\|_{L^2(\mathbb{R}^3)} \to 0 \quad (n \to \infty).$$

Speziell für $R = k$, $k = 1, 2, \ldots$ existieren $(n_k)_{k\in\mathbb{N}} \subseteq \mathbb{N}$ mit $n_1 < n_2 < \ldots$ und

$$\|\psi_n\|_{L^2(B_k)} \le \frac{1}{2}, \quad \|T(\psi_n\rho_k) - \lambda\psi_n\rho_k\|_{L^2(\mathbb{R}^3)} \le \frac{1}{k} \quad (n \ge n_k).$$

Wegen

$$\|\psi_{n_k}\rho_k\|^2_{L^2(\mathbb{R}^3)} \ge \|\psi_{n_k}\|^2_{L^2(\mathbb{R}^3)\setminus B_k} = 1 - \|\psi_{n_k}\|^2_{L^2(B_k)} \ge 1 - \frac{1}{4}$$

kann man $g_k := \dfrac{\psi_{n_k}\rho_k}{\|\psi_{n_k}\rho_k\|_{L^2(\mathbb{R}^3)}}$ $(k \in \mathbb{N})$ definieren. Dann erhalten wir $\|g_k\|_{L^2(\mathbb{R}^3)} = 1$ und $\|(T - \lambda)g_k\|_{L^2(\mathbb{R}^3)} \to 0$. Andererseits gilt für den Operator $S$ aus dem Beweis von Satz 10.2 wegen $g_k(x) = 0$ $(|x| \le \frac{k}{2})$

$$\|Sg_k\|_{L^2(\mathbb{R}^3)} = \left\|\frac{e^2 g_k}{r}\right\|_{L^2(\mathbb{R}^3)} = \left\|\frac{e^2 g_k}{r}\mathbb{1}_{\{|x|\ge k/2\}}\right\|_{L^2(\mathbb{R}^3)} \le \frac{2e^2}{k}\|g_k\|_{L^2(\mathbb{R}^3)} = \frac{2e^2}{k}.$$

Für den Operator $H = T + S$ erhalten wir insgesamt $\|(H - \lambda)g_k\|_{L^2(\mathbb{R}^3)} \to 0$, d. h. $(g_k)_{k\in\mathbb{N}}$ ist eine Folge approximativer Eigenfunktionen sowohl für $T$ als auch für $T + S$.

Angenommen, $(g_k)_{k\in\mathbb{N}}$ besitze eine konvergente Teilfolge, ohne Einschränkung gelte $g_k \to g$ in $L^2(\mathbb{R}^3)$ für $k \to \infty$. Dann gilt $g_k \to g$ in $L^2(B_R)$ für jedes $R > 0$. Aber nach Definition von $g_k$ gilt $g_k \to 0$ in $L^2(B_R)$ $(k \to \infty)$ für jedes feste $R > 0$. Somit ist $g|_{B_R} = 0$ für jedes $R > 0$ und damit $g = 0$ in $L^2(\mathbb{R}^3)$. Dies ist ein Widerspruch zu $\|g\|_{L^2(\mathbb{R}^3)} = \lim_{k\to\infty} \|g_k\|_{L^2(\mathbb{R}^3)} = 1$.

Insgesamt haben wir gesehen, dass $(g_k)_{k\in\mathbb{N}}$ eine Weylsche Folge für den Operator $H = T + S$ zum Eigenwert $\lambda$ ist. Somit gilt $\lambda \in \sigma_{\text{ess}}(H)$.

Sei nun $\lambda \in \sigma_{\text{ess}}(H)$. Dieselbe Überlegung wie oben zeigt, dass dann auch $\lambda \in \sigma_{\text{ess}}(H - S) = \sigma_{\text{ess}}(T)$ gilt. Also sind die beiden essentiellen Spektren gleich, was zu zeigen war. $\square$

Für die Abschätzung des Punktspektrums von $H$ verwenden wir folgende kleine Aussage.

---

**Lemma 10.4.** *Für alle* $\psi \in L^2(\mathbb{R}^n)$ *gilt*

$$\lim_{a\to 1} \int_{\mathbb{R}^n} |\psi(ax) - \psi(x)|^2 \, \mathrm{d}x = 0. \tag{10.2}$$

---

*Beweis.* Für alle $a \in [\frac{1}{2}, 2]$ ist die Abbildung $T_a: L^2(\mathbb{R}^n) \to L^2(\mathbb{R}^n)$, $\psi \mapsto \psi(a\cdot) - \psi$ linear und stetig mit

$$\|T_a\psi\|_{L^2(\mathbb{R}^n)} \le \|\psi(a\cdot)\|_{L^2(\mathbb{R}^n)} + \|\psi\|_{L^2(\mathbb{R}^n)} = (a^{-n/2} + 1)\|\psi\|_{L^2(\mathbb{R}^n)} \quad (\psi \in L^2(\mathbb{R}^n)).$$

Somit gilt $\|T_a\|_{L(L^2(\mathbb{R}^n))} \leq C := \max_{a \in [1/2.2]}(a^{-n/2} + 1)$.

Falls $\psi \in \mathscr{D}(\mathbb{R}^n)$ ist, so gilt $|\psi(ax) - \psi(x)|^2 \leq 2\|\psi\|_\infty^2$ für alle $x \in \mathbb{R}^n$, und die Funktion $2\|\psi\|_\infty \mathbb{1}_M$ ist eine integrierbare Majorante, wobei $M := \operatorname{supp}\psi \cup \{ax \mid x \in \operatorname{supp}\psi\}$ (man beachte, dass $M$ kompakt ist). Da der Integrand in (10.2) punktweise gegen 0 konvergiert, folgt die gewünschte Aussage $\|T_a\psi\|_{L^2(\mathbb{R}^n)} \to 0$ $(a \to 1)$ für $\psi \in \mathscr{D}(\mathbb{R}^n)$ durch majorisierte Konvergenz (Satz 3.39).

Seien nun $\psi \in L^2(\mathbb{R}^n)$ allgemein und $\varepsilon > 0$. Nach Satz 4.24 liegt $\mathscr{D}(\mathbb{R}^n)$ dicht in $L^2(\mathbb{R}^n)$, also existiert ein $\psi_0 \in \mathscr{D}(\mathbb{R}^n)$ mit $\|\psi - \psi_0\|_{L^2(\mathbb{R}^n)} < \frac{\varepsilon}{2C}$. Nach dem oben Gezeigten existiert ein $\delta > 0$ so, dass für alle $|a - 1| < \delta$ gilt $\|T_a\psi_0\|_{L^2(\mathbb{R}^n)} < \frac{\varepsilon}{2}$. Somit folgt für alle $|a - 1| < \delta$

$$\|T_a\psi\|_{L^2(\mathbb{R}^n)} \leq \|T_a(\psi - \psi_0)\|_{L^2(\mathbb{R}^n)} + \|T_a\psi_0\|_{L^2(\mathbb{R}^n)} < C\frac{\varepsilon}{2C} + \frac{\varepsilon}{2} = \varepsilon.$$

$\square$

*Bemerkung 10.5.* Im Beweis des nachfolgenden Lemmas und im weiteren Verlauf verwenden wir partielle Integration für Funktionen $\psi \in H^2(\mathbb{R}^3)$, etwa in der Form

$$\langle \Delta\psi, \psi \rangle_{L^2(\mathbb{R}^3)} = -\langle \nabla\psi, \nabla\psi \rangle_{L^2(\mathbb{R}^3)} \quad (\psi \in H^2(\mathbb{R}^3)). \tag{10.3}$$

Da Funktionen in $H^2(\mathbb{R}^3)$ nach dem Sobolevschen Einbettungssatz (Satz 4.18) zwar stetig, aber im Allgemeinen nicht differenzierbar sind, kann man den Satz von Gauß nicht direkt anwenden. Man verwendet daher die Dichtheit von $\mathscr{D}(\mathbb{R}^3)$ in $H^2(\mathbb{R}^3)$ (Satz 4.24) und wählt eine Folge $(\psi_n)_{n\in\mathbb{N}} \subset \mathscr{D}(\mathbb{R}^3)$ mit $\psi_n \to \psi$ $(n \to \infty)$ in $H^2(\mathbb{R}^3)$. Für $\psi_n$ folgt (10.3) aus dem klassischen Satz von Gauß, da die Randterme wegen $\psi_n \in \mathscr{D}(\mathbb{R}^3)$ verschwinden. Wegen $\Delta\psi_n \to \Delta\psi$ $(n \to \infty)$ und $\nabla\psi_n \to \nabla\psi$ $(n \to \infty)$ jeweils in $L^2(\mathbb{R}^3)$ folgt

$$\langle \Delta\psi, \psi \rangle_{L^2(\mathbb{R}^3)} = \lim_{n\to\infty} \langle \Delta\psi_n, \psi_n \rangle_{L^2(\mathbb{R}^3)} = -\lim_{n\to\infty} \langle \nabla\psi_n, \nabla\psi_n \rangle_{L^2(\mathbb{R}^3)}$$
$$= -\langle \nabla\psi, \nabla\psi \rangle_{L^2(\mathbb{R}^3)}.$$

**Lemma 10.6.** *Für den Hamilton-Operator $H$ des Wasserstoffatoms gilt $\sigma_p(H) \subseteq [-\frac{2m_e e^4}{\hbar^2}, 0)$.*

*Beweis.* Im Folgenden sei $\|\cdot\| := \|\cdot\|_{L^2(\mathbb{R}^3)}$ und $\langle\cdot,\cdot\rangle = \langle\cdot,\cdot\rangle_{L^2(\mathbb{R}^3)}$. Sei $\psi \in D(H)$ mit $\|\psi\| = 1$ und $H\psi = \lambda\psi$.

(i) Unter Verwendung partieller Integration und der 3. Poincaré-Ungleichung (Lemma 10.1) erhält man

$$\lambda = \langle H\psi, \psi \rangle = \frac{\hbar^2}{2m_e}\|\nabla\psi\|^2 - \left\langle \frac{e^2}{r}\psi, \psi \right\rangle \geq \frac{\hbar^2}{2m_e}\|\nabla\psi\|^2 - e^2 \left\|\frac{\psi}{r}\right\| \|\psi\|$$

$$\geq \frac{\hbar^2}{2m_e}\|\nabla\psi\|^2 - 2e^2\|\nabla\psi\|\,\|\psi\|$$

$$= \left(\frac{\hbar}{\sqrt{2m_e}}\|\nabla\psi\| - \frac{\sqrt{2m_e}}{\hbar}e^2\|\psi\|\right)^2 - \frac{2m_e e^4}{\hbar^2}\|\psi\|^2 \geq -\frac{2m_e e^4}{\hbar^2}.$$

(ii)  Für $\alpha > 0$ sei $\psi_\alpha(x) := \psi(\alpha x)$. Wegen $\Delta\psi_\alpha(x) = \alpha^2(\Delta\psi)(\alpha x)$ folgt

$$\lambda\psi_\alpha(x) = \lambda\psi(\alpha x) = -\frac{\hbar^2}{2m_e}(\Delta\psi)(\alpha x) - \frac{e^2}{|\alpha x|}\psi(\alpha x)$$

$$= -\frac{\hbar^2}{2m_e\alpha^2}\Delta\psi_\alpha(x) - \frac{e^2}{\alpha|x|}\psi_\alpha(x)$$

und damit

$$\alpha^2\lambda\langle\psi_\alpha, \psi\rangle = \langle\alpha^2\lambda\psi_\alpha, \psi\rangle = \left\langle -\frac{\hbar^2}{2m_e}\Delta\psi_\alpha - \frac{\alpha e^2}{r}\psi_\alpha, \psi \right\rangle$$

$$= \left\langle \psi_\alpha, -\frac{\hbar^2}{2m_e}\Delta\psi - \frac{\alpha e^2}{r}\psi \right\rangle = \left\langle \psi_\alpha, H\psi + \frac{(1-\alpha)e^2}{r}\psi \right\rangle$$

$$= \lambda\langle\psi_\alpha, \psi\rangle + (1-\alpha)e^2\left\langle\psi_\alpha, \frac{\psi}{r}\right\rangle.$$

Damit erhalten wir

$$(\alpha^2 - 1)\lambda\langle\psi_\alpha, \psi\rangle = (1-\alpha)e^2\left\langle\psi_\alpha, \frac{\psi}{r}\right\rangle.$$

Für $\alpha \neq 1$ folgt

$$(\alpha + 1)\lambda\langle\psi_\alpha, \psi\rangle = -e^2\left\langle\psi_\alpha, \frac{\psi}{r}\right\rangle.$$

Im Grenzwert $\alpha \to 1$ folgt $\|\psi_\alpha - \psi\| \to 0$ nach Lemma 10.4 und damit $\langle\psi_\alpha, \psi\rangle \to \|\psi\|^2 = 1$ sowie $\langle\psi_\alpha, \frac{\psi}{r}\rangle \to \langle\psi, \frac{\psi}{r}\rangle > 0$. Für $\alpha \to 1$ erhalten wir

$$2\lambda = -e^2\left\langle\psi, \frac{\psi}{r}\right\rangle < 0. \qquad \qquad \square$$

Die obige Abschätzung für die Eigenwerte ist um einen Faktor 4 zu grob, tatsächlich ist der kleinste Eigenwert gegeben durch $-\frac{m_e e^4}{2\hbar^2}$, wie wir im folgenden Abschnitt sehen werden.

## 10.2   Das Punktspektrum des Wasserstoffatoms

Um die Eigenwerte des Hamilton-Operators $H$ des Wasserstoffatoms ohne Spin (Definition 10.2) zu bestimmen, benötigen wir einige Vorbereitungen. Wir beginnen mit dem Begriff eines Drehimpulsoperators, der auch später noch nützlich sein wird.

▶ **Definition 10.7.** Seien $L_1, L_2, L_3$ Observable in einem Hilbertraum $\mathcal{H}$, und sei $\mathbf{L} := (L_1, L_2, L_3)^\top$. Dann heißt $\mathbf{L}$ ein Drehimpulsoperator, falls ein Untervektorraum $V \subseteq \mathcal{H}$ existiert mit $V \subseteq D(L_j)$, $\mathrm{im}(L_j|_V) \subseteq V$ und $\overline{L_j|_V} = L_j$ für $j = 1, 2, 3$ und falls die folgenden Kommutatorrelationen als Gleichheit auf $V$ gelten:

$$[L_1, L_2] = i\,\hbar L_3,$$
$$[L_2, L_3] = i\,\hbar L_1,$$
$$[L_3, L_1] = i\,\hbar L_2.$$

*Bemerkung 10.8.*

a)  Die obigen Kommutatorbeziehungen werden auch in der Form

$$[L_i, L_j] = i\,\hbar \sum_{k=1}^{3} \varepsilon_{ijk} L_k$$

geschrieben, wobei

$$\varepsilon_{ijk} := \begin{cases} 1, & \text{falls } (i, j, k) \text{ zyklisch aus } (1, 2, 3) \text{ entsteht,} \\ -1, & \text{falls } (i, j, k) \text{ antizyklisch aus } (1, 2, 3) \text{ entsteht,} \\ 0, & \text{falls mindestens zwei Indizes } i, j, k \text{ gleich sind,} \end{cases}$$

das Levi-Civita-Symbol  (oder auch der $\varepsilon$-Tensor) ist.

b)  Der Operator $\mathbf{L}$ ist ein Vektoroperator, d. h. ein Vektor (der Länge 3), dessen Komponenten Observable sind. Wir verzichten hier darauf, den Operator $\mathbf{L}$ selbst als Observable zu betrachten.

**Beispiel 10.9 (Bahndrehimpulsoperatoren)**

In der klassischen Mechanik gibt es den Begriff des Drehimpulses. Wenn ein Teilchen mit Impuls $p \in \mathbb{R}^3$ einen Punkt $x \in \mathbb{R}^3$ passiert, dann heißt

$$L := x \times p := \begin{pmatrix} x_2 p_3 - x_3 p_2 \\ x_3 p_1 - x_1 p_3 \\ x_1 p_2 - x_2 p_1 \end{pmatrix}$$

der Drehimpuls dieses Teilchens. Für die Quantifizierung betrachtet man die Ortsobservablen $Q_j \colon L^2(\mathbb{R}^3) \supseteq D(Q_j) \to L^2(\mathbb{R}^3)$, gegeben durch

$$D(Q_j) := \{\psi \in L^2(\mathbb{R}^3) \mid x \mapsto x_j \psi(x) \in L^2(\mathbb{R}^3)\},$$
$$(Q_j \psi)(x) := x_j \psi(x) \quad (\psi \in D(Q_j)),$$

sowie die Impulsobservablen $P_j \colon L^2(\mathbb{R}^3) \supseteq D(P_j) \to L^2(\mathbb{R}^3)$, gegeben durch

$$D(P_j) := \{\psi \in L^2(\mathbb{R}^3) \mid \partial_{x_j} \psi \in L^2(\mathbb{R}^3)\},$$
$$P_j \psi := -i\hbar \partial_{x_j} \psi \quad (\psi \in D(P_j))$$

für $j = 1, 2, 3$. Man erhält den Bahndrehimpulsoperator $\mathbf{L} = (L_1, L_2, L_3)^\top$ mit

$$\mathbf{L} := \mathbf{Q} \times \mathbf{P} := \begin{pmatrix} Q_2 P_3 - Q_3 P_2 \\ Q_3 P_1 - Q_1 P_3 \\ Q_1 P_2 - Q_2 P_1 \end{pmatrix}.$$

Man beachte, dass $Q_i$ und $P_j$ kompatibel sind, falls $i \neq j$. Damit führt die Ersetzungsregel 1.19 hier zu einem eindeutigen formalen Ausdruck. Jede Komponente von $\mathbf{L}$ wird zunächst auf $V := \mathscr{D}(\mathbb{R}^3)$ definiert.

Wegen $[Q_i, P_j] = 0$ und $Q_i(\mathscr{D}(\mathbb{R}^3)) \subseteq \mathscr{D}(\mathbb{R}^3)$ (analog für $P_j$) ist jede Komponente von $\mathbf{L}$ symmetrisch, und man kann zeigen, dass $L_i|_{\mathscr{D}(\mathbb{R}^3)}$ wesentlich selbstadjungiert ist. Die Kommutatorrelationen folgen direkt aus den kanonischen Vertauschungsrelationen für $P_j$ und $Q_j$, somit ist $\mathbf{L}$ ein Beispiel für einen Drehimpulsoperator.     ◄

Der Bahndrehimpulsoperator als Beispiel eines Drehimpulsoperators ist das zentrale Beispiel für die Berechnung der Eigenwerte des Wasserstoffatoms. Wir werden aber im Zusammenhang mit dem Spin später noch ein weiteres Beispiel kennenlernen.

**Lemma 10.10.** *Sei* $\mathbf{L}$ *ein Drehimpulsoperator, und sei* $V \subseteq \mathscr{H}$ *wie in Definition* 10.7. *Definiere als Abbildungen auf* $V$

$$L_+ := L_1 + iL_2,$$
$$L_- := L_1 - iL_2$$

*(Leiter- oder Stufenoperatoren) sowie* $\mathbf{L}^2 := L_1^2 + L_2^2 + L_3^2$. *Dann gilt als Gleichheit auf* $V$

(i) $[L_+, L_-] = 2\hbar L_3$,

(ii) $[L_3, L_\pm] = \pm \hbar L_\pm$,

(iii) $[\mathbf{L}^2, L_i] = 0 \quad (i = 1, 2, 3)$,

(iv) $[\mathbf{L}^2, L_\pm] = 0$.

*Beweis.* Dies folgt durch direktes Nachrechnen, so gilt beispielsweise

$$[L_+, L_-] = [L_1 + iL_2, L_1 - iL_2] = -i[L_1, L_2] + i[L_2, L_1]$$
$$= -2i[L_1, L_2] = -2i\,\hbar i L_3 = 2\hbar L_3.$$

Für (iii) beachte $[L_1^2, L_1] = 0$ sowie

$$[L_2^2 + L_3^2, L_1] = L_2[L_2, L_1] + L_2 L_1 L_2 - [L_1, L_2]L_2 - L_2 L_1 L_2$$
$$+ L_3[L_3, L_1] + L_3 L_1 L_3 - [L_1, L_3]L_3 - L_3 L_1 L_3$$
$$= -i\,\hbar L_2 L_3 - i\,\hbar L_3 L_2 + i\,\hbar L_3 L_2 + i\,\hbar L_2 L_3 = 0. \qquad \square$$

Aus Teil (iii) dieses Lemmas folgt insbesondere, dass $\mathbf{L}^2$ und etwa $L_3$ (auf $V$) vertauschbar sind. Nach Satz 6.41 besitzen kompatible Operatoren gemeinsame Eigenvektoren. Das folgende Resultat liefert eine notwendige Bedingung an die zugehörigen Eigenwerte. Dabei besitzt der Operator $\mathbf{L}^2 = L_1^2 + L_2^2 + L_3^2$ offensichtlich nur nichtnegative Eigenwerte.

**Lemma 10.11.** *Sei $L$ ein Drehimpulsoperator, und seien $\lambda \geq 0$ und $\mu \in \mathbb{R}$ mit $\ker(\mathbf{L}^2 - \lambda\hbar^2) \cap \ker(L_3 - \mu\hbar) \neq \{0\}$. Dann existiert ein $\ell \in \frac{1}{2}\mathbb{N}_0 := \{\frac{n}{2} \mid n \in \mathbb{N}_0\}$ so, dass $\lambda = \ell(\ell + 1)$ und $\mu \in \{-\ell, -\ell+1, \dots, \ell\}$, sowie eine Folge $(\psi_m)_{m=-\ell}^{\ell} \subseteq D(\mathbf{L}^2)$ mit $\|\psi_m\| = 1$, $\mathbf{L}^2\psi_m = \lambda\hbar^2\psi_m$ und $L_3\psi_m = m\hbar\psi_m$ für $m = -\ell, \dots, \ell$.*

*Beweis.* Wir wählen $\psi \in D(\mathbf{L}^2) \setminus \{0\}$ mit $\mathbf{L}^2\psi = \lambda\hbar^2\psi$ und $L_3\psi = \mu\hbar\psi$ und wenden Lemma 10.10 mit $V = D(\mathbf{L}^2)$ an.

(i)  Es gilt

$$\hbar^2(\lambda - \mu^2) = \langle(\mathbf{L}^2 - L_3^2)\psi, \psi\rangle = \langle(L_1^2 + L_2^2)\psi, \psi\rangle = \|L_1\psi\|^2 + \|L_2\psi\|^2 \geq 0,$$

daher folgt $|\mu| \leq \sqrt{\lambda}$.

(ii) Setze $\varphi := L_+\psi$. Dann gilt unter Verwendung von Lemma 10.10

$$\mathbf{L}^2\varphi = \mathbf{L}^2 L_+\psi = L_+\mathbf{L}^2\psi = \lambda\hbar^2 L_+\psi = \lambda\hbar^2\varphi,$$
$$L_3\varphi = L_3 L_+\psi = L_+L_3\psi + [L_3, L_+]\psi = \mu\hbar L_+\psi + \hbar L_+\psi = (\mu+1)\hbar\varphi.$$

Analog zeigt man, dass für $\tilde{\varphi} := L_-\psi$ gilt: $\mathbf{L}^2\tilde{\varphi} = \lambda\hbar^2\tilde{\varphi}$ sowie $L_3\tilde{\varphi} = (\mu-1)\hbar\tilde{\varphi}$. Damit haben wir gesehen, dass mit $\mu\hbar$ auch $(\mu \pm 1)\hbar$ ein Eigenwert ist, falls $L_\pm\psi \neq 0$ gilt. Wendet man dies auf $\varphi$ (bzw. $\tilde{\varphi}$) statt auf $\psi$ an, so erhält man iterativ eine Folge von Eigenwerten von $L_3$ der Form $\mu\hbar, (\mu \pm 1)\hbar, (\mu \pm 2)\hbar, \dots$.

Nach (i) ist jeder Eigenwert betragsmäßig durch $\sqrt{\lambda}\,\hbar$ beschränkt, die Folge bricht also in beiden Richtungen ab. Definiere $\ell := \min\{\mu + m \mid m \in \mathbb{N}_0, L_+^{m+1}\psi = 0\}$ und analog $k := \max\{\mu - m \mid m \in \mathbb{N}_0, L_-^{m+1}\psi = 0\}$. Dann gilt $\ell - k \in \mathbb{N}_0$.

(iii) Für $\psi_\ell := L_+^{\ell-\mu}\psi$ gilt damit $\psi_\ell \neq 0$, $L_3\psi_\ell = \ell\,\hbar\psi_\ell$, $\mathbf{L}^2\psi_\ell = \lambda\,\hbar^2\psi_\ell$ und $L_+\psi_\ell = 0$. Wir verwenden $L_-L_+ = \mathbf{L}^2 - L_3^2 - \hbar L_3$ (direktes Nachrechnen) und erhalten

$$0 = L_-L_+\psi_\ell = (\mathbf{L}^2 - L_3^2 - \hbar L_3)\psi_\ell = (\lambda\,\hbar^2 - \ell^2\,\hbar^2 - \ell\,\hbar^2)\psi_\ell.$$

Wegen $\psi_\ell \neq 0$ folgt $\lambda = \ell(\ell + 1)$. Die analoge Rechnung zeigt $\lambda = k(k - 1)$. Somit gilt $\ell(\ell + 1) = k(k - 1)$. Diese Gleichung hat die Lösungen $k = \ell + 1$ und $k = -\ell$, wovon nach Definition von $\ell$ und $k$ nur $k = -\ell$ in Frage kommt.

Somit folgt $2\ell = \ell - k \in \mathbb{N}_0$, und die Kette von Eigenwerten von $L_3$ hat die Form $-\ell\,\hbar, (-\ell + 1)\,\hbar, \dots, \ell\,\hbar$. Speziell gilt auch $\lambda = \ell(\ell + 1)$.          $\square$

In obigem Lemma wird eine Aussage über das Spektrum von Drehimpulsoperatoren nur aufgrund algebraischer Rechnungen getroffen. Wir wollen dies speziell auf den Bahndrehimpulsoperator anwenden. Dazu verwenden wir Kugelkoordinaten und die dazu gehörige explizite Darstellung von $\mathbf{L}^2$ und $L_3$.

*Bemerkung 10.12.* Die Kugelkoordinaten im $\mathbb{R}^3$ sind gegeben durch die Transformation

$$\Phi : [0, \infty) \times [0, \pi] \times [0, 2\pi) \to \mathbb{R}^3, \quad (r, \theta, \varphi) \mapsto \Phi(r, \theta, \varphi) := \begin{pmatrix} r\sin\theta\cos\varphi \\ r\sin\theta\sin\varphi \\ r\cos\theta \end{pmatrix}.$$

Schränkt man $\Phi$ auf das Produkt der offenen Intervalle ein, so ist $\Phi$ ein $C^1$-Diffeomorphismus, der bis auf eine Lebesgue-Nullmenge surjektiv ist, und für die Jacobimatrix $D\Phi$ gilt

$$(D\Phi)(r, \theta, \varphi) = \begin{pmatrix} \sin\theta\cos\varphi & r\cos\theta\cos\varphi & -r\sin\theta\sin\varphi \\ \sin\theta\sin\varphi & r\cos\theta\sin\varphi & r\sin\theta\cos\varphi \\ \cos\theta & -r\sin\theta & 0 \end{pmatrix}$$

und damit $\det(D\Phi)(r, \theta, \varphi) = r^2 \sin\theta$. Für das Integral erhält man mit dem Transformationssatz

$$\int_{\mathbb{R}^3} f(x)\,dx = \int_0^\infty \int_0^\pi \int_0^{2\pi} f(\Phi(r, \theta, \varphi))r^2 \sin\theta\,dr\,d\theta\,d\varphi.$$

Insbesondere gilt $f \in L^2(\mathbb{R}^3)$ genau dann, wenn $f \circ \Phi \in L^2((0, \infty) \times (0, \pi) \times (0, 2\pi))$ gilt, wobei als Maß für diesen $L^2$-Raum das Produktmaß $(r^2 dr) \otimes (\sin\theta d\theta) \otimes d\varphi$ (siehe Definition 3.17) verwendet wird.

Setzt man $r = 1$, so erhält man eine Parametrisierung der dreidimensionalen Einheits-sphäre

$$S^2 := \{ x \in \mathbb{R}^3 \mid |x| = 1 \},$$

gegeben durch

$$\gamma : (0, \pi) \times (0, 2\pi) \to \mathbb{R}^3, \quad u := (\theta, \varphi) \mapsto \gamma(u) := \Phi(1, \theta, \varphi) = \begin{pmatrix} \sin\theta \cos\varphi \\ \sin\theta \sin\varphi \\ \cos\theta \end{pmatrix}.$$

Diese Parametrisierung ist wieder bis auf Nullmengen surjektiv, und für die Gramsche Determinante erhält man $\det\left( D\gamma(u)^\top D\gamma(u) \right) = \sin^2\theta$. Für integrierbare Funktionen $f : S^2 \to \mathbb{C}$ berechnet sich somit das Oberflächenintegral als

$$\int_{S^2} f(x)\, dS(x) = \int_0^\pi \int_0^{2\pi} f(\sin\theta \cos\varphi, \sin\theta \sin\varphi, \cos\theta) \sin\theta \, d\varphi \, d\theta.$$

Die Parametrisierung $\gamma$ von $S^2$ wird auch die Parametrisierung durch sphärische Koordinaten genannt.

**Lemma 10.13.** *Seien* $f \in C^2(\mathbb{R}^3)$ *und* $g(r, \theta, \varphi) := f(\Phi(r, \theta, \varphi))$ *für* $(r, \theta, \varphi) \in U :=$ $(0, \infty) \times (0, \pi) \times (0, 2\pi)$. *Dann gilt für den Bahndrehimpulsoperator* $\mathbf{L}$ *(siehe Beispiel 10.9)*

$$(\Delta f)(\Phi(r, \theta, \varphi)) = (\Delta_r g)(r, \theta, \varphi) + \frac{1}{r^2}(\Delta_{S^2} g)(r, \theta, \varphi),$$

$$(\mathbf{L}^2 f)(\Phi(r, \theta, \varphi)) = -\hbar^2 (\Delta_{S^2} g)(r, \theta, \varphi),$$

$$(L_3 f)(\Phi(r, \theta, \varphi)) = -i\hbar(\partial_\varphi g)(r, \theta, \varphi)$$

*für alle* $(r, \theta, \varphi) \in U$. *Dabei ist*

$$\Delta_r g := \frac{1}{r^2} \partial_r \left( r^2 \partial_r g \right) = \partial_r^2 g + \frac{2}{r} \partial_r g$$

*der formale Ausdruck für den radialen Laplace-Operator und*

$$\Delta_{S^2} g := \frac{1}{\sin\theta} \partial_\theta \left( \sin\theta\, \partial_\theta g \right) + \frac{1}{\sin^2\theta} \partial_\varphi^2 g$$

*der formale Ausdruck für den Laplace–Beltrami-Operator auf der Einheitssphäre* $S^2$.

*Beweis.* Wir setzen $u := (r, \theta, \varphi)^\top \in U$ und $x = (x_1, x_2, x_3)^\top := \Phi(r, \theta, \varphi)$. Dann gilt $f(x) = (g \circ \Phi^{-1})(x)$, und es folgt für die Ableitung $Df = (\partial_1 f, \partial_2 f, \partial_3 f)$ nach der Kettenregel

$$Df(x) = (Dg)(\Phi^{-1}(x))(D\Phi^{-1})(x).$$

Wegen $x = \Phi(u)$ und $(D\Phi^{-1})(\Phi(u)) = (D\Phi(u))^{-1}$ erhalten wir nach Transponieren und unter Verwendung von $\nabla f = (Df)^{\top}$

$$(\nabla f)(\Phi(u)) = \left[(D\Phi(u))^{-1}\right]^{\top}(\nabla g)(u) \quad (u \in U).$$

Die explizite Berechnung der Inversen von $D\Phi$ liefert somit

$$\begin{pmatrix} \partial_1 f \\ \partial_2 f \\ \partial_3 f \end{pmatrix}(\Phi(u)) = \begin{pmatrix} \sin\theta\cos\varphi & \sin\theta\sin\varphi & \cos\theta \\ \frac{1}{r}\cos\theta\cos\varphi & \frac{1}{r}\cos\theta\sin\varphi & -\frac{1}{r}\sin\theta \\ -\frac{1}{r}\frac{\sin\varphi}{\sin\theta} & \frac{1}{r}\frac{\cos\varphi}{\sin\theta} & 0 \end{pmatrix} \begin{pmatrix} \partial_r g \\ \partial_\theta g \\ \partial_\varphi g \end{pmatrix}(u).$$

Symbolisch lässt sich etwa die erste Zeile dieser Formel schreiben als

$$\partial_1 = \sin\theta\cos\varphi\,\partial_r + \sin\theta\sin\varphi\,\partial_\theta + \cos\theta\,\partial_\varphi.$$

In dieser Schreibweise lassen sich partielle Ableitungen iterieren, wobei man die Reihenfolge von Multiplikation und partieller Ableitung beachten muss. So taucht z. B. bei Berechnung von

$$\partial_1^2 = (\sin\theta\cos\varphi\,\partial_r + \sin\theta\sin\varphi\,\partial_\theta + \cos\theta\,\partial_\varphi)^2$$

unter anderem der Term

$$\sin\theta\sin\varphi\,\partial_\theta(\sin\theta\cos\varphi\,\partial_r) = \sin^2\theta\sin\varphi\cos\varphi\,\partial_\theta\partial_r + \sin\theta\sin\varphi\cos\theta\cos\varphi\,\partial_r$$

auf, bei welchem die Produktregel angewendet wurde. Durch langwierige, aber elementare Rechnungen folgen nun die angegebenen Darstellungen der Operatoren $\Delta$, $\mathbf{L}^2$ und $L_3$ in Kugelkoordinaten. $\qquad\qquad\square$

▶ **Definition 10.14.** Der Raum $L^2(S^2)$ wird definiert als $L^2(\lambda_{S^2})$ im Sinne von Definition 3.53, wobei $\lambda_{S^2}$ das Oberflächenmaß auf $S^2$ ist, gegeben durch

$$\lambda_{S^2}(A) := \int_{S^2} \mathbb{1}_A(x)\,dS(x) \quad (A \in \mathscr{B}(S^2)).$$

Auf $L^2(S^2)$ definiert man $\Delta^0_{S^2} : L^2(S^2) \supseteq D(\Delta^0_{S^2}) \to L^2(S^2)$ durch $D(\Delta^0_{S^2}) := C^\infty(S^2)$ und

$$\Delta^0_{S^2}\,g(\theta,\varphi) := \frac{1}{\sin\theta}\partial_\theta\big(\sin\theta\partial_\theta g\big)(\theta,\varphi) + \frac{1}{\sin^2\theta}\partial_\varphi^2\,g(\theta,\varphi),$$

wobei $g \in C^\infty(S^2)$ in sphärischen Koordinaten auf $S^2$ geschrieben wird (vgl. Bemerkung 10.12). Der Laplace–Beltrami-Operator $\Delta_{S^2}$ wird definiert als Friedrichs-Erweiterung von $\Delta^0_{S^2}$.

*Bemerkung 10.15.* In der Parametrisierung durch sphärische Koordinaten ist das $L^2$-Skalarprodukt auf $S^2$ gegeben durch

$$\langle g_1, g_2 \rangle_{L^2(S^2)} = \int_0^\pi \int_0^{2\pi} g_1(\theta, \varphi) \overline{g_2(\theta, \varphi)} \sin\theta \, d\varphi \, d\theta \quad (g_1, g_2 \in L^2(S^2)).$$

Damit erhält man für $g_1, g_2 \in C^\infty(S^2)$ mit partieller Integration

$$\langle \Delta_{S^2}^0 g_1, g_2 \rangle_{L^2(S^2)} = \int_0^\pi \int_0^{2\pi} \left( \partial_\theta(\sin\theta \, \partial_\theta g_1) \overline{g_2} + \frac{1}{\sin\theta} (\partial_\varphi^2 g_1) \overline{g_2} \right) d\varphi \, d\theta$$

$$= -\int_0^\pi \int_0^{2\pi} \left( \sin\theta \, \partial_\theta g_1 \overline{\partial_\theta g_2} + \frac{1}{\sin\theta} (\partial_\varphi g_1) \overline{\partial_\varphi g_2} \right) d\varphi \, d\theta.$$

Man beachte dabei, dass die Randterme bei partieller Integration bezüglich $\theta$ wegen $\sin\pi = \sin 0 = 0$ und bei partieller Integration bezüglich $\varphi$ wegen der Periodizität von $g_1, g_2$ wegfallen (es gilt $g_j(\theta, 0) = g_j(\theta, 2\pi)$, da $g_j \in C^\infty(S^2)$). Die letzte Formel zeigt, dass $\Delta_{S^2}^0$ symmetrisch ist und $\langle \Delta_{S^2}^0 g, g \rangle_{L^2(S^2)} \le 0$ für alle $g \in C^\infty(S^2)$ gilt. Somit existiert die Friedrichs-Erweiterung (Satz 5.57).

---

**Satz 10.16.** *Der Laplace–Beltrami-Operator $\Delta_{S^2} \colon L^2(S^2) \supseteq D(\Delta_{S^2}) \to L^2(S^2)$ besitzt rein diskretes Spektrum. Seine Eigenwerte sind gegeben durch*

$$\sigma_p(-\Delta_{S^2}) = \{\ell(\ell + 1) \mid \ell \in \mathbb{N}_0\}.$$

*Dabei besitzt der Eigenwert $\ell(\ell + 1)$ die Vielfachheit $2\ell + 1$ für $\ell \in \mathbb{N}_0$.*

---

*Beweis (Skizze).* Als Friedrichs-Erweiterung von $-\Delta_{S^2}^0$ ist $-\Delta_{S^2}$ von unten halbbeschränkt mit gleicher Schranke 0 (Satz 5.57). Um zu zeigen, dass $-\Delta_{S^2}$ ein rein diskretes Spektrum besitzt, verwendet man den Satz von Rellich–Kondrachov (Satz 4.20). Nach diesem ist die Identität $V \colon H^2(S^2) \to L^2(S^2)$, $\psi \mapsto \psi$ kompakt. Wir wählen $\lambda \in \rho(-\Delta_{S^2})$. Wegen $\operatorname{im}((-\Delta_{S^2} - \lambda)^{-1}) \subseteq H^2(S^2)$ ist $(-\Delta_{S^2} - \lambda)^{-1} = (-\Delta_{S^2} - \lambda)^{-1} V$ als Komposition eines stetigen und eines kompakten Operators nach Satz 7.3 b) selbst kompakt. Nach Satz 7.13 besteht das Spektrum kompakter Operatoren außerhalb der 0 nur aus Eigenwerten endlicher Vielfachheit und besitzt keinen von 0 verschiedenen Häufungspunkt. Mit Hilfe eines Spektralabbildungssatzes (vergleiche Lemma 6.28) kann man daraus folgern, dass das Spektrum von $-\Delta_{S^2}$ nur aus Eigenwerten endlicher Vielfachheit ohne Häufungspunkt besteht und damit rein diskret ist.

Nun betrachtet man die Einschränkung des Operators $L_3$ auf die Einheitssphäre. Dazu definiert man zunächst $L_3^0 \colon L^2(S^2) \supseteq D(L_3^0) \to L^2(S^2)$ mit $D(L_3^0) := C^\infty(S^2)$ und $L_3^0 g(\theta, \varphi) := -i\hbar \partial_\varphi g(\theta, \varphi)$. Man kann zeigen, dass $L_3^0$ wesentlich selbstadjungiert ist, und definiert $L_{3,S^2}$ als Abschluss. Mit denselben Argumenten wie oben sieht man, dass $L_{3,S^2}$ rein diskretes Spektrum besitzt. Unter Verwendung von Lemma 10.10 zeigt man, dass $L_{3,S^2}$ und $-\Delta_{S^2}$ kompatibel sind. Nach Satz 6.41 existiert eine Orthonormalbasis von $L^2(S^2)$, welche aus gemeinsamen Eigenvektoren von $L_{3,S^2}$ und $-\Delta_{S^2}$ besteht.

Sei nun $g \in D(-\Delta_{S^2}) \cap D(L_{3,S^2})$ ein gemeinsamer Eigenvektor dieser beiden Operatoren, d. h. es existieren $\lambda \geq 0$ und $m \in \mathbb{R}$ mit $-\Delta_{S^2} g = \lambda g$ und $L_{3,S^2} g = \hbar m g$. Wir schreiben $g$ in sphärischen Koordinaten, $g: (0, \pi) \times (0, 2\pi) \to \mathbb{C}$, $(\theta, \varphi) \mapsto g(\theta, \varphi)$. Sei $f \in L^2((0, \infty); r^2 dr) \cap C^\infty((0, \infty)) \setminus \{0\}$ beliebig. Dann gilt für die Funktion $h(r, \theta, \varphi) := f(r) g(\theta, \varphi)$ nach Lemma 10.13

$$\mathbf{L}^2 h(r, \theta, \varphi) = \hbar^2 f(r)(-\Delta_{S^2} g)(\theta, \varphi) = \hbar^2 \lambda f(r) g(\theta, \varphi) = \hbar^2 \lambda h(r, \theta, \varphi),$$

$$L_3 h(r, \theta, \varphi) = -i\hbar f(r)(\partial_\varphi g)(\theta, \varphi) = \hbar \mu f(r) g(\theta, \varphi) = \hbar \mu h(r, \theta, \varphi).$$

Nach Lemma 10.11 über allgemeine Drehimpulsoperatoren existiert ein $\ell \in \frac{1}{2}\mathbb{N}_0$ so, dass $\lambda = \ell(\ell + 1)$ und $m \in \{-\ell, \ell + 1, \ldots, \ell\}$. Die Eigenfunktionen von $L_3$ kann man durch Lösen der entsprechenden gewöhnlichen Differentialgleichung direkt berechnen: Es gilt $g(\theta, \varphi) = g_1(\theta) e^{im\varphi}$ mit einer von $\varphi$ unabhängigen Funktion $g_1(\theta)$. Da $g$ als Funktion auf $S^2$ $2\pi$-periodisch bezüglich $\varphi$ ist, folgt $m \in \mathbb{Z}$. Somit sind für $\ell$ nur ganzzahlige Werte möglich. Nach Lemma 10.11 existiert für jedes $m \in \{-\ell, \ldots, \ell\}$ eine Eigenfunktion $Y_\ell^m$ mit $\mathbf{L} Y_\ell^m = \hbar^2 \lambda Y_\ell^m$ und $L_3 Y_\ell^m = \hbar m Y_\ell^m$.

Da Eigenfunktionen zu verschiedenen Eigenwerten orthogonal zueinander sind, ist $\{Y_\ell^m \mid m = -\ell, \ldots, \ell\}$ linear unabhängig. Die explizite Bestimmung der Eigenfunktionen zeigt, dass die Einschränkung von $Y_\ell^m$ auf $S^2$ linear unabhängige Eigenfunktionen von $-\Delta_{S^2}$ sind. Somit besitzt $\lambda$ mindestens Vielfachheit $2\ell + 1$. Eine genaue Analyse von $\ker(-\Delta_{S_2} - \lambda)$ ergibt, dass dessen Dimension nicht höher als $2\ell + 1$ ist, d. h. die Vielfachheit ist genau $2\ell + 1$, und eine Basis des Eigenraums ist durch $\{Y_\ell^m \mid m = -\ell, \ldots, \ell\}$ gegeben.

Wir haben gezeigt, dass für jeden Eigenwert $\lambda$ ein $\ell \in \mathbb{N}_0$ mit $\lambda = \ell(\ell + 1)$ existiert, und die Vielfachheit von $\lambda$ ist gleich $2\ell + 1$. Andererseits zeigt die explizite Darstellung von $Y_\ell^m$ (siehe nachfolgende Bemerkung 10.17), dass für jedes $\ell \in \mathbb{N}_0$ und $m \in \{-\ell, \ldots, \ell\}$ durch $Y_\ell^m$ tatsächlich eine Eigenfunktion von $-\Delta_{S^2}$ zum Eigenwert $\ell(\ell + 1)$ gegeben ist, und wir erhalten die Aussage des Satzes. $\qquad\square$

Für eine ausführlichere Version des obigen Beweises verweisen wir auf [61], Satz 31.1.

*Bemerkung 10.17.* Die gemeinsamen Eigenfunktionen $Y_\ell^m$ im obigen Beweis können explizit angegeben werden. Wie bereits im Beweis gezeigt wurde, gilt $Y_\ell^m(\theta, \varphi) = \widetilde{Y}_\ell^m(\theta) e^{im\varphi}$ mit einer von $\varphi$ unabhängigen Funktion $\widetilde{Y}_\ell^m$. Setzt man dies in die Gleichung $-\Delta_{S^2} Y_\ell^m = \ell(\ell + 1) Y_\ell^m$ ein, so erhält man eine gewöhnliche Differentialgleichung in $\theta$:

$$-\frac{1}{\sin\theta} \partial_\theta\big(\sin\theta\, \partial_\theta \widetilde{Y}_\ell^m(\theta)\big) + \frac{m^2}{\sin^2\theta} \widetilde{Y}_\ell^m(\theta) = \ell(\ell + 1) \widetilde{Y}_\ell^m(\theta).$$

Man substituiert $t = \cos\theta$ und setzt $P_\ell^m(\cos\theta) := \widetilde{Y}_\ell^m(\theta)$. Wie im Beweis von Lemma 10.13 erhält man in symbolischer Schreibweise $\partial_t = -\sin\theta\,\partial_\theta$. Dies ergibt für die Funktion $P_\ell^m$ die gewöhnliche Differentialgleichung im Intervall $(-1, 1)$:

$$-\frac{d}{dt}\Big((1-t^2)\frac{d}{dt}P_\ell^m(t)\Big) + \frac{m^2}{1-t^2}P_\ell^m(t) = \ell(\ell+1)P_\ell^m(t). \tag{10.4}$$

Für $m = 0$ ist dies die Legendre-Differentialgleichung, und die Lösungen sind die Legendre-Polynome $P_\ell = P_\ell^0$, welche durch

$$P_\ell(t) := c_{\ell,0}\Big(\frac{d}{dt}\Big)^\ell (1-t^2)^\ell$$

definiert sind. Dabei ist $c_{\ell,0}$ eine Normierungskonstante, welche in der Literatur nicht einheitlich gewählt wird. Für $m \neq 0$ wird (10.4) auch verallgemeinerte Legendre-Differentialgleichung genannt, und man kann zeigen, dass für alle $m = -\ell, -\ell+1, \ldots, \ell$ die assoziierten Legendre-Polynome

$$P_\ell^m(t) := c_{\ell,m}(1-t^2)^{m/2}\Big(\frac{d}{dt}\Big)^{\ell+m}(1-t^2)^\ell$$

die Differentialgleichung (10.4) im Intervall $(-1, 1)$ lösen, siehe etwa [61], Satz 25.2. Für die Funktionen $Y_\ell^m$ erhält man somit

$$Y_\ell^m(\theta, \varphi) = c_{\ell,m}P_\ell^m(\cos\theta)e^{im\varphi} \quad (\ell \in \mathbb{N}_0,\ m = -\ell, \ldots, \ell).$$

Dabei wird $c_{\ell,m}$ so gewählt, dass $\|Y_\ell^m\|_{L^2(S^2)} = 1$ gilt. Wie im Beweis von Satz 10.16 erwähnt, sind dies bereits alle Eigenfunktionen des Laplace–Beltrami-Operators $-\Delta_{S^2}$. Da dieser Operator rein diskretes Spektrum besitzt, bildet

$$\{Y_\ell^m \mid \ell \in \mathbb{N}_0,\ m = -\ell, \ldots, \ell\}$$

ein vollständiges Orthonormalsystem (Orthonormalbasis) des Hilbertraums $L^2(S^2)$ (vergleiche Bemerkung 6.30). Die Funktionen $Y_\ell^m$ heißen Kugelflächenfunktionen.

In Lemma 10.13 wurde gezeigt, dass sich der Laplace-Operator im $\mathbb{R}^3$ als Summe des radialen Laplace-Operators und des Laplace–Beltrami-Operators schreiben lässt. Während die Berechnung der Eigenfunktionen des Laplace–Beltrami-Operators auf die Legendre-Differentialgleichung führt, erhält man beim radialen Anteil die Laguerre-Differentialgleichung. Wir formulieren die entsprechende Aussage in operatortheoretischer Form und verzichten wieder auf den Beweis, welcher eine genaue Analyse der entsprechenden gewöhnlichen Differentialgleichung erfordert (siehe [61], Satz 26.1).

**Lemma 10.18.** *Sei* $\alpha \geq 0$. *Dann ist der Operator* $L_\alpha^0 : L^2((0, \infty)) \supseteq D(L_\alpha^0) \to L^2((0, \infty))$, *definiert durch* $D(L_\alpha^0) := \{f \in C^\infty((0, \infty)) \mid \exists\, \tilde{f} \in C^\infty([0, \infty)) : f(t) = t^{\alpha/2}\, \tilde{f}(t)\ (t > 0)\}$ *und*

$$L_\alpha^0 f(t) := -4(tf'(t))' + \left(t + \frac{\alpha^2}{t}\right) f(t) \quad (t \in (0, \infty)),$$

*wesentlich selbstadjungiert. Der Abschluss* $L_\alpha := \overline{L_\alpha^0}$ *heißt der Laguerresche Differentialoperator und besitzt rein diskretes Spektrum. Es gilt* $\sigma(L_\alpha) = \sigma_p(L_\alpha) = \{\lambda_k := 2(2k + 1 + \alpha) \mid k \in \mathbb{N}_0\}$. *Jeder Eigenwert ist einfach, und die zu* $\lambda_k$ *zugehörige Eigenfunktion ist gegeben durch die Laguerre-Funktion*

$$L_k^\alpha(t) = c_k e^{t/2} t^{-\alpha/2} \left(\frac{d}{dt}\right)^k (e^{-t} t^{k+\alpha}) \quad (t \in (0, \infty),\ k \in \mathbb{N}_0)$$

*mit einer geeigneten Konstanten* $c_k$.

Für $\alpha = 0$ erhält man $L_k(t) = e^{-t/2} \tilde{L}_k(t)$ mit $\tilde{L}_k(t) := e^t \frac{d}{dt}(e^{-t} t^k)$. Die Funktion $\tilde{L}_k$ ist ein Polynom vom Grad $k$ und heißt $k$-tes Laguerre-Polynom. Wir können nun das Hauptergebnis dieses Abschnitts formulieren.

**Satz 10.19.** *Das Punktspektrum des Hamiltonoperators* $H$ *des Wasserstoffatoms ohne Spin (siehe Definition 10.2) ist gegeben durch*

$$\sigma_p(H) = \left\{-\frac{m_e e^4}{2\hbar^2 n^2} \;\middle|\; n = 1, 2, \ldots \right\} = \left\{-\frac{Rh}{n^2} \;\middle|\; n = 1, 2, \ldots \right\},$$

*wobei* $R := \frac{m_e e^4}{2\hbar^2 h} = \frac{2\pi^2 m_e e^4}{h^3}$ *die Rydberg-Konstante bezeichne. Der Eigenraum zum Eigenwert* $-\frac{Rh}{n^2}$ *hat die Dimension* $n^2$ *und wird von den orthogonalen Eigenfunktionen*

$$\{\psi_{n,\ell,m} \mid \ell = 0, \ldots, n - 1,\ m = -\ell, \ldots, \ell\}$$

*erzeugt, wobei*

$$\psi_{n,\ell,m}(r, \theta, \varphi) := c_{n,\ell,m}\, r^{-1/2} L_{n-\ell-1}^{2\ell+1}\left(\frac{2m_e e^2}{\hbar^2 n}\, r\right) Y_\ell^m(\theta, \varphi) \tag{10.5}$$

*für* $(r, \theta, \varphi) \in (0, \infty) \times (0, \pi) \times (0, 2\pi)$ *und* $n \in \mathbb{N}$, $\ell \in \{0, \ldots, n - 1\}$ *und* $m \in \{-\ell, \ldots, \ell\}$ *definiert wird. Dabei ist* $c_{n,\ell,m}$ *eine Normierungskonstante.*

*Beweis.* Sei $\psi \in D(H) \setminus \{0\}$ mit $H\psi = \lambda\psi$. Dann gilt $\lambda < 0$ nach Lemma 10.6. Wir schreiben $\psi$ in Kugelkoordinaten, $\psi = \psi(r, \theta, \varphi)$, und verwenden, dass die Kugelflächenfunktionen $\{Y_\ell^m \mid \ell \in \mathbb{N}_0,\ m = -\ell, \dots, \ell\}$ eine Orthonormalbasis von $L^2(S^2)$ bilden (Bemerkung 10.17). Daher existiert für jedes feste $r > 0$ eine eindeutige Entwicklung von $\psi(r, \cdot)\colon (\theta, \varphi) \mapsto \psi(r, \theta, \varphi)$ in der Form

$$\psi(r, \theta, \varphi) = \sum_{\ell \in \mathbb{N}_0} \sum_{m=-\ell}^{\ell} c_{\ell,m}(r) Y_\ell^m(\theta, \varphi),$$

wobei

$$c_{\ell,m}(r) := \langle \psi(r, \cdot), Y_\ell^m \rangle_{L^2(S^2)}.$$

Analog lässt sich $-\Delta\psi(r, \cdot)$ entwickeln in der Form

$$(-\Delta\psi)(r, \theta, \varphi) = \sum_{\ell \in \mathbb{N}_0} \sum_{m=-\ell}^{\ell} d_{\ell,m}(r) Y_\ell^m(\theta, \varphi).$$

Unter Verwendung von Lemma 10.13 und der Selbstadjungiertheit von $\Delta_{S^2}$ folgt für die Koeffizienten $d_{\ell,m}(r)$

$$\begin{aligned}
d_{\ell,m}(r) &= \langle -\Delta\psi(r, \cdot), Y_\ell^m \rangle_{L^2(S^2)} = \left\langle \left( -\Delta_r - \tfrac{1}{r^2}\Delta_{S^2} \right)\psi(r, \cdot), Y_\ell^m \right\rangle_{L^2(S^2)} \\
&= \langle -\Delta_r\psi(r, \cdot), Y_\ell^m \rangle_{L^2(S^2)} + \tfrac{1}{r^2}\langle \psi(r, \cdot), -\Delta_{S^2}Y_\ell^m \rangle_{L^2(S^2)} \\
&= \left\langle \left( -\Delta_r + \frac{\ell(\ell+1)}{r^2} \right)\psi(r, \cdot), Y_\ell^m \right\rangle_{L^2(S^2)} \\
&= \left( -\Delta_r + \frac{\ell(\ell+1)}{r^2} \right)\langle \psi(r, \cdot), Y_\ell^m \rangle_{L^2(S^2)} \\
&= \left( -\Delta_r + \frac{\ell(\ell+1)}{r^2} \right)c_{\ell,m}(r).
\end{aligned} \tag{10.6}$$

Somit erhält man

$$\begin{aligned}
0 = H\psi - \lambda\psi &= -\frac{\hbar^2}{2m_e}\Delta\psi - \frac{e^2}{r}\psi - \lambda\psi \\
&= \sum_{\ell \in \mathbb{N}_0} \sum_{m=-\ell}^{\ell} \left[ \frac{\hbar^2}{2m_e}\left( -\Delta_r + \frac{\ell(\ell+1)}{r^2} \right) - \frac{e^2}{r} - \lambda \right]c_{\ell,m}(r) Y_\ell^m(\theta, \varphi).
\end{aligned}$$

Da die Kugelflächenfunktionen eine Orthonormalbasis bilden, müssen alle Koeffizienten verschwinden, d. h. es gilt

$$-\frac{\hbar^2}{2m_e}\Delta_r c_{\ell,m}(r) + \left( \frac{\hbar^2}{2m_e}\frac{\ell(\ell+1)}{r^2} - \frac{e^2}{r} - \lambda \right)c_{\ell,m}(r) = 0 \tag{10.7}$$

für alle $\ell$ und $m$. Wegen

$$\infty > \|\psi\|_{L^2(\mathbb{R}^3)}^2 = \int_0^\infty \|\psi(r, \cdot)\|_{L^2(S^2)}^2 r^2 \, dr = \sum_{\ell \in \mathbb{N}_0} \sum_{m=-\ell}^{\ell} \int_0^\infty |c_{\ell,m}(r)|^2 r^2 \, dr$$

und $\psi \neq 0$ gilt $c_{\ell,m} \in L^2((0,\infty), r^2 dr) \setminus \{0\}$ für mindestens ein $\ell \in \mathbb{N}_0$ und $m \in \{-\ell, \dots, \ell\}$. Für diese Wahl von $\ell$ und $m$ ist $c_{\ell,m}$ eine nichttriviale Lösung der gewöhnlichen Differentialgleichung (10.7). Zur Lösung dieser Gleichung substituiert man $r = \gamma t$ und $c_{\ell,m}(r) = t^{-1/2} P_{\ell,m}(t)$ mit einem später zu bestimmenden Parameter $\gamma > 0$, d.h. man definiert $P_{\ell,m}(t) := t^{1/2} c_{\ell,m}(\gamma t)$. Für die Ableitungen ergibt sich

$$c'_{\ell,m}(r) = \frac{1}{\gamma}\left(-\frac{1}{2} t^{-3/2} P_{\ell,m}(t) + t^{-1/2} P'_{\ell,m}(t)\right)\Big|_{t=\frac{r}{\gamma}}$$

und

$$(r^2 \Delta_r c_{\ell,m})(r) = (r^2 c'_{\ell,m}(r))' = \left(-\tfrac{1}{4} t^{-1/2} P_{\ell,m}(t) + t^{1/2} P'_{\ell,m}(t) + t^{3/2} P''_{\ell,m}(t)\right)\Big|_{t=\frac{r}{\gamma}}$$

$$= -\tfrac{1}{4} c_{\ell,m}(r) + \left(t^{1/2} P'_{\ell,m}(t) + t^{3/2} P''_{\ell,m}(t)\right)\Big|_{t=\frac{r}{\gamma}}.$$

Unter Verwendung von (10.7) erhalten wir

$$t P''_{\ell,m}(t) + P'_{\ell,m}(t) = t^{-1/2}\left((r^2 \Delta_r c_{\ell,m})(r) + \tfrac{1}{4} c_{\ell,m}(r)\right)\Big|_{r=\gamma t}$$

$$= t^{-1/2}\left(\ell(\ell+1) + \frac{1}{4} - \frac{2m_e e^2 r}{\hbar^2} - \frac{2m_e \lambda r^2}{\hbar^2}\right) c_{\ell,m}(r)\Big|_{r=\gamma t}$$

$$= \left(\frac{4\ell(\ell+1)+1}{4t} - \frac{2m_e e^2 \gamma}{\hbar^2} - \frac{2m_e \lambda \gamma^2 t}{\hbar^2}\right) P_{\ell,m}(t)$$

und somit

$$-4(t P'_{\ell,m}(t))' + \left(\frac{(2\ell+1)^2}{t} - \frac{8m_e \lambda \gamma^2}{\hbar^2} t\right) P_{\ell,m}(t) = \frac{8m_e e^2 \gamma}{\hbar^2} P_{\ell,m}(t).$$

Wählt man $\gamma := \sqrt{-\frac{\hbar^2}{8m_e \lambda}} > 0$, vereinfacht sich der Term in der Klammer, und es folgt

$$-4(t P'_{\ell,m}(t))' + \left(\frac{(2\ell+1)^2}{t} + t\right) P_{\ell,m}(t) = \frac{2\sqrt{2m_e} e^2}{\hbar \sqrt{-\lambda}} P_{\ell,m}(t).$$

Somit ist $P_{\ell,m}$ eine Eigenfunktion des Laguerreschen Differentialoperators $L_\alpha$ mit $\alpha := (2\ell+1)$. Nach Lemma 10.18 existiert ein $k \in \mathbb{N}_0$ mit

$$\frac{2\sqrt{2m_e} e^2}{\hbar \sqrt{-\lambda}} = 2(2k+1+\alpha) = 4(k+\ell+1),$$

d.h.

$$\lambda = -\frac{m_e e^4}{2\,\hbar^2 (k + \ell + 1)^2}.  \tag{10.8}$$

Ebenfalls nach Lemma 10.18 ist $P_{\ell,m}$ ein Vielfaches der Laguerre-Funktion $L_k^{2\ell+1}$. Damit gilt

$$c_{\ell,m}(r) = c_{\ell,m,\psi}\, r^{-1/2} L_k^{2\ell+1}(\gamma^{-1} r) = c_{\ell,m,\psi}\, r^{-1/2} L_k^{2\ell+1}\Big(\frac{2\sqrt{2m_e}\sqrt{-\lambda}}{\hbar} r\Big)$$

$$= c_{\ell,m,\psi}\, r^{-1/2} L_k^{2\ell+1}\Big(\frac{2 m_e e^2 r}{\hbar^2 (k + \ell + 1)}\Big)$$

mit einer Konstanten $c_{\ell,m,\psi} \neq 0$. Umgekehrt zeigt dieselbe Rechnung, dass durch

$$\widetilde{\psi}_{k,\ell,m}(r, \theta, \varphi) := r^{-1/2} L_k^{2\ell+1}\Big(\frac{2 m_e e^2}{\hbar^2 (k + \ell + 1)} r\Big) Y_\ell^m(\theta, \varphi)  \tag{10.9}$$

für alle $k, \ell \in \mathbb{N}_0$ und $m \in \{-\ell, \dots, \ell\}$ eine Eigenfunktion von $H$ gegeben ist. Gibt man nun $n := k + \ell + 1 \in \mathbb{N}$ vor und setzt

$$\lambda_n := -\frac{m_e e^4}{2\,\hbar^2 n^2},$$

so ist $\widetilde{\psi}_{k,\ell,m}$ genau dann eine Eigenfunktionen zum Eigenwert $\lambda_n$, falls $k + \ell + 1 = n$ und $m \in \{-\ell, \dots, \ell\}$ gilt. Insgesamt erhalten wir

$$\sum_{\ell=0}^{n-1} (2\ell + 1) = n^2$$

Kombinationen der Indizes $m$ und $\ell$ für festes $n$, und wegen $k = n - \ell - 1$ erhält man mit $\psi_{n,\ell,m} := \widetilde{\psi}_{n-\ell-1,\ell,m}$ für $\ell \in \{0, \dots, n-1\}$ und $m \in \{-\ell, \dots, \ell\}$ die $n^2$ im Satz angegebenen Eigenfunktionen zum Eigenwert $\lambda_n$.

Für festes $n \in \mathbb{N}$ und verschiedene Indizes $(\ell, m) \neq (\widetilde{\ell}, \widetilde{m})$ folgt

$$\langle \psi_{n,\ell,m}, \psi_{n,\widetilde{\ell},\widetilde{m}} \rangle_{L^2(\mathbb{R}^3)} = \int_0^\infty f(r)\overline{\widetilde{f}(r)} \langle Y_\ell^m, Y_{\widetilde{\ell}}^{\widetilde{m}} \rangle_{L^2(S^2)} r^2\, \mathrm{d}r = 0,$$

da bereits $\langle Y_\ell^m, Y_{\widetilde{\ell}}^{\widetilde{m}} \rangle_{L^2(S^2)} = 0$. Hierbei ist $f(r) := r^{-1/2} L_{n-\ell-1}^{2\ell+1}\Big(\frac{2m_e e^2}{\hbar^2 n} r\Big)$, analog $\widetilde{f}(r)$. Für verschiedene Werte von $n$ sind die Eigenfunktionen als Eigenfunktionen zu verschiedenen Eigenwerten ebenfalls orthogonal. Insgesamt handelt es sich bei

$$\{\psi_{n,\ell,m} \mid n \in \mathbb{N}, \ \ell \in \mathbb{N}_0, \ m = -\ell, \dots, \ell\}  \tag{10.10}$$

also (nach entsprechender Wahl der Normierung) um ein Orthonormalsystem. Andererseits haben wir im Beweis gesehen, dass jede Eigenfunktion zum Eigenwert $\lambda = \lambda_n$ eine Linearkombination der Funktionen $\psi_{n,\ell,m}$ sein muss, d.h. es gilt $\dim \ker(H - \lambda_n) = n^2$. $\square$

*Bemerkung 10.20.* Man beachte, dass das System (10.10) zwar ein Orthonormalsystem in $L^2(\mathbb{R}^3)$, aber nicht vollständig, d. h. keine Orthonormalbasis von $\mathscr{H} = L^2(\mathbb{R}^3)$ ist, da $H$ auch kontinuierliches Spektrum besitzt. Da $\sigma_c(H) = [0, \infty)$ nach Satz 10.3 gilt, ist das System (10.10) allerdings eine Orthormalbasis des Unterraums im$(E((-\infty, 0)))$, wobei $E \colon \mathscr{B}(\mathbb{R}) \to L(\mathscr{H})$ das zu $H$ gehörige Spektralmaß ist.

*Bemerkung 10.21 (Quantenzahlen).* Die Eigenfunktionen bilden die stationären Zustände des Systems und sind die auch experimentell messbaren Zustände, die zugehörigen Eigenwerte sind die Energiewerte, welche das System annehmen kann. Wie aus Satz 10.19 folgt, wird der Eigenraum von $H$ zum Eigenwert $-\frac{Rh}{n^2}$ aufgespannt von den Funktionen der Form $\psi_{n,m,\ell}(x)$, wobei $\ell = 0, \ldots, n - 1$ und $m = -\ell, \ldots, \ell$. Dabei heißt $n$ die Hauptquantenzahl, $\ell$ die Nebenquantenzahl und $m$ die magnetische Quantenzahl. Ohne Magnetfeld bestimmt alleine die Hauptquantenzahl $n$ das Energieniveau des stationären Zustands, bei Wasserstoffatomen im Magnetfeld erfolgt eine Aufspaltung.

*Bemerkung 10.22.*

a) Der Grundzustand des Wasserstoffatoms wird durch das niedrigste Energieniveau, d. h. den kleinsten Eigenwert $\lambda_1 = -\frac{m_e e^4}{2\hbar^2}$ und die zugehörige Eigenfunktion

$$\psi_{1,0,0}(r, \theta, \varphi) = cr^{-1/2}L_0^1\Big(\frac{2m_e e^2}{\hbar^2}r\Big)Y_0^0(\theta, \varphi) = c\exp\Big(-\frac{m_e e^2}{\hbar^2}r\Big)$$

beschrieben. Man beachte, dass für $n = 1$ der zugehörige Eigenraum eindimensional ist. Die höheren Energieniveaus des Wasserstoffatoms sind gegeben durch $E_n = -\frac{Rh}{n^2}$ mit $n \geq 2$. Bei einem Übergang von einem stationären Zustand mit Energieniveau $E_m$ auf einen Zustand mit niedrigerem Niveau $E_n$ wird die Energiedifferenz in Form einer elektromagnetischen Strahlung abgegeben, welche auch beobachtet werden kann. Diese elektromagnetische Strahlung besitzt die Frequenz

$$v_{n,m} = \frac{1}{h}(E_m - E_n) = R\Big(\frac{1}{n^2} - \frac{1}{m^2}\Big) \quad (n < m).$$

b) Die obigen Überlegungen übertragen sich sofort auf Atome mit nur einem Elektron, wobei $e^2$ durch $Ze^2$ zu ersetzen ist. Hierbei ist $Z$ die Kernladungszahl des Atoms. Als Punktspektrum ergibt sich dann $\{-\frac{m_e Z^2 e^4}{2\hbar^2 n^2} \mid n = 1, 2, \ldots\}$.

*Bemerkung 10.23 (Atomradius).* Der Abstand des Elektrons zum Atomkern des Wasserstoffatoms wird klassisch durch $r = |x|$ gegeben. Quantenmechanisch entspricht dies der Observablen $T \colon L^2(\mathbb{R}^3) \supseteq D(T) \to L^2(\mathbb{R}^3)$ mit $D(T) := \{\psi \in L^2(\mathbb{R}^3) \mid r\psi \in L^2(\mathbb{R}^3)\}$ und $(T\psi)(x) := r\psi(x) \ (\psi \in D(T))$.

Analog zur eindimensionalen Ortsobservablen zeigt man, dass $T$ selbstadjungiert ist. Es gilt weiter: $T$ ist nichtnegativ (d. h. es gilt $\langle T\psi, \psi\rangle \geq 0 \ (\psi \in D(T))$, das Spektrum ist gegeben durch $\sigma(T) = \sigma_c(T) = [0, \infty)$, und das Spektralmaß $E$ von $T$ ist gegeben durch

$$(E(A)\psi)(x) = \mathbb{1}_A(|x|)\psi(x) \quad (A \in \mathcal{B}([0, \infty))).$$

Nach Axiom [A3] ist damit die Wahrscheinlichkeit dafür, dass sich das Elektron im Abstand $r \in [r_1, r_2]$ zum Kern aufhält, gleich

$$\|E([r_1, r_2])\psi\|^2 = \int_{|x| \in [r_1, r_2]} |\psi(x)|^2 \, dx = \int_{r_1}^{r_2} \int_{|x|=1} r^2 |\psi(rx)|^2 \, dS(x) \, dr.$$

Speziell im Grundzustand ist $\psi(x) = c_1 \exp(-\frac{m_e e^2}{\hbar^2} r)$ und damit

$$\|E([r_1, r_2])\psi\|^2 = c_2 \int_{r_1}^{r_2} r^2 \exp\left(-\frac{2m_e e^2}{\hbar^2} r\right) dr.$$

Im Grundzustand besitzt also die Aufenthaltswahrscheinlichkeit die Wahrscheinlichkeitsdichte $\varphi(r) := c_2 r^2 \exp(-\frac{2m_e e^2}{\hbar^2} r)$ für $r \geq 0$.

Ein möglicher Wert für den Atomradius ist der Wert $r$, für welchen $\varphi(r)$ maximal wird. Es gilt

$$\varphi'(r) = c_2 \exp\left(-\frac{2m_e e^2}{\hbar^2} r\right)\left[2r - \frac{2m_e e^2}{\hbar^2} r^2\right] = 0$$

für $r = r_0 := \frac{\hbar^2}{m_e e^2} \approx 5{,}29177 \cdot 10^{-9}$ cm. Dies ist der Bohrsche Atomradius.

## 10.3    Das Wasserstoffatom mit Spin

Nach Satz 10.19 ist der Grundzustand eines Wasserstoffatoms eindimensional. Dies widerspricht jedoch Experimenten, bei welchen eine „Aufspaltung" der Spektrallinien durch den Einfluss eines äußeren Magnetfelds auch für den Grundzustand beobachtet wurde (anomaler Zeeman-Effekt). Es zeigt sich, dass das Elektron noch einen weiteren internen Freiheitsgrad besitzt, der keine klassische Entsprechung hat, genannt Spin des Elektrons. Durch diesen Freiheitsgrad wird das Spektrum letztlich „verdoppelt", d. h. die Eigenwerte besitzen doppelt so große Vielfachheit.

▶ **Definition 10.24.**

a)  Die Spin-Operatoren (für Teilchen mit Spin $\frac{1}{2}$) in Richtung der Koordinatenachsen sind gegeben durch $S_j \colon \mathbb{C}^2 = D(S_j) \to \mathbb{C}^2$, $S_j = \frac{\hbar}{2}\sigma_j$, wobei die Matrizen $\sigma_1, \sigma_2, \sigma_3 \in \mathbb{C}^{2 \times 2}$ gegeben sind durch

$$\sigma_1 := \begin{pmatrix} 0 & 1 \\ 1 & 0 \end{pmatrix}, \quad \sigma_2 := \begin{pmatrix} 0 & -i \\ i & 0 \end{pmatrix}, \quad \sigma_3 := \begin{pmatrix} 1 & 0 \\ 0 & -1 \end{pmatrix}$$

(Pauli-Matrizen).

b)  Auch die „trivialen Fortsetzungen" $\mathrm{id}_{L^2(\mathbb{R}^3)} \otimes S_j \colon L^2(\mathbb{R}^3; \mathbb{C}^2) \to L^2(\mathbb{R}^3; \mathbb{C}^2)$, gegeben durch

$$(\mathrm{id}_{L^2(\mathbb{R}^3)} \otimes S_j) \begin{pmatrix} \psi_1 \\ \psi_2 \end{pmatrix}(x) := S_j \begin{pmatrix} \psi_1(x) \\ \psi_2(x) \end{pmatrix} \quad (\psi \in L^2(\mathbb{R}^3; \mathbb{C}^2))$$

werden als Spinoperatoren bezeichnet. Wir schreiben häufig wieder einfach $S_j$ statt $\mathrm{id}_{L^2(\mathbb{R}^3; \mathbb{C}^2)} \otimes S_j$. Der Vektor aus den drei Spinoperatoren $\mathbf{S} := \begin{pmatrix} S_1 \\ S_2 \\ S_3 \end{pmatrix}$ heißt auch Spin-vektoroperator.

*Bemerkung 10.25.* Man beachte in obiger Definition, dass $L^2(\mathbb{R}^3; \mathbb{C}^2)$ den Hilbertraum aller quadratintegrierbaren Funktionen $f \colon \mathbb{R}^3 \to \mathbb{C}^2$ bezeichnet. Eine Funktion $f \in L^2(\mathbb{R}^3; \mathbb{C}^2)$ kann als Tupel $f = (f_1, f_2)^\top$ geschrieben werden, und eine Funktion $f \colon \mathbb{R}^3 \to \mathbb{C}^2$, $x \mapsto f(x) = (f_1(x), f_2(x))^\top$ ist nach Definition genau dann in $L^2(\mathbb{R}^3; \mathbb{C}^2)$, falls $f_1, f_2 \in L^2(\mathbb{R}^3; \mathbb{C})$ gilt. Das Skalarprodukt in $L^2(\mathbb{R}^3; \mathbb{C}^2)$ wird in natürlicher Weise definiert durch

$$\left\langle \begin{pmatrix} f_1 \\ f_2 \end{pmatrix}, \begin{pmatrix} g_1 \\ g_2 \end{pmatrix} \right\rangle_{L^2(\mathbb{R}^3; \mathbb{C}^2)} := \langle f_1, g_1 \rangle_{L^2(\mathbb{R}^3; \mathbb{C})} + \langle f_2, g_2 \rangle_{L^2(\mathbb{R}^3; \mathbb{C})} \quad (f, g \in L^2(\mathbb{R}^3; \mathbb{C}^2)).$$

*Bemerkung 10.26.*

a)  Der Spin-Vektoroperator $\mathbf{S}$ aus Definition 10.24 a) ist ein Drehimpulsoperator im Sinne von Definition 10.7 im Hilbertraum $\mathscr{H} = \mathbb{C}^2$, wobei man $D = \mathscr{H}$ wählen kann. Dies folgt aus $S_j = \frac{\hbar}{2} \sigma_j$ und der Identität

$$[\sigma_1, \sigma_2] = 2i\sigma_3 \quad (+ \text{ zyklisches Vertauschen der Indizes}),$$

welche man sofort direkt nachrechnet.

b)  Nach Lemma 10.11 existiert für jeden gemeinsamen Eigenvektor $\psi$ von $\mathbf{S}^2$ und $S_3$ ein $\ell_S \in \frac{1}{2}\mathbb{N}_0$ und ein $m_S \in \{-\ell_S, \dots, \ell_S\}$ mit $\mathbf{S}^2 \psi = \ell_S(\ell_S + 1) \hbar^2 \psi$ und $S_3 \psi = m_S \hbar \psi$. Die Zahl $\ell_S$ heißt Spinquantenzahl, die Zahl $m_S$ die magnetische Spinquantenzahl. Man rechnet sofort nach, dass

$$S_3 = \frac{\hbar}{2} \begin{pmatrix} 1 & 0 \\ 0 & -1 \end{pmatrix}, \quad \mathbf{S}^2 = \frac{3}{4} \hbar^2 \, \mathrm{id}_{\mathbb{C}^2}, \quad S_+ = \hbar \begin{pmatrix} 0 & 1 \\ 0 & 0 \end{pmatrix}, \quad S_- = \hbar \begin{pmatrix} 0 & 0 \\ 1 & 0 \end{pmatrix}.$$

Somit gilt $\ell_S(\ell_S + 1) = \frac{3}{4}$, d. h. es ist nur der Wert $\ell_S = \frac{1}{2}$ möglich, und man erhält $m_S \in \{-\frac{1}{2}, \frac{1}{2}\}$. Die zugehörigen gemeinsamen Eigenvektoren sind $\psi_+ := \begin{pmatrix} 1 \\ 0 \end{pmatrix}$ für $m_S = \frac{1}{2}$ und $\psi_- := \begin{pmatrix} 0 \\ 1 \end{pmatrix}$ für $m_S = -\frac{1}{2}$. Da jeder Vektor des $\mathbb{C}^2$ ein Eigenvektor von $\mathbf{S}^2$ zum Eigenwert $\hbar^2 \ell_S(\ell_S + 1)$ mit $\ell_S = \frac{1}{2}$ ist, nennt man $\mathbf{S}$ auch den Vektorspinoperator für Teilchen mit Spin $\frac{1}{2}$. Teilchen mit halbzahliger Spinquantenzahl heißen Fermionen, Beispiele dafür sind Elektronen, Neutrinos und Quarks; Teilchen mit ganzzahliger Spinquantenzahl heißen Bosonen (z. B. Phonon mit Spin 0, Photon mit Spin 1). Der oben definierte Spinvektoroperator **S** mit Spin $\frac{1}{2}$ ist geeignet zur Beschreibung von Elektronen.

c) Die Ergebnisse von a) und b) übertragen sich direkt auf die trivialen Fortsetzungen $\mathrm{id}_{L^2(\mathbb{R}^3;\mathbb{C}^2)} \otimes S_j$. Der Raum der Eigenfunktionen, also der stationären Zustände des Systems, wird jetzt aufgespannt von Funktionen der Form $\psi_+ = \binom{\psi_1}{0}$ und $\psi_- = \binom{0}{\psi_2}$, wobei $\psi_1, \psi_2 \in L^2(\mathbb{R}^3; \mathbb{C})$ beliebig gewählt werden können. Einem stationären Zustand $\psi$ der Form $\psi = \binom{\psi_1}{0}$ (d. h. falls $m_S = \frac{1}{2}$) wird der Spin „+" zugeordnet und einem der Form $\psi = \binom{0}{\psi_2}$ (mit $m_S = -\frac{1}{2}$) der Spin „−". Statt $m_S \in \{\frac{1}{2}, -\frac{1}{2}\}$ schreibt man somit oft $m_S \in \{+, -\}$ oder auch $m_S \in \{\uparrow, \downarrow\}$. Häufig verwendet man die symbolischen Schreibweisen

$$\psi_1\uparrow := \psi_1(\cdot, \uparrow) := \begin{pmatrix} \psi_1 \\ 0 \end{pmatrix},$$

$$\psi_2\downarrow := \psi_2(\cdot, \downarrow) := \begin{pmatrix} 0 \\ \psi_2 \end{pmatrix}.$$

Verwendet man quantenmechanische Systeme unter Berücksichtigung des Spins, ergibt sich in den meisten Fällen eine Verdoppelung des Spektrums. Hier nur ein Beispiel:

▶ **Definition 10.27.** Das Wasserstoffatom mit Spin wird quantenmechanisch beschrieben durch den Hamilton-Operator $H_{\mathrm{spin}}\colon L^2(\mathbb{R}^3; \mathbb{C}^2) \supseteq D(H_{\mathrm{spin}}) \to L^2(\mathbb{R}^3; \mathbb{C}^2)$ mit $D(H_{\mathrm{spin}}) := H^2(\mathbb{R}^3; \mathbb{C}^2)$ und

$$H_{\mathrm{spin}}\psi := -\frac{\hbar^2}{2m_e}\Delta\psi - \frac{e^2}{r}\psi \quad (\psi \in D(H_{\mathrm{spin}})).$$

Dabei ist $\Delta\psi := \binom{\Delta\psi_1}{\Delta\psi_2}$ für $\psi = \binom{\psi_1}{\psi_2} \in D(H_{\mathrm{spin}})$.

**Satz 10.28.** *Für den Hamilton-Operator $H_{\mathrm{spin}}$ aus Definition 10.27 gilt $\sigma_c(H_{\mathrm{spin}}) = [0, \infty)$ und $\sigma_p(H_{\mathrm{spin}}) = \{-\frac{m_e e^4}{2\hbar^2 n^2} \mid n \in \mathbb{N}\}$. Der Eigenwert $-\frac{m_e e^4}{2\hbar^2 n^2}$ hat die Dimension $2n^2$. Eine Orthonormalbasis des Eigenraums ist gegeben durch*

$$\left\{\binom{\psi_j}{0} \;\middle|\; j = 1, \dots, n^2\right\} \cup \left\{\binom{0}{\psi_j} \;\middle|\; j = 1, \dots, n^2\right\},$$

*wobei $\{\psi_j \mid j = 1, \dots, n^2\}$ eine Orthonormalbasis des entsprechenden Eigenraums des (skalaren) Hamiltonoperators $H$ beim Wasserstoffatom ohne Spin ist.*

*Beweis.* In Matrixschreibweise lässt sich $H_{\text{spin}}$ schreiben als $H_{\text{spin}} = \begin{pmatrix} H & 0 \\ 0 & H \end{pmatrix}$. Aus der Symmetrie von $H$ und der Definition des Skalarprodukts in $L^2(\mathbb{R}^3; \mathbb{C}^2)$ (siehe Bemerkung 10.25) folgt die Symmetrie von $H_{\text{spin}}$. Man sieht sofort, dass $H_{\text{spin}} - \lambda$ genau dann bijektiv bzw. injektiv ist, falls dies auf $H - \lambda$ zutrifft. Insbesondere ist $H_{\text{spin}} \pm i : D(H_{\text{spin}}) \to L^2(\mathbb{R}^3; \mathbb{C}^2)$ bijektiv, und nach Satz 5.52 ist $H_{\text{spin}}$ selbstadjungiert. Falls $\lambda \in \sigma_p(H)$ mit zugehöriger Eigenfunktion $\psi$, so sind sowohl $\binom{\psi}{0}$ als auch $\binom{0}{\psi}$ Eigenfunktionen von $H_{\text{spin}}$. □

Der Eigenwert $\lambda_n$ des Hamilton-Operators $H$ für das Wasserstoffatom ohne Spin besitzt nach Satz 10.19 die Vielfachheit $n^2$, indiziert durch die Nebenquantenzahl $\ell$ und die magnetische Quantenzahl $m$. Beim entsprechenden Modell mit Spin erhalten wir $2n^2$, wobei als zusätzlicher Index (Freiheitsgrad) noch die magnetische Spinquantenzahl $m_S \in \{-\frac{1}{2}, \frac{1}{2}\}$ auftritt. Falls sich das Atom in einem äußeren Magnetfeld konstanter Stärke befindet, so spalten sich die Energieniveaus der magnetischen Quantenzahl auf, wie wir zeigen werden. Man spricht hierbei vom normalen Zeeman-Effekt (ohne Spin) bzw. anomalem Zeeman-Effekt (mit Spin). Wir definieren zunächst die zugehörigen Hamilton-Operatoren.

▶ **Definition 10.29.** Es seien $e$ und $m_e$ die Ladung und Masse des Elektrons, $c$ die Lichtgeschwindigkeit, $\mu_B := \frac{|e|\hbar}{2m_e c}$ das Bohrsche Magneton und $R := \frac{2\pi^2 m_e e^4}{h^3}$ die Rydberg-Konstante. Das äußere Magnetfeld habe die Form $(0, 0, B)^\top$, wobei $B \in \mathbb{R}$ als klein angenommen wird.

a) Man definiert $H_Z^0$ in $L^2(\mathbb{R}^3)$ durch $D(H_Z^0) := \mathscr{D}(\mathbb{R}^3)$ und

$$H_Z^0 \psi := -\frac{\hbar^2}{2m_e}\Delta\psi - \frac{e^2}{r}\psi - i\mu_B B\left(x_1\frac{\partial\psi}{\partial x_2} - x_2\frac{\partial\psi}{\partial x_1}\right) \quad (\psi \in D(H_Z^0)).$$

b) Der analoge Operator mit Spin wird definiert durch $D(H_{Z,S}^0) := \mathscr{D}(\mathbb{R}^3; \mathbb{C}^2)$ und

$$H_{Z,S}^0 \psi := -\frac{\hbar^2}{2m_e}\Delta\psi - \frac{e^2}{r}\psi - i\mu_B B\left(x_1\frac{\partial\psi}{\partial x_2} - x_2\frac{\partial\psi}{\partial x_1}\right) + \mu_B B\begin{pmatrix} \psi_1 \\ -\psi_2 \end{pmatrix}$$

für $\psi = (\psi_1, \psi_2)^\top \in D(H_{Z,S}^0)$.

c) Die Operatoren $H_Z$ bzw. $H_{Z,S}$ werden definiert als Abschluss der wesentlich selbstadjungierten Operatoren $H_Z^0$ bzw. $H_{Z,S}^0$.

Für Teil c) dieser Definition benötigen wir noch die wesentliche Selbstadjungiertheit der Operatoren aus a) und b), welche in folgendem Lemma gezeigt wird.

**Lemma 10.30.** Die Operatoren $H_Z^0$ und $H_{Z,S}^0$ sind wesentlich selbstadjungiert.

*Beweis.*

a)  Wir betrachten zunächst $H_Z^0$.

(i)  Wie im Beweis von Satz 10.19 schreiben wir $H_Z^0$ in Kugelkoordinaten und erhalten unter Verwendung von Lemma 10.13

$$H_Z^0 \psi = -\frac{\hbar^2}{2m_e}\Delta_r \psi - \frac{\hbar^2}{2m_e r^2}\Delta_{S^2}\psi - \frac{e^2}{r}\psi - i\mu_B B \partial_\varphi \psi \quad (\psi \in \mathscr{D}(\mathbb{R}^3)). \quad (10.11)$$

Wir betrachten wie im Beweis von Satz 10.19 die Projektion auf die Kugelflächenfunktionen, genauer für $\ell \in \mathbb{N}_0$ und $m \in \{-\ell, \dots, \ell\}$ die Abbildung $P_{\ell,m}\colon L^2(\mathbb{R}^3) \to L^2(\mathbb{R}^3)$, $\psi \mapsto \psi_{\ell,m}$, definiert durch

$$\psi_{\ell,m}(r,\theta,\varphi) := \langle \psi(r,\cdot), Y_\ell^m \rangle_{L^2(S^2)} Y_\ell^m(\theta,\varphi).$$

Da das System $\{Y_{\ell,m} \mid \ell \in \mathbb{N}_0, m = -\ell, \dots, \ell\}$ eine Orthonormalbasis von $L^2(S^2)$ ist (Bemerkung 10.17), handelt es sich bei $P_{\ell,m}$ um eine orthogonale Projektion, und wir erhalten eine Darstellung von $L^2(\mathbb{R}^3)$ als direkte Hilbertraum-Summe (siehe Definition 2.51)

$$L^2(\mathbb{R}^3) = \bigoplus_{\ell \in \mathbb{N}_0} \bigoplus_{m=-\ell}^{\ell} L_{\ell,m}^2, \quad (10.12)$$

wobei $L_{\ell,m}^2 := \mathrm{im}(P_{\ell,m})$. Für $\psi \in \mathscr{D}(\mathbb{R}^3)$ gilt für den Hamilton-Operator $H_0$ aus Definition 10.2 unter Verwendung von (10.6), Lemma 10.13 und Bemerkung 10.17

$$\begin{aligned}
(H_0\psi)_{\ell,m} &= \langle (H_0\psi)(r,\cdot), Y_\ell^m \rangle_{L^2(S^2)} Y_{\ell,m} \\
&= \left[\frac{\hbar^2}{2m_e}\left(-\Delta_r + \frac{\ell(\ell+1)}{r^2}\right) - \frac{e^2}{r}\right]\langle \psi, Y_\ell^m \rangle_{L^2(S^2)} Y_\ell^m \\
&= \left(-\frac{\hbar^2}{2m_e}\Delta_r - \frac{e^2}{r}\right)\langle \psi, Y_\ell^m \rangle_{L^2(S^2)} Y_\ell^m + \frac{\hbar^2}{2m_e r^2}\langle \psi, Y_\ell^m \rangle_{L^2(S^2)}\ell(\ell+1) Y_\ell^m \\
&= \left(-\frac{\hbar^2}{2m_e}\Delta_r - \frac{e^2}{r}\right)\langle \psi, Y_\ell^m \rangle_{L^2(S^2)} Y_\ell^m - \frac{\hbar^2}{2m_e r^2}\langle \psi, Y_\ell^m \rangle_{L^2(S^2)}\Delta_{S^2} Y_\ell^m \\
&= \left(-\frac{\hbar^2}{2m_e}\Delta_r - \frac{\hbar^2}{2m_e r^2}\Delta_{S^2} - \frac{e^2}{r}\right)\langle \psi, Y_\ell^m \rangle_{L^2(S^2)} Y_\ell^m = H_0\psi_{\ell,m}.
\end{aligned}$$

Somit lässt $H_0$ den Unterraum $L_{\ell,m}^2$ invariant, d. h. es gilt $\mathrm{im}(H_0|_{D(H_0)\cap L_{\ell,m}^2}) \subseteq L_{\ell,m}^2$. Seien $\ell \in \mathbb{N}_0$, $m \in \{-\ell, \dots, \ell\}$ und $\psi_0 \in L_{\ell,m}^2$ mit

$$\langle \psi_0, (H_0 \pm i)\psi \rangle_{L^2(\mathbb{R}^3)} = 0 \qquad (10.13)$$

für alle $\psi \in D(H_0) \cap L^2_{\ell,m}$. Dann gilt (10.13) wegen der oben genannten Invarianz und der Orthogonalität der Zerlegung (10.12) auch für alle $\psi \in D(H_0)$. Nach Satz 10.2 ist $H_0$ wesentlich selbstadjungiert, also ist $\mathrm{im}(H_0 \pm i)$ dicht in $L^2(\mathbb{R}^3)$ (siehe Lemma 5.54). Wir erhalten $\psi_0 \in (\mathrm{im}(H_0 \pm i))^{\perp} = \{0\}$, somit ist $\mathrm{im}\left((H_0 \pm i)|_{D(H_0) \cap L^2_{\ell,m}}\right)$ dicht in $L^2_{\ell,m}$ für alle $\ell, m$. Nach Lemma 5.54 kann hierbei $i$ durch jede Zahl $\lambda_0 \in \mathbb{C} \setminus \mathbb{R}$ ersetzt werden.

(ii) Aus (10.11) und $\partial_{\varphi} Y_{\ell}^m = i\, m Y_{\ell}^m$ folgt

$$H_Z^0 \psi_{\ell,m} = H_0 \psi_{\ell,m} + \mu_B B m \psi_{\ell,m}$$

für alle $\ell$ und $m$. Somit ist $L^2_{\ell,m}$ auch unter dem Operator $H_Z^0$ invariant, und für $\lambda_0 := i \pm \mu_B B m \in \mathbb{C} \setminus \mathbb{R}$ erhalten wir aus (i), dass

$$\mathrm{im}\left((H_Z^0 \pm i)|_{D(H_Z^0) \cap L^2_{\ell,m}}\right) = \mathrm{im}\left((H_0 \pm \lambda_0)|_{D(H_0) \cap L^2_{\ell,m}}\right)$$

dicht in $L^2_{\ell,m}$ liegt. Angenommen, es existiert ein $\psi_0 \in L^2(\mathbb{R}^3) \setminus \{0\}$ mit

$$\langle \psi_0, (H_Z^0 \pm i)\psi \rangle_{L^2(\mathbb{R}^3)} = 0 \quad (\psi \in D(H_Z^0)).$$

Dann existiert ein Tupel $(\ell, m)$ mit $P_{\ell,m}\psi_0 \neq 0$ und

$$\langle P_{\ell,m}\psi_0, (H_Z^0 \pm i)\psi_{\ell,m} \rangle_{L^2(\mathbb{R}^3)} = 0$$

für alle $\psi \in D(H_Z^0)$, im Widerspruch zur Dichtheit von $\mathrm{im}\left((H_Z^0 \pm i)|_{D(H_Z^0) \cap L^2_{\ell,m}}\right)$ in $L^2_{\ell,m}$. Somit ist $\mathrm{im}(H_Z^0 \pm i)$ dicht in $L^2(\mathbb{R}^3)$, und nach Lemma 5.54 ist $H_Z^0$ wesentlich selbstadjungiert.

b)  Um die Aussage für $H_{Z,S}^0$ zu zeigen, betrachten wir wie in Definition 10.27 den Operator $\widetilde{H}_Z \colon L^2(\mathbb{R}^3; \mathbb{C}^2) \supseteq D(\widetilde{H}_Z) \to L^2(\mathbb{R}^3; \mathbb{C}^2)$ mit $D(\widetilde{H}_Z) := \{\binom{\psi_1}{\psi_2} \mid \psi_1, \psi_2 \in D(H_Z)\}$ und

$$\widetilde{H}_Z \binom{\psi_1}{\psi_2} := \binom{H_Z \psi_1}{H_Z \psi_2}.$$

Wie im Beweis von Satz 10.28 sieht man, dass $\widetilde{H}_Z$ selbstadjungiert und der Abschluss von $\widetilde{H}_Z|_{\mathscr{D}(\mathbb{R}^3;\mathbb{C}^2)}$ ist. Der Operator $H_{Z,S}$ ist die Summe von $\widetilde{H}_Z$ und dem beschränkten Operator

$$T \in L(L^2(\mathbb{R}^3; \mathbb{C}^2)), \quad T\binom{\psi_1}{\psi_2} := \mu_B B \binom{\psi_1}{-\psi_2}. \qquad (10.14)$$

Wir können das Kriterium von Kato (Satz 5.58) mit $\delta = 0$ anwenden und erhalten die Selbstadjungiertheit von $H_{Z,S}$. Da die Operatoren $\widetilde{H}_Z$ und $H_{Z,S} = \widetilde{H}_Z + T$ äquivalente

Graphennormen besitzen, ist auch $H_{Z,S}$ der Abschluss von $H^0_{Z,S}$, d. h. der Operator $H^0_{Z,S}$ ist ebenfalls wesentlich selbstadjungiert.                                        □

Das folgende Resultat zeigt die Änderung des Punktspektrums bei Anwesenheit eines Magnetfelds, wobei der Begriff „generisch" im Beweis erläutert wird.

**Satz 10.31.** *Das Punktspektrum des Hamiltonoperators $H_Z$ ist gegeben durch*

$$\sigma_p(H) = \left\{ \lambda_{n,m} := -\frac{m_e e^4}{2\hbar^2 n^2} + \mu_B Bm \,\middle|\, n = 1, 2, \ldots, \ m = -n+1, -n+2, \ldots, n-1 \right\}.$$

*Der Eigenraum zum Eigenwert $\lambda_{n,m}$ hat im generischen Fall die Dimension $n - |m|$ und wird von den orthogonalen Eigenfunktionen*

$$\left\{ \psi_{n,\ell,m} \,\middle|\, \ell = |m|, |m| + 1, \ldots, n - 1 \right\}$$

*erzeugt, wobei wie im Fall ohne Spin (Satz 10.19)*

$$\psi_{n,\ell,m}(r, \theta, \varphi) := c_{n,\ell,m} r^{-1/2} L^{2\ell+1}_{n-\ell-1}\left( \frac{2m_e e^2}{\hbar^2 n} r \right) Y^m_\ell(\theta, \varphi)$$

*für $(r, \theta, \varphi) \in (0, \infty) \times (0, \pi) \times (0, 2\pi)$ und $n \in \mathbb{N}$, $\ell \in \{0, \ldots, n - 1\}$ und $m \in \{-\ell, \ldots, \ell\}$ definiert wird. Dabei ist $c_{n,\ell,m}$ eine Normierungskonstante.*

*Beweis.* Der Beweis verläuft analog zum Beweis von Satz 10.19. Wir entwickeln die Eigenfunktion $\psi \in \ker(H_Z - \lambda) \setminus \{0\}$ in der Form

$$\psi(r, \theta, \varphi) = \sum_{\ell \in \mathbb{N}_0} \sum_{m=-\ell}^{\ell} c_{\ell,m}(r) Y^m_\ell(\theta, \varphi)$$

mit $c_{\ell,m}(r) := \langle \psi(r, \cdot), Y^m_\ell \rangle_{L^2(S^2)}$. Dann erhalten wir unter Verwendung von (10.11) und $\partial_\varphi Y^m_\ell = im Y^m_\ell$

$$0 = H_Z \psi - \lambda \psi$$

$$= \sum_{\ell \in \mathbb{N}_0} \sum_{m=-\ell}^{\ell} \left[ \frac{\hbar^2}{2m_e}\left( -\Delta_r + \frac{\ell(\ell+1)}{r^2} \right) - \frac{e^2}{r} - \lambda + \mu_B Bm \right] c_{\ell,m}(r) Y^m_\ell(\theta, \varphi).$$

Man erhält im Vergleich zum Beweis von Satz 10.19 eine Modifikation für den radialen Anteil. Statt (10.8) müssen jetzt die Eigenwerte $\lambda$ die Bedingung

$$\lambda - \mu_B Bm = -\frac{m_e e^4}{2\hbar^2 (k + \ell + 1)^2} \tag{10.15}$$

mit $k, \ell \in \mathbb{N}_0$ und $m = -\ell, \ldots, \ell$ erfüllen. Setzt man wieder $n := k + \ell + 1$, so erhält man als mögliche Eigenwerte $\lambda_{n,m} := -\frac{m_e e^4}{2\hbar^2 n^2} + \mu_B B m$. Zu gegebenen $n \in \mathbb{N}$ und $m \in \mathbb{Z}$ mit $|m| \leq n - 1$ erhält man für $\ell$ aus den Bedingungen $\ell = n - k - 1$ mit $k \in \mathbb{N}_0$ und $\ell \geq |m|$ die Möglichkeiten $\ell \in \{|m|, |m| + 1, \ldots, n - 1\}$. Damit erhalten wir mindestens die Vielfachheit $n - |m|$ für den Eigenwert $\lambda_{n,m}$. Falls $B$ so gewählt ist, dass ein weiteres Paar $(n', m') \neq (n, m)$ existiert mit $\lambda_{n,m} = \lambda_{n',m'}$, erhöht sich die Vielfachheit noch. Im allgemeinen (generischen) Fall wird die Bedingung

$$\lambda_{n,m} \neq \lambda_{n',m'} \text{ für alle } (n, m) \neq (n', m')$$

gelten, und die Vielfachheit ist dann genau $|m| - n$.                                    □

*Bemerkung 10.32.*

a)  Nach Satz 10.19 besitzt der Hamiltonoperator $H$ des Wasserstoffatoms ohne Spin die Eigenwerte $\lambda_n := -\frac{m_e e^4}{2\hbar^2 n^2} = -\frac{Rh}{n^2}$ mit Vielfacheit $n^2$, wobei wieder $R := \frac{2\pi^2 m_e e^4}{h^3}$ die Rydberg-Konstante ist. Satz 10.31 zeigt, dass bei Anwesenheit eines äußeren Magnetfelds konstanter Stärke der entsprechend geänderte Hamilton-Operator $H_Z$ hingegen die Eigenwerte $\lambda_{n,m} := -\frac{Rh}{n^2} - \mu_B B m$ mit Vielfachheit $n - |m|$ besitzt.

Speziell für $n = 1$ ist $m = 0$, d. h. der Eigenwert ist unverändert. Für $n = 2$ hingegen erhält man die Werte $m = -1, 0, 1$, und die entsprechenden Eigenwerte besitzen die Vielfachheit 1, 2 und 1. Man sieht, dass der Eigenwert $\lambda_2$ von $H$ mit Vielfachheit 4 durch das äußere Magnetfeld „aufgespalten" wird in drei Eigenwerte $\lambda_{2,-1}, \lambda_{2,0}$ und $\lambda_{2,1}$ mit Vielfachheit 1, 2 bzw. 1. Dieser Effekt heißt normaler Zeeman-Effekt und ist einer der Gründe für die Bezeichnung „magnetische Quantenzahl" für den Freiheitsgrad $m$.

b)  Experimentell beobachtet wird aber auch ein Aufspalten des Grundzustands $n = 1$ in zwei Eigenräume. Dieser Effekt heißt anomaler Zeeman-Effekt und kann ohne Spin nicht beschrieben werden.

**Theorem 10.33.** *Das Punktspektrum des Hamiltonoperators $H_{Z,S}$ ist gegeben durch*

$$\sigma_p(H_{Z,S}) = \{\lambda_{n,m,+} \mid n \in \mathbb{N}, |m| \leq n - 1\} \cup \{\lambda_{n,m,-} \mid n \in \mathbb{N}, |m| \leq n - 1\}$$

*wobei*

$$\lambda_{n,m,\pm} := -\frac{m_e e^4}{2\hbar^2 n^2} + \mu_B B (m \pm 1).$$

*Seien $\psi_{n,\ell,m}$ wie in Satz 10.31 definiert und*

$$\psi_{n,\ell,m,+} := \psi_{n,\ell,m}\uparrow = \begin{pmatrix} \psi_{n,\ell,m} \\ 0 \end{pmatrix}, \quad \psi_{n,\ell,m,-} := \psi_{n,\ell,m}\downarrow = \begin{pmatrix} 0 \\ \psi_{n,\ell,m} \end{pmatrix}.$$

*Für $n \geq 2$ gilt dann im generischen Fall*

$$\ker(H_{Z,S} - \lambda_{1,0,\pm}) = \operatorname{span}\{\psi_{1,0,0,\pm}\},$$

$$\ker(H_{Z,S} - \lambda_{n,n-1,+}) = \operatorname{span}\{\psi_{n,n-1,n-1,+}\},$$

$$\ker(H_{Z,S} - \lambda_{n,n-2,+}) = \operatorname{span}\{\psi_{n,n-2,n-2,+}, \psi_{n,n-1,n-2,+}\},$$

$$\ker(H_{Z,S} - \lambda_{n,-n+1,-}) = \operatorname{span}\{\psi_{n,n-1,-n+1,-}\},$$

$$\ker(H_{Z,S} - \lambda_{n,-n+2,-}) = \operatorname{span}\{\psi_{n,n-2,-n+1,-}, \psi_{n,n-1,-n+1,-}\}.$$

*Für $n \geq 2$ und $m = -n + 1, \ldots, n - 3$ gilt $\lambda_{n,m,+} = \lambda_{n,m+2,-}$, und der zugehörige Eigenraum hat generisch die Dimension $2n - |m| - |m + 2|$. Er wird aufgespannt von den orthogonalen Funktionen*

$$\{\psi_{n,\ell,m,+} \mid \ell = |m|, |m| + 1, \ldots, n - 1\}$$
$$\cup \{\psi_{n,\ell,m+2,-} \mid \ell = |m + 2|, |m + 2| + 1, \ldots, n - 1\}.$$

*Beweis.* Wir betrachten wieder den Operator $\widetilde{H}_Z$ aus Teil (ii) des Beweises von Lemma 10.30. Es gilt $\sigma_p(\widetilde{H}_Z) = \sigma_p(H_Z) = \{\lambda_{n,m} \mid n \in \mathbb{N}, |m| \leq n - 1\}$ nach Satz 10.31. Ferner sind $\psi_{n,\ell,m,\pm}$ Eigenfunktionen von $\widetilde{H}_Z$ zum Eigenwert $\lambda_{n,m}$ (vergleiche Satz 10.28). Definiert man den beschränkten Operator $T$ wie in (10.14), so gilt $H_{Z,S} = \widetilde{H}_Z + T$. Da $\psi_{n,\ell,m,\pm}$ auch Eigenfunktionen von $T$ zum Eigenwert $\pm\mu_B B$ sind, erhält man

$$H_{Z,S}\psi_{n,\ell,m,\pm} = \lambda_{n,m,\pm}\psi_{n,\ell,m,\pm}.$$

Somit sind die im Satz angegebenen orthogonalen Funktionen tatsächlich Eigenfunktionen von $H_{Z,S}$.

Sei andererseits $\psi = (\psi_1, \psi_2)^\top \in D(H_{Z,S})$ eine Eigenfunktion von $H_{Z,S}$ zum Eigenwert $\lambda$. Dann gilt

$$H_{Z,S}\psi = \begin{pmatrix} (H_Z + \mu_B B)\psi_1 \\ (H_Z - \mu_B B)\psi_2 \end{pmatrix} = \begin{pmatrix} \lambda\psi_1 \\ \lambda\psi_2 \end{pmatrix}.$$

Falls $\psi_1 \neq 0$, so ist $\lambda - \mu_B B$ ein Eigenwert von $H_Z$, d.h. es gilt $\lambda = \lambda_{n,\ell,m,+}$ für geeignete Indizes $(n, \ell, m)$. In diesem Fall ist $\psi_1$ eine Linearkombination der zugehörigen Eigenfunktionen $\psi_{n,\ell,m}\uparrow$. Analog gilt $\lambda = \lambda_{n,\ell,m,-}$ für geeignet gewählte $(n, \ell, m)$, falls $\psi_2 \neq 0$. Somit ist $\psi$ eine Linearkombination der im Satz angegebenen orthogonalen Funktionen.

Die im Satz angegebenen generischen Vielfachheiten ergeben sich aus den Vielfachheiten aus Satz 10.31 und der Identität $\lambda_{n,m,+} = \lambda_{n,m+2,-}$ für $n \geq 2$ und $m \in \{-n + 1, \ldots, n - 3\}$. □

*Bemerkung 10.34.*

a) Speziell für $n = 1$ erhält man die beiden Eigenwerte

$$\lambda_{1,0,+} = -\frac{m_e e^4}{2\hbar^2} + \mu_B B \quad \text{und} \quad \lambda_{1,0,-} = -\frac{m_e e^4}{2\hbar^2} - \mu_B B.$$

Dies zeigt das Aufspalten des zweidimensionalen Eigenraums zum Eigenwert $\lambda_1 = -\frac{m_e e^4}{2\hbar^2}$ von $H_{\text{spin}}$ (Grundzustand) in zwei eindimensionale Eigenräume von $H_{Z,S}$.

b) Selbst bei Abwesenheit eines äußeren Magnetfelds tritt ein Aufspalten des Energieniveaus auf. Dies liegt unter anderem an der Spin-Bahn-Wechselwirkung. Hier wird die Kopplung zweier magnetischer Momente berücksichtigt: das durch den Spin erzeugte Moment des Elektrons und das magnetische Moment, welches durch die Kreisbewegung des Elektrons um den Atomkern erzeugt wird (genauer durch die Bewegung des Atomkerns in dem Bezugssystem, in welchem das Elektron ruht).

Eine formale Ableitung der Spin-Bahn-Kopplung verwendet relativistische Quantenmechanik und führt auf einen Korrekturterm des Hamilton-Operators. Ohne Berücksichtigung weiterer Effekte erhält man den Operator

$$H = -\frac{\hbar^2}{2m_e}\Delta - \frac{e}{r} + \frac{e^2}{2m_e^2 c^2 r^3}\mathbf{L} \cdot \mathbf{S},$$

wobei $\mathbf{L}$ der Bahndrehimpulsoperator (Beispiel 10.9) und $\mathbf{S}$ der Spinoperator (Definition 10.24) ist. Man erhält eine Aufspaltung der Spektrallinien in mehrere dicht nebeneinander liegende Linien, welche auch als Feinstruktur des Wasserstoffatoms bezeichnet wird.

## 10.4    Relativistische Quantenmechanik und Dirac-Operatoren

In diesem Abschnitt geben wir noch einen kleinen Ausblick auf relativistische Quantenmechanik. Bei der mathematischen Beschreibung taucht hierbei der Dirac-Operator auf.

▶ **Definition 10.35.** Seien $\sigma_1, \sigma_2, \sigma_3$ die Pauli-Matrizen (siehe Definition 10.24). Dann sind die Dirac-Matrizen $\alpha_k \in \mathbb{C}^{4 \times 4}$ $(k = 0, \dots, 3)$ definiert durch

$$\alpha_0 := \begin{pmatrix} I_2 & 0 \\ 0 & -I_2 \end{pmatrix}, \quad \alpha_k := \begin{pmatrix} 0 & -i\sigma_k \\ i\sigma_k & 0 \end{pmatrix} \quad (k = 1, 2, 3),$$

wobei $I_n$ die $n \times n$-Einheitsmatrix bezeichne. Man setzt manchmal auch $\alpha_4 := \alpha_0$.

*Bemerkung 10.36.* Man rechnet direkt nach, dass $\sigma_k\sigma_\ell + \sigma_\ell\sigma_k = 2\delta_{k\ell}I_2$ gilt, d. h. die Pauli-Matrizen bilden ein antikommutierendes System selbstadjungierter Matrizen. Damit erhält man

$$\alpha_k\alpha_\ell + \alpha_\ell\alpha_k = 2\delta_{kl}I_4 \quad (k, \ell = 0, \dots, 3).$$

Definiert man noch $\alpha_5 := \begin{pmatrix} 0 & I_2 \\ I_2 & 0 \end{pmatrix}$, so bildet $\{\alpha_1, \dots, \alpha_5\}$ ein System antikommutierender selbstadjungierter Matrizen. Bei Matrizen der Dimension 4 ist 5 bereits die maximale Größe eines solchen Systems.

▶ **Definition 10.37.** Ein freies Teilchen mit Ruhemasse $m$ im dreidimensionalen Raum wird in der relativistischen Quantenmechanik beschrieben durch den Operator $H_D^0$: $L^2(\mathbb{R}^3; \mathbb{C}^4) \supseteq D(H_D^0) \to L^2(\mathbb{R}^3; \mathbb{C}^4)$ mit $D(H_D^0) := \mathscr{D}(\mathbb{R}^3; \mathbb{C}^4)$ und

$$H_D^0 \psi := \frac{c\hbar}{i} \sum_{k=1}^{3} \alpha_k \frac{\partial \psi}{\partial x_k} + mc^2 \alpha_0 \psi \quad (\psi \in D(H_D^0)).$$

Dabei ist $m$ die Masse des Teilchens und $c$ die Lichtgeschwindigkeit.

*Bemerkung 10.38.*
a) Für $\psi \in \mathscr{D}(\mathbb{R}^3; \mathbb{C}^4)$ gilt

$$(H_D^0)^2 \psi = \frac{c\hbar}{i} \sum_{k=1}^{3} \alpha_k \frac{\partial (H_D^0 \psi)}{\partial x_k} + mc^2 \alpha_0 H_D^0 \psi$$

$$= -c^2 \hbar^2 \sum_{k,\ell=1}^{3} \alpha_k \alpha_\ell \frac{\partial^2 \psi}{\partial x_k \partial x_\ell} + \frac{c\hbar}{i} mc^2 \sum_{k=1}^{3} \alpha_k \alpha_0 \frac{\partial \psi}{\partial x_k}$$

$$+ mc^2 \frac{c\hbar}{i} \sum_{k=1}^{3} \alpha_0 \alpha_k \frac{\partial \psi}{\partial x_k} + m^2 c^4 \alpha_0^2 \psi$$

$$= -c^2 \hbar^2 \sum_{k=1}^{3} \alpha_k^2 \frac{\partial^2 \psi}{\partial x_k^2} + m^2 c^4 \alpha_0^2 \psi = -c^2 \hbar^2 \Delta \psi + m^2 c^4 \psi,$$

wobei $\alpha_k \alpha_\ell + \alpha_\ell \alpha_k = 0$ für $k \neq \ell$ und $\alpha_k^2 = I_4$ verwendet wurde (Bemerkung 10.36).
b) Die relativistische Hamiltonfunktion (in der klassischen Mechanik) für ein freies Teilchen ist gegeben durch

$$h(x, p) = \sqrt{m^2 c^4 + c^2 p_1^2 + c^2 p_2^2 + c^2 p_3^2}.$$

Ersetzt man $p_k$ durch $P_k$ (siehe Quantisierungsregel 1.19), so erhält man formal den Operator $\sqrt{-c^2 \hbar^2 \Delta + m^2 c^4}$.
Definiert man den Operator $B: L^2(\mathbb{R}^3) \supseteq D(B) \to L^2(\mathbb{R}^3)$ durch $D(B) := H^2(\mathbb{R}^3)$ und $B\psi := -c^2 \hbar^2 \Delta \psi + m^2 c^4 \psi$, so ist $B$ nach dem Kriterium von Kato (Satz 5.58) selbstadjungiert. Wegen $\sigma(-\Delta) = \sigma_c(-\Delta) = [0, \infty)$ (Satz 9.3) gilt

$$\sigma(B) = \sigma_c(B) = [m^2 c^4, \infty).$$

Insbesondere ist $(\lambda \mapsto \sqrt{\lambda}) \in C(\sigma(B))$, und nach dem Spektralsatz ist $\sqrt{B}$ wohldefiniert und ein selbstadjungierter positiver Operator. Es gilt $(\sqrt{B})^2 = B$ nach dem Funktionalkalkül, und man kann zeigen, dass $D(\sqrt{B}) = H^1(\mathbb{R}^3)$ gilt. Im Sinne der

Quantisierungsregel wäre also $\sqrt{B}$ ein möglicher Hamilton-Operator für das freie Teilchen im Rahmen der relativistischen Quantenmechanik.

Allerdings ist $\sqrt{B}$ kein Differentialoperator, und zumindest formal tauchen auch Ableitungen zweiter Ordnung auf. Erhöht man die Dimension des Zustandsraums, so existieren Differentialoperatoren, deren Quadrat gleich $B$ ist. So kann man einen Operator $H_D$ im Hilbertraum $L^2(\mathbb{R}^3; \mathbb{C}^4)$ finden, welcher ebenfalls $H_D^2 = B$ erfüllt, genauer gilt $H_D^2 = B \otimes \mathrm{id}_{\mathbb{C}^4}$, wobei

$$(B \otimes \mathrm{id}_{\mathbb{C}^4}) \begin{pmatrix} \psi_1 \\ \vdots \\ \psi_4 \end{pmatrix} := \begin{pmatrix} B\psi_1 \\ \vdots \\ B\psi_4 \end{pmatrix} \quad \left( \psi \in D(B \otimes \mathrm{id}_{\mathbb{C}^4}) := \bigoplus_{j=1}^{4} D(B) \right).$$

Nach Teil a) gilt dies für $H_D^0$ als Gleichheit in $\mathscr{D}(\mathbb{R}^3; \mathbb{C}^4)$, für $H_D$ werden wir dies im nachfolgenden Satz zeigen.

c) Eine präzisere und formalere Begründung für die Verwendung von $H_D^0$ anstelle von $\sqrt{B}$ verwendet die Invarianz bezüglich der relativistischen Koordinatentransformation (Lorentztransformation). Diese beschreibt den Wechsel auf ein Bezugssystem, welches sich mit konstanter Geschwindigkeit bezüglich des ursprünglichen bewegt. Zum Beispiel wird bei Bewegung in $x_1$-Richtung mit Geschwindigkeit $v \in (0, c)$ der Orts-Zeitvektor $(x, t)$ in der speziellen Relativitätstheorie abgebildet auf $(x', t')$ mit

$$x_1' = \frac{x_1 - vt}{\sqrt{1 - \frac{v^2}{c^2}}}, \quad x_2' = x_2, \quad x_3' = x_3, \quad t' = \frac{t - \frac{v}{c^2}x_1}{\sqrt{1 - \frac{v^2}{c^2}}}.$$

Der Diracoperator ist invariant gegenüber Lorentztransformationen und daher eine geeignete Wahl für den Hamilton-Operator.

**Satz 10.39.** *Der Operator $H_D^0$ aus Definition 10.37 ist wesentlich selbstadjungiert. Für den Dirac-Operator $H_D := \overline{H_D^0}$ gilt $D(H_D) = H^1(\mathbb{R}^3; \mathbb{C}^4)$ und $H_D^2 = B \otimes \mathrm{id}_{\mathbb{C}^4}$ inklusive Gleichheit der Definitionsbereiche $D(H_D^2) = D(B \otimes \mathrm{id}_{\mathbb{C}^4}) = H^2(\mathbb{R}^3; \mathbb{C}^4)$, wobei der Operator $B$ in Bemerkung 10.38 b) definiert ist.*

*Beweis.* Für $\psi, \varphi \in D(H_D^0)$ erhalten wir mit $\alpha_k = \alpha_k^*$ in $\mathbb{C}^{4 \times 4}$ und partieller Integration

$$\langle H_D^0 \psi, \varphi \rangle = \frac{c\hbar}{i} \sum_{k=1}^{3} \left\langle \alpha_k \frac{\partial \psi}{\partial x_k}, \varphi \right\rangle + mc^2 \langle \alpha_0 \psi, \varphi \rangle$$

$$= \frac{c\hbar}{i} \sum_{k=1}^{3} \left\langle \frac{\partial \psi}{\partial x_k}, \alpha_k \varphi \right\rangle + mc^2 \langle \psi, \alpha_0 \varphi \rangle$$

$$= \left\langle \psi, \frac{c\hbar}{i} \sum_{k=1}^{3} \alpha_k \frac{\partial \varphi}{\partial x_k} + mc^2 \alpha_0 \varphi \right\rangle = \langle \psi, H_D^0 \varphi \rangle.$$

Also ist $H_D^0$ symmetrisch und damit nach Satz 5.37 a) abschließbar. Sei $H_D := \overline{H_D^0}$. Für $\psi \in \mathscr{D}(\mathbb{R}^3; \mathbb{C}^4)$ folgt mit Bemerkung 10.38 a)

$$\|H_D^0 \psi\|^2 = \langle (H_D^0)^2 \psi, \psi \rangle = -c^2 \hbar^2 \langle \Delta \psi, \psi \rangle + m^2 c^4 \|\psi\|^2$$
$$= c^2 \hbar^2 \|\nabla \psi\|^2 + m^2 c^4 \|\psi\|^2 \approx \|\psi\|_{H^1(\mathbb{R}^3; \mathbb{C}^4)}^2.$$

Da $\mathscr{D}(\mathbb{R}^3; \mathbb{C}^4)$ dicht in $H^1(\mathbb{R}^3; \mathbb{C}^4)$ liegt, folgt $D(H_D) = H^1(\mathbb{R}^3; \mathbb{C}^4)$.

Für $\psi \in H^2(\mathbb{R}^3; \mathbb{C}^4)$ ist $H_D \psi \in H^1(\mathbb{R}^3; \mathbb{C}^4)$, da $H_D$ nur Ableitungen erster Ordnung enthält. Damit folgt $\psi \in D(H_D^2)$ und $H_D^2 \psi = -c^2 \hbar^2 \Delta \psi + m^2 c^4 \psi = \tilde{B} \psi$ mit dem Operator $\tilde{B} := B \otimes \mathrm{id}_{\mathbb{C}^4}$, wobei $B$ wie in Bemerkung 10.38 b) definiert ist. Der Operator $\tilde{B}$ ist selbstadjungiert mit $0 \in \rho(\tilde{B})$ (siehe Bemerkung 10.38 b)). Somit ist $\tilde{B}: D(\tilde{B}) = H^2(\mathbb{R}^3; \mathbb{C}^4) \to L^2(\mathbb{R}^3; \mathbb{C}^4)$ surjektiv, und wegen

$$D(H_D^2) \supseteq D(\tilde{B}), \quad H_D^2 \psi = \tilde{B}\psi \quad (\psi \in D(\tilde{B}))$$

ist auch $H_D^2$ (also insbesondere $H_D$) surjektiv. Nach Satz 5.29 erhält man $\ker H_D = (\mathrm{im}(H_D))^\perp = \{0\}$, und somit folgt $0 \in \rho(H_D)$. Da die Resolventenmenge offen ist (Satz 5.22), existiert ein $\varepsilon > 0$ mit $\pm\varepsilon i \in \rho(H_D)$, und mit Lemma 5.54 folgt, dass $H_D$ selbstadjungiert ist. Wegen $D(H_D^2) \supseteq H^2(\mathbb{R}^3; \mathbb{C}^4) = D(\tilde{B})$ und

$$\langle H_D^2 \psi, \varphi \rangle = \langle H_D \psi, H_D \varphi \rangle = \langle \psi, H_D^2 \varphi \rangle \quad (\psi, \varphi \in H^2(\mathbb{R}^3; \mathbb{C}^4))$$

ist $H_D^2$ eine symmetrische Fortsetzung des selbstadjungierten Operators $\tilde{B}$. Also ist $H_D^2 = \tilde{B}$, insbesondere gilt auch $D(H_D^2) = D(\tilde{B})$. $\qquad\square$

**Korollar 10.40.** *Für den Dirac-Operator $H_D$ gilt*

$$\sigma(H_D) = \sigma_c(H_D) = (-\infty, -mc^2] \cup [mc^2, \infty).$$

*Beweis.* Nach Satz 10.39 gilt $H_D^2 = \tilde{B}$, d.h. $\sigma(H_D^2) = \sigma_c(H_D^2) = [m^2 c^4, \infty)$. Also gilt nach dem Spektralabbildungssatz (Lemma 6.28) $\sigma_p(H_D) = \emptyset$, und für jedes $\lambda \in [mc^2, \infty)$ gilt $\lambda \in \sigma_c(H_D)$ oder $-\lambda \in \sigma_c(H_D)$. Zu zeigen ist also nur noch $\lambda \in \sigma_c(H_D) \iff -\lambda \in \sigma_c(H_D)$.

Seien $\lambda \in \sigma_c(H_D)$ und $(\psi_n)_{n\in\mathbb{N}}$ eine Weylsche Folge zu $\lambda$ (siehe Definition 5.43) sowie $\alpha_5 := \begin{pmatrix} 0 & I_2 \\ I_2 & 0 \end{pmatrix}$ (siehe Bemerkung 10.36). Dann ist $\alpha_5\psi_n \in H^1(\mathbb{R}^3; \mathbb{C}^4) = D(H_D)$ und

$$\|\alpha_5\psi_n\|^2 = \langle \alpha_5^2\psi_n, \psi_n \rangle = \|\psi_n\|^2 = 1.$$

Genauso folgt $\|\alpha_5\psi_n - \alpha_5\psi_m\|^2 = \|\psi_n - \psi_m\|^2$ für alle $n, m \in \mathbb{N}$, also besitzt $(\alpha_5\psi_n)_{n\in\mathbb{N}}$ keine konvergente Teilfolge. Weiter gilt, da $\alpha_5\alpha_k = -\alpha_k\alpha_5$ für $k = 0, \ldots, 3$ nach Bemerkung 10.36,

$$\|(H_D + \lambda)\alpha_5\psi_n\| = \|\alpha_5(-H_D + \lambda)\psi_n\| = \|(H_D - \lambda)\psi_n\| \to 0 \quad (n \to \infty),$$

d. h. $(\alpha_5\psi_n)_{n\in\mathbb{N}}$ ist eine Weylsche Folge für $H_D$ zu $-\lambda$. $\qquad\square$

*Bemerkung 10.41.* Der Dirac-Operator ist der erste auftretende Hamilton-Operator, welcher nicht halbbeschränkt ist. Die Existenz beliebig negativer Energien hat zur Vorhersage der Existenz des Positrons, des Antiteilchens des Elektrons, geführt.

▶ **Definition 10.42.** In der relativistischen Quantenmechanik wird das Wasserstoffatom beschrieben durch den Hamilton-Operator

$$H: L^2(\mathbb{R}^3; \mathbb{C}^4) \supseteq D(H) \to L^2(\mathbb{R}^3; \mathbb{C}^4)$$

mit $D(H) := H^1(\mathbb{R}^3; \mathbb{C}^4)$ und

$$H\psi := \frac{c\,\hbar}{i} \sum_{k=1}^{3} \alpha_k \frac{\partial\psi}{\partial x_k} + m_e c^2 \alpha_0 \psi - \frac{e^2}{r}\psi \quad (\psi \in D(H)).$$

**Satz 10.43.** *Der Operator $H$ ist selbstadjungiert, und es gilt $\sigma_c(H) = (-\infty, -m_e c^2] \cup [m_e c^2, \infty)$.*

*Beweis.*

(i) Für $\psi \in H^1(\mathbb{R}^3; \mathbb{C}^4)$ gilt mit der 3. Poincaré-Ungleichung, Lemma 10.1,

$$\|(H - H_D)\psi\|^2 = \left\| e^2 \frac{\psi}{r} \right\|^2 = e^4 \sum_{k=1}^{4} \left\| \frac{\psi_k}{r} \right\|_{L^2(\mathbb{R}^3)}^2 \leq 4e^4 \sum_{k=1}^{4} \|\nabla\psi_k\|_{L^2(\mathbb{R}^3; \mathbb{C}^3)}^2,$$

wobei $H_D$ wieder der Dirac-Operator aus Satz 10.39 sei. Somit ist

$$\|H_D\psi\|^2 = c^2\hbar^2 \sum_{k=1}^{4} \|\nabla\psi_k\|_{L^2(\mathbb{R}^3;\mathbb{C}^3)}^2 + m_e^2 c^4 \|\psi\|_{L^2(\mathbb{R}^3;\mathbb{C}^4)}^2$$

$$\geq \frac{c^2\hbar^2}{4e^4} \left\| e^2\frac{\psi}{r} \right\|^2 \geq 4\|(H-H_D)\psi\|^2,$$

wobei verwendet wurde, dass für die Sommerfeldsche Feinstrukturkonstante $\alpha := \frac{e^2}{\hbar c}$ gilt: $\alpha \approx \frac{1}{137} < \frac{1}{4}$. Also ist $H - H_D$ eine Kato-Störung von $H_D$ (Satz 5.58 mit $\delta = \frac{1}{2}$), und damit ist $H$ selbstadjungiert mit Definitionsbereich $D(H) = D(H_D) = H^1(\mathbb{R}^3;\mathbb{C}^4)$.

(ii) Analog zum Beweis von Satz 10.3 kann man zeigen, dass für eine Weylsche Folge $(\psi_n)_{n\in\mathbb{N}}$ von $H_D$ die entsprechend modifizierte Folge $(\psi_{n_k}\rho_k)_{k\in\mathbb{N}}$ eine Weylsche Folge sowohl für $H_D$ als auch für $H$ ist und daher $\sigma_c(H_D) = \sigma_c(H)$ gilt.                                    □

*Bemerkung 10.44.* Der obige Satz trifft nur eine Aussage über das kontinuierliche Spektrum, die Bestimmung des Punktspektrums ist deutlich komplizierter. Man kann zeigen, dass keine negativen Eigenwerte existieren, im Intervall $(0, m_e c^2)$ jedoch unendlich viele Eigenwerte liegen, die sich bei $m_e c^2$ häufen. Genauer gilt

$$\sigma_p(H) = \left\{ m_e c^2 \left( 1 + \frac{\alpha^2}{(n-k+\sqrt{k^2-\alpha^2})^2} \right)^{-1/2} \ \middle| \ n \in \mathbb{N}, \ k = 1,\ldots,n \right\},$$

wobei wieder $\alpha := \frac{e^2}{\hbar c} \approx \frac{1}{137}$ ist (siehe etwa [9], Section 71). Damit ergibt sich für $H^2$ eine Korrektur der Spektrallinien verglichen mit der nichtrelativistischen Rechnung (Feinstruktur).

---

*Was haben wir gelernt?*
- Der Hamilton-Operator $H$ des Wasserstoffatoms ohne Spin besitzt sowohl kontinuierliches Spektrum als auch Punktspektrum. Dabei gilt $\sigma_c(H) = [0, \infty)$. Die Eigenwerte von $H$ sind alle negativ und häufen sich bei Null. Der Grundzustand entspricht dem Eigenwert $-\frac{m_e e^4}{2\hbar^2}$, welcher einfache Vielfachheit besitzt.
- Zur Berechnung der Eigenwerte von $H$ ist es nützlich, Kugelkoordinaten bzw. sphärische Koordinaten zu verwenden. Man erhält eine Verbindung zum Bahndrehimpulsoperator und kann damit sowohl die Eigenwerte als auch die Eigenfunktionen explizit angeben.
- Die Spinoperatoren beschreiben einen weiteren Freiheitsgrad, der in der klassischen Mechanik nicht auftritt, und sind aus mathematischer Sicht wieder ein Beispiel für Drehimpulsoperatoren. Das Elektron gehört zur Klasse der Fermionen und besitzt Spin $\frac{1}{2}$.

- Bei Berücksichtigung des Spins kann die Aufspaltung des Grundzustands des Wasserstoffatoms in zwei Zustände beschrieben werden, wie sie bei Anwesenheit eines äußeren Magnetfelds (anomaler Zeeman-Effekt) auftritt. Wieder kann man die zugehörigen Eigenfunktionen explizit mit Hilfe der Kugelflächenfunktionen darstellen.

- In der relativistischen Quantenmechanik spielt der Dirac-Operator eine zentrale Rolle. Es handelt sich um einen nicht halbbeschränkten Operator, der auf Funktionen mit Werten in $\mathbb{C}^4$ wirkt und dessen Quadrat im Wesentlichen der Laplace-Operator ist.

# Anmerkungen zum Literaturverzeichnis

Die Literatur zur Quantenmechanik aus mathematischer Sicht und noch mehr aus physikalischer Sicht ist sehr umfangreich. Daher werden nur exemplarisch Bücher zu den behandelten Themen angegeben, die Auswahl ist in keiner Weise vollständig und auch sehr subjektiv. Im Folgenden finden sich einige Anmerkungen zur aufgelisteten Literatur.

- Die Idee, ein Buch zur Quantenmechanik aus mathematischer Sicht zu schreiben, ist keineswegs neu. Die folgenden Bücher verwenden einen ähnlichen Ansatz, sind aber in vielen Fällen fortgeschrittener und auch ausführlicher: Bongaarts [5], Davydov [9], Dimock [13], Faddeev–Yakubovskii [19], Gustafson–Sigal [26], Hall [27], Hislop–Sigal [33], Isham [36], Jauch [37], Mackey [39], Moretti [40], Strocchi [58], Takhtajan [59], Teschl [60], Triebel [61, 62], van Neerven [64] sowie das klassische Buch von Neumann [65].
Dabei sind die Quellen Bongaarts [5], Gustafson–Sigal [26], Hall [27] sowie auch das schon ältere Buch Triebel [61] zur Vertiefung des Stoffes besonders empfehlenswert.
- Für den mathematischen Teil des vorliegenden Buches wurden Inhalte der beiden Bände Denk–Racke [10, 11] verwendet, in welchen die meisten aufgeführten Themen diskutiert werden.
- Ein Großteil meines Buches behandelt Konzepte aus der Funktionalanalysis und der Operatortheorie, welche in einer Vielzahl guter und ausführlicher Bücher zu finden sind. Wir nennen hier Alt [2], Dunford–Schwartz [14, 15] (ein klassisches Werk), Gohberg–Goldberg [22] und Gohberg–Goldberg–Kaashoek [23] (mit besonderer Betonung der Spurklasseoperatoren), Halmos [30], Heuser [32], Kato [38] (ein Klassiker über Störungstheorie von Operatoren), Engel–Nagel [18] und Pazy [47] (über Theorie von Operatorhalbgruppen), Pietsch [49] (zu Spurklasseoperatoren), das klassische vierbändige Werk Reed–Simon [50–53], Rudin [54], Schmüdgen [56], Weidmann [68], [69] sowie das sehr schöne Buch Werner [70].
- Als Quellen für die Maß- und Integrationstheorie seien hier Bauer [4], Breiman [7], Elstrodt [17], Halmos [28, 29] und Oxtoby [43] genannt.

© Springer-Verlag GmbH Deutschland, ein Teil von Springer Nature 2022
R. Denk, *Mathematische Grundlagen der Quantenmechanik*,
https://doi.org/10.1007/978-3-662-65554-2

- Für die Fouriertransformation erwähnen wir die Quellen Bracewell [6], Chandrasekharan [8] und Grafakos [24].
- Für die Theorie von Sobolevräumen und Distributionen nennen wir die Standardreferenz Adams–Fournier [1] sowie die Bücher Grubb [25], Hörmander [35], van Dijk [63] und Walter [67].
- Als Beispiel für ein Buch aus der klassischen Mechanik sei hier Arnold [3] genannt.
- Daneben werden exemplarisch als Lehrbücher der Quantenmechanik aus eher physikalischer Sichtweise und als weiterführende Literatur über quantenmechanische Themen die Bücher d'Espagnat [12], Dürr–Lazarovici [16], Fließbach [20], Galindo–Pascual [21], Hannabuss [31], Honerkamp [34], Nolting [41, 42], Pade [44, 45], Paugam [46], Pieper [48] sowie Wachter [66] erwähnt.

# Literatur

1. Adams, R.A., Fournier, J.J.F.: Sobolev Spaces, 2. Aufl. Pure and Applied Mathematics (Amsterdam), Bd. 140. Elsevier/Academic Press, Amsterdam (2003)
2. Alt, H.W.: Lineare Funktionalanalysis. Eine anwendungsorientierte Einführung. Springer, Berlin (2012)
3. Arnold, V.I.: Mathematical Methods of Classical Mechanics, 2. Aufl. Graduate Texts in Mathematics, Bd. 60 (Translated from the Russian by K. Vogtmann and A. Weinstein). Springer, New York (1989)
4. Bauer, H.: Maß- und Integrationstheorie. De Gruyter, Berlin (1992)
5. Bongaarts, P.: Quantum Theory: A Mathematical Approach. Springer, Cham (2015)
6. Bracewell, R.N.: The Fourier Transform and its Applications, 3. Aufl. McGraw-Hill Series in Electrical Engineering. Circuits and Systems. McGraw-Hill, New York (1986)
7. Breiman, L.: Probability. Classics in Applied Mathematics, Bd. 7 (Corrected reprint of the: original, p. 1992). Society for Industrial and Applied Mathematics (SIAM), Philadelphia (1968)
8. Chandrasekharan, K.: Classical Fourier Transforms. Universitext. Springer, Berlin (1989)
9. Davydov, A.S.: Quantum Mechanics. International Series in Natural Philosophy, Bd. 1 (Translated from the second Russian edition, edited and with additions by D. ter Haar). Pergamon Press, Oxford (1976)
10. Denk, R., Racke, R.: Kompendium der Analysis. Differential- und Integralrechnung, gewöhnliche Differentialgleichungen, Bd. 1. Vieweg+Teubner, Wiesbaden (2011)
11. Denk, R., Racke, R.: Kompendium der Analysis. Maß- und Integrationstheorie, Funktionentheorie, Funktionalanalysis, Partielle Differentialgleichungen, Bd. 2. Springer Spektrum, Wiesbaden (2012)
12. d'Espagnat, B.: Conceptual Foundations of Quantum Mechanics (revised ed.). Mathematical Physics Monograph, No. 20. W. A. Benjamin, Inc., Reading (1976)
13. Dimock, J.: Quantum Mechanics and Quantum Field Theory. A Mathematical Primer. Cambridge University Press, Cambridge (2011)
14. Dunford, N., Schwartz, J.T.: Linear Operators. Part I. General Theory, With the assistance of William G. Bade and Robert G. Bartle (Reprint of the: original, p. 1988). Wiley Classics Library. Wiley, New York (1958)

© Springer-Verlag GmbH Deutschland, ein Teil von Springer Nature 2022
R. Denk, *Mathematische Grundlagen der Quantenmechanik*,
https://doi.org/10.1007/978-3-662-65554-2

15. Dunford, N., Schwartz, J.T.: Linear Operators. Part II. Spectral Theory. Selfadjoint Operators in Hilbert Space, With the assistance of William G. Bade and Robert G. Bartle (Reprint of the: original, p. 1988). Wiley Classics Library. Wiley, New York (1963)

16. Dürr, D., Lazarovici, D.: Verständliche Quantenmechanik. Drei mögliche Weltbilder der Quantenphysik. Springer Spektrum, Heidelberg (2018)

17. Elstrodt, J.: Maß- und Integrationstheorie, 7. Aufl. Grundwissen Mathematik. Springer-Lehrbuch. Springer, Berlin (2011)

18. Engel, K.-J., Nagel, R.: One-Parameter Semigroups for Linear Evolution Equations. Graduate Texts in Mathematics, Bd. 194. Springer, New York (2000)

19. Faddeev, L.D., Yakubovskiĭ, O.A.: Lectures on Quantum Mechanics for Mathematics Students. Student Mathematical Library, Bd. 47 (Translated from the Russian original by Harold McFaden, with an appendix by Leon Takhtajan, p. 2009). American Mathematical Society, Providence (1980)

20. Fließbach, T.: Quantenmechanik. Lehrbuch zur Theoretischen Physik III. Springer Spektrum, Heidelberg (2018)

21. Galindo, A., Pascual, P.: Quantum Mechanics. I (Translated from the Spanish by J. D. García and L. Alvarez-Gaumé). Texts and Monographs in Physics. Springer, Berlin (1990)

22. Gohberg, I., Goldberg, S.: Basic Operator Theory (Reprint of the original, p. 2001). Birkhäuser, Boston (1981)

23. Gohberg, I., Goldberg, S., Kaashoek, M.A.: Classes of Linear Operators. Vol. I. Operator Theory: Advances and Applications, Bd. 49. Birkhäuser, Basel (1990)

24. Grafakos, L.: Classical Fourier Analysis, 2. Aufl. Graduate Texts in Mathematics, Bd. 249. Springer, New York (2008)

25. Grubb, G.: Distributions and Operators. Graduate Texts in Mathematics, Bd. 252. Springer, New York (2009)

26. Gustafson, S.J., Sigal, I.M.: Mathematical Concepts of Quantum Mechanics, 3. Aufl. Universitext. Springer, Cham (2020)

27. Hall, B.C.: Quantum Theory for Mathematicians. Graduate Texts in Mathematics, Bd. 267. Springer, New York (2013)

28. Halmos, P.R.: Measure Theory, 2. Aufl., Bd. 18. Springer, Cham (1974a)

29. Halmos, P.R.: Naive Set Theory (Reprint). Springer, Cham (1974b)

30. Halmos, P.R.: A Hilbert Space Problem Book, 2. Aufl. Encyclopedia of Mathematics and its Applications, Bd. 17. Springer, New York (1982)

31. Hannabuss, K.: An Introduction to Quantum Theory. Oxford Graduate Texts in Mathematics, Bd. 1. Oxford Science Publications. The Clarendon Press, Oxford University Press, New York (1997)

32. Heuser, H.: Funktionalanalysis. Theorie und Anwendung. Teubner, Wiesbaden (2006)

33. Hislop, P.D., Sigal, I.M.: Introduction to Spectral Theory. Applied Mathematical Sciences, Bd. 113. With applications to Schrödinger operators. Springer, New York (1996)

34. Honerkamp, J.: Über die Merkwürdigkeiten der Quantenmechanik. Springer Spektrum, Wiesbaden (2020)

35. Hörmander, L.: The Analysis of Linear Partial Differential Operators. I. Distribution Theory and Fourier Analysis (Reprint of the second edition). Classics in Mathematics. Springer, Berlin (2003)

36. Isham, C.J.: Lectures on Quantum Theory. Mathematical and Structural Foundations. Imperial College Press, London (1995)

37. Jauch, J.M.: Foundations of Quantum Mechanics. Addison-Wesley, Reading (1968)

38. Kato, T.: Perturbation Theory for Linear Operators (Reprint of the 1980 edition). Classics in Mathematics. Springer, Berlin (1995)

39. Mackey, G.W.: Mathematical Foundations of Quantum Mechanics. With a foreword by A. S. Wightman (Reprint of the 1963 original). Dover, Mineola (2004)

40. Moretti, V.: Fundamental Mathematical Structures of Quantum Theory. Spectral Theory, Foundational Issues, Symmetries, Algebraic Formulation. Springer, Cham (2019)

41. Nolting, W.: Grundkurs Theoretische Physik 5/2. Quantenmechanik – Methoden und Anwendungen, 7. Aufl. Springer, Heidelberg (2012)

42. Nolting, W.: Grundkurs Theoretische Physik 5/1. Quantenmechanik – Grundlagen, 8. Aufl. Springer Spektrum, Heidelberg (2013)

43. Oxtoby, J.C.: Maß und Kategorie. Springer, Berlin (1971)

44. Pade, J.: Quantenmechanik zu Fuß 1: Grundlagen. Springer-Lehrbuch. Springer, Berlin (2012a)

45. Pade, J.: Quantenmechanik zu Fuß 2: Anwendungen und Erweiterungen. Springer-Lehrbuch. Springer, Berlin (2012b)

46. Paugam, F.: Towards the Mathematics of Quantum Field Theory. Ergebnisse der Mathematik und ihrer Grenzgebiete. 3. Folge. A Series of Modern Surveys in Mathematics, Bd. 59. Springer, Cham (2014)

47. Pazy, A.: Semigroups of Linear Operators and Applications to Partial Differential Equations. Applied Mathematical Sciences, Bd. 44. Springer, New York (1983)

48. Pieper, M.: Quantenmechanik. Einführung in die mathematische Formulierung. Springer Spektrum, Wiesbaden (2019)

49. Pietsch, A.: Eigenvalues and $s$-numbers. Cambridge Studies in Advanced Mathematics, Bd. 13. Cambridge University Press, Cambridge (1987)

50. Reed, M., Simon, B.: Methods of Modern Mathematical Physics. II. Fourier Analysis, Self-Adjointness. Academic [Harcourt Brace Jovanovich, Publishers], New York (1975)

51. Reed, M., Simon, B.: Methods of Modern Mathematical Physics. IV. Analysis of Operators. Academic [Harcourt Brace Jovanovich, Publishers], New York (1978)

52. Reed, M., Simon, B.: Methods of Modern Mathematical Physics. III. Scattering Theory. Academic [Harcourt Brace Jovanovich, Publishers], New York (1979)

53. Reed, M., Simon, B.: Methods of Modern Mathematical Physics. I, 2. Aufl. Functional Analysis. Academic [Harcourt Brace Jovanovich, Publishers], New York (1980)

54. Rudin, W.: Functional Analysis, 2. Aufl. International Series in Pure and Applied Mathematics. McGraw-Hill, New York (1991)

55. Rudin, W.: Reelle und komplexe Analysis (Übersetzt aus dem Englischen von Uwe Krieg). Oldenbourg, München (1999)

56. Schmüdgen, K.: Unbounded Self-Adjoint Operators on Hilbert Space. Graduate Texts in Mathematics, Bd. 265. Springer, Dordrecht (2012)

57. Srivastava, S.M.: A Course on Borel Sets. Graduate Texts in Mathematics, Bd. 180. Springer, New York (1998)

58. Strocchi, F.: An Introduction to the Mathematical Structure of Quantum Mechanics. A Short Course for Mathematicians, 2. Aufl. Advanced Series in Mathematical Physics, Bd. 28. World Scientific Publishing Co. Pte. Ltd., Hackensack (2008)

59. Takhtajan, L.A.: Quantum Mechanics for Mathematicians. Graduate Studies in Mathematics, Bd. 95. American Mathematical Society, Providence (2008)

60. Teschl, G.: Mathematical Methods in Quantum Mechanics. With applications to Schrödinger operators, Bd. 157. American Mathematical Society (AMS), Providence (2014)

61. Triebel, H.: Höhere Analysis. Hochschulbücher für Mathematik, Bd. 76. VEB Deutscher Verlag der Wissenschaften, Berlin (1972)

62. Triebel, H.: Analysis und mathematische Physik. Basel etc.; BSB B.G. Teubner Verlagsgesellschaft, Leipzig, Birkhäuser (1989)

63. van Dijk, G.: Distribution Theory. Convolution, Fourier Transform, and Laplace Transform. De Gruyter Graduate Lectures. De Gruyter, Berlin (2013)

64. van Neerven, J.: Functional Analysis. Cambridge Studies in Advanced Mathematics. Cambridge University Press, Cambridge (2022)

65. von Neumann, J.: Mathematische Grundlagen der Quantenmechanik. Springer, Berlin (1996)

66. Wachter, A.: Relativistische Quantenmechanik. Springer, Berlin (2005)

67. Walter, W.: Einführung in die Theorie der Distributionen, 3. Aufl. Bibliographisches Institut, Mannheim (1994)

68. Weidmann, J.: Lineare Operatoren in Hilberträumen. Grundlagen, Teil I. B. G. Teubner, Wiesbaden (2000)

69. Weidmann, J.: Lineare Operatoren in Hilberträumen. Anwendungen, Teil II . Teubner, Stuttgart (2003)

70. Werner, D.: Funktionalanalysis. Springer Spektrum, Berlin (2018)

# Stichwortverzeichnis

© Springer-Verlag GmbH Deutschland, ein Teil von Springer Nature 2022
R. Denk, *Mathematische Grundlagen der Quantenmechanik*,
https://doi.org/10.1007/978-3-662-65554-2

Printed in the United States
by Baker & Taylor Publisher Services